Enthésopathies et activités des hommes préhistoriques

Recherche méthodologique et application aux fossiles européens du Paléolithique supérieur et du Mésolithique

Sébastien Villotte

BAR International Series 1992
2009

Published in 2016 by
BAR Publishing, Oxford

BAR International Series 1992

Enthésopathies et activités des hommes préhistoriques

ISBN 978 1 4073 0526 4

BAR Publishing is the trading name of British Archaeological Reports (Oxford) Ltd. British Archaeological Reports was first incorporated in 1974 to publish the BAR Series, International and British. In 1992 Hadrian Books Ltd became part of the BAR group. This volume was originally published by Archaeopress in conjunction with British Archaeological Reports (Oxford) Ltd / Hadrian Books Ltd, the Series principal publisher, in 2009. This present volume is published by BAR Publishing, 2016.

Printed in England

BAR
PUBLISHING

BAR titles are available from:

BAR Publishing
122 Banbury Rd, Oxford, OX2 7BP, UK
EMAIL info@barpublishing.com
PHONE +44 (0)1865 310431
FAX +44 (0)1865 316916
www.barpublishing.com

Remerciements

Ce livre est la publication d'une thèse soutenue le 03 octobre 2008 à l'Université Bordeaux 1 pour l'obtention du titre du docteur en anthropologie biologique. Je tiens en premier lieu à remercier les membres du jury qui m'ont fait l'honneur de juger ce travail :

- **D. Castex,** Chargé de Recherche CNRS, PACEA UMR 5199
- **S. E. Churchill**, Professeur, Duke University, USA
- **O. Dutour**, Professeur, Université Aix-Marseille 2
- **D. Henry-Gambier**, Directeur de Recherche CNRS, PACEA UMR 5199
- **C. Knüsel**, Senior Lecturer, University of Bradford, UK
- **P. Murail**, Professeur, Université Bordeaux 1
- **J. Svoboda**, Professeur, Université de Brno, République tchèque

Je tiens à exprimer ma reconnaissance à **D. Henry-Gambier** qui a accepté de diriger ce travail et n'a jamais hésité à investir son temps et son énergie pour fournir le meilleur encadrement possible. Elle a su partager son expérience de l'étude anthropologique des fossiles et sa connaissance précise du contexte archéologique, des conditions de découverte et des caractéristiques biologiques des vestiges humains préhistoriques ; je l'en remercie. J'aimerais par ailleurs exprimer mon sincère et profond respect pour sa rigueur scientifique et ses prises de positions humanistes en tant que chercheur.

Je remercie **D. Castex** d'avoir accepté de co-diriger cette thèse et de s'être investie dans un projet de recherche relativement éloigné de ses problématiques. Elle a toujours pris le temps de répondre à mes questions, relire les différentes versions du manuscrit et m'aider dans la préparation des missions ; je lui en suis sincèrement reconnaissant.

J'exprime ma gratitude envers **B. Maureille** et **A.-M. Tillier**, directeurs du Laboratoire d'Anthropologie des Populations du Passé, et **J. Jaubert**, directeur de PACEA (UMR 5199), pour m'avoir accueilli au sein de l'UMR et permis de mener à bien cette recherche.

Je tiens à remercier l'ensemble des acteurs de la recherche et de l'enseignement en anthropologie et en préhistoire de Bordeaux ; ils ont, d'une manière ou d'une autre, participé à la structuration de ma démarche scientifique. Mes pensées vont plus spécialement à **J. Brůžek**, **B. Maureille** et **P. Murail** (LAPP) qui ont toujours fait preuve d'une grande patience à mon égard. Je les remercie pour l'intérêt qu'ils portent à ma recherche et pour leur enthousiasme communicatif ; nos discussions ont toujours été fructueuses. **J.-G. Bordes**, **P.-Y. Demars**, **V. Laroulandie**, **J. Roussot-Laroque** (IPGQ) m'ont gentiment donné leur point de vue sur le Paléolithique supérieur et le Mésolithique ; j'espère avoir su profiter de leurs conseils et les remercie vivement d'avoir mis à ma portée leurs connaissances de préhistoriens. Je remercie **C. Costa**, **D. Gallardo**, **G. Peyres** et **R. Wortmann** pour leur assistance quotidienne et irremplaçable.

M. Chavance (Pr., INSERM U780), **V. Couallier** (MC, IMB, Université Bordeaux 2), **F. Houët** (IE, CNRS, LAPP) m'ont apporté une aide inestimable dans le traitement statistique des données ordinales et répétées. J'aurais plaisir à poursuivre cette collaboration.

Je remercie très chaleureusement **I. Crevecoeur**, **J.-P. Delage**, **I. Ghanem**, **P. Havelková**, **C. Henderson**, **S. Kacki**, **M. Lillie**, **G. Perréard Lopreno**, **H. Rougier**, **A. Schmitt**, **P. Vidal** ainsi que le Pr. **O. Dutour** et le Dr. **C. Kramar** pour les enrichissantes discussions de travail et collaborations que nous avons eu tout au long de ces années de thèse.

J.-M. Pétillon et **P. Cattelain** m'ont très gentiment invité à assister à des tirs expérimentaux au Musée du Malgré-Tout à Treignes (Belgique), merci pour l'accueil et pour m'avoir fait partager cette expérience.

J'ai également eu le plaisir de participer aux Sauveterriales grâce à **L. Detrain** (INRAP). L'expérimentation avec les enfants et les discussions avec **N. Valdeyron** (MC, TRACES-UTAH, Université Toulouse II - Le Mirail) et **P. Bidart**, **S. Blanchet** et **M. Brenet** (INRAP) ont été fort agréables et instructives.

De nombreux conservateurs de Musées, directeurs de Laboratoire, chercheurs m'ont permis d'étudier les vestiges humains dont ils avaient la responsabilité. Mes remerciements vont au Pr. **V. Agnesi**, directeur du *Dipartimento di Geologia e Geodesia dell'Università degli Studi di Palermo*, au Dr. **A. Aspes**, directrice du *Museo Civico di Storia Naturale di Verona*, au Dr. **S. Balbi De Caro**, surintendante à la *Soprintendenza per i Beni Archeologici dell'Abruzzo,* au Dr. **T. S. Balueva** de l'Académie des Sciences de Russie, au Pr. **M. G. Belcastro** du *Dipartimento di Biologia Evoluzionistica Sperimentale dell'Universita di Bologna,* à **C. Billard**, conservateur du patrimoine au SRA Basse-Normandie, au Pr. **L. Capasso**, directeur du *Museo di Storia delle Scienze Biomediche di Chieti*, au Dr. **D. Castex** du Laboratoire d'Anthropologie des Populations du Passé de l'Université Bordeaux 1, à **F.-X. Chauvière** de l'Institut de préhistoire de l'Université de Neuchâtel, au Dr. **G. Ciurletti**, directeur de la *Soprintendenza per i Beni Archeologici della Provincia Autonoma di Trento*, à **J.-J. Cleyet-Merle**, directeur du Musée National de Préhistoire des Eyzies-de-Tayac, au Pr. **D. Coppola**, directeur du *Museo delle Civiltà preclassiche della Murgia meridionale*; à **P. Courtaud** du Laboratoire d'Anthropologie des Populations du Passé de l'Université Bordeaux 1, au Pr. **E. Cunha** du *Departamento de Antropologia da Universidade de Coimbra*, au Dr. **A. Cusinato**, conservatrice au *Museo Tridentino di Scienze Naturali*, au Dr. **G. Dalmeri** conservateur au *Museo Tridentino di Scienze Naturali*, au Dr. **M. Dočkalová**, directrice du Département d'anthropologie et conservatrice au *Moravské Zemské Muzeum*, à **T. Ducrocq**, archéologue à l'INRAP, au Dr. **H. Duday** du Laboratoire d'Anthropologie des Populations du Passé de l'Université Bordeaux 1, au Pr. **M. Egloff**, directeur du Laténium et de l'Institut de préhistoire de l'Université de Neuchâtel, au Dr. **G. Favara**, directrice du *Museo Archeologico regionale A. Salinas di Palermo,* au Pr. **F Fedele**, directeur scientifique du *Museo di Antropologia dell'Università degli Studi di Napoli Federico II*, au Dr. **V. Formicola** du *Dipartimento di Biologia dell'Università degli Studi di Pisa,* au Pr. **R. Grifoni Cremonesi** du *Dipartimento di Scienze Archeologiche dell'Università degli Studi di Pisa,* à **J.-M. Guinet**, conservateur des collections zoologiques du Musée National d'Histoire Naturelle de Luxembourg, au Dr. **Henry-Gambier** du Laboratoire d'Anthropologie des Populations du Passé de l'Université Bordeaux 1, au Dr. **L. Humphrey** du *Natural History Museum of London*, à **E. Ladier**, directrice du Muséum d'Histoire Naturelle de Montauban, à **L. Lang**, archéologue à l'INRAP, au Dr. **M. Lanzinger**, directrice du *Museo Tridentino di Scienze Naturali*, au Dr. **A. Del Lucchese**, surintendant à la *Soprintendenza per i Beni Archeologici della Liguria* et directeur du *Museo dei Balzi Rossi*, au Pr. **F. Mallegni** du *Dipartimento di Biologia dell'Università degli Studi di Pisa*, au Pr. **F. Martini** du *Dipartimento di Scienze dell'Antichità dell'Università degli Studi di Firenze*, à **P. Mennecier**, chargé de conservation des collections d'anthropologie biologique du Musée de l'Homme, à **V. Merlin-Anglade**, conservatrice au Musée du Périgord de Périgueux, au Dr. **F. Minellono** de Florence, au Dr. **V. Moiseyev**, de la Kunstkamera de Saint-Pétersbourg, à **C. Moser**, directrice du Musée Labenche de Brive, au Pr. **P. Murail** du Laboratoire d'Anthropologie des Populations du Passé de l'Université Bordeaux 1, au Dr. **M. Nussbaumer**, conservateur du Département ostéologie du Musée d'Histoire Naturelle de Bern, au Dr. **C. Di Patti**, conservatrice au *Museo di Geologia e Paleontologia « G. G. Gemmellaro »*, à **P. Périn**, directeur du Musée des Antiquités Nationales de Saint-Germain-en-Laye, au Pr. **N. Porto**, responsable des collections ostéologiques du *Museu Antropológico da Universidade de Coimbra*, au Pr. **A.-M. Ronchitelli** du *Dipartimento di Archeologia e Storia delle Arti dell'Università di Siena*, à **G. Rossi**, conservateur au *Museo di Archeologia Ligure*, au Dr. R. Di Salvo du *Museo Archeologico regionale A. Salinas di Palermo*, à **C Schwab**, conservatrice des Départements du Paléolithique et du Mésolithique au Musée des Antiquités Nationales de Saint-Germain-en-Laye, au Dr. **E. Seiffert**, conservateur des collections géologiques de l'*Oxford University Museum of Natural History*, à **P. Simon**, directeur du Musée d'Anthropologie préhistorique de Monaco, au Dr. **G. Spadea**, surintendante à la *Soprintendenza Archeologica della Liguria*, au Pr. **C. Stringer** du *Natural History Museum of London*, au Pr. **J. Svoboda**, directeur du *Středisko pro paleolit a paleoetnologii, Archeologický ústav Akademie věd České republiky*, au Dr. **J. Tauber** du *Museen Archäologie* de Liestal, au Dr. **F. Valentin** de la Maison d'Archéologie et d'Ethnologie de Nanterre, au Dr. **P. Velemínský**, responsable du Département d'anthropologie au *Národní muzeum*, à **C. Verjux**, conservateur du patrimoine au SRA centre, au Dr. **E.**

Vacca, du *Dipartimento di Zoologia dell'Università di Bari*, au Dr. **V. S. Veselovskaya**, de l'Académie des Sciences de Russie.

Je suis très reconnaissant aux personnes qui m'ont gentiment accueilli et aidé lors de mes déplacements en France et à l'étranger pour étudier du matériel : **F.-X. Chauvière**, **C. Consiglio**, **P. F. Fabbri**, **P. Galeta**, **P. Havelková**, **P. Jeffery**, **R. Kruszynski**, **M. A. Mannino**, **B. Michel**, **M. Novák**, **J.-M Pétillon**, **E. Rastelli**, **M. A. Rocha**, **A. L. Santos**, **F. Silva**, **A. Sinitsyn**, **E. Spinapolice**, **C. Umbelino**, **J. Velemínská**, **P. Velemínský**, **E. Vacca**, **V. S.** et **K. Veselovskaya**. Un grand merci à ces personnes et à toutes celles qui m'ont fait connaître un pan de l'histoire de leur ville ou de leur pays ; merci également pour m'avoir fait goûter aux nombreux plats et alcools locaux.

Un sincère merci à **J. Boulon**, **G. Colombeau**, **A. Gueriteau**, **S. Kacki** et **H. Rougier** pour les relectures du manuscrit.

J'aimerais pour finir saluer ma famille et mes amis.

Financements

Cette thèse a été financée par une allocation de recherche du Ministère de l'Enseignement Supérieur et de la Recherche.

Les missions ont été possibles grâce au soutien financier :

- de l'Union Européenne, financement Synthesys GB-TAF-636,
- du CNRS (LAPP),
- de l'ANR, 06-CONF-0008-01, Projet GUEROPE (resp. L. Baray, CR, CNRS, UMR 5594),
- du Ministère de l'Enseignement Supérieur et de la Recherche, financement « Aires Culturelles »,
- de la Maison des Sciences de l'Homme d'Aquitaine, programme quadriennal (2003–2006) « Gestion sociale des espaces funéraires » (dir. I. Cartron, Ausonius, Maison de l'Archéologie, Bordeaux 3 et D. Castex, CR, CNRS, PACEA UMR 5199),
- du projet Région « Transitions, d'une société à l'autre : processus d'adaptation et de peuplements », volet recherche Région Aquitaine, convention 20051403003AB.

Table des matières

2e partie
Validation

3e partie
Enthésopathies et activités préhistoriques

Liste des figures

Liste des tableaux

Liste des annexes

Liste des abréviations

Abréviations relatives aux muscles

m. : muscle
mm. : muscles

Abréviations relatives aux statistiques

n : effectif
GEEs : Generalized Estimating Equations
d.d.l. : degrés de liberté
OR : odds ratio
IC : intervalle de confiance
p : probabilité
uni. : test unilatéral
bi. : test bilatéral

Abréviations relatives au sexe et à l'âge au décès

M : sexe masculin
F : sexe féminin
AJM : adultes jeunes ou matures
AA : adultes âgés
I : sexe ou âge indéterminé, du fait d'une mauvaise conservation osseuse ou en tant que résultat de la méthode de diagnose

Abréviations relatives aux groupes chrono-culturels

GRAV : groupe du Gravettien
CFPS : groupe des cultures de la fin du Paléolithique supérieur
MESO : groupe du Mésolithique

Introduction

Ce travail s'inscrit dans la dynamique de compréhension des comportements et des modes de vie des chasseurs-collecteurs du Paléolithique supérieur et du Mésolithique. L'objectif est de proposer une restitution des activités des populations préhistoriques européennes d'anatomie moderne à partir d'une approche biologique originale : l'étude des enthésopathies en tant que marqueurs osseux d'activité (MOA).

Le Paléolithique supérieur européen débute dans la deuxième moitié du Pléistocène supérieur, vers 40 000 BP, et s'achève à l'Holocène, vers 10 000 BP. Les différents groupes du Paléolithique supérieur sont caractérisés, dans le registre technique, par la généralisation du débitage lamellaire et laminaire et le façonnage des matières dures animales pour la fabrication d'outils, d'armes, d'objets d'art et de parure, ainsi que par le développement d'un art pariétal. Cet ensemble témoigne de la diversité des cultures et de la complexité des sociétés. Les principaux technocomplexes reconnus pour le Paléolithique supérieur sont l'Aurignacien et le Gravettien, puis le Solutréen et le Magdalénien pour l'extrême Ouest de l'Europe et l'Epigravettien pour l'Europe orientale, centrale et méditerranéenne (Djindjian *et al.* 1999). Plusieurs technocomplexes « de transition » marquent les début et fin du Paléolithique supérieur. La période du Würm récent (fin du stade 3 et stade 2 de la chronologie isotopique) qui voit s'installer les populations du Paléolithique supérieur correspond à un climat globalement rigoureux ; le maximum glaciaire est atteint vers 22 000 BP. A partir de 15 000 BP environ, le Tardiglaciaire est marqué par une amélioration climatique progressive entrecoupée d'oscillations plus froides. Le réchauffement favorise le développement des forêts, entraînant le remplacement de la faune froide et steppique par des espèces animales de milieux tempérés humides plus arborés (Delpech 2003). Durant cette période de bouleversement climatique, on entrevoit une modification complexe des sociétés humaines dont témoigne l'émergence de cultures telles que l'Azilien, les groupes à *Federmesser*, le Creswellien, le Belloisien ou l'Epigravettien final (Barbaza 1999 ; Djindjian *et al.* 1999 ; Valentin 1999). Au Postglaciaire, vers 10 000 BP, les milieux ouverts ont déjà disparus ou disparaissent au profit des zones boisées. Les populations humaines développent alors une industrie caractérisée par l'importance des armatures microlithiques géométriques (Valdeyron 1994 : 51). La notion de Mésolithique, depuis longtemps et encore largement discutée (voir notamment Valdeyron 1994 : 51-68 ; Barbaza 1999 : 7-17), repose essentiellement sur cet aspect technique associé à l'apparition de nouvelles stratégies d'exploitation du milieu qui perdureront pendant quatre millénaires environ (Valdeyron 1994 : 51). Les groupes culturels reconnus pour le Mésolithique diffèrent sensiblement suivant les auteurs ; citons le Sauveterrien, le Tardenoisien, le Maglemosien (Barbaza 1999 ; Thévenin 2005). L'adoption de systèmes économiques de production marquera la fin du mode de vie mésolithique.

Les comportements techno-économiques des hommes et des femmes du Paléolithique supérieur et du Mésolithique ont principalement été abordés à partir des vestiges matériels recueillis dans les gisements archéologiques. Les études typo-techno-fonctionnelles des outils, les analyses archéozoologiques, les travaux sur la distribution spatiale des objets dans l'habitat sont autant de moyens de documenter les activités des groupes humains. Le référentiel ethnographique illustre un « champ des possibles » et l'expérimentation permet de valider les hypothèses formulées.

Ces comportements semblent devoir être mis en relation avec les stratégies de subsistance, en particulier la chasse. Selon F. Bordes (1959), le cycle « Paléolithique supérieur / Mésolithique » est caractérisé par une révolution des techniques cynégétiques, avec l'utilisation généralisée de projectiles[1] et les inventions du propulseur et de l'arc. La production lamellaire, qui distingue les industries du Paléolithique supérieur des

[1] Leur utilisation dans un but guerrier peut être envisagée. La chasse seule justifie néanmoins la réalisation de ces objets et, contrairement à la guerre, elle est attestée pour ces périodes.

précédentes, a ainsi permis dès l'Aurignacien la réalisation d'armes composites (p. ex. : hampes, pointes en matière dure animale, lamelles), légères, avec un fort pouvoir vulnérant (Bon 2005).

La variété des armatures (ou des éléments d'armatures) en pierre et en matière dure animale au Paléolithique supérieur et au Mésolithique est impressionnante : pointes à base fendue aurignaciennes, pointes de la Gravette, pointes à cran solutréennes, pointes magdaléniennes en matière dure animale, microlithes mésolithiques, pour ne citer qu'elles (Cattelain et Bellier 2002). Les études fonctionnelles et l'expérimentation confirme leur utilisation fixées sur des fûts (p. ex. : Geneste et Plisson 1986 ; Plisson et Geneste 1989 ; Hays et Surmely 2005 ; Pétillon 2006), mais le mode de propulsion reste très largement discuté. En l'absence d'indice pertinent de moyen de propulsion particulier, les armes composites aurignaciennes, légères, ont vraisemblablement été lancées à la main. La situation est analogue pour le Gravettien. L'invention du propulseur est attestée au Solutréen supérieur par l'exemplaire de la grotte de Combe-Saunière 1 (Cattelain 1989) mais les propulseurs ne sont vraiment connus qu'au Magdalénien moyen et supérieur (Rozoy 1997) où ils ont été employés (au moins) avec des sagaies armées de pointes en bois de renne (Pétillon 2006). Le propulseur permet d'augmenter la vitesse initiale du projectile, « Le but recherché [étant] soit un impact puissant et précis à courte distance [...], soit un tir à longue distance [...] » (Cattelain et Bellier 2002 : 50). L'emploi de l'arc est attesté au Paléolithique supérieur final par les fragments d'arcs et de flèches découverts dans les tourbières de Stellmoor, en Allemagne (Cattelain et Bellier 2002 : 56 ; Cattelain 2006). Une trentaine de vestiges d'arcs, datés principalement de la phase finale du Mésolithique, a été découverte (Cattelain 2006). Les avantages majeurs de l'arc par rapport au propulseur semblent être une meilleure précision du tir (Rozoy 1992) et la bonne maniabilité de cette arme dans un environnement boisé.

Si les vestiges les moins discutables indiquent une utilisation de l'arc seulement à l'extrême fin du Paléolithique, la question de sa réelle date d'apparition est très largement débattue. Les arcs et flèches les plus anciens présentent un degré élevé de technicité et il est probable qu'ils ne correspondent pas à des premiers essais (Lansac 2004). En outre, les caractéristiques de nombreuses armatures montrent qu'elles auraient pu être emmanchées sur des flèches dès les phases anciennes du Paléolithique supérieur : pointes de la gravette, microgravettes, pointes de Kostenki, pointes à cran solutréennes, etc. (Geneste et Plisson 1986 ; Plisson et Geneste 1989 ; Hays et Surmely 2005 ; Cattelain 2006). P. Cattelain (2006 : 49) écrit : « Il est donc, à notre sens, évident que l'arc a été inventé à une date très ancienne, probablement dès le début du Paléolithique supérieur : dans un contexte chronostratigraphique plus récent, la plupart des armatures mentionnées ci-dessus seraient, sans états d'âme, attribuées à des flèches tirées à l'arc ». D'autres auteurs réfutent cette hypothèse : selon J.-G. Rozoy (1992 ; 1997), l'arc a pu être inventé une première fois au Solutréen, mais aurait disparu sans diffuser (peut être « effacé » par le propulseur, plus simple à réaliser). Il n'aurait été réinventé qu'à la fin Paléolithique supérieur.

Si l'on s'en tient aux preuves directes, l'usage de l'arc débute dans un cadre où l'environnement et les comportements changent. Les épipaléolithiques, puis les mésolithiques, vivent dans des milieux plus fermés que leurs prédécesseurs. Dans un environnement forestier, la biomasse des ongulés est plus faible (Delpech 2003), mais les ressources alimentaires végétales directement disponibles sont en revanche bien plus abondantes (Barbaza 1999). La chasse reste importante au Tardiglaciaire et au Postglaciaire mais semble concerner un spectre faunique plus large que précédemment (p. ex. : Bridault 1997 ; Rozoy 1999). De manière générale, le régime alimentaire se diversifie dès la fin du Paléolithique supérieur : des restes de petits mammifères, d'oiseaux, d'escargots, de poissons, de tubercules, de fruits, etc. sont retrouvés dans les gisements (p. ex. : Price 1983 ; Straus 1991 ; Bicho 1994 ; Barbaza 1999 ; Cochard 2004 ; Sulgostowska 2006).

En association avec ces changements de subsistance, la mobilité des groupes et la gestion du territoire évoluent également. A partir du Tardiglaciaire, les conditions climatiques favorables permettent une répartition spatiale homogène des occupations (Demars 1996). En outre, les groupes ont tendance à parcourir de faibles distances, relativement à certaines périodes du Paléolithique supérieur, pour s'approvisionner en matières premières siliceuses (p. ex. : Fagnart 1997 ; Demars 2000 ; Otte *et al.* 2002 ; Sulgostowska 2006). Selon P.-Y. Demars, les différences comportementales entre les populations du Paléolithique supérieur (au sens restreint, c'est-à-dire jusqu'au Magdalénien) et celles du Mésolithique révèlent deux modes de relation à l'environnement : « [...] à un modèle extensif, au Paléolithique supérieur, avec des déplacements sur quelques centaines de kilomètres […] s'oppose une exploitation plus intensive de l'environnement à l'Holocène, avec des déplacements limités à quelques dizaines de kilomètres. Entre ces périodes, l'environnement a changé ; la forêt tempéré a succédé à un couvert végétal plus ouvert et froid ; les grands mammifères chassés ne sont plus les mêmes. On peut donc attribuer ces nouveaux comportements dans l'occupation et l'exploitation du milieu à ce bouleversement climatique » (Demars 1994 : 221).

L'invention de l'arc et les pressions du milieu semblent ainsi avoir conditionné une profonde modification des modes de subsistance et des comportements des derniers chasseurs. Les démonstrations sont cependant fragiles car, d'une part, le cadre chronologique de l'apparition de l'arc reste controversé et, d'autre part, les comportements des groupes épipaléolithiques sont difficiles à caractériser et échappent à toute généralisation, tant ils sont changeants dans le temps ou suivant les régions.

Il faut de plus insister sur le caractère partiel de la documentation exhumée et sur les limites inhérentes à la reconnaissance des comportements des préhistoriques à partir des vestiges anthropiques. S'il l'on prend l'exemple des études sur l'origine des matières premières, sources potentielles d'informations sur le déplacement des individus, il n'est pas toujours aisé de faire la part entre la circulation des hommes et celle des matières premières par échange (Taborin 1993 ; Bordes *et al.* 2005 ; Foucher 2005). Les études sur l'origine du silex sont également confrontées au problème de l'évolution de l'accessibilité aux matières premières selon les changements paléo-environnementaux (présence ou non du couvert végétal, évolution des vallées, etc.) (Turcq *et al.* 2000). A propos de l'expérimentation, J. Pelegrin rappelle que « Si quelques collègues ont pu s'impatienter du manque de génie ou d'ambition de certaines études expérimentales, c'était là accorder à l'expérimentation, méthode potentielle et non fin en soi, trop d'honneur, voire une valeur quelque peu mystique » (Pelegrin 1991 : 61). Enfin, l'exemple des désaccords méthodologiques qui persistent en tracéologie (Plisson 2007) nous rappelle que la fiabilité des interprétations est tributaire des méthodes employées.

Au-delà de ces problèmes, la reconstitution des activités préhistoriques à partir des vestiges matériels abandonnés sur les sites se heurte à des obstacles plus spécifiques. L'analyse de l'objet, qu'elle relève de la technique de façonnage ou de la fonction, peut permettre de décrire une action mais elle ne nous informe pas sur l'identité de l'acteur. Vieillard, jeune, homme ou femme, l'artisan reste au second plan. Dans un même ordre d'idée, la distinction entre activités individuelles et collectives est délicate à saisir pour les populations du Paléolithique supérieur ou du Mésolithique, qu'il s'agisse des activités domestiques, de chasse ou de cueillette. Dans ces conditions, il semble impossible d'aborder sérieusement pour ces époques le problème de la division du travail à partir de la seule étude des vestiges anthropiques.

Dans ce domaine, l'approche biologique des activités des populations archéologiques à partir du squelette humain, développée depuis quelques années, remet de fait l'artisan au centre des débats. Elle consiste à rechercher sur les vestiges humains des marques produites par la répétition de gestes effectués au cours de la vie de l'individu. Ces marques ont été désignées en français sous le terme de marqueurs osseux d'activité (Dutour 1992). Dans l'acceptation la plus large, les marqueurs osseux d'activité (MOA) sont des variations, pathologiques ou non, supposées représenter l'expression de la plasticité de l'os sous la pression de forces extracorporelles et internes subies lors de la vie (Kennedy 1989). L'étude des MOA est depuis quelques années un champ de recherche particulièrement actif en anthropologie biologique. Toutefois, comme le rappelle O. Dutour (1992), la démarche n'est pas nouvelle. Elle a été développée dès la fin du XIXe siècle et reprise au cours du XXe siècle (p. ex. : Manouvrier 1888 ; Charles 1893 ; Ortner 1968 ; Merbs 1983). Plus récemment, les études se sont multipliées et l'*atlas of occupational markers on human remains*, une des synthèses les plus complètes dans ce domaine de recherche, fait état d'environ 130 MOA (Capasso *et al.* 1999). A partir de cet atlas, trois grands groupes de MOA peuvent être distingués suivant la nature de la manifestation osseuse : 1) les adaptations osseuses structurelles, 2) les surfaces articulaires surnuméraires et autres caractères discrets, 3) les modifications pathologiques.

Parmi ces dernières, les marques osseuses au niveau des enthèses[2] présentent un intérêt singulier en tant que MOA. D'une part, l'enthèse, qui correspond dans sa définition la plus simple à la zone d'insertion d'un tendon ou d'un ligament sur le squelette, est une composante extrêmement importante de la chaîne musculo-squelettique. Le socle d'insertion est régulièrement sollicité lors des activités physiques et la répétition des contractions musculaires, cause de stress, peut entraîner des modifications osseuses observables sur le squelette. D'autre part, les donnés anatomiques sur les enthèses et leurs lésions se sont multipliées dans les dernières décennies. Elles constituent une source de comparaison inestimable pour la compréhension et l'interprétation de ces marques sur le squelette.

Notons dès à présent, comme l'ont indiqué O. Dutour (1992) et J. E. Robb (1994), qu'il convient de distinguer

[2] Le choix de considérer ces marques comme des modifications pathologiques ne fait pas l'unanimité, comme nous le verrons dans le premier chapitre.

les modifications osseuses observées au niveau même de l'enthèse (irrégularité de la surface, production ou perte osseuse, ...) des variations morphologiques d'un site d'insertion (orientation de la tubérosité radiale par exemple), ces dernières correspondant à des adaptations structurelles.

Les recherches sur les modifications osseuses des enthèses de squelettes préhistoriques ou historiques ont débouché assez rapidement sur de nombreuses interprétations concernant les activités pratiquées. Dans ces études, les activités ont été abordées principalement sous deux angles, généralement complémentaires, la division sexuelle du travail et le mode de vie à l'échelle des groupes (Dutour 1986 ; Angel *et al.* 1987 ; Crubézy 1988 ; Lai et Lovell 1992 ; Galera et Garralda 1993 ; Hawkey et Merbs 1995 ; Bailly-Maître *et al.* 1996 ; Mafart 1996 ; Munson Chapman 1997 ; Pálfi 1997 ; Sperduti 1997 ; Stirland et Waldron 1997 ; Churchill et Morris 1998 ; Peterson 1998 ; Robb 1998 ; Steen et Lane 1998 ; Lovell et Dublenko 1999 ; Pany 2003 ; Al-Oumaoui *et al.* 2004 ; Eshed *et al.* 2004 ; Molnar 2006).

Dans le cas de la division sexuelle du travail, les activités de chasse masculines sont généralement opposées aux activités « domestiques » féminines (p. ex. : Crubézy 1988 ; Hawkey et Merbs 1995 ; Steen et Lane 1998 ; Lovell et Dublenko 1999 ; Eshed *et al.* 2004 ; Molnar 2006). Ainsi dans l'étude de V. Eshed et collaborateurs (2004) de squelettes natoufiens et néolithiques du Levant, les enthésopathies observées chez les femmes ont été interprétées comme des traces consécutives à la répétition de mouvements précis de la main dans les activités de vannerie, de filage et de tissage. A l'opposé, dans la population néolithique de l'île suédoise de Gotland, l'emploi des armes de chasse telles que l'arc et le harpon serait principalement le fait des hommes (Molnar 2006).

Les modes de subsistance ont également été abordés (p. ex. : Dutour 1986 ; Hawkey et Merbs 1995 ; Churchill et Morris 1998 ; Eshed *et al.* 2004 ; Molnar 2006). Dans une des études princeps sur les enthésopathies en tant que marqueurs d'activité, O. Dutour (1986) interprète les différences de fréquences et de localisations lésionnelles entre deux groupes néolithiques africains (malien et nigérian) en terme de différence de stratégies d'acquisition des ressources alimentaires, le premier groupe étant probablement composé de pécheurs, le second de chasseurs-cueilleurs en milieu plus aride. Dans un travail plus récent, S. E. Churchill et A. G. Morris (1998) ont étudié la relation entre le biotope et les fréquences d'apparition des marques osseuses au niveau des enthèses pour des populations anciennes (8 000 - 2 000 BP) d'Afrique du Sud. Les auteurs constatent des différences suivant le biotope mais uniquement pour les hommes et ils en concluent que, chez ces chasseurs-cueilleurs, les activités masculines seraient plus dépendantes des stratégies de subsistance (en relation avec l'environnement) que les activités féminines. Comme dernier exemple, je citerai les recherches de D. E. Hawkey et C. F. Merbs (1995) sur les Inuits. A partir de références ethnographiques et du matériel archéologique, les marques observées sur le squelette ont été mises en relation avec la pratique du kayak, de l'umiak[3] et le travail du cuir. En outre, l'évolution diachronique de l'importance des modifications osseuses a été interprétée comme l'expression d'un changement de mode de subsistance, notamment le passage de la chasse à la baleine à celle du caribou.

Comme nous venons de le voir, les marques au niveau des enthèses ont été utilisées afin de reconnaître la nature des tâches individuelles habituellement effectuées (l'activité *sensu stricto*) et distinguer des modes d'activité selon différents paramètres, principalement le sexe et l'environnement. L'étude de ces marques apparaît donc pertinente pour documenter les comportements des populations européennes du Paléolithique supérieur et du Mésolithique et le fonctionnement de leur société. Il s'agit pour ces périodes d'un champ de recherche peu exploré. Des remarques sur l'aspect des enthèses des squelettes ont déjà été formulées, mais il s'agit généralement d'études de type monographique limitées à quelques individus (Testut 1889 ; Minellono *et al.* 1980 ; Canci *et al.* 1995 ; Grifoni Cremonesi *et al.* 1995 ; Trinkaus et Jelínek 1997 ; Mallegni *et al.* 2000 ; Trinkaus *et al.* 2006). En outre, les études se résument le plus souvent à une description sommaire de l'aspect des insertions (« bien développées », « rugueuses », « robustes », ...) parfois enrichies de remarques fonctionnelles. Le travail de S. M. Borgognini Tarli et E. Repetto (1986a) sur la grotte mésolithique d'Uzzo en Italie se distingue par le nombre d'individus considérés, soit 7 sujets. Selon les auteurs, les traces plus marquées au niveau du membre supérieur par rapport au membre inférieur plaideraient en faveur d'une sédentarisation progressive au Mésolithique, associée à une exploitation intensive du milieu.

Pour le Paléolithique supérieur et le Mésolithique, les seules études portant sur des effectifs conséquents ont concerné un autre type de MOA : les adaptations structurelles (Churchill 1994 ; Churchill *et al.* 2000 ; Holt 2003). S. E. Churchill (1994) s'est attaché à décrire celles du membre supérieur des individus du Paléolithique supérieur et d'autres populations comme les Néandertaliens, tandis que B. M. Holt (2003) s'est intéressée aux membres inférieurs des fossiles du Paléolithique supérieur et du Mésolithique. Les résultats de B. M.

[3] Embarcation non pontée plus large et plus profonde que le kayak.

Holt suggèrent une réduction graduelle de la fréquence des activités impliquant de longues marches ou des courses, du Paléolithique supérieur ancien au Paléolithique supérieur récent puis au Mésolithique (Holt 2003). A l'inverse, la robustesse du membre supérieur augmenterait après le dernier maximum glaciaire, vers 18 000 BP. Cette augmentation serait liée, selon S. E. Churchill (1994), à une exploitation plus intensive et plus diversifiée des ressources à la fin du Paléolithique supérieur. Ces études ne reconnaissent pas de différence nette de morphologie entre les sexes, aussi les auteurs contestent, au moins en partie, la réalité de la division sexuelle du travail à cette période. Selon S. E. Churchill et collaborateurs (2000 : 45), « [...] *it does raise the possibility that sexual division of labour that is near-universal among modern hunter-gatherers had not fully emerged by the later Pleistocene, and that females were engaging (albeit to a lesser degree based on the magnitude of asymmetry) in regular weapon-use behaviours* ».

Les interrogations à l'origine des travaux de B. M. Holt et S. E. Churchill n'ont jamais été posées à partir d'une étude de synthèse sur les modifications osseuses des enthèses, en dépit du potentiel reconnu de l'analyse de ces marques et du nombre relativement important de squelettes du Paléolithique supérieur et du Mésolithique. Il semble pourtant possible d'apporter des réponses (ou au moins de nouvelles pistes de réflexion) sur le thème de la division sexuelle du travail, si difficile à aborder à partir des vestiges matériels. Cette démarche pourrait notamment permettre de confirmer ou d'infirmer l'hypothèse formulée par S. E. Churchill et collaborateurs (2000) à propos de l'absence, au moins concernant la chasse, d'une division sexuelle du travail au Paléolithique supérieur. Par ailleurs, l'identification d'activités précises grâce à la recherche de marqueurs spécifiques serait de nature, au moins en théorie, à apporter des éléments nouveaux sur l'apparition de l'arc. Ce type d'approche pourrait également contribuer à mettre en évidence des changements comportementaux au cours du temps et en particulier enrichir le débat sur les comportements spécifiques et distincts que suggèrent les vestiges matériels du Paléolithique supérieur et du Mésolithique. Là aussi pourrait être discutée l'hypothèse selon laquelle l'emprise sur le milieu et la mobilité des groupes différaient. Une telle approche, outre son originalité, serait complémentaire des études sur la morphologie des os humains et de celles menées à partir des vestiges matériels.

L'objectif de mes recherches était d'acquérir des données sur les activités (*sensu lato*) pratiquées au Paléolithique supérieur et au Mésolithique. Il est très vite apparu que pour l'atteindre, une approche méthodologique complète sur l'étude des marques au niveau des enthèses était à entreprendre. Il était nécessaire de replacer mon objectif dans une problématique plus large et de répondre à la question suivante : qu'est ce qu'une enthèse et en quoi son étude sur os sec est-elle de nature à fournir des informations sur les comportements et les modes de vie des populations du passé ?

La première partie de ce travail est donc une réflexion d'ordre méthodologique. Elle comprend trois chapitres. Le chapitre I illustre l'absence de cadre méthodologique clairement défini et accepté par la majorité des chercheurs pour l'étude des marques au niveau des enthèses. Les données médicales sur l'anatomie et l'anatomopathologie des insertions, réunies dans le chapitre II, montrent que certains des désaccords en anthropologie biologique sont vraisemblablement liés à une non prise en considération des spécificités anatomiques de ces structures. Le chapitre III est essentiellement consacré à la présentation d'une nouvelle méthode d'étude, composée de quatre systèmes de cotation.

La deuxième partie de ce travail, constituée de trois chapitres, concerne la validation de la méthode que je propose. Un échantillon de référence composé de sujets pour lesquels l'âge au décès, le sexe et la profession sont connus est utilisé pour tester l'hypothèse d'une influence de l'activité sur le squelette. Le chapitre IV est dévolu à la constitution de cet échantillon de référence et aux choix des outils statistiques employés. L'analyse des quatre groupes d'insertions retenus est développée dans le chapitre V. Le chapitre VI est une discussion des résultats de la validation. Un seul système de cotation permet de distinguer de réelles différences suivant l'activité professionnelle exercée. La définition, pour ce système de cotation, d'un cadre d'étude applicable à des séries archéologiques conclut la deuxième partie.

L'application de ce système de cotation aux fossiles humains du Paléolithique supérieur et du Mésolithique constitue la troisième et dernière partie de ce travail. Le chapitre VII précise les objectifs de cette application et propose une réévaluation des paramètres biologiques (âge au décès, sexe) des fossiles à partir de méthodes dont la fiabilité est démontrée. Dans le chapitre VIII, les résultats de l'étude des enthèses sont exposés et discutés. Ils permettent d'envisager des variations au cours du temps de la mobilité des groupes et des stratégies de subsistance. La division sexuelle du travail est également évoquée.

1re PARTIE
RÉFLEXIONS MÉTHODOLOGIQUES

Chapitre I
Limites méthodologiques :
état de la question

1. La précision de l'interprétation, les faux positifs

L'étude des modifications des enthèses en tant que « marqueurs osseux d'activité » présente un intérêt qui n'a pas échappé aux chercheurs, entraînant une multiplication des travaux depuis 20 ans. Dans ces travaux, certaines limites méthodologiques ont parfois été omises (Dutour 1992 ; Kennedy 1998 ; Capasso *et al.* 1999), notamment la plus évidente : les sollicitations mécaniques ne représentent pas l'unique cause d'apparition d'une modification osseuse au niveau d'une enthèse (Crubézy 1988 ; Dutour 1992). D'autres facteurs, présentés en détail dans le chapitre suivant, interviennent. Ce sont :

- les processus dégénératifs liés à la sénescence,
- un ensemble de désordres métaboliques ou inflammatoires,
- les anomalies ostéoarticulaires perturbant la biomécanique normale,
- les facteurs hormonaux associés à la ménopause.

Selon certains auteurs, la limite majeure des études réside dans le fait que l'aspect des marques osseuses au niveau des enthèses n'est pas spécifique d'une cause particulière (Crubézy 1988 : 117 ; Dutour 1992 ; Crubézy *et al.* 1998 : 116). Certaines modifications, qui ne sont pas en relation avec l'activité, constituent donc des « faux positifs » (Dutour 1992). L'importance accordée par les auteurs au problème des faux positifs semble varier en fonction d'un autre questionnement méthodologique : la précision des hypothèses et les conditions nécessaires pour pouvoir les formuler. Nous allons voir que si la théorie est toujours la même - des marques au niveau des enthèses observées sur des squelettes peuvent être mises en relation avec les activités des populations du passé - la gamme d'opinions sur la question est assez large.

1.1. Les marqueurs osseux d'activité sensu stricto

Selon O. Dutour (1992 ; 2000), il est possible de déterminer la pratique d'une activité à partir d'un squelette ancien, grâce aux « marqueurs osseux d'activité ». Au sens strict défini par l'auteur, ce terme désigne des marques provoquées par l'hypersollicitation de l'appareil locomoteur qui, une fois identifiées, peuvent permettre la détermination d'une pratique précise. « [...] dans le cadre des marqueurs d'activité, la démarche va de la trace d'une surfonction (altération pathologique de la forme par la fonction) à la reconstitution de la fonction, connue par ailleurs par des exemples actuels » (Dutour 1992 : 235). Les marqueurs osseux d'activité *sensu stricto* sont définis d'après les données de la médecine du travail et du sport ; celles-ci indiquent qu'une activité physique impliquant des gestes répétitifs est susceptible d'entraîner à terme des lésions au niveau d'une enthèse, appelées enthésopathies microtraumatiques. La caractérisation d'une activité précise est envisageable lorsque un squelette présente une enthésopathie identique à celle rencontrée dans des modèles médico-sportifs ou médico-professionnels actuels. Cependant, le marqueur doit avoir une bonne fiabilité qui dépend, d'après l'auteur, de sa sensibilité et de sa spécificité. La sensibilité d'un marqueur n'est en effet jamais absolue : une activité donnée peut provoquer des lésions osseuses uniquement pour certains pratiquants et après un laps de temps plus ou moins long. Ces problèmes de sensibilité invitent à exclure les sujets immatures des études : « [...] *immature individuals would not be expected to have experienced a sufficiently long overuse of specific muscles for bony lesions to have formed* » (Dutour 1986 : 222). La spécificité d'un marqueur est également faillible pour plusieurs raisons. Il est tout d'abord nécessaire de le distinguer des faux positifs ; les individus âgés ou atteints de maladies systémiques doivent, par exemple, être préalablement écartés. La topographie de la lésion peut également être un argument pour reconnaître une enthésopathie microtraumatique. Par ailleurs, plusieurs activités peuvent provoquer la même marque au même endroit : la spécificité d'un marqueur isolé est généralement faible. Il est ainsi préférable, selon O. Dutour, de rechercher plusieurs témoins osseux caractérisant une pratique spécifique. Enfin, un marqueur étant défini pour des activités actuelles, la gestuelle ancienne doit être similaire à celle connue de nos jours. Cette transposition implique le postulat d'une biomécanique invariante. Elle n'est de plus possible que pour des activités dont la cinésiologie des mouvements est bien établie et qui nécessitent des instruments simples, connus archéologiquement pour la période étudiée. Selon O. Dutour, certains marqueurs osseux d'activité *s.s.* présentent une bonne fiabilité, comme l'enthésopathie épicondylienne médiale droite qu'il associe à la pratique du lancer (Dutour 1986 ; 1992 ; 2000).

Premièrement, la cinésiologie des mouvements du lancer est bien définie et elle a probablement peu variée au cours du temps. Deuxièmement, les lésions au niveau de l'épicondyle médial sont rares aujourd'hui. Elles se rencontrent essentiellement chez les femmes en périménopause et les sportifs, principalement les lanceurs de javelot. Troisièmement, ces atteintes se manifestent précocement chez les lanceurs.

1.2. Fréquences des enthésopathies au sein d'un échantillon

Selon E. Crubézy (1988 : 272 ; 1998 : 116-118), la caractérisation d'une activité précise pour un individu donné est difficilement envisageable, du fait de la trop faible spécificité et sensibilité d'une marque sur le squelette. De plus, le postulat d'une biomécanique invariante sous-estime la variabilité individuelle des gestes, selon le savoir faire ou l'outil utilisé (Crubézy *et al.* 1998 : 116-118). La démarche choisie par E. Crubézy est « [...] totalement différente de celle qui définit sur l'os ou les articulations des marqueurs d'activité et qui retrouve ensuite ces activités dans les populations du passé » (Crubézy *et al.* 1998 : 117). La recherche ne porte plus sur l'individu ; elle s'intéresse à des fréquences particulières d'enthésopathies au sein d'un échantillon, une fois écartés les sujets immatures et ceux atteints de désordre généralisé. Plusieurs lésions observées fréquemment au sein d'un groupe de sujets permettent d'envisager la répétition de gestes précis dans ce groupe (Crubézy 1988 : 165). Cette reconstitution est possible grâce aux données sur l'étiopathogénie des lésions ; les enthésopathies de la tubérosité radiale sont par exemple actuellement rencontrés chez des travailleurs de force, lorsque cette insertion est sollicitée le coude semi-fléchi. Une fois identifiés, les gestes peuvent être replacés dans le contexte particulier des activités pratiquées par la population, défini d'après les éléments archéologiques ou iconographiques. Selon l'auteur, un ensemble de lésions (notamment au niveau de la tubérosité radiale) observé pour des individus masculins de la population médiévale de Canac (Aveyron) illustrerait ainsi le port fréquent de charges lourdes.

1.3. Musculoskeletal stress markers

D. E. Hawkey et C. F. Merbs (1995) caractérisent également la pratique d'activités précises à partir des marques au niveau des enthèses. Pour ces auteurs, la condition nécessaire à cette détermination est un large échantillon, culturellement, génétiquement et chronologiquement homogène, composé d'individus ayant pratiqué un nombre limité d'activités spécialisées et connues. Dans leur étude sur les Inuits, les auteurs ont retenus deux causes de faux positifs :

- les anomalies ostéoarticulaires perturbant la biomécanique normale (fractures et arthrose généralisée),
- la non maturité squelettique, les modifications observées pour les sujets immatures étant d'après eux indépendantes des stress mécaniques.

D. E. Hawkey et C. F. Merbs n'utilisent pas le terme *enthesopathy*[1] pour désigner les marques au niveau des enthèses, mais celui de *musculoskeletal stress markers* (MSM). Il réfutent le caractère pathologique de la plupart des MSM et la reconnaissance d'activités précises ne repose donc pas sur des données étiopathogéniques : « *The use of MSM for habitual activity analysis operates under the assumption that degree and type of marker are related directly to the amount and duration of habitual stress placed on a specific muscle. The assumption that the data are correlated with specific activities is based on a wide variety of kinematic and electromyographic studies performed in the past 50 years* » (Hawkey et Merbs 1995 : 324). Les insertions étudiées sont tout d'abord ordonnées suivant l'importance des marques osseuses, cet ordre reflétant selon les auteurs le *pattern* des stress mécaniques subis au cours de la vie. Les muscles les plus sollicités d'après ce *pattern* sont alors distingués et leur fonction permet de proposer la pratique d'une activité précise. C'est de cette manière que les auteurs reconnaissent par exemple l'utilisation du kayak chez les Inuits. Cette démarche est de loin la plus employée par les chercheurs (p. ex. : Peterson 1998 ; Steen et Lane 1998 ; Eshed *et al.* 2004 ; Molnar 2006).

1.4. General patterns

En 1998 paraissaient dans la revue *International Journal of Osteoarchaeology* les actes d'un symposium consacré aux MSM. J. E. Robb exprime dans un des articles une opinion assez éloignée de celles précédemment exposées. Selon l'auteur, « *While interpretation of specific activities is sometimes possible, for the most part, it rapidly encounters methodological difficulties* » (Robb 1998 : 363). Il expose plusieurs de ces difficultés. Premièrement, l'étude de cas ne permet pas de comparaison intra- ou inter-échantillon. Deuxièmement, l'étude populationnelle des MSM reposerait sur une hypothèse infondée. Selon l'auteur, les modifications osseuses des enthèses ne sont pas comparables suivant les sites d'insertion, il n'est donc pas possible de distinguer un *pattern* de sollicitations musculaires particulier. Troisièmement, la variabilité « normale » est rarement prise en compte : les marques osseuses au niveau des enthèses ne sont souvent considérées que dans les cas les plus extrêmes (pathologiques selon l'auteur). Quatrièmement, la

[1] Pourtant employé par D. E. Hawkey dans son *Master of Arts* thesis (Hawkey 1988).

spécificité d'un marqueur vis-à-vis d'une activité donnée est trop faible : « [...] *most muscle groups respond to complex mosaics of biomechanical stresses; the skeleton registers many activities performed at different periods throughout an individual's lifespan* » (Robb 1998 : 363). Enfin, les interprétations sont limitées par les connaissances et l'imagination de ceux qui les formulent et reflètent trop souvent les *a priori* des chercheurs. J. E. Robb écrit par exemple à propos de la division sexuelle du travail : « *When not supported by historical or ethnographic evidence, such interpretations may say more about our own culturally-defined gender categories than about actual activities in the past* » (Robb 1998 : 363).

Pour pallier ces limites méthodologiques, J. E. Robb choisit l'alternative suivante : « *Rather than trying to identify specific activities through muscles sites, I focus on general patterns of muscle marking variability within a skeletal sample* » (Robb 1998 : 364). Il tente ainsi de mettre en évidence une division sociale du travail au sein d'un échantillon italien daté de l'Age du fer. Les seuls individus exclus de cet échantillon sont les sujets immatures. Contrairement aux auteurs précédents, J. E. Robb discute des modes d'activité d'une population du passé en ne s'intéressant pas un seul moment à la fonction des muscles, aux gestes ou aux mouvements : les problèmes de transposition ne se posent donc plus. Selon J. E. Robb, il existe cependant d'autres écueils à ce type d'approche, principalement d'ordre statistique : les données étudiées sont catégorielles, ce qui limite le nombre de tests adéquats, et les valeurs sont souvent manquantes. Toute la validité de la démonstration repose d'après lui sur une analyse statistique pertinente et justifiée de ces données.

2. Les méthodes d'études

Les anthropobiologistes ont souvent étudié les marques osseuses au niveau des enthèses sans réelle méthode, c'est à dire avec de critères définis spécifiquement pour leur travail et choisis sans justification. Si certains auteurs ont explicitement présenté les problèmes concrets de l'étude de ces marques (Stirland 1998), c'est surtout la multiplication des « méthodes » qui révèle les difficultés rencontrées. Ces tentatives expriment la volonté des auteurs d'obtenir pour un squelette des données concernant plusieurs insertions, afin d'envisager l'influence de l'activité dans son ensemble. Elles rentrent donc principalement dans le cadre d'une approche populationnelle (voir *supra* 1.2 ; 1.3 et 1.4). Certains auteurs ont cherché à obtenir des données quantitatives sur l'aspect des enthèses (Stirland 1998 ; Wilczak 1998 ; Zumwalt 2005 ; Henderson et Gallant 2007), mais la plupart se sont cantonnés à l'aspect qualitatif des modifications. Deux types d'approches qualitatives ont été développés : le premier oppose le normal à l'anormal (p. ex. : Dutour 1986 ; Canci *et al.* 1995 ; Bailly-Maître *et al.* 1996 ; Pálfi 1997 ; Al-Oumaoui *et al.* 2004 ; Capasso *et al.* 2004) ; le second utilise des systèmes de cotation permettant de travailler avec plusieurs échelons (p. ex. : Borgognini Tarli et Repetto 1986a ; Angel *et al.* 1987 ; Crubézy 1988 ; Hawkey 1988 ; Robb 1998 ; Stirland 1998 ; Mariotti *et al.* 2004). La majorité de ces auteurs ne propose pas réellement de méthode : la distinction des catégories n'est pas clairement définie et la reproductibilité n'a pas été testée. Comme nous allons le voir, trois études se démarquent toutefois. Deux méthodes ont été conçues dans les premières études sur les enthésopathies et sont toujours utilisées : la méthode d'E. Crubézy (1988) et celle de D. H. Hawkey (1988). La troisième, proposée par V. Mariotti et collaborateurs (2004 ; 2007), est plus complète mais son emploi reste pour l'instant limité.

2.1. Les méthodes quantitatives

Ces méthodes s'appuient sur la radiographie classique (Stirland 1998), le scanner à trois dimensions (Zumwalt 2005), l'utilisation d'un pied à coulisse (Wilczak 1998) ou d'un conformateur (Henderson et Gallant 2007). Les techniques proposées par A. J. Stirland (1998) et C. A. Wilczak (1998) permettent respectivement de calculer la quantité d'os cortical au niveau des insertions et la surface totale de l'enthèse. Ces deux auteurs ne proposent donc pas de critères de détermination des modifications à la surface de l'enthèse (il s'agit plutôt de quantifier une adaptation structurelle), contrairement à C. Y. Henderson et A. J. Gallant (2007) et à A. Zumwalt (2005) qui se sont intéressés à l'irrégularité de la surface osseuse. La méthode de C. Y. Henderson et A. J. Gallant a été mise au point à partir d'une série archéologique médiévale ; celle de A. Zumwalt se fonde sur l'étude d'insertions tendineuses de vingt moutons. Ces deux méthodes, récentes, n'ont pour l'instant pas été appliquées par d'autres auteurs. La collecte des données nécessite dans les deux cas de nombreuses manipulations et transformations. La méthode de C. Y. Henderson et A. J. Gallant implique de transférer sur papier les lignes de profil de l'enthèse relevées avec un conformateur puis de digitaliser les courbes à l'aide d'un scanner (Henderson et Gallant 2007). La démarche est plus complexe dans la méthode de A. Zumwalt, où l'aspect de la surface de chaque enthèse doit d'abord être digitalisé, puis filtré, avant d'extraire des profils qui seront analysés (Zumwalt 2005).

2.2. La méthode de cotation de E. Crubézy

Dans cette méthode, la présence d'une irrégularité de la surface d'insertion ou d'une production osseuse au niveau de l'enthèse caractérise l'enthésopathie. La sévérité de celle-ci est évaluée à partir de la dimension des productions osseuses (Crubézy 1988 : 36, 165 et 171). Trois stades sont ainsi définis :

- stade 1 : aspect remanié de l'insertion, associé ou non à une exostose minime (< 1 mm de hauteur),
- stade 2 : exostose nette parfaitement définie (1 à 4 mm de hauteur),
- stade 3 : exostose exubérante (> 4 mm de hauteur).

Le stade 0 (absence de lésion) n'est pas défini par l'auteur.

2.3. La méthode de cotation de D. E. Hawkey

D. E. Hawkey proposa en 1988 une méthode d'étude des enthésopathies, qui fut complétée ultérieurement lors d'une publication en collaboration avec C. F. Merbs (1995). Les marques osseuses ne sont plus appelées enthésopathies dans cette dernière publication : « [...] *we use the term musculoskeletal stress markers (MSM) to refer specifically to a distinct skeletal mark that occurs where a muscle, tendon or ligament inserts onto the periosteum and the underlying bony cortex. In general, the periosteum is well vascularized, and the number of capillaries that supply the periosteum increases when the muscle/tendon/ ligament – bone junctions are regularly subjected to minor stress. Osteon remodelling is stimulated by this increased blood flow, and develops where there is greatest muscular activity. Hypertrophy of bone, in the form of a robust muscle attachment, is the direct result of this increased stress, and continual stress of a muscle in daily, repetitive tasks creates a well - preserved skeletal record of an individual's habitual activity patterns* » (Hawkey and Merbs 1995 : 324).

Trois catégories de MSM sont distinguées, suivant l'aspect osseux de la modification. Selon D. E. Hawkey, chacun de ces aspects est spécifique d'un mécanisme d'apparition.

1) La robustesse de l'enthèse (*robusticity*), que l'auteur définit ainsi : « [...] *the normal reaction to muscular strain, producing rugged and distinct markings at the site of muscle attachment* [...] » (Hawkey 1988 : 2).
2) La présence d'une fosse avec un fond à l'aspect irrégulier, qui serait associée à la répétition de microtraumatismes.
3) La présence d'un éperon osseux, due selon l'auteur à un traumatisme unique.

Une échelle de cotation en 4 stades[2] est proposée pour chacun de ces traits osseux, le premier stade représentant l'absence de modification osseuse. Les stades sont présentés pour quelques insertions par un texte et une photographie (Hawkey 1988). L'auteur considère que le deuxième aspect (fosse) est en continuité avec le premier (robustesse). Elle propose ainsi l'échelle de cotation suivante :

0 : pas d'expression osseuse
1, 2, 3 : robustesse 1, 2, 3
4, 5, 6 : fosse 1, 2, 3

2.4. La méthode de cotation de V. Mariotti

V. Mariotti et collaborateurs (2004 ; 2007), considérant que les critères d'attribution des stades dans les autres méthodes étaient mal définis, en développèrent une nouvelle fondée sur la distinction de trois traits osseux :

- la robustesse (avec un sens analogue à celui de D. H. Hawkey), qui représente l'aspect osseux « normal » de la zone d'insertion et qui peut avoir différents degrés d'expression. Cinq degrés de robustesse en fonction de l'irrégularité de la surface osseuse sont définis : 1a, 1b, 1c, (regroupés sous l'appellation *weak to medium entheseal development*), 2 (*strong development*) et 3 (*very strong development*) ;
- la forme proliférative de l'enthésopathie dont l'expression est cotée de l'absence d'exostose (degré 0) à une exostose de plus de 4 mm de hauteur (degré 3) ;
- la forme ostéolytique de l'enthésopathie, elle aussi cotée de 0 à 3 et caractérisée par la présence de « *pitting* » ou d'une zone d'érosion.

3. Validation de la théorie

L'aspect théorique de l'étude - les marques osseuses au niveau des enthèses peuvent être mises en relation avec les activités des populations du passé - a rarement été discuté. Nous avons vu que ce postulat repose pour certains auteurs (O. Dutour, E. Crubézy) sur les données étiopathogéniques, alors que d'autres (notamment D. E. Hawkey et J. E. Robb) le défendent d'après les preuves de l'influence des facteurs mécaniques sur le remodelage osseux. Si les auteurs ne s'accordent pas sur les fondements de la théorie, une chose est sûre : bien que des tentatives de validation aient été effectuées, **l'influence de l'activité sur l'apparition des marques au niveau des enthèses n'a jamais clairement été démontrée à partir d'une collection ostéologique**.

3.1. Validation et méthode de E. Crubézy

E. Cunha et C. Umbelino (1995), en appliquant une adaptation de la méthode de E. Crubézy sur une partie (n = 151) de la collection de squelettes identifiés de l'Université de Coimbra, ont cherché une relation entre activité et remodelage osseux des enthèses. Elles avaient défini cinq catégories « professionnelles » :

- travailleurs ruraux (*rural workers*) et professions artisanales nécessitant des efforts physiques importants,
- militaires et paramilitaires,
- travailleurs / ouvriers en industrie, ouvriers qualifiés et propriétaires terriens,
- femmes au foyer,
- travailleurs manuels sans efforts physiques importants.

L'étude n'a pas permis de mettre en évidence de différences significatives entre les catégories. Afin d'expliquer ce résultat, les auteurs ont envisagé la possibilité d'une similitude d'intensité de l'effort physique dans les différents groupes (Cunha et Umbelino 1995). Selon les auteurs, faute de résultats convaincants, l'influence des stress professionnels sur l'apparition des enthésopathies sur le squelette est loin d'être évidente.

[2] Le terme anglais utilisé est *scores*. Ils sont numérotés et utilisés comme des valeurs numériques.

3.2. Validation et méthode de V. Mariotti

L'application de la méthode de V. Mariotti à une centaine de squelettes identifiés (provenant de deux collections italiennes) n'a pu mettre en évidence aucune relation probante entre les métiers et une distribution particulière des enthésopathies (Mariotti *et al.* 2004, 2007). Ces auteurs avaient choisi d'exploiter l'information brute concernant les professions, sans chercher à les regrouper, contrairement à E. Cunha et C. Umbelino. Ce choix, qui *a priori* permet d'éviter des biais d'interprétations, a eu comme conséquence un effectif réduit d'individus pour chaque métier, expliquant, d'après les auteurs, l'échec de la validation.

3.3. Validation et méthode de A. Zumwalt

En 2006 paraissait les résultats d'un test effectué par A. Zumwalt sur l'aspect osseux des enthèses de moutons adultes (selon sa méthode proposée en 2005). Certains des moutons avaient été entraînés sur un tapis roulant une heure par jour pendant 90 jours (n = 10), d'autres non (n = 10). L'étude n'a pas permis de distinguer de différence de morphologie osseuse entre les groupes (Zumwalt 2006). L'auteur a envisagé plusieurs hypothèses pour expliquer ce résultat :

- l'activité n'aurait pas d'influence sur l'aspect osseux des enthèses,
- l'influence de l'activité ne serait effective que durant la croissance squelettique,
- les forces subies par les moutons dans l'expérience auraient été trop faibles.

Synthèse

Dans les approches proposées par O. Dutour (1986, 1992, 2000) et E. Crubézy (1988), tous deux ayant une formation médicale, les marques observées sont des atteintes de l'enthèse (enthésopathies). Les interprétations s'appuient donc sur les données médicales concernant les facteurs d'apparition des enthésopathies mécaniques. A l'inverse, selon D. E. Hawkey et C. F. Merbs (1995) et J. E. Robb (1998), seules les marques osseuses les plus exubérantes sont réellement pathologiques. Dans leur travail, les hypothèses sur la nature des *musculoskeletal stress markers* se fondent uniquement sur des données ostéologiques (matériel archéologique) et celles sur le schéma d'apparition des marques ne reposent sur aucune référence étiopathogénique. La variété des critères choisis dans les méthodes d'étude des marques osseuses au niveau des enthèses reflète également un désaccord sur leur nature et leur processus d'apparition. De plus, les hypothèses sur l'influence de l'activité n'ont jamais pu être vérifiées sur du matériel ostéologique de référence. Ces hypothèses dictent pourtant des choix méthodologiques importants (p. ex. : distinction des sollicitations mécaniques normales et des microtraumatismes, aboutissant à l'échelle proposée par D. E. Hawkey) qui ne sont pas justifiés par ailleurs. En outre, le problème des faux positifs est manifestement sous-estimé, voire ignoré, dans certaines études. Enfin, les auteurs ne s'accordent pas sur les facteurs autres que mécaniques à prendre en compte.

Face à ces nombreuses opinions et hypothèses, diverses et parfois contradictoires, plusieurs réactions étaient envisageables :

- « jeter l'éponge »,
- choisir une méthode et une approche (mais sans critère objectif pour justifier ce choix),
- tenter, par une démarche raisonnée, de clarifier la nature et les processus d'apparition des marques osseuses au niveau des enthèses, préalable indispensable à la mise au point d'une méthode.

J'ai bien évidemment opté pour la dernière alternative. A quoi correspond réellement ce que les chercheurs observent sur le squelette ? Il s'agit d'une première question fondamentale. Des éléments de réponse peuvent être apportés, nous le verrons, par une revue bibliographique des données médicales sur les enthèses et les enthésopathies et par la confrontation de ces données aux observations sur os sec.

Chapitre II
Enthèses et enthésopathies :
données anatomiques

Le terme enthèse vient du mot grec *enthesis* (c'est à dire introduction) qui possède plusieurs significations (Bailly 2000) :

- l'insertion d'une lettre dans un mot,
- l'action de mettre dans la bouche,
- une greffe.

En 1959, G. La Cava s'inspira du terme *enthesis* pour désigner par enthésites les affections liées à l'inflammation des sites d'insertion des tendons sur le squelette (La Cava 1959). Ultérieurement, J. Ball (1971) et G. A. Niepel et S. Sit'Aj (1979) proposèrent que toutes les zones d'insertion des tendons, des ligaments et des capsules articulaires au niveau de l'os soient dénommées enthèses ; le terme enthésopathie fut préféré à celui d'enthésite pour indiquer une modification pathologique de ces zones, indépendamment de sa nature ou de son étiologie. Trente ans plus tard, cette terminologie a perdurée et c'est celle que j'emploierai.

Depuis ces travaux princeps, les études sur l'anatomie et l'anatomopathologie de l'enthèse se sont multipliées, notamment sous l'impulsion de la recherche sur les rhumatismes inflammatoires, et de nombreuses synthèses ont été publiées ces dernières années (Simon *et al.* 1991 (eds) ; Benjamin et McGonagle 2001 ; François *et al.* 2001 ; Benjamin *et al.* 2002 ; Bard *et al.* 2003 (eds) ; Claudepierre et Voisin 2005 ; Benjamin *et al.* 2006). Ces études ont renouvelé l'approche des enthèses et constituent une base incontournable pour comprendre leur aspect sur os sec.

1. Anatomie et histologie des enthèses

1.1. Les différents types d'enthèses

La distinction de deux types d'enthèses en fonction de la nature du tissu de la zone d'insertion, fibreux ou fibrocartilagineux, a été proposée par M. Benjamin et collaborateurs (Benjamin et Ralphs 1998 ; Benjamin et McGonagle 2001 ; Benjamin *et al.* 2002). Cette distinction est aujourd'hui reconnue par de très nombreux auteurs (p. ex. : François *et al.* 2001 ; de Pinieu et Forest 2003 ; Fournié 2004 ; Huber *et al.* 2007) mais les descriptions anatomiques des enthèses ne concernent bien souvent que les seules insertions fibrocartilagineuses (François *et al.* 2001).

1.1.1. Les enthèses fibreuses

Les enthèses fibreuses se situent dans les régions du squelette où l'os est issu embryologiquement d'une ossification membraneuse (François *et al.* 2001). Elles sont surtout caractéristiques de l'attache des fibres tendineuses au niveau des diaphyses des os longs (ossification périostique) où la corticale est importante (Benjamin et Ralphs 1998 ; Benjamin et McGonagle 2001 ; François *et al.* 2001). Elles peuvent cependant être observées au niveau du bloc crânio-facial et des vertèbres (François *et al.* 2001). Les principales insertions infra-crâniennes dont la nature fibreuse est attestée sont présentées dans le tableau 1. Les insertions musculaires par des fibres « charnues » (voir *infra*) ne sont pas mentionnées dans ce tableau, faute de descriptions précises.

Les enthèses fibreuses sur les os longs sont le plus souvent périostées avant la maturité squelettique (Benjamin *et al.* 2002). Le périoste permettrait la migration des insertions tendineuses des zones métaphysaires (Dörfl 1980a, 1980b). Chez l'adulte, selon la persistance ou la disparition du périoste dans la zone d'insertion, deux sous-types d'enthèses fibreuses sont distinguées : périostées et osseuses (Benjamin *et al.* 2002).

Les enthèses fibreuses périostées

Elles s'observent lorsque l'insertion d'un muscle s'effectue par des fibres courtes, dites « charnues » (Kenesi et Tallineau 1991). Elle se rencontrent également au niveau de l'ancrage de certains muscles masticateurs (Hems et Tillmann 2000).

Localisation anatomique	Structure	Enthèse	Références
Rachis	Ligaments	Insertions du ligament longitudinal postérieur	(François *et al.* 2001)
Membre supérieur	Tendons	Terminaison du m. grand pectoral	(Dörfl 1969a ; Benjamin *et al.* 1986)
		Terminaison du m. grand rond	
		Terminaison du m. grand dorsal	
		Terminaison du m. deltoïde	
		Origine du m. triceps brachial (chef latéral)	
		Terminaison du m. rond pronateur	
		Terminaison du m. fléchisseur profond des doigts	(de Pinieu et Forest 2003)
Membre inférieur	Tendons	Insertion des différents muscles sur la ligne âpre	(Dörfl 1969a ; Benjamin *et al.* 2002)
		Terminaison du m. long extenseur des orteils	(Frowen et Benjamin 1995)
		Terminaison du m. long extenseur de l'hallux	
		Terminaison du m. long fléchisseur des orteils	
		Terminaison du m. long fléchisseur de l'hallux	

Tableau 1. Principales insertions fibreuses infra-crâniennes.

Les enthèses fibreuses osseuses

Après disparition du périoste, les fibres collagènes tendineuses sont d'abord incorporées dans une fine couche superficielle d'os nouveau (*woven bone* ou *bundle bone*) qui sera ensuite progressivement remplacée par de l'os lamellaire (François *et al.* 2001).

Qu'il y ait ou non périoste, le processus d'ancrage au niveau d'une enthèse fibreuse est relativement simple chez l'adulte : les fibres collagènes terminales du tendon, du ligament ou du périoste s'intriquent directement dans le tissu osseux[1] (de Pinieu et Forest 2003). Au niveau des enthèses fibreuses, les vaisseaux intra-tendineux peuvent s'anastomoser avec ceux de l'os (Dörfl 1969a).

1.1.2. Les enthèses fibrocartilagineuses

Les enthèses fibrocartilagineuses sont caractéristiques des zones d'ossification secondaire des os longs mais se rencontrent également sur les os courts des mains et des pieds et sur les vertèbres (Benjamin et Ralphs 1998 ; Benjamin et McGonagle 2001). Les principales insertions fibrocartilagineuses connues sont présentées dans le tableau suiva

Au début du développement embryologique, le cartilage hyalin est la seule substance présente au niveau de l'enthèse et le tendon ou le ligament y est accroché (Benjamin *et al.* 2002). Durant la croissance, ce cartilage est érodé du côté osseux par le processus d'ossification enchondrale (Benjamin *et al.* 2002). Dans le même temps, du fibrocartilage est produit par métaplasie dans la zone la plus superficielle et s'étend à l'intérieur du tendon ou du ligament (Benjamin *et al.* 2002). La partie profonde du fibrocartilage se calcifie lorsque la croissance se ralentie : la limite entre fibrocartilage non-calcifié et calcifié apparaît au début de l'adolescence et est toujours plus visible chez les adultes (Benjamin et Ralphs 1998 ; Benjamin et McGonagle 2001).

Quatre zones tissulaires successives sont distinguables chez l'adulte. La figure 1 présente schématiquement cette succession :

Les caractéristiques des quatre zones ont été décrites en détail par R. R. Cooper et S. Misol (1970) et M. Benjamin et collaborateurs (1986 ; 2002).

- L'extrémité du tendon ou du ligament. Cette zone est principalement constituée de fibres de collagène associées à quelques fibres élastiques éparses et à quelques cellules allongées.
- La zone de fibrocartilage non-calcifié. Les cellules allongées prennent graduellement l'aspect de chondrocytes arrondis. Ces cellules s'organisent en rangées parallèles entre lesquelles passent les fibres collagènes et élastiques.
- La zone de fibrocartilage calcifié. Des cristaux, notamment d'hydroxyapatite, sont visibles à l'intérieur et entre les fibres de collagène. Les cellules logées dans des lacunes de la matrice conservent leur caractère cartilagineux.
- L'os sous-chondral. Les fibres de collagène de l'os et celles du fibrocartilage y sont en étroite continuité. La partie osseuse de l'enthèse est composée de la fine couche d'os compact ainsi que du réseau trabéculaire sous-jacent.

Les interfaces entre ces zones tissulaires sont très différentes les unes des autres (Cooper et Misol 1970 ; Benjamin *et al.* 1986) :

[1] Ces fibres pourraient correspondre à celles décrites par W. Sharpey au xixe siècle (Sharpey et Ellis 1856 cité par François et al. 2001). Pour une discussion sur ces structures, voir R. J. François et collaborateurs (2001) et M. Benjamin et collaborateurs (2002).

Localisation anatomique	Structure	Enthèse	Références
Rachis	Ligaments	Insertions des ligaments inter-épineux	(Scapinelli 1989)
		Insertions des ligaments intra-épineux	
		Insertions des ligaments jaunes	(Hayashi *et al.* 1997)
	Annuli fibrosi		(François *et al.* 2001)
Membre supérieur	Tendons	Origine du m. biceps brachial (long chef)	(Benjamin *et al.* 1986)
		Origine du m. triceps brachial (long chef)	
		Terminaison commune des mm. infra- et supra- épineux	
		Terminaison du m. petit rond	
		Terminaison du m. subscapulaire	
		Terminaison du m. biceps brachial	
		Terminaison du m. triceps brachial	
		Terminaison du m. brachial	
		Terminaison du m. brachio-radial	
		Origine commune des mm. épicondyliens médiaux	
		Origine commune des mm. épicondyliens latéraux	
		Terminaison du m. long extenseur radial du carpe	
		Terminaison du m. court abducteur du pouce	
		Terminaison du m. fléchisseur ulnaire du carpe	
		Terminaison du m. extenseur commun des doigts	(Lewis *et al.* 1998)
	Ligaments	Insertions des ligaments collatéraux de l'articulation interphalangienne proximale	
Membre inférieur	Tendons	Terminaison du m. petit fessier	(Dörfl 1969b ; Shea *et al.* 2002)
		Terminaison du m. moyen fessier	
		Origine commune des mm. semi-membraneux, semi-tendineux et biceps fémoral	(Benjamin *et al.* 1986)
		Origines du m. gastrocnemien (chef latéral et médial)	
		Terminaison du m. ilio-psoas	
		Terminaison du m. quadriceps fémoral	(Evans *et al.* 1990)
		Terminaison du m. poplité	(Benjamin *et al.* 1986)
		Terminaison du m. triceps sural	(Dörfl 1969b ; Milz *et al.* 2002)
		Terminaison du m. tibial antérieur	(Frowen et Benjamin 1995)
		Terminaison du m. tibial postérieur	
		Terminaison du m. long fibulaire	
		Terminaison du m. court fibulaire	
	Ligaments	Insertions du ligament croisé antérieur	(Petersen et Tillmann 1999)
		Insertions du ligament croisé postérieur	
		Insertions du ligament patellaire	(Dörfl 1969b ; Evans *et al.* 1990)

Tableau 2. Principales insertions fibrocartilagineuses infra-crâniennes.

Entre les deux premières zones tissulaires, la transition est graduelle et n'entraîne pas de réelle différence dans l'arrangement et la proportion des fibres collagènes. Dans le cas où la couche de fibrocartilage est épaisse, les fibres de collagène peuvent former un angle.

Entre les zones de fibrocartilage non-calcifié et calcifié, une limite nette et régulière appelée *tidemark*[2] s'individualise. Les fibres de collagène croisent cette limite à angle droit.

L'interface entre la zone de fibrocartilage calcifié et l'os sous-chondral est constituée d'un système complexe de multiples chevauchements entre les deux tissus (Hurov 1986). Cette interdigitation correspondrait à la « vraie » limite anatomique entre le tendon ou le ligament et l'os sous-jacent (Benjamin et McGonagle 2001 ; Benjamin *et al.* 2002).

Les quatre zones tissulaires sont présentes dans la partie centrale de l'enthèse où le périoste est absent. À la périphérie, dans la zone la plus éloignée de l'angle formé entre le tendon et l'os, le fibrocartilage est plus rare et les fibres collagènes tendineuses ou ligamentaires s'intriquent avec le périoste (Gao et Messner 1996).

[2] J'ai choisi d'utiliser le terme anglais tidemark communément employé, aucun synonyme français ne faisant l'unanimité : entre autres, ligne basophile pour P. Claudepierre et M. C. Voisin (2005) ou encore ligne de cémentation selon C. Kenesi et C. Tallineau (1991).

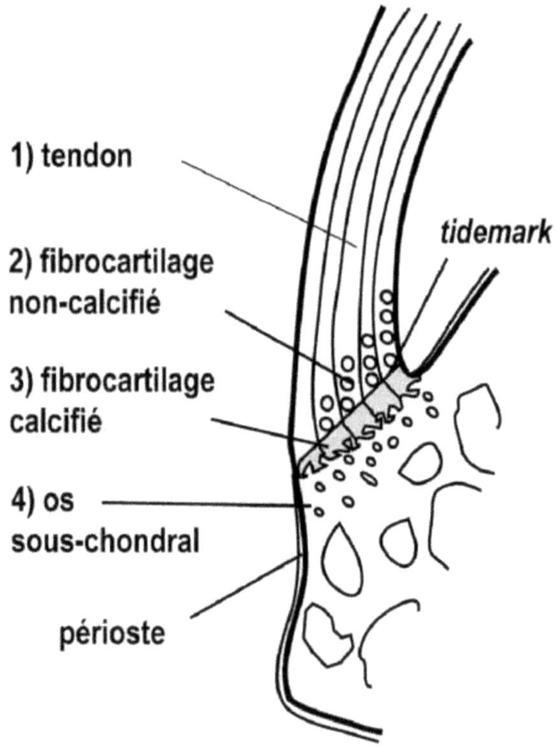

Figure 1. Zones tissulaires d'une enthèse fibrocartilagineuse.

1.2. Le rôle du fibrocartilage

1.2.1. Le fibrocartilage non-calcifié

En 1986, M. Benjamin et collaborateurs, développant une hypothèse formulée par H. Schneider trente ans auparavant, proposèrent l'existence d'une relation entre la présence de fibrocartilage et l'ampleur de la variation angulaire entre le tendon et l'os lors d'un mouvement (Benjamin *et al.* 1986). La figure 2 présente ces différences d'ampleur suivant la localisation de l'insertion dans le cas de l'articulation gléno-humérale. Le fibrocartilage non-calcifié permettrait de protéger le tendon contre les forces de compression en évitant que les fibres de ce dernier ne soient courbées au niveau de la *tidemark* (Benjamin *et al.* 1986). Cette hypothèse est confortée par des travaux ultérieurs portant spécifiquement sur les enthèses du genou (Evans *et al.* 1990) et du coude (Benjamin *et al.* 1992). Les insertions de tendons soumises à des variations d'angles importantes durant le mouvement présentent significativement plus de fibrocartilage non-calcifié que les autres. De plus, le travail de T. A. L. Wren et collaborateurs (2000) a montré que l'application de forces de compression au niveau d'un tendon pouvait stimuler des changements dans les cellules tendineuses et entraîner l'apparition locale de fibrocartilage. Les forces de compression ne seraient cependant pas le seul facteur expliquant la quantité de fibrocartilage non-calcifié, la force maximale de tension ou la taille de l'insertion pourraient aussi jouer un rôle (Evans *et al.* 1990).

1.2.2. Le fibrocartilage calcifié

La signification de la quantité et de la distribution du fibrocartilage calcifié n'est pas aussi clairement établie que celle du fibrocartilage non-calcifié. En 1996, J. Gao et K. Messner ont proposé, avec de nombreuses réserves, que la quantité de fibrocartilage calcifié soit liée à l'importance des contraintes biomécaniques, quelles qu'elles soient, subies après la puberté (Gao et Messner 1996). En outre, la profondeur et la fréquence des interdigitations entre le fibrocartilage calcifié et l'os sous-chondral dépendraient des forces de tension subies durant la puberté (Evans *et al.* 1990; Gao et Messner 1996 ; Benjamin et Ralphs 1998).

1.3. La distinction de deux types d'enthèses : limites théoriques et intérêts en anthropologie

1.3.1. Limites

Bien que la distinction entre enthèses fibreuses et fibrocartilagineuses semble assez nette, des remarques ont été formulées :

- Certaines insertions, crâniennes notamment, sont « mixtes ». T. Hems et B. Tillmann (2000) ont prouvé que la majorité des insertions des muscles masticateurs était de ce type. Ainsi, l'insertion du m. masséter est en partie périostée, en partie osseuse et en partie fibrocartilagineuse.
- Au sein d'une enthèse fibrocartilagineuse, la périphérie ne comporte que peu, voire pas de fibrocartilage (Benjamin *et al.* 1986 ; Benjamin *et al.* 2002).
- Du fibrocartilage peut exister en faible quantité au niveau d'une enthèse diaphysaire (Benjamin *et al.* 1986 ; Benjamin *et al.* 2002).

Malgré ces problèmes, M. Benjamin et collaborateurs estiment que la distinction fibreux / fibrocartilagineux est applicable au squelette infra-crânien et permet d'expliquer les caractéristiques anatomiques et anatomopathologiques des insertions (Benjamin *et al.* 2002). Cette distinction est particulièrement intéressante pour les anthropologues car elle permet en premier lieu de mieux comprendre l'aspect des insertions sur le squelette.

1.3.2. Aspect des insertions sur le squelette

La localisation de l'insertion correspond le plus souvent à un accident sur l'os (crête, fossette, tubercule, tubérosité…) et la forme de l'enthèse est généralement analogue à celle du tendon ou du ligament qui s'insère (Kenesi et Tallineau 1991 ; Benjamin *et al.* 2002). L'aspect de surface de l'enthèse dépend principalement du type d'insertion.

Les insertions fibreuses périostées

Les insertions périostées ont un aspect analogue aux autres surfaces osseuses, les fibres tendineuses n'ayant pas de lien

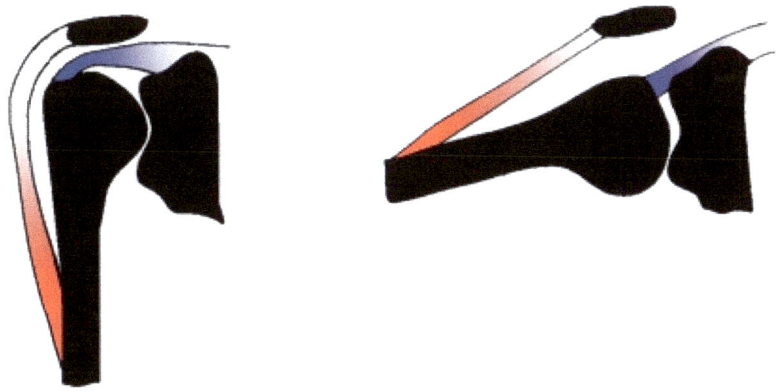

Figure 2. Localisation de l'insertion et variation angulaire entre tendon et os lors du mouvement.
Au cours du mouvement, alors que l'angle entre tendon et os reste constant pour l'insertion fibreuse du muscle deltoïde (en rouge), une importante variation angulaire est observée au niveau de l'insertion fibrocartilagineuse du muscle supra-épineux (en bleu). D'après M. Benjamin et J. R. Ralphs (1998).

direct avec l'os. La surface de fixation sur l'os est lisse et les limites de l'insertion sont mal définies (Benjamin *et al.* 2002 ; Rouvière et Delmas 2002a).

Les insertions fibreuses osseuses

L'aspect sur le squelette des insertions fibreuses osseuses n'a semble-t-il pas suscité beaucoup d'intérêt. La zone d'ancrage se présenterait le plus souvent sous la forme d'une irrégularité ou d'un relief osseux et la surface d'insertion serait rugueuse (Benjamin *et al.* 2002). La surface peut présenter des foramens : la vascularisation tendineuse est en relation directe avec le réseau vasculaire de l'os (Dörfl 1969a ; Benjamin *et al.* 2002).

Les insertions fibrocartilagineuses

Le site d'attache d'une insertion fibrocartilagineuse est lisse, bien délimité et sans foramen vasculaire (Benjamin *et al.* 1986 ; Benjamin *et al.* 2002). Cet aspect, proche de celui des surfaces articulaires et complètement différent de celui des insertions fibreuses, est dû à la présence de fibrocartilage au niveau de l'enthèse (Benjamin *et al.* 1986). C'est la surface de la couche de fibrocartilage calcifié, macroscopiquement lisse et régulière, qui est visible sur os sec, et non l'os sous-chondral. En effet, le fibrocartilage calcifié se conserve au moins en partie après disparition des tissus mous. Cela a été observé pour diverses enthèses de cadavres provenant de salles de dissection (Benjamin *et al.* 1986) et pour l'origine commune des mm. épicondyliens latéraux d'humérus de squelettes humains du Moyen Âge (Henderson et Gallant 2005). En outre, la présence de fibrocartilage empêche le passage des vaisseaux, d'où l'absence de foramen (Benjamin et McGonagle 2001). Des communications vasculaires entre la moelle osseuse et le tendon ou le ligament sont toutefois possibles dans les zones purement fibreuses de l'insertion car le fibrocartilage n'est présent que dans la partie centrale (Dörfl 1969b ; Benjamin et McGonagle 2001).

La distinction entre insertions fibreuses et fibrocartilagineuses est également fondamentale, nous allons le voir, lorsque l'on s'intéresse aux atteintes des enthèses.

2. Pathologies des enthèses

De nombreux travaux traitent des enthésopathies et de leurs étiologies. Cependant, alors que les données sur les lésions des enthèses fibrocartilagineuses s'accumulent, les connaissances sur celles des enthèses fibreuses restent dramatiquement pauvres.

Classiquement, on distingue les enthésopathies dégénératives, inflammatoires, métaboliques et traumatiques (Resnick et Niwayama 1983 ; Freemont 2002 ; Slobodin *et al.* 2007). Dans la synthèse qui suit, fondée en partie sur cette distinction, je présente les causes possibles d'enthésopathies. J'insisterai plus particulièrement sur les enthésopathies dégénératives pour deux raisons. Elles sont probablement les plus fréquentes et les données anatomiques, anatomopathologiques et pathophysiologiques qui les concernent sont primordiales dans une étude sur les marques osseuses laissées par l'activité.

2.1. Enthésopathies dégénératives

2.1.1. Enthésopathies dégénératives liées à la sénescence

Les enthésopathies sont avant tout des pathologies « existentielles » (Lagier 1991). Pour A. Shaibani et collaborateurs (1993), seul le vieillissement est à mettre relation avec l'augmentation des fréquences de signes osseux d'enthésopathie. La désorganisation des fibres collagènes et leur rupture au niveau de l'insertion osseuse ainsi que la production d'os relèvent toutes du processus dégénératif lié à la sénescence (Resnick et Niwayama 1983). Si le rôle de l'âge est indéniable, son effet reste mal explicité. Alors que l'étude sur cadavres de M. Durigon et J.-B. Paolaggi (1991) met en évidence une apparition brusque et globalement homogène des enthésopathies à partir de cinquante ans environ, les travaux sur squelettes d'individus dont l'âge au décès est connu (Shaibani *et al.* 1993 ; Cunha et Umbelino 1995 ; Mariotti *et al.* 2004, 2007) montrent plutôt une augmentation régulière de la fréquence des enthésopathies avec l'âge et ce dès le début de la vie adulte.

En fait, deux phases semblent discernables. La première, qui est observée au début de la vie adulte, concerne principalement le tendon. Progressivement, la résistance tendineuse décroît, le tendon est moins bien vascularisé et hydraté et ses taux de collagène et de glycoprotéines diminuent (Rodineau 1991 ; Bard 2003). Ces processus, notamment la baisse de la vascularisation, pourraient favoriser l'apparition de lésions mécaniques. A partir de la cinquantaine, c'est l'enthèse elle-même qui subit une désorganisation tissulaire.

Les différentes lésions dégénératives des enthèses fibrocartilagineuses sont bien connues (Durigon et Paolaggi 1991 ; Kumagai *et al.* 1994 ; Jiang *et al.* 2002 ; Milz *et al.* 2004 ; Benjamin *et al.* 2007). Elles comprennent :

- la désorganisation des fibres collagènes et des colonnes cellulaires,
- les micro-ruptures tendineuses,
- l'augmentation de l'épaisseur de la couche de fibrocartilage calcifié,
- l'irrégularité de la *tidemark*,
- des dépôts calciques formant des excroissances au niveau de la *tidemark*,
- la désorganisation de la *tidemark* par prolifération du tissu fibrovasculaire ou de la moelle osseuse,
- des micro-arrachements du fibrocartilage calcifié et de l'os sous-jacent,
- la formation de cals osseux appelés enthésophytes,
- la vascularisation de l'enthèse,
- une résorption ostéoclastique dans la zone osseuse sous-jacente à l'insertion.

Comme je le remarquais plus haut, les données sur les enthèses fibreuses sont rares. Dans un travail qui porte essentiellement sur les enthèses fibrocartilagineuses, M. Benjamin et collaborateurs (2007) décrivent succinctement deux modifications observées chez des sujets âgés pour une insertion fibreuse (m. rond pronateur sur le radius) : une production osseuse et une invasion vasculaire du tissu fibreux.

2.1.2. Enthésopathies dégénératives microtraumatiques

Des contraintes mécaniques exagérées en fréquence, en vitesse et / ou en intensité peuvent entraîner une succession de microtraumatismes fragilisant l'enthèse et désorganisant sa structure tissulaire (Husson *et al.* 1991 ; Khan *et al.* 1999 ; Benjamin *et al.* 2006).

Chez le sujet jeune, ces contraintes mécaniques sont le facteur principal d'apparition d'enthésopathies microtraumatiques (Rodineau 1991). Chez l'individu plus âgé, au contraire, c'est la raréfaction progressive de la vascularisation tendineuse proche de l'insertion, dès 30 - 35 ans, qui favorise l'apparition des lésions (Rodineau 1991). Les paramètres biomécaniques sont donc dans ce cas un facteur secondaire.

D'autres facteurs peuvent augmenter le risque d'apparition d'enthésopathies microtraumatiques : le froid, l'utilisation de matériel inadapté, une musculature très développée, des sollicitations importantes sans entraînement ou échauffement, un vice de structures perturbant la biomécanique articulaire, etc. (Commandré 1977 ; Rodineau 1991 ; Bard 2003).

Les enthésopathies microtraumatiques les plus fréquentes chez les sportifs sont observables au niveau des enthèses riches en fibrocartilage, à la périphérie des principales articulations du squelette appendiculaire (La Cava 1959 ; Commandré 1977 ; Dupont *et al.* 1983 ; Krejci et Koch 1985 ; Roger *et al.* 1991 ; Banks *et al.* 2005) : épaule (mm. de la coiffe des rotateurs), coude (mm. épicondyliens latéraux et médiaux, ...), hanche (mm. ischio-jambiers, mm. adducteurs sur le pubis, mm. petit et moyen fessier sur le fémur, ...), genou (insertions du m. quadriceps fémoral et du ligament patellaire, ...) et cheville (insertion du tendon d'Achille).

Les lésions microtraumatiques des tendons et des enthèses font partie des troubles musculo-squelettiques liés au travail. Elles sont principalement décrites pour le membre supérieur (épaule, coude et main) et, une fois encore, uniquement dans le cas des insertions fibrocartilagineuses (Baillargeon et Patry 2003 : 35 ; Roquelaure *et al.* 2006).

Les travaux de plusieurs auteurs, notamment K. M. Khan et collaborateurs (1999) et S. Milz et collaborateurs (2004), indiquent clairement que les lésions microtraumatiques sont similaires aux atteintes dégénératives décrites chez les individus âgés. Ainsi, la vascularisation de l'enthèse, les micro-ruptures tendineuses et les micro-arrachements osseux, la désorganisation des fibres de collagène et de la couche de fibrocartilage calcifié, les dépôts calciques et les enthésophytes peuvent être observés dans les cas d'enthésopathies microtraumatiques (Dupont *et al.* 1983 ; Husson *et al.* 1991 ; Saillant *et al.* 1991 ; Potter *et al.* 1995 ; Selvanetti *et al.* 1997).

Les atteintes microtraumatiques des insertions fibreuses semblent beaucoup plus rares et ne sont bien connues que lorsque l'enthèse est périostée. Des atteintes périostées tibiales se rencontrent par exemple chez les coureurs à pied en raison du surmenage musculaire et des microtraumatismes générés au niveau des insertions des muscles de la loge postérieure (Condouret et Pujol 1985). Concernant l'atteinte microtraumatique des insertions fibreuses osseuses, citons deux cas : l'enthésopathie huméro-deltoïdienne, présente chez certains joueurs de golf ou de pala (Commandré 1977 : 67) et les atteintes osseuses, sous forme de petites lyses, de l'insertion huméral du muscle grand pectoral chez les gymnastes, notamment les adeptes des anneaux (Fulton *et al.* 1979).

2.1.3. Remarques sur les enthésopathies dégénératives

Localisation des atteintes et conséquences tendineuses pour les enthèses fibrocartilagineuses

C'est à la périphérie de l'enthèse fibrocartilagineuse que les lésions dégénératives (microtraumatiques ou liées à la sénescence) se produisent le plus fréquemment (Saillant *et al.* 1991 ; Lazennec *et al.* 2003 ; Nakama *et al.* 2005). Cette localisation préférentielle des lésions est probablement à mettre en relation avec la rareté du fibrocartilage dans cette zone (Nakama *et al.* 2005). La fragilisation de l'enthèse provoquée par la désorganisation tissulaire, qui progresse de la périphérie vers le centre, peut avoir comme conséquence la rupture partielle ou complète du tendon (Potter *et al.* 1995 ; Lazennec *et al.* 2003).

L'influence hormonale

Les lésions sportives et professionnelles des tendons et des enthèses semblent actuellement plus fréquentes chez les femmes (Punnett et Herbert 2000 ; Bard 2003 ; Rose et Metzl 2004). Toutefois, ces différences ne s'observent pas pour toutes les localisations anatomiques et de nombreux paramètres liés au sexe (masse musculaire, masse adipeuse, taille, morphologie, ...), pourraient interagir (p. ex. : Punnett et Herbert 2000 ; Bard 2003).

Parmi les facteurs mis en cause, les hormones ovariennes, notamment l'estradiol et la relaxine, pourraient jouer un rôle important. La contribution de ces hormones dans la réduction de la quantité de glycosaminoglycanes et de collagène a été mise en évidence dans des zones articulaires fibrocartilagineuses (Naqvi *et al.* 2005 ; Hashem *et al.* 2006). De plus, ces hormones favorisent l'hyper-laxité ligamentaire et augmenteraient ainsi le risque intrinsèque d'apparition de lésions mécaniques (Punnett et Herbert 2000 ; Bard 2003 ; Rose et Metzl 2004).

A la ménopause, le niveau sanguin d'estrogène chute significativement (Sowers 2000). Cette baisse entraîne une modification de la composition en collagène des tissus conjonctifs, notamment les ligaments, associée à une perte d'élasticité (Falconer *et al.* 1996 ; Ewies *et al.* 2003). Selon O. Dutour (1992), cette fragilisation tendineuse d'origine hormonale en péri-ménopause favoriserait l'apparition d'enthésopathies chez les femmes.

La prédisposition génétique

L'hypothèse d'une prédisposition génétique à la dégénérescence des enthèses a été proposée en 1997 ; la réponse osseuse aux stress durant la vie serait accentuée chez certains individus prédisposés, les *bone formers* (Rogers *et al.* 1997). Cette hypothèse, fondée sur l'étude de trois séries archéologiques d'âge et de sexe non identifiés et sans données cliniques, est admise par certains anthropobiologistes (Crubézy *et al.* 2002 ; Schmitt *et al.* 2007).

2.2. Les traumatismes

Un traumatisme important dû à un évènement unique peut entraîner une avulsion au niveau de l'enthèse. Les avulsions concernent des insertions diaphysaires (p. ex. : le m. grand pectoral sur l'humérus) ou riches en fibrocartilage (p. ex. : le m. biceps brachial). Dans le premier cas l'avulsion sera le plus souvent tendineuse mais un arrachement osseux est parfois visible (Bak *et al.* 2000). Dans le cas des insertions fibrocartilagineuses, la rupture peut se faire au niveau des quatre tissus mais ne s'observe pas au niveau de la *tidemark*, bien que cette dernière corresponde à la zone de transition tissulaire la plus marquée (Gao *et al.* 1996). Les arrachements de fragments osseux s'observent dans le cas de muscles puissants, notamment les mm. triceps brachial, quadriceps fémoral et triceps sural (Resnick et Niwayama 1983 ; Lazennec *et al.* 2003). Les conséquences osseuses à long terme d'une avulsion tendineuse sont peu documentées. Elles peuvent prendre l'aspect d'une excroissance osseuse, au moins pour les enthèses fibrocartilagineuses (Hirsh et Morgan 1939). Dans d'autres cas, les conséquences d'une avulsion tendineuse au niveau de l'insertion sont minimes, voire inobservables radiologiquement (Chung *et al.* 1999).

Chez les jeunes individus, les atteintes observées en médecine du sport correspondent principalement à des arrachements complets ou partiels de la zone d'ossification secondaire (Resnick et Niwayama 1983 ; Sugimoto et Ohsawa 1994). Ces arrachements résultent d'un traumatisme unique ou d'une répétition de microtraumatismes (Diard *et al.* 2003).

2.3. Les principales maladies systémiques causes d'enthésopathies

2.3.1 Les spondylarthropathies inflammatoires

Les spondylarthropathies inflammatoires constituent probablement, avec la maladie hyperostosique (voir *infra*), la principale source d'enthésopathies non dégénératives. Cet ensemble de maladies rhumatismales voisines regroupe la spondylarthrite ankylosante, le syndrome de Fiessinger-Leroy-Reiter, le rhumatisme psoriasique et les rhumatismes antérocolopathiques, associés ou non selon les auteurs au rhumatisme de la pustulose palmoplantaire et celui des acnés graves (SAPHO) (Moll 1983 ; Benjamin et McGonagle 2001 ; d'Agostino et Breban 2003 ; Huber *et al.* 2007). L'origine de ces maladies est inconnue et semble polyfactorielle : des facteurs mécaniques, bactériens et génétiques sont évoqués[3]. Très tôt, l'enthèse a été reconnue comme une des cibles privilégiées de la spondylarthrite ankylosante et des autres spondylarthropathies inflammatoires, notamment grâce aux travaux de J. Ball (1971) et de J.-B. Paolaggi et collaborateurs (1984a ; 1984b). L'inflammation ne surviendrait qu'au niveau des insertions riches en fibrocartilage, le processus inflammatoire entraînant l'érosion de ce dernier (Benjamin et McGonagle 2001 ; Fournié 2004). Ce processus érosif, relativement bref, est suivi par un dépôt d'os réactionnel puis par la formation d'un enthésophyte. Durant la croissance de ce dernier, l'os nouveau est progressivement remplacé par de l'os lamellaire (Ball 1971 ; Resnick et Niwayama 1983).

2.3.2. La maladie hyperostosique

La maladie hyperostosique, nommée *diffuse idiopathic skeletal hyperostosis* (DISH) dans les pays anglophones, a été décrite en détail pour la première fois par J. Forestier et J. Rotès-Querol en 1950. Cette maladie du sujet âgé et préférentiellement de sexe masculin, d'origine inconnue, se caractérise par une ossification des enthèses (Resnick *et al.* 1975 ; Resnick 2002). La manifestation la plus caractéristique de la maladie est une coulée osseuse au niveau du rachis produisant à terme l'ankylose d'un nombre variable de vertèbres (Forestier et Rotès-Querol 1950 ; Resnick 2002). Des productions osseuses exubérantes sont également observées au niveau des enthèses extra-rachidiennes, qu'elles soient fibreuses ou fibrocartilagineuses (Resnick et *al.* 1975 ; Resnick 2002).

2.3.3. La polyarthrite rhumatoïde

La polyarthrite rhumatoïde est le plus fréquent des rhumatismes inflammatoires chroniques. C'est une maladie polyfactorielle associant causes génétiques et environnementales, qui atteint préférentiellement la femme (Sibilia *et al.* 2005). Elle est caractérisée par la prolifération du tissu synovial et la destruction des structures articulaires (Sibilia *et al.* 2005). Bien que relativement rares, des atteintes érosives des enthèses fibrocartilagineuses secondaires à l'inflammation de la synoviale peuvent être rencontrées (Ball 1971 ; McGonagle *et al.* 1998).

2.3.4. Les maladies métaboliques et endocriniennes

Des altérations des enthèses sont parfois observées en association avec des désordres métaboliques ou hormonaux (tableau 3). Ces maladies généralement rares peuvent entraîner des dépôts de calcium au niveau de l'insertion (chondrocalcinose, hypothyroïdisme, ochronose, ...) ou la production d'enthésophytes comme dans l'acromégalie (Slobodin *et al.* 2007).

Maladies métaboliques et endocriniennes
Acromégalie
Chondrochalcinose
Diabète sucré
Goutte
Hémochromatose
Hypercholestérolémie familiale
Hyperparathyroïdisme
Hypoparathyroïdisme
Hypophosphatémie liée à l'X
Hypothyroïdisme
Insuffisance rénale chronique
Ochronose

Tableau 3. Principaux désordres endocriniens et métaboliques pouvant être associés à des enthésopathies.

2.4. Les enthésopathies calcifiantes érosives

Les tendinites calcifiantes sont des désordres communs, limités et d'étiologie mal comprise (Holt et Keats 1993 ; Railhac *et al.* 2003). Ces atteintes souvent douloureuses sont caractérisées radiologiquement par un dépôt d'hydroxyapatite de calcium dans le tendon, proche de l'enthèse, qui peut se résorber spontanément (Resnick et Niwayama 1983 ; Uhthoff et Sarkar 1991 ; Holt et Keats 1993 ; Railhac *et al.* 2003). Une enthésopathie calcifiante érosive correspond à une tendinite calcifiante associée à une érosion de l'os cortical (Chevrot *et al.* 2003). Assez rares, ces atteintes peuvent être observées au niveau d'insertions fibreuses et fibrocartilagineuses (Hayes *et al.* 1987 ; Chadwick 1989 ; Holt et Keats 1993 ; Chevrot *et al.* 2003 ; Flemming *et al.* 2003 ; Chan *et al.* 2004). Deux explications au phénomène érosif sont proposées (Dürr *et al.* 1997). La première suppose que l'inflammation du tendon associée à une vascularisation accrue provoquerait la lyse osseuse. La seconde explication est mécanique : c'est la sollicitation d'une enthèse subissant le processus inflammatoire qui causerait la résorption osseuse.

2.5. Les enthésopathies induites par la prise de médicaments ou sans cause définie

Pour être complet, il faut citer la prise de fluoroquinolones, de rétinoïdes et de corticostéroïdes comme possible cause de tendinopathies et d'enthésopathies (Wendling *et al.* 1991 ; Slobodin *et al.* 2007). En outre, des enthésopathies locales ne paraissant pas liées à une pathologie sous-jacente, à l'âge ou une activité physique particulière peuvent se déclencher, notamment au niveau de la coiffe des rotateurs et de la région trochantérienne (Claudepierre et Voisin 2005).

3. Le concept étendu de l'enthèse

Plusieurs auteurs ont discuté des frontières du concept d'enthèse et tous s'accordent pour affirmer que celle-ci ne

[3] Pour une revue de ces hypothèses, voir M. Benjamin et D. McGonagle (2001).

peut être réduite à la simple insertion osseuse d'un tendon ou d'un ligament. Les opinions divergent cependant pour définir les structures devant être associées à l'enthèse *sensu stricto*.

3.1. Le complexe anatomo-fonctionnel

G. A. Niepel et S. Sit'aj (1979) englobent sous le terme d'enthèse, outre l'insertion, le péritênon, les bourses séreuses, les tissus fibreux, les paquets adipeux et les os sésamoïdes associés. M. Benjamin et collaborateurs (2001 ; 2002 ; 2004) ont formalisé ce concept et proposent d'appeler *enthesis organ* le complexe anatomo-fonctionnel composé d'enthèse(s) fibrocartilagineuse(s) et de ces structures anatomiques. Du fibrocartilage est quasi-systématiquement observé au niveau de celles-ci. Il assurerait le rôle de protection mécanique au sein de l'*enthesis organ*, soumis à d'importantes forces de compression lors de la transmission de l'action musculaire.

3.2. Le territoire enthésique

B. Fournié a proposé d'élargir le concept d'enthèse en associant aux insertions *sensu stricto* les articulations riches en fibrocartilage ou en ligaments péri-articulaires que sont les amphiarthroses et les diarthro-amphiarthroses (Fournié et Fournié 1991 ; Fournié 2004). D'une part, du point de vue histologique et fonctionnel, ces articulations peu mobiles s'apparentent plus aux enthèses fibrocartilagineuses qu'aux diarthroses vraies. D'autre part, ces articulations sont préférentiellement touchées dans les spondylarthropathies. Ces maladies voisines auraient comme dénominateur commun l'inflammation du territoire enthésique, constitué des enthèses fibrocartilagineuses, des amphiarthroses (symphyse pubienne et manubrio-sternale, disque intervertébral) et des diarthro-amphiarthroses (région sacro-iliaque, articulations distales des doigts et des orteils, etc.).

Synthèse

Qu'il s'agisse des connaissances anatomiques et anatomopathologiques ou des discussions autour du concept d'enthèse, le constat est clair : la quantité d'études et de données pour les enthèses fibrocartilagineuses contraste nettement avec la pauvreté des informations sur les insertions fibreuses. La revue bibliographique effectuée permet de dégager plusieurs points importants pour comprendre à quoi correspond l'aspect osseux d'une enthèse. Nous avons vu que cet aspect est en relation avec la nature de l'insertion, fibreuse ou fibrocartilagineuse.

Concernant les enthèses fibrocartilagineuses :

- les données anatomiques permettent de caractériser l'aspect non pathologique,
- les lésions sont fréquentes,
- les causes principales d'enthésopathies sont l'âge, les facteurs mécaniques, la maladie hyperostosique et les spondylarthropathies,
- les modifications pathologiques rencontrées sont variées,
- ces modifications paraissent peu spécifiques ; il ne semble pas possible de distinguer la cause d'une enthésopathie d'après son aspect sur le squelette. Les traumatismes et microtraumatismes peuvent par exemple provoquer des atteintes similaires.

Concernant les enthèses fibreuses :

- les données anatomiques ne permettent pas de caractériser l'aspect non pathologique,
- les lésions sont rares, ou du moins rarement décrites,
- les causes principales d'enthésopathies semblent être la maladie hyperostosique, les facteurs mécaniques et l'âge,
- les modifications pathologiques rencontrées sont peu variées.

Une relecture critique des méthodes d'étude peut être proposée grâce à ces données. En effet, cette recherche bibliographique sur l'anatomie des enthèses et des enthésopathies permet d'expliquer le premier désaccord en anthropologie biologique concernant les marques osseuses au niveau des enthèses : E. Crubézy (1988) et O. Dutour (1986) se sont intéressés uniquement à des enthèses fibrocartilagineuses ; les études de D. H. Hawkey (1988), J. E. Robb (1998), V. Mariotti et collaborateurs (2004 ; 2007) ont considéré des insertions fibreuses et fibrocartilagineuses sans tenir compte des caractéristiques propres à chaque type. Dès lors, la première opposition constatée - enthésopathies ou *musculoskeletal stress markers* - s'explique aisément. Il en effet difficile de considérer comme pathologique toutes les modifications observées pour les insertions fibreuses osseuses, l'irrégularité de la surface se retrouvant fréquemment en l'absence de tout facteur déclenchant (1.3.2.). A l'inverse, une modification au niveau d'une insertion fibrocartilagineuse doit théoriquement être considérée comme une enthésopathie osseuse (1.3.2.).

Les principales méthodes d'étude des marques osseuses au niveau des enthèses vont maintenant être discutées à partir des données médicales qui viennent d'être présentées.

Chapitre III
Méthodes de cotation :
critiques et nouvelle proposition

Dans le chapitre I, j'ai évoqué les nombreuses « méthodes » d'étude des marques osseuses au niveau des enthèses. Je ne m'attacherai pas ici à une analyse détaillée des méthodes quantitatives (Zumwalt 2005 ; Henderson et Gallant 2007) car l'une des critiques majeures qu'elles suscitent est leur inapplicabilité au matériel archéologique. La collecte des données nécessite en effet de nombreuses manipulations et transformations, trop coûteuses en temps pour être appliquées à de larges séries ostéologiques (voir chapitre I. 2.1.). En outre, les phénomènes taphonomiques ne sont pas pris en compte. Ainsi, les problèmes de mesure au niveau de zones endommagées et l'influence possible des altérations *post mortem* sur les relevés ne sont pas discutés ni même soulevés. Par ailleurs, la reproductibilité de ces méthodes n'est pas abordée. D'autres outils permettront peut-être dans l'avenir une quantification précise et simple des remaniements osseux au niveau des enthèses mais les méthodes quantitatives actuelles ne sont pas opérationnelles en archéologie. De plus, elles n'apportent aucun avantage particulier par rapport aux méthodes qualitatives d'observation à l'œil nu :

- les critères pour considérer une enthésopathie restent à définir et à justifier,
- contrairement à l'assertion de A. Zumwalt (2005), ces méthodes ne permettent probablement pas une étude plus objective de la morphologie des insertions musculaires. Citons à ce propos A. J. Stirland (1998 : 361) : « [...] *such areas* [*of muscle insertion*] *are so difficult to define that repeatability of any measurements must be questioned* ».

Ces problèmes expliquent sans doute le fait que les anthropologistes se sont principalement intéressés aux méthodes qualitatives. J'ai présenté dans le premier chapitre les méthodes de E. Crubézy, de D. E. Hawkey et de V. Mariotti. Il convient maintenant de s'interroger sur leur validité.

1. Critiques des trois principales méthodes de cotation

Plusieurs critiques fondamentales peuvent être formulées. Il faut en particulier noter l'absence, dans les méthodes de E. Crubézy (1988), D. E. Hawkey (1988) et V. Mariotti (Mariotti *et al.* 2004, 2007), de références médicales sur l'anatomie et l'anatomopathologie des enthèses. Ainsi les études de J. Dörfl (1969a ; 1969b ; 1980a ; 1980b), R. R. Cooper et S. Misol (1970), J. Ball (1971), G. A. Niepel et S. Sit'Aj (1979), D. Resnick et G. Niwayama (1983) et M. Benjamin et collaborateurs (1986), pour ne citer que les plus anciennes, ne sont jamais mentionnées.

1.1. La méthode de E. Crubézy

La méthode proposée par E. Crubézy (1988) ne s'applique qu'à des insertions fibrocartilagineuses. Cette méthode appelle trois critiques majeures. Elles concernent :

- 1) L'absence de justification des critères retenus pour considérer une enthésopathie. Des traces pathologiques décrites dans la littérature pour les insertions fibrocartilagineuses et observables sur os sec ne sont pas considérées, en particulier la présence de foramens vasculaires constatée dans certaines enthésopathies dégénératives (chapitre II. 2.1.).
- 2) Les critères pris en compte pour juger de la sévérité des lésions. L'auteur admet une corrélation entre la taille d'un enthésophyte et l'intensité d'une lésion. Cette corrélation n'est pas attestée dans la littérature médicale et semble discutable d'un point de vu clinique : il est en effet très probable que la vitesse de production osseuse au niveau des enthèses soit extrêmement variable d'un individu à l'autre[1].
- 3) Les problèmes de reproductibilité. E. Crubézy a enregistré 10 à 15% d'erreurs intra-observateurs (Crubézy 1988 : 164) et rapporte des fréquences d'erreurs inter-observateurs plus importantes encore (environ 20% dans Crubézy *et al.* 2002).

[1] Voir la très intéressante discussion de J. Rogers et T. Waldron, dans A field guide to joint disease in Archaeology (1995 : 100-105) portant sur les cotations des ostéophytes d'arthrose et la sévérité des lésions.

1.2. La méthode de D. E. Hawkey

Cette méthode est applicable à des insertions fibreuses et fibrocartilagineuses. Très largement utilisée, elle repose sur un ensemble d'hypothèses assez discutables. D. E. Hawkey (1988) considère notamment que l'aspect osseux des modifications permet de distinguer le facteur d'apparition (sans d'ailleurs considérer des facteurs autres que mécaniques ; chapitre I. 2.3.). Il semble pourtant que les marques au niveau des insertions (fibrocartilagineuses ou fibreuses) soient la plupart du temps aspécifiques.

D'après cet auteur, les stress mécaniques quotidiens favoriseraient la vascularisation du périoste au niveau de l'enthèse et ainsi l'ostéogenèse, entraînant l'irrégularité de la surface (Hawkey 1988 ; Hawkey et Merbs 1995, voir citation chapitre I. 2.3.). D. E. Hawkey et C. F. Merbs (1995) reconnaissent toutefois que cette hypothèse ne peut s'appliquer pour toutes les insertions, notamment celles riches en fibrocartilage. Dans ce cas, c'est l'irrégularité du contour de l'insertion qui traduirait la robustesse, mais les auteurs n'expliquent pas les causes d'irrégularité pour le centre de l'enthèse.

Selon D. E. Hawkey (1988), l'origine des lacunes corticales est probablement microtraumatique. Nous avons pourtant vu que l'ostéolyse au niveau d'une enthèse se rencontre aussi bien lors d'une enthésopathie calcifiante érosive qu'au cours d'une spondylarthropathie inflammatoire ou d'une enthésopathie dégénérative (chapitre II. 2.).

Toujours selon cet auteur, les ossifications importantes correspondraient à des séquelles de traumatismes. Or, nous avons vu qu'un traumatisme peut en effet provoquer une ossification au niveau de l'insertion, mais peut également ne laisser aucune marque ou entraîner l'avulsion d'un fragment osseux (chapitre II. 2.2.). En outre, des enthésophytes de grandes dimensions sont souvent constatés sans rupture tendineuse, par exemple dans les cas de maladie hyperostosique ou chez les personnes âgés.

D. E. Hawkey (1988), à partir d'observations de marques de robustesse importante associées à des plages de lyse osseuse de petite dimension, admet une continuité entre ces types de remodelage. La méthode de cotation se présente alors comme une échelle allant de l'aspect sain de l'enthèse (*score* 0) à une insertion en fosse de grande dimension (*score* 6). Cette hiérarchisation pose problème pour trois raisons. D'une part, elle repose sur une hypothèse concernant l'origine des marques de robustesse et des lyses qui est probablement fausse. D'autre part, l'iconographie des insertions en fosse ne montre pas de trace d'irrégularité associée à l'ostéolyse, même lorsque celle-ci est profonde et de grande dimension (voir les figures dans Hawkey 1988 : 83-84). Enfin, dans la littérature anthropologique, des insertions en fosse ne sont décrites chez l'adulte que pour certains sites, l'insertion du ligament costo-claviculaire sur la clavicule et les insertions humérales des mm. grand rond et grand pectoral notamment, sans qu'une étiologie puisse être déterminée (par ex. : Saunders 1978 ; Castex 1990 ; Mafart 1996). Une insertion en fosse, même de faible dimension, affichera toujours un *score* supérieur à une marque de remodelage classique et les sites préférentiellement susceptibles d'être en fosse seront considérés comme plus souvent et plus gravement atteints. La lecture des travaux utilisant cette méthode de cotation montre avec quelle récurrence les insertions du m. grand pectoral, du ligament costo-claviculaire et du m. grand rond (dans une moindre mesure) arrivent en tête des sites les plus atteints, quelles que soient les populations et les activités supposées (par ex. Hawkey et Merbs 1995 ; Munson Chapman 1997 ; Peterson 1998 ; Steen et Lane 1998 ; Eshed *et al.* 2004 ; Molnar 2006). Il est en outre intéressant de noter que ces insertions ne figurent quasiment jamais dans les publications de médecine du sport ou du travail (chapitre II. 2.1.2.).

1.3. La méthode de V. Mariotti

Cette méthode de cotation s'applique à toutes les enthèses, quelle que soit leur nature (Mariotti *et al.* 2004, 2007), ce qui a conduit V. Mariotti à faire certains choix à mon avis problématiques. Ainsi, l'irrégularité de la surface est considérée comme non pathologique. L'hypothèse est envisageable pour les insertions fibreuses, mais elle est de toute évidence fausse pour les enthèses fibrocartilagineuses. Premièrement, ces insertions présentent normalement un aspect lisse, lié à la régularité de la *tidemark* (chapitre II. 1.3.2.). Deuxièmement, dans de nombreux cas d'enthésopathies, les lésions histologiques correspondent uniquement à une destruction partielle ou totale de l'organisation des deux couches de fibrocartilage (chapitre II. 2.1.). Dans le même ordre d'idée, l'auteur retient la présence de foramens vasculaires comme un des traits squelettiques diagnostiques d'une enthésopathie. Ce choix apparaît totalement injustifié dans le cas des enthèses fibreuses pour lesquelles le tendon est en relation vasculaire directe avec l'os (chapitre II. 1.3.2.). Par ailleurs, L'auteur considère, comme E. Crubézy, que la longueur des enthésophytes est en relation avec la sévérité de la lésion ; hypothèse qui reste à prouver. Enfin, à propos de la reproductibilité, V. Mariotti et collaborateurs ont distingué celle pour l'attribution des degrés d'ostéolyse et d'ostéoformation et celle pour l'attribution des degrés de « robustesse » (2004 ; 2007). Les erreurs intra- et inter-observateurs sont rares dans le premier cas (moins de 5%) mais très fréquentes dans le second (20 %).

Synthèse

L'intérêt pour les marques osseuses au niveau des enthèses a eu pour conséquence la publication de nombreux travaux. Pourtant, les résultats sont difficilement comparables du fait de l'hétérogénéité des techniques d'enregistrement utilisées. Certains auteurs ont eu le mérite de définir des protocoles d'étude des enthésopathies sur os sec, cherchant ainsi à proposer une base de travail commune. Malheureusement, nous venons de voir que ces méthodes sont soit inappropriées au matériel étudié, soit réalisées sans référence aux données médicales. Pour ces raisons, les méthodes qualitatives, notamment celle proposée par D. E. Hawkey (1988) qui reste de très loin la plus utilisée, prêtent le flanc à de nombreuses critiques. En premier lieu, il faut retenir que l'aspect osseux d'une enthèse saine n'est jamais clairement défini dans ces méthodes. De plus, il n'y a pas d'accord sur les traits osseux considérés et l'opinion des auteurs diverge sur le caractère pathologique de certaines marques. Enfin, les choix (de traits, d'échelle, ...) ne sont pas argumentés. Les difficultés rencontrées par ces auteurs pour caractériser une enthèse saine et pathologique s'expliquent, au moins pour les méthodes de H. Hawkey et V. Mariotti, par leur volonté d'étudier de la même manière des insertions de nature différente.

De telles lacunes méthodologiques jettent un certain discrédit sur les résultats obtenus et donc sur les interprétations des activités et des modes de vie des populations étudiées qui en découlent. S'ajoutent à ces critiques majeures les remarques, présentées dans le premier chapitre, sur le problème des faux positifs et de l'interprétation.

Il apparaît ainsi indispensable d'entreprendre une nouvelle démarche méthodologique complète dans laquelle seront confrontées les observations de remaniements osseux aux descriptions médicales, afin de clairement définir des critères permettant de considérer une enthèse saine et pathologique sur le squelette. Cette étape est en effet primordiale avant de chercher à confirmer l'hypothèse d'une relation entre les marques osseuses et l'activité.

2. Proposition d'une nouvelle méthode

L'objectif est de caractériser l'aspect osseux des enthèses, quelle que soit la cause d'éventuelles modifications : les marques produites par la répétition de microtraumatismes ne se distinguent vraisemblablement pas de celles provoquées par d'autres processus.

La démarche méthodologique que j'ai mise en œuvre comprend plusieurs étapes :

A) à partir d'une première série archéologique,
   - sélection des enthèses étudiables,
   - définition d'une enthèse saine et pathologique,
   - caractérisation des remaniements et regroupement des insertions,

B) élaboration de systèmes de cotation,
C) vérification de l'applicabilité de la méthode sur une deuxième série archéologique,
D) vérification de la reproductibilité sur la deuxième et sur une troisième série archéologique.

Cette démarche a fait l'objet de deux articles (Villotte 2006 ; Havelková et Villotte 2007).

2.1. Présentation

2.1.1. Caractéristiques des séries archéologiques

Le matériel utilisé se limite à des sujets adultes car c'est à la fin de la croissance et de la maturité squelettique que l'enthèse acquière l'ensemble de ses caractéristiques anatomiques (chapitre II. 1.1.). Trois collections archéologiques, dont deux exhumées lors de fouilles préventives, ont été utilisées.

La série archéologique de la nécropole antique de la rue Jacques Brel, dans la ville de Saintes (Charente-Maritime, France) a servi dans la première phase de mise au point de la méthode. Cette nécropole a été mise à jour en deux campagnes de fouilles (1995 et 1996) dirigées par J.-P. Baigl, B. Farago-Szekeres et J. Roger (AFAN[2]) (Baigl *et al.* 1996). La totalité des individus adultes (34 hommes, 23 femmes et 19 sujets de sexe indéterminé) a été examinée.

La seconde série archéologique provient du cimetière du couvent des Soeurs Grises, situé à Beauvais (Oise, France). Les squelettes ont été exhumés en 1992 lors d'une fouille préventive dirigée par J.-M. Fémolant et réalisée par le service archéologique de la ville de Beauvais (Fémolant 1992). 305 individus adultes (32 hommes, 202 femmes et 71 sujets de sexe indéterminé) ont été identifiés[3]. Cette collection a permis de vérifier que, pour les insertions considérées, la majorité des modifications osseuses avait été cernée dans la première phase de la réalisation de la méthode.

Dans ces deux séries, la diagnose du sexe a été faite à partir de la morphologie et la morphométrie de l'os coxal, associées aux mesures extra-pelviennes, selon les méthodes mises au point par J. Brůžek (2002) et P. Murail et collaborateurs (1999 ; 2005). La fusion de la crête iliaque à l'ilium et celle de l'extrémité sternale de la clavicule (Owings Webb et Suchey 1985) ont été utilisées comme critères de détermination de l'âge au décès dans les deux séries. En outre, la méthode impliquant les modifications de la surface sacro-pelvienne iliaque (Schmitt 2005) a été appliquée aux squelettes de la collection du couvent des Soeurs Grises pour préciser l'âge. Les diagnoses du sexe et de l'âge au décès ont été réalisées par P. Murail (série de Saintes) et S. Kacki (série de Beauvais).

La troisième collection provient du site de Mikulčice-Valy (Moravie, République tchèque), daté du IXe et Xe siècles. Les fouilles dirigées par J. Poulík se sont déroulées de 1954 à 1992. 20 sujets provenant de ce site ont été utilisés dans un test de reproductibilité inter-observateur. L'identification

[2] Actuellement INRAP.
[3] Les sépultures plurielles de type ossuaire ne sont pas considérées dans ce décompte.

individuelle, réalisée par M. Stloukal, repose sur la morphologie pelvienne et crânienne dans le cas de la détermination du sexe et sur différents indicateurs osseux et dentaires pour celle de l'âge (notamment la synostose des sutures crâniennes et l'abrasion dentaire) (Poláček 2005).

2.1.2. Le choix des enthèses étudiées

La sélection des enthèses a été effectuée selon deux critères :

- les sites d'insertion devaient présenter une amplitude de remodelage suffisante pour pouvoir être cotés,
- la variété des modifications osseuses ne devait pas être trop grande car il est alors impossible de graduer les lésions.

36 insertions appendiculaires (18 par côté) ainsi que les insertions rachidiennes des ligaments jaunes ont été sélectionnées. La localisation et la nature (fibrocartilagineuse ou fibreuse) des insertions appendiculaires retenues sont présentées dans le tableau 4.

2.1.3. Définition d'une enthèse saine et pathologique et caractérisation des remaniements

La définition de l'enthèse saine et pathologique que je retiens s'appuie sur les données de la littérature médicale et sur les observations macroscopiques que j'ai réalisées. Cette définition concerne l'aspect de la surface de l'insertion et doit permettre une caractérisation de l'évolution des modifications.

Enthèses fibrocartilagineuses saines et pathologiques

Pour les insertions fibrocartilagineuses, il est possible de mettre en parallèle les lésions au niveau de la *tidemark* décrites dans la littérature et les modifications osseuses observées (tableau 5).

La surface des enthèses fibrocartilagineuses saines est lisse et exempte de foramen, d'excroissance osseuse ou calcique, de trace d'ostéolyse. Une surface irrégulière et / ou présentant l'une de ces modifications sera considérée comme la marque d'une enthésopathie sur le squelette.

Nous avons vu que certains auteurs associaient, entre autres, les bourses séreuses à l'enthèse *sensu stricto* (chapitre II. 3.1.). J'ai pour ma part choisi de limiter l'étude aux insertions tendineuses et ligamentaires proprement dites pour trois raisons :

- à l'heure actuelle, les données sur les bursopathies sont encore trop rares pour en analyser précisément les conséquences sur le squelette,
- les bourses sont souvent inconstantes,
- leur localisation exacte est variable.

Enthèses fibreuses saines et pathologiques

Les descriptions anatomiques sont trop succinctes pour

Muscle(s)	**Localisation**	**Code**	**Nature**	**Groupe**
m. subscapulaire	Humérus : partie supéro-médiale du tubercule mineur	HSC	FC	1
mm. supra-épineux et infra-épineux (terminaison commune)	Humérus : facettes supérieure et moyenne du tubercule majeur	HSI	FC	1
mm. épicondyliens médiaux (origine commune)	Humérus : face antérieure et médiale de l'épicondyle médial	HEM	FC	1
mm. épicondyliens latéraux (origine commune)	Humérus : face antérieure et latérale de l'épicondyle latéral	HEL	FC	1
m. biceps brachial	Radius : moitié médiale de la tubérosité	RBB	FC	1
mm. ischio-jambiers	Os coxal : face postérieure de la tubérosité ischiatique	CSB	FC	1
m. petit fessier	Fémur : face antérieure du grand trochanter	FPF	FC	1
m. moyen fessier	Fémur : face latérale du grand trochanter	FMF	FC	1
m. ilio-psoas	Fémur : sommet du petit trochanter	FIP	FC	1
m. triceps brachial	Ulna : partie postérieure de l'olécrane	UTB	FC	2
m. quadriceps fémoral	Patella : moitie antérieure de la base et face antérieure	PQF	FC	2
m. triceps sural	Calcanéus : moitié inférieure de la face postérieure	CTS	FC	2
m. grand pectoral	Humérus : lèvre antérieure du sillon intertuberculaire	HGP	F	4
m. deltoïde	Humérus : tubérosité deltoïdienne	HDE	F	4
m. rond pronateur	Radius : partie moyenne de la face latérale	RRP	F	4
m. grand fessier	Fémur : tubérosité glutéale	FGF	F	4
mm. vaste médial, grand adducteur et long adducteur	Fémur : tiers moyen de la lèvre médiale de la ligne âpre	FLA	F	4
m. soléaire	Tibia : moitié inférieure de la ligne oblique	TSO	F	4

Tableau 4. Insertions appendiculaires étudiées. F : fibreuse ; FC : fibrocartilagineuse.

Modification observée sur le squelette	Modification décrite dans la littérature	Nature de l'enthésopathie	Références
Excroissance osseuse ou calcique = « enthésophyte »*	Dépôt calcique au niveau de la *tidemark*	Dégénératif (SN)	(Durigon et Paolaggi 1991 ; Kumagai *et al.* 1994 ; Milz *et al.* 2004)
	Cal de réparation : enthésophytes	Dégénératif (SN)	(Milz *et al.* 2004)
		Dégénératif (MT)	(Dupont *et al.* 1983)
		Inflammatoire (SPI)	(Ball 1971 ; Resnick et Niwayama 1983)
	Enthésophyte d'hyperostose	Maladie hyperostosique	(Resnick *et al.* 1975)
Irrégularité de la surface	Irrégularité de la *tidemark*	Dégénératif (SN)	(Durigon et Paolaggi 1991 ; Kumagai *et al.* 1994 ; Milz *et al.* 2004)
Ostéolyse	Erosion	Dégénératif (SN)	(Jiang *et al.* 2002)
		Inflammatoire (SPI)	(Ball 1971 ; Resnick et Niwayama 1983)
		Inflammatoire (ECE)	(Flemming *et al.* 2003 ; Chan *et al.* 2004)
Foramen	Vascularisation accrue de l'enthèse	Dégénératif (SN)	(Kumagai *et al.* 1994 ; Milz *et al.* 2004)
		Dégénératif (MT)	(Dupont *et al.* 1983 ; Potter *et al.* 1995)
		Inflammatoire (SPI)	(Ball 1971 ; d'Agostino et Breban 2003)
Géode	Arrachement osseux	Dégénératif (MT)	(Husson *et al.* 1991)

Tableau 5. Insertions fibrocartilagineuses : correspondance admise entre les modifications osseuses observées et les descriptions des atteintes du fibrocartilage calcifié et de l'os sous-jacent.
*SN : sénescence ; MT : microtraumatismes ; SPI : spondylarthropathies ; ECE : enthésopathies calcifiantes érosives. * La distinction d'un enthésophyte vrai (excroissance osseuse) n'est pas toujours évidente sur le matériel archéologique.*

définir des critères pertinents distinguant avec certitude une enthèse fibreuse saine ou pathologique. Cependant, une irrégularité de la surface ou des ostéolyses sont observables au niveau de ces insertions lors d'enthésopathies. Je définirai donc, faute de mieux, une enthèse fibreuse non pathologique comme une insertion dont la surface est lisse et sans traces d'ostéolyse ou d'ostéoformation.

2.1.4. Caractérisation des remaniements

Pour chaque insertion (fibreuse ou fibrocartilagineuse) examinée, j'ai cherché à caractériser les types de modification. J'ai également localisé les atteintes au niveau de l'insertion et effectué des mesures des productions osseuses et des ostéolyses. Chaque cas a fait l'objet d'un cliché photographique. Cette démarche a permis d'établir un schéma d'évolution des modifications osseuses pour chacune des insertions.

2.1.5. Groupes d'insertions

Quatre types de processus de remodelage ont été distingués, permettant de définir quatre groupes d'insertions (tableau 4) dont les modifications osseuses sont analogues.

Groupe 1 : insertions fibrocartilagineuses appendiculaires dont le remaniement peut concerner le centre ou le contour de l'enthèse. Fréquemment, ces deux parties sont atteintes conjointement. Les modifications du contour, se présentant comme une déformation ou une ostéoformation (enthésophyte), sont difficilement mesurables.

Groupe 2 : insertions fibrocartilagineuses appendiculaires dont les modifications peuvent affecter le centre ou le contour de l'enthèse. Les atteintes du centre sont inhabituelles alors que le remodelage du contour, qui se présente sous la forme d'ostéoformation (enthésophyte), est très fréquent et facilement mesurable. L'association d'une atteinte du contour et du centre est exceptionnelle.

Groupe 3 : insertions fibrocartilagineuses rachidiennes pour lesquelles il est impossible de distinguer un centre et un contour. Le remodelage se manifeste sous la forme d'ostéoformation (enthésophyte) facilement mesurable.

Groupe 4 : insertions diaphysaires considérées comme fibreuses (à propos de la nature de ces enthèses, voir la discussion à la fin du chapitre). Il est impossible d'individualiser un centre et un contour. Le schéma de remodelage se caractérise par une irrégularité croissante de la surface. Exceptionnellement, une lacune corticale est observable.

La présentation détaillée des enthèses de chaque groupe est proposée dans l'annexe A. Elle inclue des descriptions anatomiques, biomécaniques et lésionnelles, des remarques méthodologiques et des références d'études anthropologiques.

Un système de cotation, intégrant les observations sur les aspects osseux et les données descriptives publiées, a été mis au point pour chaque groupe. La corrélation entre intensité de remodelage osseux et intensité lésionnelle étant ténue, un nombre restreint de stades (3) a été choisi. En suivant le conseil de A. J. Stirland (1998), les lettres A, B, C ont été préférées à des chiffres pour désigner ces stades. Cela indique explicitement aux utilisateurs que les stades ne peuvent être traités statistiquement comme de simples valeurs numériques.

2.1.6. Test de la méthode sur la série archéologique du couvent des Soeurs Grises de Beauvais

Sur la série du couvent des Soeurs Grises de Beauvais, cette méthode a pu être appliquée sur la quasi-totalité des individus. Les rares exceptions concernent des cas pathologiques, lorsqu'un traumatisme proche d'une zone d'insertion a entraîné une modification osseuse majeure par exemple. En outre, il est important de noter que le caractère inhabituel des lésions au niveau du centre de l'insertion pour le groupe 2 et la rareté des lacunes corticales pour le groupe 4 ont été confirmés.

2.2. Les systèmes de cotation

2.2.1. Système 1

Ce système permet d'étudier les 9 insertions du groupe 1 (tableau 4). Ces insertions appendiculaires sont fibrocartilagineuses. Les modifications concernent séparément ou conjointement le centre et le contour de l'attache. Deux échelles, l'une pour le contour, l'autre pour le centre, ont été réalisées. Elles permettent d'attribuer un score à chacune de ces zones. Les deux scores sont additionnés afin de déterminer un stade.

Remaniements du contour

La modification majoritairement rencontrée au niveau du contour des insertions est une production enthésophytique. Trois degrés de remaniement sont distingués. La valeur du degré est indiquée entre parenthèses :

- absent (0) : contour régulier,
- mineur (1) : contour saillant ou irrégulier,
- majeur (2) : enthésophyte(s).

La figure 3 illustre plusieurs degrés de modification de l'insertion radiale du biceps brachial. Pour les 9 insertions, la partie du contour la plus souvent atteinte ainsi que des remarques sur les spécificités des remaniements sont indiquées dans le tableau 6.

Remaniements du centre

Les lésions centrales sont plus variées que celles du contour (tableau 5). Les traces de vascularisation sont prises en compte à partir d'un nombre de foramens supérieur ou égal à trois et seules les géodes dont le diamètre est supérieur à 1 mm sont retenues. Trois degrés sont distingués. Une valeur, indiquée entre parenthèses, est attribuée à chacun de ces degrés :

- absent (0) : surface régulière, absence de foramen ou de géode (figure 4 a).
- mineur (1) : a) ou b).
  a) Moins de la moitié de la surface de l'insertion présente une des modifications listées dans le tableau 5 (figure 4 b).
  b) Une irrégularité légère, sous forme de petites aspérités occupe toute la surface (figure 4 c).
- Majeur (2) : plus de la moitié de la surface d'insertion offre des modifications importantes. Il s'agit le plus souvent de l'association de plusieurs types de remaniements (fi"gure 4 d).

Détermination du stade

L'addition des valeurs attribuées pour le centre et le contour permet de déterminer le stade :

0 = stade A
1 et 2 = stade B
3 et 4 = stade C

La figure 5 illustre trois exemples d'attribution de stade.

2.2.2. Système 2

Le système 2 s'applique à trois insertions fibrocartilagineuses du squelette appendiculaire (tableau 2). Ces insertions, comme celles du groupe 1, présentent

Site	Bord généralement atteint	Remaniement mineur	Remaniement majeur
HSI	Latéral	Contour saillant ou irrégulier	Production amorphe
HSC	Distal et latéral	*Idem*	Petite crête
HEM	Médial	*Idem*	*Idem*
HEL	Latéral	*Idem*	*Idem*
RBB	Médial	*Idem*	Petite crête ou petits enthésophytes
CSB	Proximal et latéral	Petit enthésophyte localisé	Plusieurs enthésophytes importants*
FIP	Médial	Contour saillant ou irrégulier	Enthésophytes*
FPF	Distal et latéral	*Idem*	*Idem*
FMF	Tout le contour	*Idem*	*Idem*

Tableau 6. Enthèses du groupe 1 : zone du contour préférentiellement atteinte et aspects des remaniements mineurs et majeurs les plus fréquents.
*Ces remaniements sont illustrés dans la figure 3. * Voir les remarques spécifiques sur les modifications du contour de ces insertions (annexe A).*

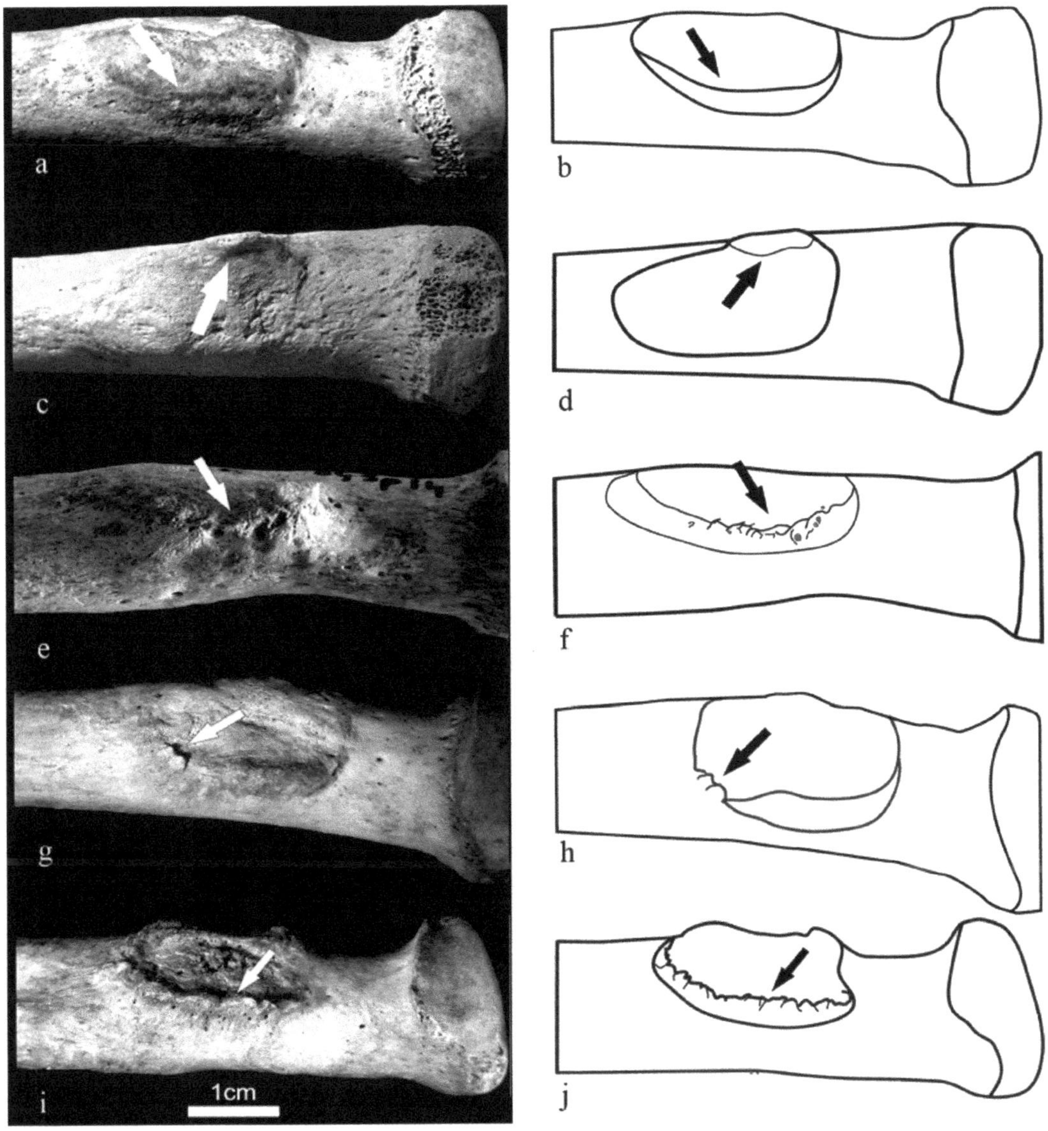

Figure 3. Système 1 : remaniement du contour, exemple de l'insertion du m. biceps brachial sur le radius.
Chaque cliché est associé à un schéma ; la valeur attribuée pour le remodelage est indiquée entre parenthèses.
a et b : contour régulier, sans trace de remodelage (0).
c et d : contour avec une petite saillie régulière (1).
e et f : contour présentant un aspect irrégulier, sans production osseuse (1).
g et h : contour avec un enthésophyte bien distinct (2).
i et j : contour avec une crête enthésophytique bien distincte (2).

un centre et un contour. Cependant, ces deux zones sont très rarement atteintes simultanément. Le plus souvent, une production enthésophytique plus ou moins importante se développe à la périphérie de l'enthèse. Beaucoup plus rarement, alors que cette production est absente, le remaniement osseux affecte le centre sous forme d'une plage d'érosion. J'ai considéré que ces deux schémas de remodelage indépendants justifiaient deux échelles distinctes. Dans le premier cas, l'attribution du stade dépend de la dimension de la production osseuse. Le tableau 7 indique pour chaque site d'insertion la partie du contour la plus souvent atteinte ainsi que des remarques sur l'aspect des enthésophytes.

Lorsque la modification est centrale et de type érosif, l'attribution du stade dépendra alors de la dimension de la plage d'ostéolyse. Dans les cas exceptionnels où une érosion centrale est associée à une production enthésophytique marginale, le stade de remodelage le plus important est alors retenu. Ainsi, lorsqu'une plage érosive étendue à toute la surface (stade C) est associée à un enthésophyte d'un millimètre de longueur (stade B), un stade C est attribué.

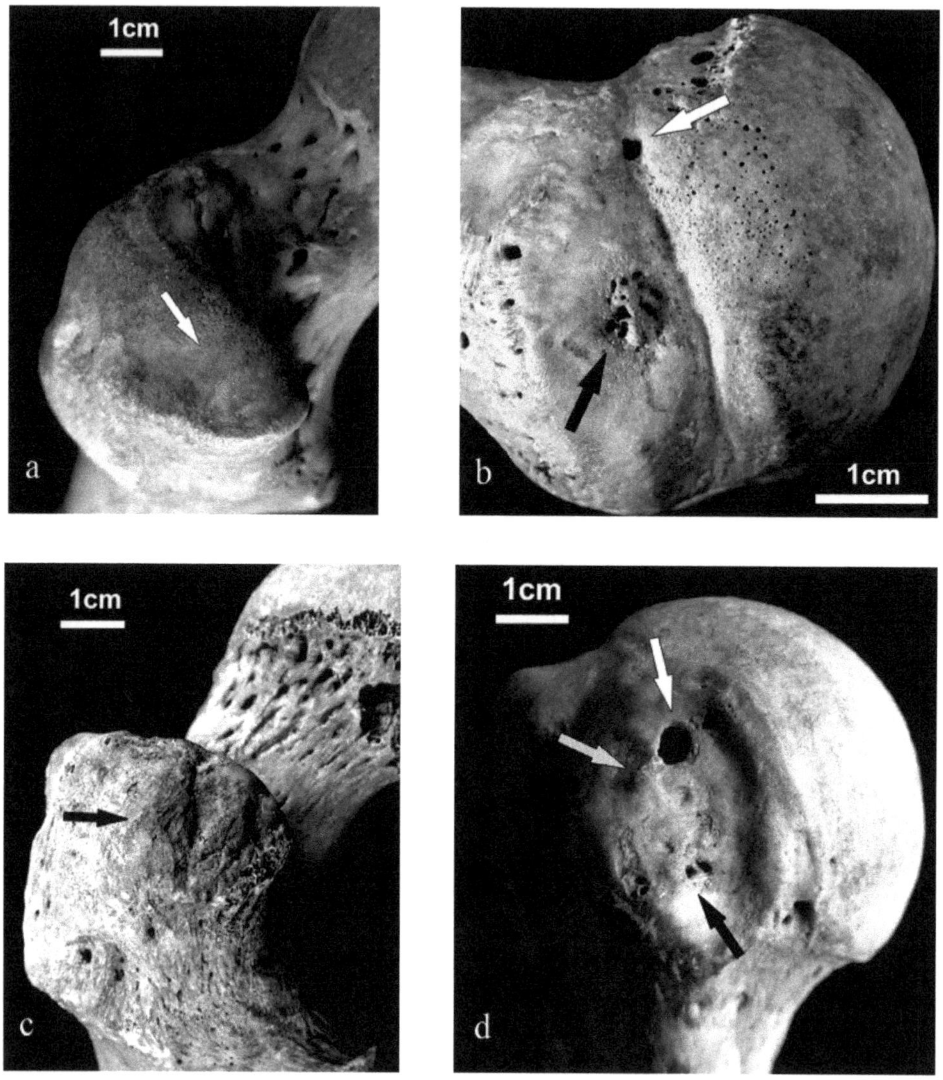

Figure 4. Système 1 : remaniement du centre.
a) Insertion du m. moyen fessier sur le grand trochanter. La surface est régulière et lisse.
b) Insertion commune sur l'humérus des mm. infra- et supra-épineux. Une association localisée de foramens et de production osseuse est observable à la surface de cette enthèse (flèche noire). La flèche blanche indique une géode extérieure à l'insertion.
c) Insertion du m. moyen fessier sur le grand trochanter. Toute la surface est légèrement irrégulière.
d) Insertion sur l'humérus du m. subscapulaire. Plus de la moitié de la surface de l'insertion est irrégulière et présente des modifications, sous forme de géode (flèche blanche), de légère production osseuse (flèche grise) et de foramens (flèche noire).

- Stade A : absence d'enthésophyte clairement distinct ou de plage d'érosion (figure 6 a). Existence possible, au niveau du contour, de petites arêtes perpendiculaires au grand axe de l'insertion.
- Stade B : a) ou b).
  a) Présence à la périphérie d'un ou plusieurs petit(s) enthésophyte(s) clairement distinct(s) de longueur inférieure ou égale à 2 mm (figure 6 b).
  b) Présence au centre d'une plage d'érosion. Sa surface est inférieure ou égale à la moitié de la surface totale de l'insertion (figure 6 c).
- Stade C : a) ou b).
  a) Présence à la périphérie d'un ou plusieurs enthésophyte(s) bien développé(s) de longueur supérieure à 2 mm (figure 6 d).
  b) Présence au centre d'une plage d'érosion. Sa surface est supérieure à la moitié de la surface totale d'insertion.

2.2.3. Système 3

Les enthèses du groupe 3 correspondent aux insertions fibrocartilagineuses rachidiennes des ligaments jaunes. Ces ligaments relient les lames vertébrales de l'axis au sacrum. Entre chaque vertèbre se trouvent deux ligaments jaunes qui s'unissent médialement au niveau de l'enthèse.

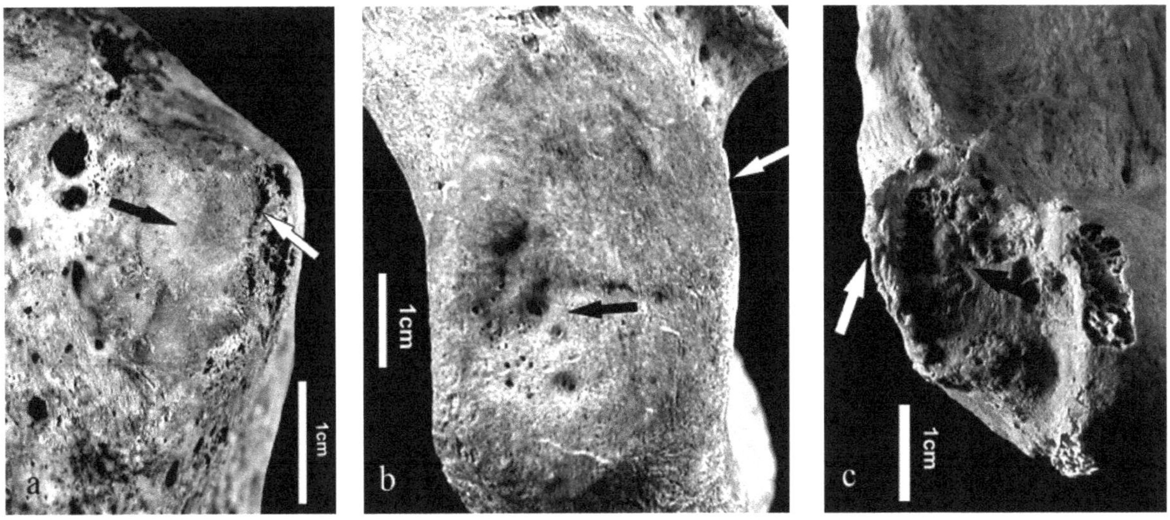

Figure 5. Système 1 : exemples d'attribution du stade.

Les flèches noires indiquent l'aspect de la surface, les flèches blanches caractérisent le contour.

a) Stade B. Insertion du m. subscapulaire sur l'humérus. La surface de l'insertion est régulière, sans foramen ; le contour est irrégulier.

b) Stade B. Insertion des mm. semi-membraneux et biceps fémoral sur l'os coxal. La surface de l'enthèse est régulière mais présente des foramens sur une plage localisée ; le contour est régulier.

c) Stade C. Insertion des mm. épicondyliens latéraux sur l'humérus. La majorité de la surface de cette insertion est irrégulière ; le contour forme une crête enthésophytique.

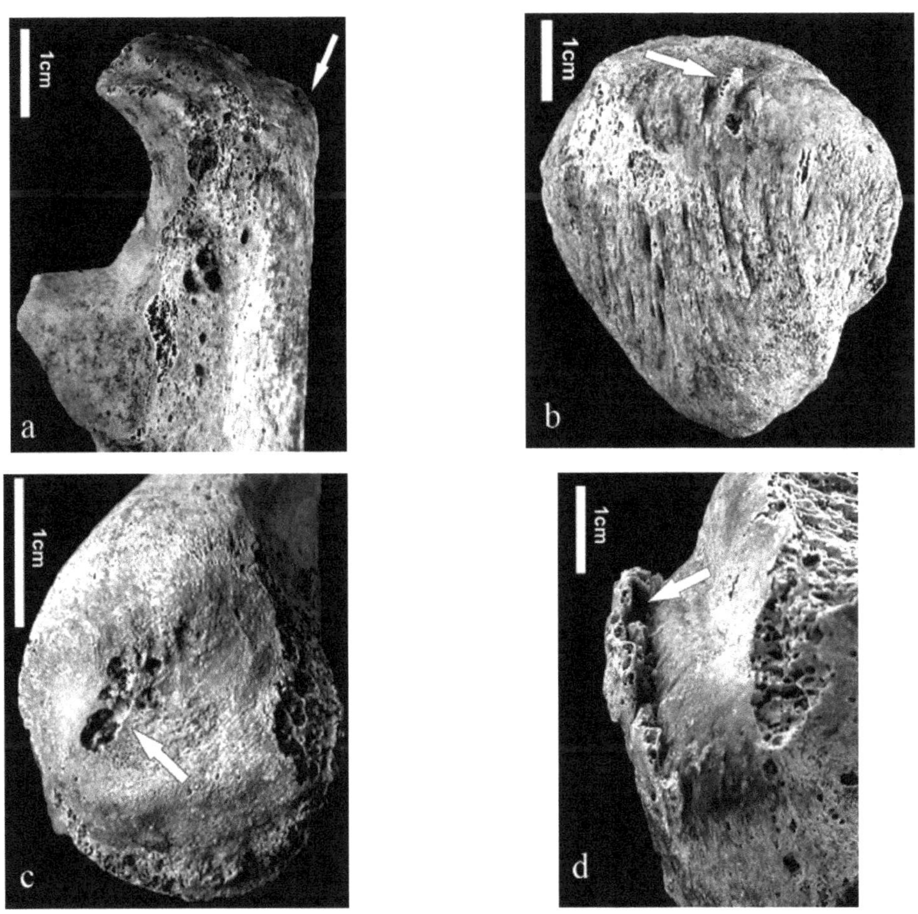

Figure 6. Système 2 : illustration des stades.

a) Stade A. Insertion du m. triceps brachial sur l'ulna. Le contour de l'insertion ne présente pas d'enthésophyte. La surface ne présente pas de trace d'érosion.

b) Stade B. Insertion du m. quadriceps fémoral sur la patella. Le contour de cette insertion présente un enthésophyte unique (< 2 mm).

c) Stade B. Insertion du m. triceps brachial sur l'ulna. La surface présente une plage érosive localisée.

d) Stade C. Insertion du m. triceps sural sur le calcanéus. Le contour de cette insertion présente un large enthésophyte (> 2 mm).

Site	Bord généralement atteint	Aspect du stade B	Aspect du stade C
UTB	Postérieur	Un enthésophyte à base étroite ou large	Un enthésophyte à base large
PQF	Antéro-distal	Quelques enthésophytes	Un « peigne enthésophytique »
CTS	Distal	Quelques enthésophytes	Plusieurs larges enthésophytes

Tableau 7. Enthèses du groupe 2 : zone du contour préférentiellement atteinte et aspects du remodelage majoritairement rencontrés pour les stades B et C.

Il n'est pas possible de distinguer de périphérie et de centre pour ces insertions. L'altération typiquement rencontrée est une production enthésophytique (pour revue et discussion, voir Campo Martin *et al.* 2003). La distinction des stades du système 3, modifiée d'après E. Crubézy (1988), repose sur la taille des enthésophytes (figure 7). Ces atteintes sont observables au niveau des insertions proximales et distales des ligaments. Chaque insertion, proximale et distale, est cotée sans distinction droite / gauche. En effet, celle-ci n'apparaît justifiée ni d'un point de vue anatomique (union des ligaments au niveau de l'insertion) ni d'un point de vue méthodologique (présence fréquente d'un remodelage central débordant des deux côtés).

Insertion proximale

Les altérations sont observables médialement à la jonction des lames vertébrales ou latéralement, à proximité des processus articulaires inférieurs.

- Stade A : enthésophyte absent ou de longueur inférieure à 1 mm. Cette limite permet d'éliminer les variations non pathologiques, toutefois je ne conseille pas son application pour les vertèbres cervicales. A ce niveau, les remaniements sont rares (pour la nécropole Jacques Brel : 4 %, n = 8) et nettement distinguables contrairement à ceux des autres étages vertébraux. Ceci justifie le fait de considérer les modifications les plus minimes comme des stades B.
- Stade B : un ou plusieurs enthésophyte(s) de 1 à 4 mm de long.
- Stade C : un ou plusieurs enthésophyte(s) de plus de 4 mm de long.

Insertion distale

Les enthésophytes sont observables médialement à la jonction des lames vertébrales ou latéralement, sur les lames. Dans ce cas ils peuvent alors prendre la forme d'une fine paroi osseuse dont la surface ou la crête est irrégulière. Les productions osseuses peuvent être particulièrement proches des processus articulaires supérieurs ; il est alors nécessaire de les distinguer des ostéophytes d'arthrose.

- Stade A : enthésophyte absent ou de longueur inférieure à 1 mm. Une fine lame régulière peut être observée, notamment au niveau des vertèbres thoraciques basses.
- Stade B : a) ou b).
  a) Présence d'un ou plusieurs enthésophyte(s) de 1 à 4 mm de long.
  b) Présence d'une lame osseuse de 1 à 4 mm de largeur dont la surface ou la crête est irrégulière.
- Stade C : a) ou b).
  a) Présence d'un ou plusieurs enthésophytes de plus de 4 mm de long.
  b) Présence d'une lame de plus de 4 mm de largeur dont la surface ou la crête est irrégulière.

2.2.4. Système 4

Ce système s'applique aux six enthèses fibreuses réunies dans le groupe 4 (tableau 4). Deux schémas de remodelage peuvent être rencontrés. Le plus commun consiste en une augmentation de l'irrégularité de la surface ; il concerne toutes les insertions de ce groupe. Le deuxième type de remodelage, observé uniquement pour l'insertion du m. grand pectoral, correspond à une absence locale de l'os cortical. La cotation, inspirée de la méthode de D. E. Hawkey (1988), se fonde sur le degré d'irrégularité de la surface ou sur la dimension de la lacune corticale (figure 8).

- Stade A : surface régulière.
- Stade B : a) ou b).
  a) Présence d'une irrégularité nette sur la majeure partie de la zone d'insertion. Il n'y a pas de production osseuse qui surélève tout ou partie de l'insertion.
  b) Présence d'une lacune locale de l'os cortical de longueur inférieure à 20 mm.
- Stade C : a) ou b).
  a) Présence d'une irrégularité nette sur la majeure partie de la zone d'insertion. Présence d'un grand ou de plusieurs petits reliefs se distinguant de la zone d'insertion (voir le tableau 8 pour l'aspect de ces reliefs suivant les sites).
  b) Présence d'une lacune locale de l'os cortical de longueur supérieure ou égale à 20 mm.

Pour l'insertion du m. grand pectoral, dans les cas exceptionnels où une absence locale de l'os cortical est associée à une irrégularité de la surface, le stade de remodelage le plus important est attribué. Ainsi, lorsqu'une lacune corticale de moins de 20 mm de long (stade B) est associée à une irrégularité du reste de la surface avec production osseuse (stade C), un stade C est attribué.

2.2.5. Les cotations impossibles

Il existe une variété de cas où une insertion ne peut être cotée, entre autres :

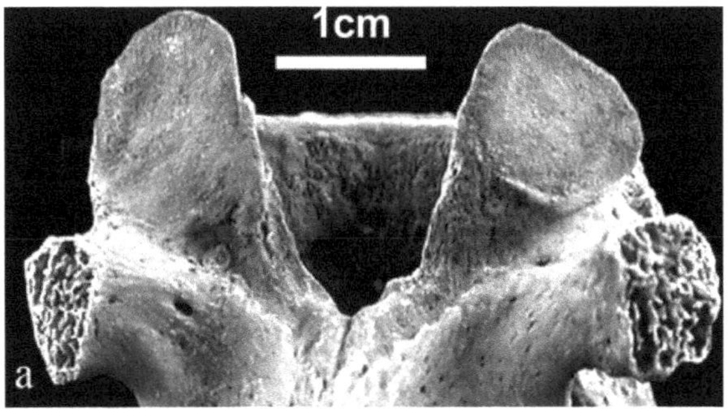

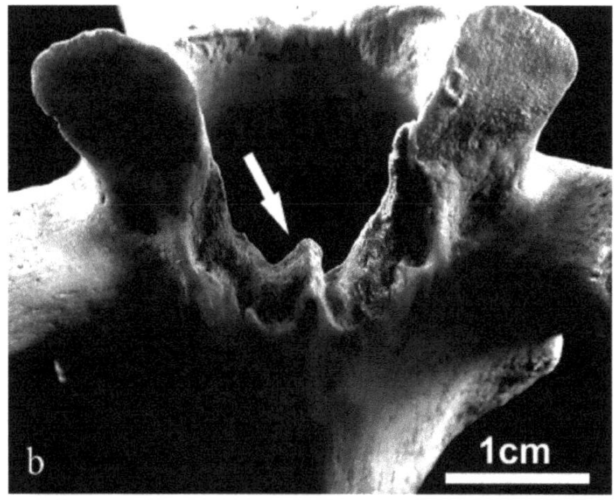

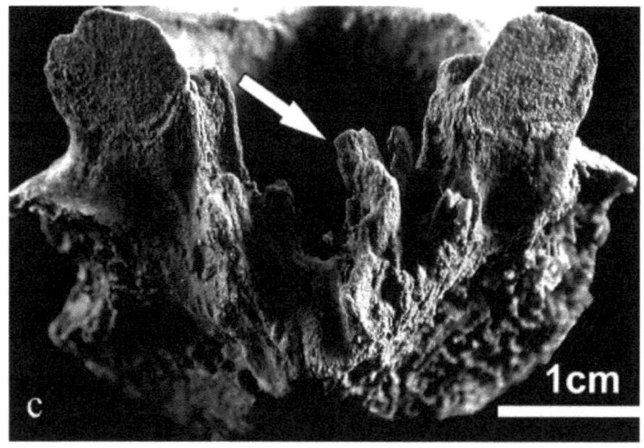

Figure 7. Système 3 - insertions distales : illustration des stades.

a) Stade A. Absence d'enthésophyte à la jonction ou sur les lames vertébrales.
b) Stade B. Présence d'un enthésophyte (compris entre 1 et 4 mm) à la jonction des lames vertébrales.
c) Stade C. Présence d'un enthésophyte (> 4 mm) au niveau de la lame vertébrale droite.

Site	Aspects des reliefs du stade C
HGP	Petites arêtes perpendiculaires au grand axe de l'insertion ou petits reliefs sans forme caractéristique
HDE	Longues arêtes parallèles au grand axe de l'insertion ou crête unique et irrégulière surélevant toute l'insertion
RRP	Petites arêtes disposées en chevron ou crête unique et irrégulière surélevant toute l'insertion
FGF	Crête unique, irrégulière et très développée se distinguant de la tubérosité glutéale
FLA	Productions osseuses, sans forme caractéristique, se distinguant de la ligne âpre
TSO	Crête unique et irrégulière surélevant toute l'insertion

Tableau 8. Enthèses du groupe 4 : aspect des remodelages généralement observés pour le stade C.

- des altérations pathologiques masquent la zone d'insertion. La tuberculose peut ainsi provoquer des modifications osseuses ou des réactions périostées importantes.
- Une lacune osseuse ou une desquamation superficielle de la corticale existe au niveau de l'insertion.
- Des traces laissées par des racines gênent l'observation.
- La persistance de tissu fibreux empêche la cotation.

En m'inspirant de V. Mariotti et collaborateurs (2004), j'ai proposé en collaboration avec P. Havelková (2007) de noter les cas de cotation impossible par *ABS* lorsque la partie osseuse est manquante et par *NE*[4] lorsque la cotation est non enregistrable. Pour les systèmes 1 et 2, la cotation est non enregistrable lorsque plus de la moitié du contour et / ou du centre n'est pas visible. Pour les systèmes 3 et 4, la cotation est non enregistrable lorsque plus de la moitié de l'insertion est inobservable.

2.3. Reproductibilité

Les tests de reproductibilité ont été réalisés sur des séries archéologiques différentes de celle ayant servie à la mise au point de la méthode. Deux types de tests ont été développés : le premier concerne uniquement la reproductibilité des cotations (A, B, C), le deuxième porte sur les critères pour coter ou non une enthèse. Deux calculs ont été effectués :

- la concordance directe, qui correspond au pourcentage de cotations identiques entre les deux observateurs,
- le coefficient Kappa, qui permet de juger de la qualité de l'accord entre les deux observateurs (Landis et Koch

4 NR pour non recordable dans P. Havelková et S. Villotte (2007).

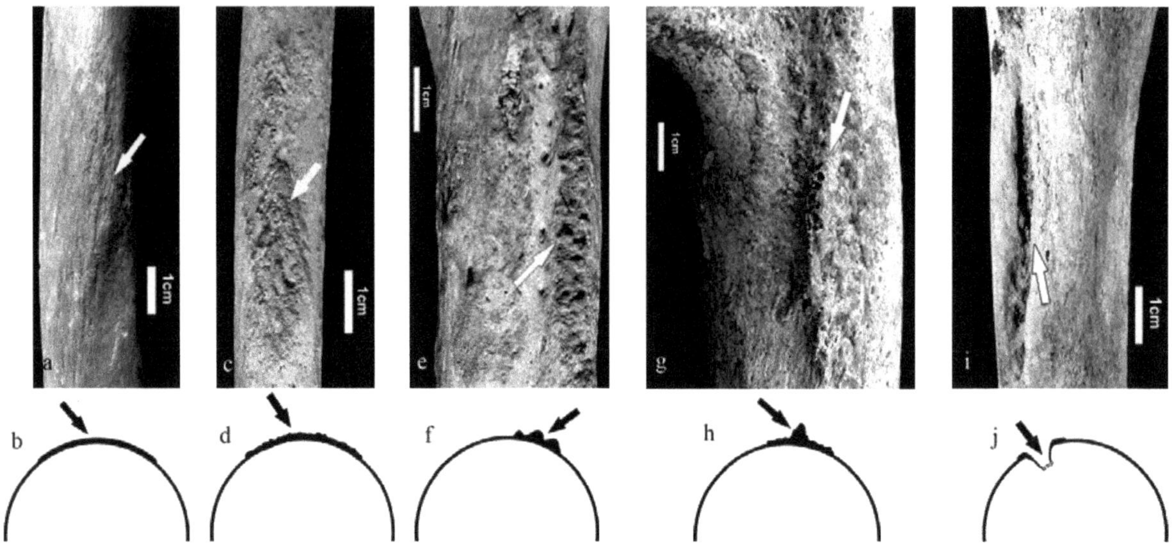

Figure 8. Système 4 : illustration des stades.
Chaque cliché est associé à une coupe transversale schématique.
a) et b) : stade A. Insertion du m. deltoïde sur l'humérus. La surface de l'insertion est globalement régulière, sans aspérité ou relief (flèche).
c) et d) : stade B. Insertion du m. rond pronateur sur le radius. La surface de l'enthèse est irrégulière, mais sans production osseuse surélevant l'insertion (flèche).
e) et f) : stade C. Insertion du m. grand pectoral sur l'humérus. La surface de l'enthèse est irrégulière et présente de petits reliefs surélevant toute l'insertion (flèche).
g) et h) : stade C. Insertion du m. grand fessier sur le fémur. La surface est irrégulière et présente une crête surélevant toute l'insertion (flèche).
i) et j) : stade C. Insertion du m. grand pectoral sur l'humérus. Présence d'une lacune corticale (> 20 mm), l'os spongieux étant observable (flèche).

1977 ; Croux 2005). Le calcul de ce coefficient, plus complexe que le précédent, tient compte du nombre d'erreurs et de leur type. Une différence de cotation portant sur deux stades voisins (A pour B ; B pour C) est moins importante qu'une différence entre A et C. La valeur du coefficient Kappa est interprétable en terme de qualité de jugement (tableau 9), cette interprétation restant toutefois très subjective et variable selon les disciplines.

Coefficient Kappa	Qualité de l'accord
≥ 0,81	Excellent
0,80 - 0,61	Bon
0,60 - 0,41	Modéré
0,40 - 0,21	Médiocre
0,20 - 0,0	Mauvais
< 0,0	Très mauvais

Tableau 9. Qualité du jugement d'après le coefficient Kappa.

Les termes choisis sont des traductions libres de ceux proposés par J. R. Landis et G. G. Koch (1977).

2.3.1. Stades A B C

Deux tests inter-observateurs et un test intra-observateur ont été effectués. Le test intra-observateur a été accompli en deux sessions séparées par un intervalle d'un mois. Les tests inter-observateurs se sont déroulés après une séance de présentation de la méthode et de discussion autour de cas. Le pourcentage de concordance et le coefficient Kappa n'ont été calculés que lorsque les deux observateurs avaient attribué un stade A, B ou C. Les résultats des tests sont présentés dans le tableau 10.

Avec un pourcentage de concordance globale proche de 90 % dans les trois cas, la reproductibilité de la méthode apparaît satisfaisante. Dans près de la moitié des tests, le pourcentage d'erreur est inférieur à 5%. Le pourcentage de concordance le plus faible est de 84% (pour le système 4, deuxième test inter-observateur) et l'accord entre les observations est toujours bon ou excellent d'après le coefficient Kappa.

Ces résultats sont meilleurs que ceux présentés pour la méthode d'E. Crubézy (entre 10% et 20 % d'erreurs, Crubézy 1988 : 164 ; Crubézy *et al.* 2002). La reproductibilité apparaît équivalente, si ce n'est supérieure, à celle relevée pour la méthode de V. Mariotti : 20 % d'erreurs pour les degrés de robustesse, moins de 5% pour les degrés d'enthésopathies (Mariotti *et al.* 2004, 2007).

2.3.2. Non cotation

Lors du deuxième test, les concordances entre les observateurs sur la possibilité d'appliquer ou non la méthode ont également été relevées. Les deux observateurs ont toujours été d'accord pour considérer comme présente ou absente la partie osseuse étudiée. Je n'ai pas inclus les attributions ABS dans les calculs suivants afin de ne pas augmenter artificiellement le pourcentage de concordance. Pour la distinction enregistrable / non enregistrable, les observateurs ont été d'accord dans plus de 95% des cas, quel que soit le système de cotation. Le tableau 11 réunit les accords pour l'attribution « NE », seuls et associés aux stades A, B, C.

2.4. A propos des traits choisis

2.4.1. Système 1

Le système de cotation du groupe 1 est, à mon avis, validé par les connaissances médicales actuelles sur les enthèses fibrocartilagineuses. D'une part, le stade A concorde avec l'aspect d'une insertion non pathologique conservant une fine pellicule de fibrocartilage calcifié après disparition des tissus mous. D'autre part, les altérations considérées pour attribuer les stades B et C correspondent aux différents types d'altérations au niveau de la *tidemark* décrites dans la littérature. Enfin, le travail de Y. Jiang et *al.* (2002) démontre l'existence d'une corrélation entre l'augmentation de l'importance d'une lésion et celle des modifications osseuses. La distinction entre les remaniements du contour et ceux du centre rend ce système un peu plus complexe que les trois autres. On peut cependant noter que la reproductibilité ne semble pas en pâtir.

2.4.2. Système 2

Pour le système 2, la validité des critères de cotation choisis est plus discutable car la distinction des stades est fondée sur une limite métrique et rien ne permet de justifier une relation entre la longueur d'un enthésophyte et l'importance d'une lésion. Dans le cas de ces trois insertions, tous les types de lésions décrits dans la littérature n'ont pas été observés. Je n'ai aucun élément pour expliquer ce fait. Ces enthèses correspondent toutes trois à la zone d'insertion d'un muscle extenseur très puissant caractérisé par un tendon aplati (mm. triceps brachial, quadriceps fémoral et triceps sural). Ce point commun est peut-être à l'origine du remodelage caractéristique des trois enthèses.

2.4.3. Système 3

Pour les insertions du groupe 3, un seul type de remodelage a été observé et le contour et le centre de l'enthèse n'ont

	Système	Nombre d'observations	% de concordance	Coefficient Kappa	Qualité de l'accord
Intra-observateur	1	149	95	0,89	Excellent
	2	54	96	0,9	Excellent
	3	179	91	0,84	Excellent
	4	119	89	0,79	Bon
	Total	501	92	0,86	Excellent
Inter-observateur I	1	89	85	0,75	Bon
	2	48	100	1	Excellent
	3	151	92	0,82	Excellent
	4	118	89	0,62	Bon
	Total	406	90	0,83	Excellent
Inter-observateur II	1	228	96	0,93	Excellent
	2	65	95	0,93	Excellent
	3	511	87	0,72	Bon
	4	193	84	0,74	Bon
	Total	997	89	0,8	Bon

Tableau 10. Résultats des tests de reproductibilité intra- et inter-observateurs pour l'attribution des stades.

Système	Nombre d'observations	NE	NE+ABC		
		% de concordance	% de concordance	Coefficient Kappa	Qualité de l'accord
1	342	95	93	0,89	Excellent
2	97	96	93	0,90	Excellent
3	544	97	85	0,71	Bon
4	227	97	84	0,76	Bon
Total	1210	97	88	0,81	Excellent

Tableau 11. Résultats du test de reproductibilité inter-observateurs pour l'attribution non enregistrable (NE).

pu être distingués : le choix d'une échelle de cotation a forcement été restreint. Il est particulièrement difficile d'expliquer la grande monotonie des remodelages osseux pour les insertions des ligaments jaunes. En effet, si de nombreuses études présentent des modifications pathologiques de ces ligaments (p. ex. : Williams *et al.* 1984 ; Viejo-Fuertes *et al.* 1998 ; Yano *et al.* 2003 ; Okuda *et al.* 2004 ; Sairyo *et al.* 2005), peu s'intéressent à la zone d'insertion proprement dite.

2.4.4. Système 4

Contrairement aux insertions étudiées avec les systèmes 1, 2 et 3, la nature des enthèses du groupe 4 n'est pas évidente à définir. Les insertions humérales des mm. grand pectoral et deltoïde, celle du m. rond pronateur sur le radius et des mm. vaste médial, grand adducteur et long adducteur sur le fémur ont été décrites comme des sites avec peu ou pas de fibrocartilage (Benjamin *et al.* 1986 ; 2002). Cependant, en 2001, M. Benjamin et D. McGonagle présentent l'insertion du m. grand pectoral comme une enthèse fibrocartilagineuse (Benjamin et McGonagle 2001), preuve que la distinction n'est pas simple. Pour l'insertion du m. grand fessier sur le fémur et pour celle du m. soléaire sur le tibia, la nature fibreuse de l'insertion est supposée d'après la localisation diaphysaire de ces enthèses. En dépit de ces incertitudes, l'homogénéité du groupe 4 reste très forte en raison des caractéristiques communes des insertions, telles que : localisation diaphysaire, irrégularité fréquente de la surface, productions osseuses dans les cas les plus exubérants. Puisque les aspects osseux observés pour les enthèses réunies dans le groupe 4 sont peu variés, qualifier une intensité de remodelage s'avère aisé. Paradoxalement, cette simplicité des aspects du remodelage ne semble pas particulièrement favoriser la reproductibilité de la cotation (tableau 10). D'autres critiques peuvent être formulées pour ce système de cotation. D'une part, comme je l'ai déjà souligné, peu de descriptions dans la littérature permettent d'envisager l'aspect que prendra une enthèse fibreuse saine ou pathologique sur os sec. D'autre part, la relation entre l'importance de la rugosité (ou de la dimension d'une lacune corticale) et la gravité d'une lésion ne repose sur aucun fait documenté.

Conclusions sur les réflexions méthodologiques

Les méthodes proposées, même récemment, par d'autres auteurs pour étudier l'aspect osseux des enthèses font généralement abstraction des données médicales. Ce choix explique en partie l'absence de consensus sur le caractère pathologique ou non des marques sur le squelette. Pourtant, ces données peuvent, pour bon nombre d'insertions, expliquer les aspects rencontrés et ainsi permettre leur cotation. Pour les enthèses fibrocartilagineuses, il semble possible (pour l'instant du moins) de considérer comme des enthésopathies les stades B et C définis dans la nouvelle méthode que je propose. Le cas des insertions fibreuses est plus complexe et en l'absence de réel référentiel médical, il me semble préférable d'employer le terme de remodelage osseux.

La nouvelle méthode, telle qu'elle est proposée, pourrait dès à présent être appliquée à des séries archéologiques, et en particulier à des fossiles du Paléolithique supérieur et du Mésolithique. Toutefois, la réflexion méthodologique entreprise ne peut à mon avis s'arrêter à ce stade. La relation entre l'activité physique et les marques osseuses au niveau des enthèses n'est pas prouvée (chapitre I. 3.). Il est donc nécessaire de rechercher cette relation en appliquant cette méthode sur un échantillon d'activité connue. Les collections archéologiques « classiques » ne peuvent être retenues pour ce type de validation du fait de l'imprécision des données disponibles, notamment celles concernant l'âge au décès des individus. Les processus dégénératifs liés à la sénescence sont probablement la principale cause d'enthésopathies sur le squelette, mais le processus d'apparition des lésions reste mal connu (chapitre II. 2.1.). Seules des collections ostéologiques de référence (âge au décès, sexe et activité connus) peuvent permettre une réelle compréhension des processus d'apparition des marques au niveau des enthèses. Cette validation de la méthode sur un échantillon de référence d'activité connue constitue la deuxième partie de mon travail.

2e partie
Validation

Le but de la méthode proposée est de permettre aux utilisateurs la formulation d'hypothèses sur les activités *s. l.* d'un groupe humain à partir de la distribution des stades de cotation des remaniements osseux au niveau des enthèses. Ici, l'objectif final est de documenter certains aspects de la vie au Paléolithique supérieur et au Mésolithique.

Afin de déterminer si tout ou partie de la méthode est adapté à l'objectif, il est nécessaire de savoir si les facteurs biomécaniques ont une influence sur les modifications des différents groupes d'enthèses retenues et si les systèmes de cotation en rendent compte. En d'autres termes, il s'agit de valider la méthode.

Mon but n'est donc pas de chercher à mettre en relation des gestes hypothétiques avec des marques osseuses spécifiques mais de déterminer si l'influence de facteurs biomécaniques est « globalement » observable, c'est-à-dire si les modifications des enthèses sont des marqueurs osseux d'activité au sens large (voir le chapitre I). Le cas échéant, l'analyse ne devra pas s'arrêter à ce seul résultat. Il est également indispensable de connaître les paramètres perturbateurs avant de considérer une enthésopathie comme un marqueur osseux d'activité. J'emploie ici l'expression « paramètres perturbateurs » au sens de possibles causes de faux positifs. Certains de ces paramètres sont bien connus : les plus fréquents sont les maladies (maladie hyperostosique et spondylarthropathies essentiellement) et les anomalies ostéoarticulaires perturbant la biomécanique normale (chapitre II. 2.). Ces cas peuvent et doivent être exclus des échantillons. En revanche, l'influence de l'âge, avérée au moins pour les enthèses fibrocartilagineuses appendiculaires, doit être clairement évaluée et décrite pour tenter de démêler les conséquences de la sénescence de celles liées à l'activité physique. D'autres paramètres, directement liés ou non à l'activité (tel que le sexe, l'origine géographique de la collection ostéologique ou la latéralité) doivent également être testés afin de chercher à expliciter au mieux la distribution des stades de cotation.

Chapitre IV
Echantillon de référence et outils statistiques

Le corpus nécessaire pour valider la méthode doit être de grande taille pour éviter les écueils statistiques associés aux petits échantillons et permettre de réelles interprétations populationnelles. Bien évidemment, l'âge, le sexe et l'activité pratiquée durant la vie doivent être connus. Comme nous le verrons, la création d'un tel échantillon de référence n'est pas sans difficulté, notamment en ce qui concerne la catégorisation des activités. La première partie de ce chapitre est consacrée à l'exposé de la démarche suivie.

Une autre difficulté majeure concerne le traitement statistique des données. Les spécificités des variables à expliquer (les stades attribués par zone d'insertion) rendent difficile le choix d'un outil statistique adapté. La seconde partie de ce chapitre présente les différents outils disponibles et la démarche analytique retenue.

1. L'échantillon de référence

1.1. Les collections de squelettes identifiés

L'échantillon de référence est constitué de quatre collections de squelettes d'adultes d'âge au décès et de sexe connus représentant des individus dont l'activité a été enregistrée. Il s'agit d'européens ayant vécu entre le XVIIIe le XXe siècle.

1.1.1. La collection de squelettes identifiés du Muséum d'Anthropologie de l'Université de Coimbra

Présentée en détail par M. A. Rocha (1995), cette collection comprend 505 squelettes exhumés en majorité du *Cemitério da Conchada.* Les sujets, nés entre 1826 et 1922 et décédés entre 1904 à 1938, sont pratiquement tous d'origine portugaise (98%). Les données individuelles consignées dans un registre lors de la création de la collection ont été confirmées, voire précisées, par A. L. Santos (2000) grâce à l'analyse des registres de l'hôpital universitaire de Coimbra, de l'institut de médecine légale et du cimetière *da Conchada.*

1.1.2. La collection Spitalfields, Christ Church, Londres

Cette collection très bien documentée (Molleson et Cox 1993) est composée de vestiges humains provenant de 968 cercueils individuels déposés dans la crypte de la *Christ Church* de Spitalfields entre 1729 et 1852. Le nom, l'âge et la date de décès de 383 individus sont connus grâce aux plaques mortuaires. Près de la moitié des noms sont d'origine française mais seuls sept individus sont nés hors d'Angleterre (en France). Les données individuelles ont été recueillies par M. Cox à partir des registres de baptême, de mariage et de décès de la paroisse de Spitalfields et des paroisses environnantes. Elles m'ont été fournies par R. Kruszynski (conservateur au *Natural History Museum*, Londres).

1.1.3. Les collections de Sassari et de Bologne du Musée d'Anthropologie de l'Université de Bologne

La collection de Bologne comprend les ossements de 433 sujets provenant du cimetière *della Certosa* ; celle de Sassari est composée de 607 individus[1]. Ces individus sont décédés entre 1898 et 1937. Les données individuelles, inédites, m'ont été fournies par M. G. Belcastro, en charge des collections du Musée d'Anthropologie de l'Université de Bologne, et son équipe.

1.2. Constitution de l'échantillon de référence

La totalité des individus de ces collections n'a pas été retenue. Les critères de sélection ont été les suivants :

1) Age au décès. Pour les raisons évoquées *supra* (chapitres II. 1.1. et III. 2.1.1.), les sujets immatures ont été exclus et seuls les individus de 20 ans et plus ont été sélectionnés.
2) Du fait d'impératifs de temps imposés pour ce travail de recherche, seuls les hommes des collections de Bologne et de Sardaigne avec une information sur l'activité pratiquée ont pu être étudiés, et seuls les insertions appendiculaires ont été considérées.

[1] Le lieu précis où ils ont été inhumés m'est inconnu.

3) Etat de conservation des squelettes. Ont été privilégiés les squelettes les plus complets permettant la réalisation d'un grand nombre d'observations. De plus, l'absence des vertèbres, nécessaires au diagnostic sur os sec de la maladie hyperostosique, a été considérée comme un critère d'exclusion.
4) Les pathologies. De nombreuses pathologies systémiques peuvent être la cause d'enthésopathies et générer des faux positifs. La maladie hyperostosique et les spondylarthropathies sont certainement les causes les plus importantes d'enthésopathies et les individus affectés ont été exclus de l'échantillon. Le diagnostic de la maladie hyperostosique (cas certains et probables) a été réalisé d'après les critères de P. Utsinger (1985), avec de légères modifications (pour une description détaillée, voir Kacki et Villotte 2006). Le diagnostic de spondylarthropathies sur os sec étant plus délicat, j'ai préféré exclure les individus susceptibles d'être atteints à partir des principaux critères reconnus (tableau 12). La présence d'un seul des quatre critères était suffisante pour exclure l'individu de l'échantillon de référence. Les sujets montrant des modifications pathologiques exubérantes (atteintes osseuses de la tuberculose par exemple) ont également été évincés. Enfin, j'ai recherché les individus ayant des fractures, des dysplasies et des dislocations, facteurs de modification de la biomécanique normale. Dans ce cas, les cotations n'ont pas été effectuées pour le côté lésé (membre supérieur) ou pour les deux côtés (membre inférieur).

L'échantillon de référence comprend finalement 721 individus dont 248 femmes et 473 hommes. La répartition par collection ostéologique est présentée dans la figure 9.

Critère	Description
1	Ankylose antérieure par des syndesmophytes
2	Ankylose postérieure. Au niveau des surfaces articulaires postérieures
3	Ankylose intra-articulaire de l'articulation sacro-iliaque
4	Proliférations osseuses associées à des érosions au niveau des articulations des mains et des pieds

Tableau 12. Critères d'exclusion des éventuels cas de spondylarthropathie.
D'après D. Martin-Dupont et collaborateurs (2006) et J. Rogers et T. Waldron (1995).

La moyenne d'âge au décès dans l'échantillon est de 45 ans (âge minimum : 20 ans ; âge maximum : 91 ans). On note :

- une réduction progressive des effectifs après 60 ans (figure 10),
- une légère surreprésentation, par rapport à une distribution homogène dans chaque classe d'âge avant 60 ans, des très jeunes individus (figure 10),
- une répartition par classe d'âge très hétérogène suivant le sexe (figure 11) ou la collection ostéologique (figures 12 et 13), avec surreprésentation des individus âgés dans le groupe féminin et dans la collection de Spitalfields.

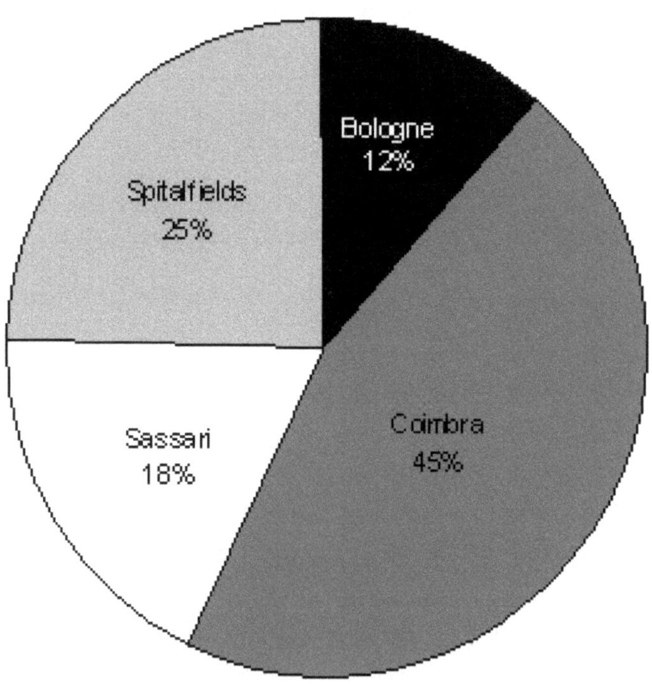

Figure 9. Echantillon de référence : répartition des individus suivant la collection ostéologique.

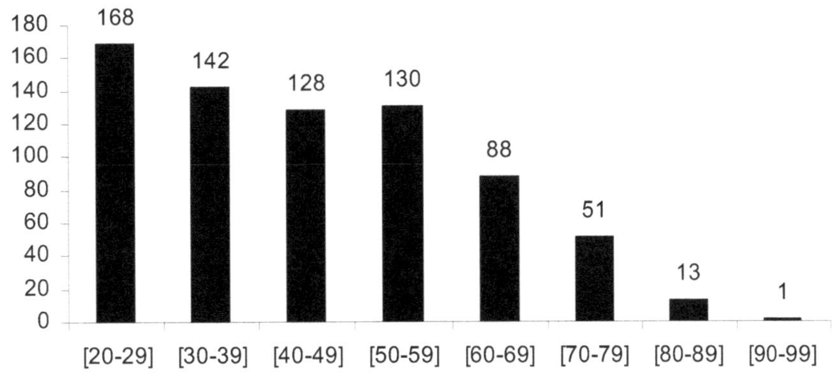

Figure 10. Echantillon de référence : effectif par classe d'âge.

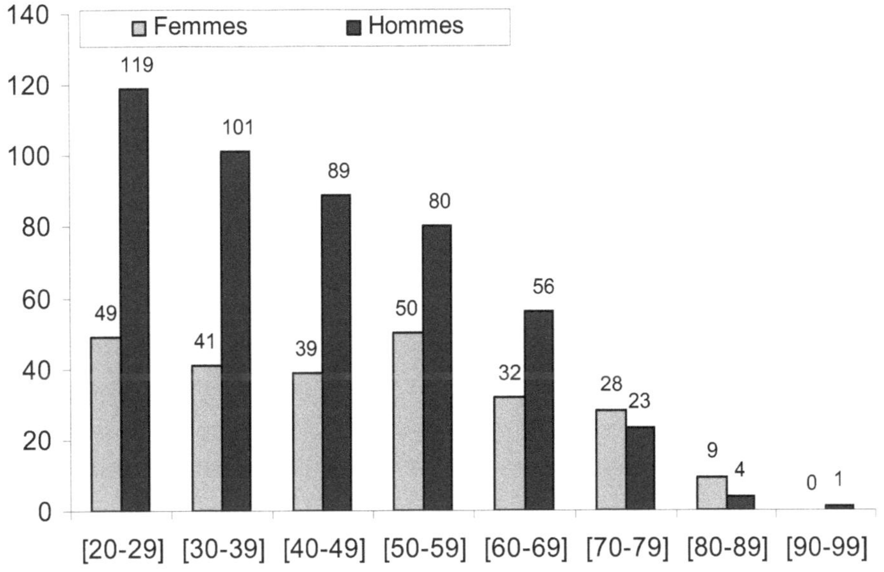

Figure 11. Echantillon de référence : effectif suivant la classe d'âge et le sexe.

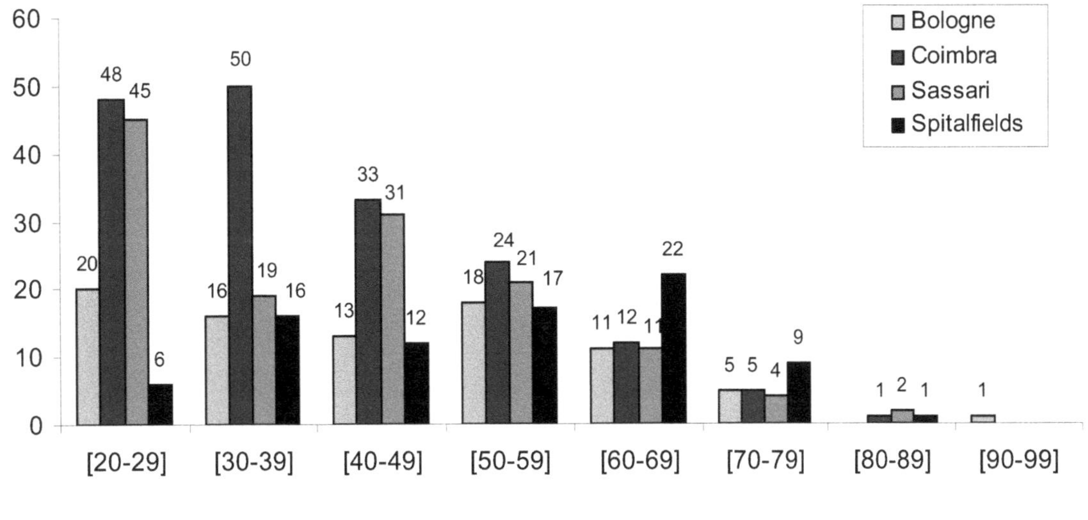

Figure 12. Echantillon de référence - hommes :
effectif suivant la classe d'âge et la collection ostéologique.

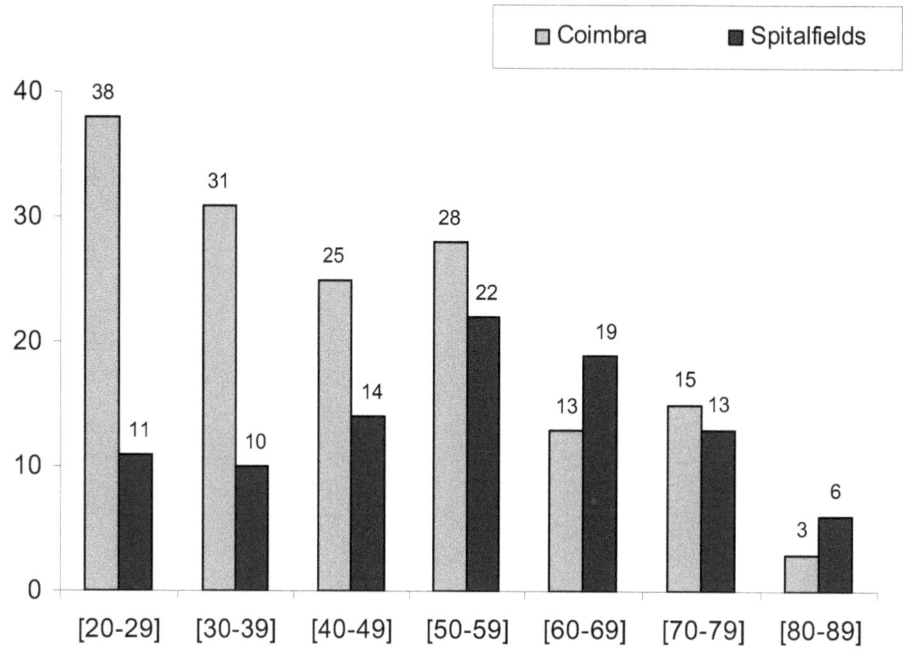

Figure 13. Echantillon de référence - femmes : effectif suivant la classe d'âge et la collection ostéologique.

1.3. De la profession aux paramètres biomécaniques

Connaître la profession exercée au cours de la vie d'un individu est une chose, exploiter au mieux ces données afin de tester l'hypothèse d'une relation causale entre activité et modification osseuse des enthèses en est une autre. Les difficultés rencontrés par V. Mariotti et collaborateurs (2004 ; 2007) et E. Cunha et C. Umbelino (1995) ont été soulignées dans le paragraphe 3 du chapitre I. La réflexion que j'ai menée m'a conduit à considérer que les données brutes sur les professions ne pouvaient être utilisées. J'ai donc décidé de former des groupes par activité en adéquation avec mon questionnement. Le choix crucial des critères de regroupement n'a pas été simple. Les collections réunissent des individus ayant vécu du XVIIIe au début XXe siècle, aussi les classifications des métiers actuels (INSEE, OIT) sont inadaptées. Celles de la médecine du travail s'appuient souvent sur des critères non opérationnels pour l'échantillon, même si certains facteurs ont malgré tout pu être pris en considération.

J'ai dans un premier temps recherché des informations sur les professions annoncées pour chaque individu et plus précisément sur les tâches quotidiennes qu'elles impliquaient à l'époque. Il est clair en effet que les évolutions technologiques, pour ne citer qu'elles, ont modifié profondément l'exercice des métiers et leur pénibilité. Cette recherche s'est appuyée sur les informations spécifiques aux collections (Molleson et Cox 1993 ; Reeves et Adams 1993 ; Cunha 1995 ; Cunha et Umbelino 1995 ; Cox 1996 ; Santos 2000), sur une série d'ouvrages sur les métiers d'autrefois (Seymour 1985 ; Laurendon et Laurendon 1996 ; Mergnac 2003) et la vie des paysans et des artisans (Le Lannou 1941 ; Gourden 1992 ; Mayaud 2002) ainsi que sur une documentation élaborée par les spécialistes de l'emploi (ANPE[2] et CEREQ (1981 ; 1984 ; 1986)), et la médecine du travail (BOSSONS FUTE[3] ; CISME[4] ; INRS[5]). Des discussions avec des artisans (charpentier, tailleur de pierre, peintre en bâtiment et maçon) m'ont également beaucoup aidé.

Compte tenu des informations disponibles sur la profession des individus de chaque collection (en particulier leur hétérogénéité et leur brièveté) et de l'objectif, j'ai pris le parti de regrouper les sujets en fonction de l'effort physique développé dans le cadre de leur métier puis d'affiner en intégrant des paramètres tels que les facteurs de risques reconnus en médecine du travail.

1.4. Catégorisations

1.4.1. Premier critère : la nature de l'effort

Ce critère de regroupement a été choisi pour deux raisons.

[2] Agence Nationale Pour l'Emploi. Les fiches métiers : Répertoire Opérationnel des Métiers et des Emplois (ROME). Disponible sur : http://www.anpe.fr/espacecandidat/romeligne/RliIndex.do. Consulté en janvier 2007.

[3] BOSSONS FUTE (association de médecins du travail). Les fiches d'activités professionnelles. Disponible sur : http://www.bossons-fute.com/Fiches/index.php. Consulté en janvier 2007.

[4] Centre Interservices de Santé et de Médecine du travail en Entreprise. Fiches médico-professionnelles. Disponible sur : http://www.fmpcisme.org. Consulté en janvier 2007.

[5] Institut National de recherche et de Sécurité. Tableau des maladies professionnelles. Disponible sur : http://inrs.dev.optimedia.fr/mp3. Consulté en janvier 2007.

La première est l'impact reconnu de l'effort physique dans la survenue de troubles musculo-squelettiques. En effet, dans les études épidémiologiques qui opposent métiers manuels / non manuels, « cols blancs » / « cols bleus » ou cadres / employés / ouvriers, la tendance est claire : ceux qui exercent un métier réclamant un effort physique sont plus sujets à ce type de troubles (Punnett et Herbert 2000 ; Elleuch *et al.* 2001 ; Hébert *et al.* 2003 ; Melchior *et al.* 2006). La seconde raison est liée à la nature des informations sur les activités professionnelles accompagnant chaque squelette. Elles sont très hétérogènes et l'imprécision de certaines ne permet pas d'évaluer dans le détail les activités quotidiennes. Il a donc paru plus fiable de séparer l'échantillon en deux groupes. L'un correspond aux professions dites manuelles qui impliquent une sollicitation importante de tout ou partie du corps, l'autre aux professions dites non manuelles.

Les hommes

Parmi les 473 hommes de l'échantillon, 43 n'ont pas d'activité connue et 26 autres sont associés à des informations ne permettant pas d'envisager les sollicitations musculaires au quotidien : invalide, employé, employé publique, employé dans un pénitencier, mendiant, imprimeur, employé des chemins de fer et « peintre en émail et auteur ». Ainsi, le terme employé des chemins de fer peut faire référence à la fin du XIXe siècle au garde barrière, au chef de gare ou de train comme au poseur de voies (Mergnac 2003 : 76-77). La séparation en deux groupes des 404 hommes qui composent l' « échantillon d'activité connue » a été assez simple. Les emplois de bureau, les métiers dits intellectuels ou scientifiques, les professions strictement commerciales, d'un côté ; les métiers du bâtiment, agricoles et artisanaux de l'autre. Dans certains cas la catégorisation a été plus problématique : les policiers, les gendarmes et les militaires. Les principales missions des policiers et des gendarmes sont de veiller à la sûreté publique et de maintenir l'ordre et le respect des lois. Leurs tâches quotidiennes de surveillance, d'investigation ou administratives n'exigent pas ou peu d'effort physique. Ils ont été classés parmi les travailleurs non manuels. Au contraire, les activités militaires impliquent plus fréquemment des sollicitations mécaniques entraînant parfois des troubles musculo-squelettiques (Press *et al.* 1998 ; Kaufman *et al.* 2000 ; Songer et LaPorte 2000).

Les deux groupes constitués sont inégaux. La catégorie travailleurs non manuels comprend 72 hommes (tableau 13). La catégorie travailleurs manuels, mieux représentée, compte 332 individus (tableau 14).

Les femmes

Alors que plus d'une cinquantaine de professions sont distinguées pour les hommes, le panel des activités indiquées pour les 248 femmes est extrêmement restreint (tableau 15) et la distribution est très hétérogène : 86% des individus féminins étaient des femmes au foyer.

Comme le notent T. Molleson et M. Cox à propos de Spitalfields, la mention femme au foyer ne recouvre pas le même type d'activités et de sollicitations biomécaniques selon le milieu social. Dans les classes les plus aisées, les femmes aidées par des domestiques n'avaient sans doute que peu d'activité physique. Au contraire, les femmes de journaliers ou d'artisans exerçaient probablement un emploi rémunéré, en plus des tâches ménagères, afin d'équilibrer les comptes du ménage (Molleson et Cox 1993, p. 165). E. Cunha et C. Umbelino (1995 : 55) évoquent aussi la variété

Activité	**Bologne**	**Coimbra**	**Sassari**	**Spitalfields**	***Total***
Analyste		1			*1*
Chirurgien et apothicaire				1	*1*
Commerçant		5	6	8	*19*
Concierge			1		*1*
Employé de bureau		4		3	*7*
Employé de commerce	3	6	3		*12*
Enseignant	1	1			*2*
Gendarme	2	4	1		*7*
Homme de loi		1	1	1	*3*
Industriel		2			*2*
Ingénieur		1			*1*
Pasteur				3	*3*
Photographe	1	1			*2*
Policier		3	1		*4*
Propriétaire	1	5			*6*
Sacristain	1				*1*
Total	9	34	13	16	*72*

Tableau 13. Echantillon d'activité connue :
distribution suivant la collection et la profession des 72 travailleurs non manuels.

Activité	Bologne	Coimbra	Sassari	Spitalfields	Total
Appariteur	1				*1*
Berger			2		*2*
Blanchisseur	1				*1*
Boucher	3			2	*5*
Boulanger	3	2	2	1	*8*
Cantonnier		1			*1*
Charbonnier	1				*1*
Charpentier		9			*9*
Charretier		5	4		*9*
Chauffeur		1	2		*3*
Cocher	1	1			*2*
Coiffeur / barbier		3	1		*4*
Cordonnier	5	6	2		*13*
Cuisinier	2				*2*
Domestique	2	2			*4*
Fabricant de petits objets en bois		1			*1*
Fabricant de pipes				1	*1*
Hongreur		1			*1*
Infirmier	1	1			*2*
Jardinier			2		*2*
Journalier	3	1	22		*26*
Maçon	7	4	2		*13*
Manœuvre			4		*4*
Marin		1	2	1	*4*
Mécanicien	3	1	1		*5*
Menuisier	7		2		*9*
Métallurgiste		2			*2*
Meunier	1				*1*
Mineur			3		*3*
Monteur-réparateur de lignes aériennes		2			*2*
Ouvrier	7	2			*9*
Palefrenier			1		*1*
Peintre		5			*5*
Peintre en bâtiment	2				*2*
Plombier		1			*1*
Porteur-livreur	4	4	2		*10*
Rétameur ambulant		2			*2*
Scieur	1				*1*
Serrurier (métallier)		2			*2*
Serveur	1	3			*4*
Soldat	3	12	5		*20*
Tailleur	1	2			*3*
Tailleur de pierre		2	1		*3*
Tanneur		1	2	1	*4*
Tapissier/ tapissier d'ameublement	1			1	*2*
Teinturier		1		2	*3*
Tisserand/Maître tisserand				14	*14*
Tonnelier			1		*1*
Tourneur	1				*1*
Trabalhador		42			*42*
Travailleur agricole	10	2	41		*53*
Typographe		1			*1*
Vendeur ambulant	1	2	1		*4*
Vitrier				1	*1*
Plusieurs professions manuelles				2	*2*
Total	72	128	106	26	*332*

Tableau 14. Echantillon d'activité connue :
distribution suivant la collection et la profession des 332 travailleurs manuels.

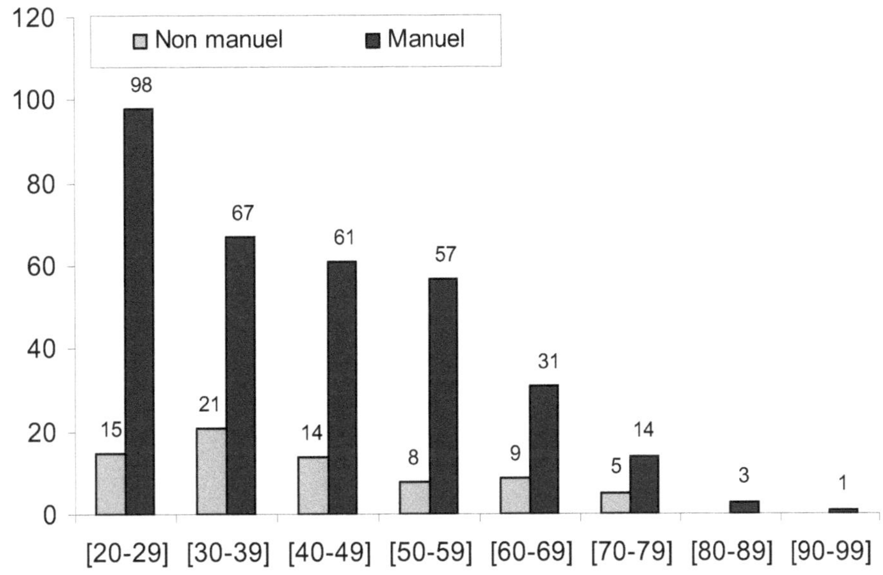

Figure 14. Echantillon d'activité connue : effectif suivant la classe d'âge et la nature de l'effort.

Activité	n
Indéterminée	17
Femme au foyer	214
Domestique	13
Couturière	2
Paysanne	1
Marchande	1
Total	248

Tableau 15. Echantillon de référence : effectif féminin suivant le type d'activité.

des tâches quotidiennes des femmes au foyer portugaises au début du xxe siècle : « *Beside all the work related with the house, such as cleaning, ironing, cooking and so on, it is very probable that these women also did some outdoors work, namely in their backyards, where they probably did some small plantations* ». Il est ainsi impossible d'évaluer la part des différentes tâches accomplies par les femmes et l'ampleur des sollicitations mécaniques qu'elles impliquent.

Le panel restreint d'activités, la surreprésentation des femmes au foyer, l'impossibilité d'évaluer les tâches quotidiennes de ces dernières, ne permettent pas d'intégrer les femmes dans l'étude de l'effet des paramètres biomécaniques sur les stades de cotation.

1.4.2. Catégorisations avancées

Afin de pouvoir affiner l'analyse des paramètres biomécaniques pour l'échantillon masculin d'activité spécifiée, j'ai cherché à classer en catégories plus précises les professions à partir de facteurs reconnus en médecine du travail. Deux types de paramètres favorisent l'apparition d'un trouble musculo-squelettique professionnel : les facteurs de risques et les modulateurs des facteurs de risques (Baillargeon et Patry 2003 : 40). Les facteurs de risques sont :

- la répétitivité, qui correspond à « [...] l'utilisation variable, mais répétée, des mêmes tissus [...] » (Baillargeon et Patry 2003 : 40),
- la force nécessaire à l'activité sous forme d'effort et de charge musculo-squelettique,
- le travail musculaire statique ou en posture contraignante,
- l'exposition aux pressions mécaniques, aux chocs et aux impacts, aux vibrations, au froid,
- les facteurs organisationnels (mode d'organisation du travail, contraintes temporelles, ...).

Les modulateurs sont au nombre de trois : il s'agit de l'intensité, de la fréquence et de la durée d'un facteur de risque donné (Simoneau *et al.* 1996 : 15). La fréquence et la durée entrent toute deux dans la notion de répétitivité.

Si les facteurs organisationnels nous échappent totalement pour l'échantillon d'activité connue, les autres facteurs de risques et les modulateurs permettent de définir deux nouveaux critères de distinction : le premier concerne le port de charges lourdes, le deuxième la répétitivité des mouvements du membre supérieur.

1) Port de charges lourdes : le risque d'apparition d'une lésion professionnelle est proportionnel à la charge subie par les tissus (Simoneau *et al.* 1996). Cette charge est notamment due au poids des objets soulevés ou manipulés (Baillargeon et Patry 2003).
2) Mouvements répétitifs du membre supérieur : la répétitivité est une notion assez vague mais son effet est significatif, voire prépondérant, sur l'apparition des lésions professionnelles. J'ai retenu comme critère le mouvement répétitif du membre supérieur lorsque la répétitivité s'associe à un autre facteur de risques, tels que :

- l'utilisation répétée d'outils entraînant des chocs pour l'organisme (marteaux et assimilés, haches, ...),
- les mouvements répétés des membres supérieurs associées à de gros efforts (utilisation de lourds outils, de scies, ...),
- les mouvements répétés des membres supérieurs en posture contraignante ou en travail musculaire statique.

Les descriptions des emplois et l'iconographie trouvée ont permis de répartir 252 individus selon ces deux nouveaux critères, port de charges lourdes et mouvements répétitifs du membre supérieur (tableau 16). Ces sujets composent l'« échantillon d'activité connue - catégorisations avancées ».

Tous les hommes de l'échantillon n'ont pu être répartis dans ces deux sous-catégories, les termes pour qualifier la profession étant trop imprécis. Ainsi le terme *trabalhador*, indiqué pour 42 individus de Coimbra, signifie en portugais : travailleur, ouvrier, journalier, manœuvre (de Azevado 1953). Il s'agit donc très probablement de journaliers travaillant en ville et / ou dans la campagne environnante (E. Cunha com. pers.) ; ces individus ont été considérés comme des travailleurs ruraux par E. Cunha et C. Umbelino (1995). Cette imprécision se retrouve pour les termes journalier (26 sujets, principalement de Sardaigne), manœuvre (4 cas), ouvrier (8 cas), et peintre (sans plus de précision : 5 cas). Pour d'autres professions, en voie de disparition ou rares actuellement, je n'ai pas trouvé de descriptions précises des tâches quotidiennes ; c'est par exemple le cas pour les charretiers ou le meunier.

Les figures 15 et 16 illustrent la répartition par classe d'âge des 252 sujets.

Activité	n	Port de charges lourdes	Mouvements répétitifs du membre sup.
Travailleur non manuel	72	Non	Non
Appariteur	1	Non	Non
Berger	2	Non	Non
Chauffeur	3	Non	Non
Cocher	2	Non	Non
Coiffeur / barbier	4	Non	Oui
Cordonnier	13	Non	Oui
Domestique	4	Non	Non
Infirmier	2	Non	Non
Jardinier	2	Non	Oui
Rétameur ambulant	2	Non	Non
Tailleur	3	Non	Oui
Tisserand / Maître tisserand	14	Non	Oui
Boucher	5	Oui	Oui
Boulanger	8	Oui	Oui
Charbonnier	1	Oui	Oui
Charpentier	9	Oui	Oui
Maçon	13	Oui	Oui
Menuisier	9	Oui	Oui
Métallurgiste	2	Oui	Oui
Mineur	3	Oui	Oui
Palefrenier	1	Oui	Non
Peintre en bâtiment	2	Oui	Oui
Plombier	1	Oui	Non
Porteur-livreur	10	Oui	Non
Serrurier (métallier)	2	Oui	Oui
Tailleur de pierre	3	Oui	Oui
Tanneur	4	Oui	Oui
Tonnelier	1	Oui	Oui
Travailleur agricole	53	Oui	Oui
Vitrier	1	Oui	Non

Tableau 16. Echantillon d'activité connue : catégorisations avancées des professions suivant les paramètres port de charges lourdes et mouvements répétitifs du membre supérieur.

Synthèse

La répartition des individus de l'échantillon de référence d'après leur profession n'a pas permis d'intégrer les femmes, faute de données suffisantes sur leurs activités quotidiennes. 404 hommes ont été répartis en deux groupes : les travailleurs manuels et les travailleurs non manuels. Un second niveau de distinction en fonction du port de charges lourdes et de la répétition des mouvements du membre supérieur concerne 252 individus. Ces deux facteurs sont prépondérants dans l'apparition des troubles musculo-squelettiques parmi les travailleurs manuels (Melchior *et al.* 2006) : ceci justifie de les prendre en compte mais ce classement est peut-être plus subjectif que la simple distinction d'après la nature de l'effort. En effet, notre connaissance des gestes et des conditions d'exercice est en partie hypothétique et il n'a pas toujours été aisé d'associer les facteurs port de charges lourdes et

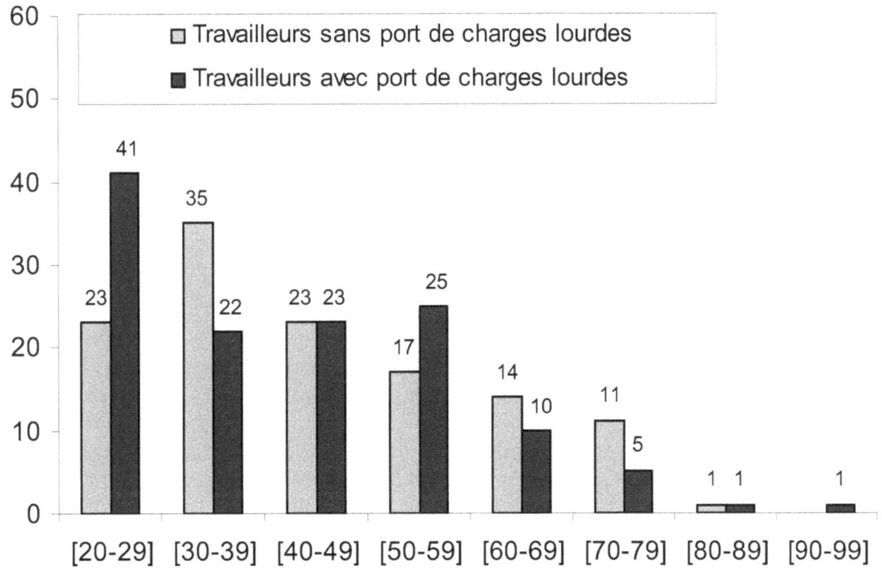

Figure 15. Echantillon d'activité connue - catégorisations avancées : effectif suivant la classe d'âge et le paramètre port de charges lourdes.

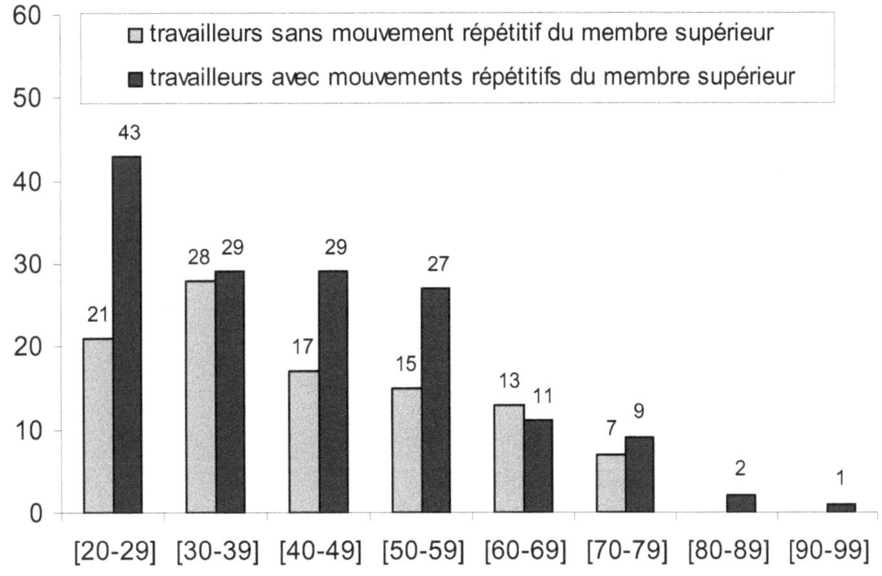

Figure 16. Echantillon d'activité connue - catégorisations avancées : effectif suivant la classe d'âge et le paramètre mouvements répétitifs du membre supérieur.

mouvements répétitifs du membre supérieur aux métiers annoncés.

2. Outils statistiques

Remarques préliminaires

La méthode de cotation que je propose permet, pour un individu dont le squelette est complet, d'attribuer un stade à 82 insertions. Chaque stade exprime la position de l'aspect osseux d'une zone d'insertion sur une échelle ordonnée. Les variables dépendantes que je vais étudier ont deux spécificités statistiques :

- d'une part, ce sont des variables ordinales. Elles présentent plusieurs modalités qui sont ordonnées sur une échelle mais la distance absolue entre deux modalités est inconnue (Agresti 1984 : 2). Aussi, les moyennes et les écart-types, souvent utilisées dans l'analyse des degrés de lésions (les *scores*), sont inappropriés (Robb 1998) ;
- d'autre part, le même système de cotation étant utilisé pour plusieurs sites anatomiques d'un même individu, les mesures sont dites répétées. Chaque individu doit être considéré comme un groupe homogène ou *cluster* : pour un individu, les stades obtenus par un même système de cotation auront tendance à être plus homogènes que ceux provenant de différents individus. Cette homogénéité intra-individuelle doit donc être prise en considération dans l'analyse statistique pour éviter une invalidation des résultats (Agresti 2002 : 455).

Ces dernières décennies, l'analyse des données catégorielles répétées a été l'un des domaines de recherche les plus actifs en statistique (Agresti 2002 : 629). Plusieurs approches sont possibles, j'en présenterai deux : l'utilisation de tests non-paramétriques et la construction de modèles statistiques.

2.1. Les tests non-paramétriques

Les tests non-paramétriques, classiquement employés en anthropologie dans l'étude des stades de remodelage osseux au niveau des enthèses, offrent une grande liberté d'utilisation. Tous présentent malheureusement des inconvénients lorsque les données étudiées sont de nature ordinale et répétée.

2.1.1. Application à chacune des variables

Cette approche, probablement la plus simple, consiste à traiter séparément chacune des variables ordinales, ce qui permet de contourner le problème posé par l'homogénéité intra-sujet. L'utilisateur peut choisir de considérer les stades comme de simples données catégorielles, sans notion d'ordre. Dans ce cas, des tests d'indépendance comme le Chi^2 ou le test exact de Fisher sont utilisés. Il semble toutefois que l'emploi d'outils spécifiques aux données ordinales soit préférable car ils sont plus puissants que les analyses nominales pour détecter des alternatives aux hypothèses nulles (Agresti 1984 : 3). La plupart de ces tests impliquent la transformation des mesures en rangs (Pélissier 1988 : 22-23). Les tests basés sur les rangs les plus couramment employés sont le test de Spearman et le test de Mann-Whitney.

- Le test de Spearman : il permet de calculer un coefficient de corrélation (le *rho* de Spearman) entre deux variables ordinales et de tester la significativité statistique de cette corrélation. Le *rho* de Spearman correspond au coefficient de corrélation de Pearson calculé sur des rangs (Agresti 1984 : 164). Plus le *rho* est élevé plus la relation entre les deux variables est monotone (Pélissier 1988 : 30-34).
- Le test de Mann-Whitney : il permet de comparer deux échantillons indépendants (p. ex. : les hommes et les femmes). Il compare la répartition des sujets de chacun des échantillons tout au long de la variable ordinale (Pélissier 1988 : 82). Si une différence est détecté, on considère que la distribution des stades pour un groupe est stochastiquement plus grande que celles de l'autre groupe (voir Agresti 1984 : 19-20).

L'application de tests non-paramétriques à chacune des mesures est la démarche généralement choisie dans les études des marques osseuses au niveau des enthèses (p. ex. : Eshed *et al.* 2004 ; Mariotti *et al.* 2004 ; Molnar 2006). Cependant, la significativité des tests lors d'applications « à répétition » doit être discutée. Dans cette démarche, un test peut être significatif par hasard, tout simplement en raison du nombre de tests effectués, et les correctifs proposés dans cette situation (p. ex. : la correction de Bonferroni) ne s'appliquent pas si les variables sont corrélées (Bender et Lange 2001). Aussi, lors de la réalisation de tests pour chacune des mesures, l'utilisateur doit être vigilant dans l'interprétation des résultats. Si la majorité des tests produit des probabilités associées très faibles, les résultats pourront être considérés comme fiables. A l'inverse, un faible nombre de résultats significatifs et proches du seuil choisi (généralement 5%) sera à considérer avec précaution.

2.1.2. Regroupement des variables

Une autre approche consiste à regrouper les stades de plusieurs insertions et à appliquer les tests non-paramétriques décrits ci-dessus (Robb, 1998). Elle permet de discuter les résultats en terme de tendance générale et de ne pas focaliser sur des insertions particulières. L'effectif étudié est alors augmenté artificiellement car les tests ne se fondent pas sur le nombre d'individus mais sur le nombre de stades. De plus, comme nous l'avons vu au début de cette partie, les résultats statistiques obtenus ne peuvent être considérés comme réellement fiables si une corrélation existe entre les variables regroupées.

2.2.3. La transformation des données individuelles

Une alternative est de transformer de nombreuses informations individuelles (ici les stades attribués) en une seule donnée. Celle-ci peut correspondre au mode ou à la médiane individuelle par exemple. Toutefois, dans les cas où l'échelle de cotation présente peu de stades, ces mesures ont tendance à masquer plutôt qu'à révéler les différences (Robb, 1998).

E. Weiss (2003) préconise l'utilisation de données agrégées. Pour cet auteur, l'agrégation augmente les chances d'observer des effets généraux. De plus elle est justifiée, toujours pour cet auteur, dans l'étude des lésions des enthèses car les muscles agissent conjointement et doivent être considérés comme tels. La démarche proposée implique préalablement une transformation *z* de Fisher des stades attribués, puis l'agrégation des données par addition des scores *z* obtenus[6]. Outre les limites de l'agrégation statistique (les résultats dépendent sensiblement du choix des variables à agréger), les stades non transformés sont assimilés à des nombres, ce qui semble difficilement acceptable dans le cas présent.

2.2. Les équations d'estimation généralisées

2.2.1. Présentation

L'utilisation de modèles statistiques permet d'expliciter la variabilité d'un phénomène particulier. Certains types de modélisations peuvent prendre en compte le caractère répété de données ordinales. Parmi ceux-ci, les équations d'estimation généralisées (GEEs, pour *Generalized Estimating Equations*) sont particulièrement adaptées à notre type de données.

Les GEEs sont des modèles marginaux proposés par K.-Y. Liang et S. L. Zeger (1986) et étendus par S. R. Lipsitz et collaborateurs pour les données ordinales (1994). Les GEEs sont assimilables à des extensions de modèles linéaires pour l'analyse des données répétées. Les GEEs sont le plus souvent utilisées dans les études longitudinales mais peuvent aussi être appliquées à l'étude de mesures répétées obtenues par une même méthode et pour un même sujet, sur plusieurs *loci* (Agresti 2002 : 455). Les domaines d'application des GEEs sont variés. On trouve notamment la médecine (neurologie : Stern *et al.* 1999 ; odontologie : Müller *et al.* 2000 ; rhumatologie : Wiles *et al.* 2000), l'éthologie (Bêty *et al.* 2004 ; Gilby 2006), les sciences politiques (Zorn 2001). Les GEEs ont également été employées en anthropologie biologique, pour tester l'effet de la croissance sur le sommeil (Knutson 2005) et dans un travail sur les lignes d'hypoplasie de l'émail dentaire chez les gibbons (Guatelli-Steinberg 2000).

L'utilisation des GEEs est relativement simple comparativement à d'autres types de modèles statistiques (Agresti 2002 : 468) mais nécessite une présentation détaillée. Les GEEs sont une extension des modèles linéaires généralisés. Comme pour ces derniers, trois composantes doivent être spécifiées (Gonzalez 2005) :

- la première est une composante aléatoire. Elle correspond aux variables dépendantes, ou variables à expliquer (dans notre cas l'ensemble des stades attribués avec un même système de cotation). Les données manquantes pour les variables dépendantes n'empêchent pas la construction du modèle (Liang et Zeger 1986 ; Guéguen *et al.* 2000 ; Stokes *et al.* 2000 : 471-472 et 524-527 ; Agresti 2002 : 475-476). Cet aspect est particulièrement intéressant dans le cas de matériel ostéologique. Il faut, dans ce cas, que les données soient « manquantes complètement au hasard[7] », ce qui veut dire que leur survenue ne dépend, au pire, que des variables explicatives (Liang et Zeger 1986 ; Stokes *et al.* 2000 : 478).
- La deuxième composante est dite explicative ; elle est définie par l'ensemble des prédicteurs, ou variables explicatives. Elles peuvent être continues ou catégorielles (Stokes *et al.* 2000 : 471-472). Pour chaque variable explicative catégorielle, une modalité est choisie comme catégorie de référence.
- La troisième composante correspond au lien choisi entre la composante aléatoire et déterministe. La fonction de lien préférentiellement choisie dans le cas de variables dépendantes ordinales est le « logit cumulé » (Agresti 1984 : 120-126 ; Stokes *et al.* 2000 : 514-515 ; Agresti 2002 : 275 ; Gonzalez 2005).

Avec les GEEs, une quatrième composante doit être spécifiée : la structure de la matrice de corrélation entre les différentes variables dépendantes. Pour des variables dépendantes ordinales, la seule structure disponible dans le logiciel SAS © (un des principaux moteurs de la recherche sur les GEEs) est l' « indépendance » (Agresti 2002). Avec cette matrice de corrélation, l'utilisateur suppose *a priori* que les observations répétées par sujet sont indépendantes. La corrélation n'est pas explicitement spécifiée mais les calculs tiennent compte du phénomène global de corrélation pour chaque individu : les erreurs types associées aux estimations pour chaque prédicteur sont ajustées empiriquement (elles sont dites robustes) en fonction de cette corrélation (Stokes *et al.* 2000 : 475 ; Agresti 2002 : 467). Selon G. Dahmen et A. Ziegler (2004), le choix d'une matrice indépendante est parfaitement justifié dans les études exploratoires de données. En fait, dans les GEEs, la corrélation entre les mesures répétées d'un même individu est considérée comme une nuisance et les résultats obtenus sont consistants, même si la structure de la matrice de corrélation est mal spécifiée. Cependant, plus la matrice de corrélation est proche de la réalité, plus les estimations

[6] Les données manquantes sont remplacées par la moyenne des autres données individuelles.

[7] Missing completely at random.

sont performantes (Liang et Zeger 1986 ; Guéguen *et al.* 2000 ; Stokes *et al.* 2000 : 478-480 ; Agresti 2002-468).

Les GEEs produisent deux types d'analyses :

- l'analyse de type 3 qui teste l'influence globale de chaque prédicteur dans le modèle,
- l'estimation des paramètres associés aux covariables, assortie d'une estimation robuste des écarts types.

2.2.2. L'utilisation des GEEs

La démarche pour la construction de modèles avec des GEEs a été décrite en détail et illustrée grâce à de nombreux exemples par M. E. Stokes et collaborateurs (2000 : 480-527). Elle comporte plusieurs étapes. A chacune d'elles, l'utilisateur considère les résultats de l'analyse de type 3 pour retirer du modèle les interactions et les paramètres qui n'ont pas une influence significative.

- Etape 1 : un premier modèle est construit avec l'ensemble des variables et interactions entre variables à tester.
- Etape 2 (réalisée ou non suivant les résultats de l'étape précédente) : un deuxième modèle est construit. Dans ce modèle, les interactions non significatives dans l'analyse de type 3 de l'étape précédente sont retirées.
- Etapes supplémentaires (réalisées ou non suivant les résultats de l'étape précédente) : un nouveau modèle est construit, pour lequel les variables et les interactions non significatives dans l'analyse de type 3 de l'étape précédente, s'il en reste, sont retirées.

A chaque étape, les estimations des paramètres, les écarts-types empiriques et la valeur *p* associée doivent être comparés aux résultats de l'analyse de type 3 (Chavance com. pers.). Dans les cas litigieux, il est préférable de considérer la valeur *p* la plus conservative (Chavance com. pers. ; Stokes *et al.* 2000 : 501). A la fin de la dernière étape, les estimations robustes sont utilisées pour quantifier les différences entre plusieurs modalités d'un prédicteur à l'aide des *odds ratios*[8]. La valeur de l'*odds ratio* estimé correspond à l'exponentiel de l'estimation robuste (Stokes *et al.* 2000 : 486). Cette valeur s'interprète en terme de chances d'observer une situation (p. ex. : un homme choisi au hasard présente un stade plus élevé qu'une femme choisie au hasard) plutôt que la situation inverse (Croux 2005).

2.2.3. Les avantages des GEEs

- Outre la prise en compte de la relation entre les variables dépendantes, les GEEs sont particulièrement efficaces pour modéliser une réponse ordinale lorsque l'on s'intéresse à l'effet de différents paramètres dans le cadre d'une approche populationnelle (Stokes *et al.* 2000 : 480).
- Il est possible de travailler avec des données manquantes (Liang et Zeger 1986 ; Guéguen *et al.* 2000 ; Stokes *et al.* 2000 : 472 ; Agresti 2002 : 475-476).
- Enfin les variables explicatives peuvent être continues ou catégorielles (Stokes *et al.* 2000 : 472).

Pour ces trois raisons, elles sont adaptées aux caractéristiques de mes données.

2.2.4. Et leurs limites...

De sérieuses limites sont cependant à prendre en compte.

- L'absence de test d'ajustement. Différents critères peuvent être utilisés pour tester l'ajustement des données aux modèles construits à partir d'une fonction de vraisemblance. Ces tests permettent de choisir le modèle le plus réaliste. La méthode des GEEs utilise une approche de quasi-vraisemblance et les tests classiques ne peuvent donc être appliqués (Stokes *et al.* 2000 : 479 ; Agresti 2002 : 468). Cette absence de test d'ajustement approprié est à l'origine des critiques formulées par différents auteurs (Lindsey et Lambert 1998 ; Lee et Nelder 2004). Il est en effet impossible de vérifier si la spécification du modèle est convenable et de s'assurer de la validité de l'inférence (Lee et Nelder 2004). Les résultats doivent donc être compris dans une perspective exploratoire et non pas prédictive (Chavance com. pers.).
- La taille de l'échantillon. La méthode des GEEs dépend de la théorie asymptotique. La fiabilité des résultats exige un nombre suffisant de *clusters* et non d'observations par *cluster* ou d'observations totales (Stokes *et al.* 2000 : 479). Pour M. E. Stokes et collaborateurs, 25 *clusters* seraient suffisants lorsque le nombre de variables explicatives est inférieur à 5. 100 à 200 *clusters* sont nécessaires lorsque le nombre de variables explicatives est plus important (Stokes *et al.* 2000 : 479).
- L'inadéquation entre estimation populationnelle et réalité individuelle. Les estimations obtenues avec la méthode des GEEs peuvent être considérées comme des résultats moyens pour la population. Ces résultats ne sont utilisables que pour des analyses dont l'objectif est d'observer un phénomène ou une population, sans intervenir (Lindsey et Lambert 1998). Ainsi, selon ces auteurs, les GEEs sont déconnectés de la réalité au sens où ils ne reflètent pas des trajectoires individuelles. Les GEEs sont par exemple inadaptées à l'analyse d'expérimentations à visée thérapeutique dans lesquelles la dimension individuelle est essentielle.

[8] Je conserverai le terme odds ratio qui s'est généralisé dans la littérature française, au détriment des différentes tentatives de traduction telle rapport de chances ou rapport de cotes.

2.3. La démarche choisie

J'ai choisi de développer une démarche exploratoire de mes données à partir des GEEs. Nous avons vu que celles-ci constituent un outil puissant pour entreprendre une analyse de ce type. Rappelons que, comparées aux autres méthodes d'exploration (analyse hiérarchique ou analyse des correspondances, par exemple), les GEEs présentent trois avantages majeurs :

- elles tiennent compte du caractère répété des cotations,
- elles permettent de travailler avec des données manquantes,
- elles répondent à des questions à l'échelle de la population.

Les différences anatomiques et anatomopathologiques sont à l'origine de la distinction de 4 groupes d'enthèses. J'ai analysé séparément les cotations de chacun de ces groupes car il est en effet fort probable que les paramètres influençant le remodelage osseux diffèrent selon la nature de l'insertion. Ce choix est aussi nécessaire en raison des doutes évoqués à propos des critères de cotation des systèmes 2, 3 et 4 (voir chapitre III. 2.5.).

La mise en évidence d'éventuelles différences entre les enthèses d'un même système constituera la première étape. Elle sera conduite pour chaque système avec des outils descriptifs (fréquence des stades, mode et médiane). La recherche des paramètres les plus pertinents pour expliquer la variabilité de la distribution des stades de cotation de remaniement osseux sera faite avec les GEEs. Les résultats seront illustrés par des graphiques et complétés par des tests non-paramétriques pour chaque insertion en tenant compte pour ces derniers de la valeur p associée. Lorsque ces études complémentaires nécessiteront la prise en compte de l'effet de l'âge, l'échantillon sera divisé en classes d'âge de dix ans d'intervalle. Les individus de plus de 60 ans seront regroupés dans une même classe d'âge (60 ans et +) qui comprendra alors un effectif suffisamment important.

La composante déterministe des modèles correspond aux paramètres testés pour expliquer la distribution des stades de remodelages. J'ai arbitrairement divisé en trois catégories les paramètres testés. Ces paramètres sont indiqués en gras dans la suite du texte.

Les paramètres directement liés à l'activité : ils sont au nombre de trois, la **nature de l'effort**, le **port de charges lourdes** et les **mouvements répétitifs du membre supérieur**.

Les paramètres indirectement liés à l'activité : sous ce terme sont désignés deux paramètres qui correspondent à la **localisation anatomique** (membre supérieur ou inférieur) et au **côté**. Le paramètre **côté** permet d'envisager la latéralité, c'est-à-dire la dominance fonctionnelle d'un côté du corps humain sur l'autre. Cette dominance ne concerne pas une enthèse particulière mais l'ensemble des insertions d'un membre. Il sera alors possible de distinguer la latéralité de l'asymétrie. Cette dernière correspond, pour une insertion donnée, à une différence de stade entre le côté gauche et droit[9].

Les éventuels paramètres perturbateurs : l'**âge** au décès, le **sexe** et l'origine de la **collection ostéologique**. Il s'agit de paramètres susceptibles de jouer un rôle dans l'apparition d'enthésopathies (chapitre II. 2.1.).

Le rôle éventuel de la **collection ostéologique** apparaît plus complexe à analyser que celui du **sexe** et de l'**âge** pour deux raisons. Premièrement, les quatre collections ostéologiques se distinguent par l'origine géographique et la période chronologique. Ces particularités impliquent probablement des différences génétiques, culturelles (régime alimentaire par exemple), environnementales ou dues au hasard. De ces caractéristiques découle la seconde raison : la **collection ostéologique** est un paramètre à effet aléatoire. Dans mes tests cette variable comprendra quatre catégories : Bologne, Sardaigne, Coimbra et Spitalfields. Ces catégories correspondent à un choix parmi de nombreuses possibilités. Ce type de paramètre est donc différent du sexe par exemple, où hommes et femmes sont les deux seules catégories possibles. Les spécificités de ce genre de paramètre ne peuvent être prises en compte dans les GEEs (Agresti 2002 : 501). Le paramètre **collection ostéologique** peut cependant être étudié comme un paramètre classique (dit à effet fixe) mais dans ce cas l'inférence obtenue doit être considérée avec beaucoup de précautions (Chavance com. pers.). J'ai choisi de tester ce paramètre sans interaction avec les autres variables catégorielles afin de minimiser le biais possible. L'interaction **âge*collection ostéologique** a été testée afin de rechercher une éventuelle influence génétique sur l'apparition des processus dégénératifs liés à la sénescence (les *bone formers*, chapitre II. 2.1.3.).

2.4. Les modèles

Avec mon échantillon, la modélisation n'est pas sans problème, en particulier parce que l'effectif se réduit à mesure que la précision des paramètres biomécaniques étudiés augmente. Plusieurs modèles en fonction des questions doivent ainsi être réalisés.

[9] Ma recherche concernant l'asymétrie est nettement moins aboutie que celle de G. Perréard Lopreno (2007) sur les adaptations structurelles du membre supérieur pour des squelettes identifiés de la collection Simon. L'auteur oppose les agriculteurs, les « spécialistes », et les travailleurs non manuels afin d'évaluer la relation entre la spécialisation des tâches et l'asymétrie au niveau du membre supérieur. Mon corpus, comportant beaucoup de professions, ne se prête pas à ce type de classement. J'ai en outre préféré m'intéresser à l'influence générale de l'activité sur l'apparition d'enthésopathies sur le squelette, la question de l'asymétrie n'étant envisagée que dans une analyse *post hoc*.

2.4.1. Les systèmes de cotation des enthèses appendiculaires

- Modèle 1. Dans un premier temps, la totalité de l'échantillon de référence a été utilisée (n = 721). Ont été testées l'influence de l'**âge** (en tant que variable continue), du **sexe**, de la **collection ostéologique**, et des interactions **âge*sexe** et **âge*collection ostéologique**.
- Modèle 2. Dans un second temps, l'échantillon a été réduit aux hommes d'activité connue (n = 404). La composante explicative correspond aux paramètres **nature de l'effort**, **localisation anatomique** et à l'interaction **nature de l'effort*localisation anatomique**. En fonction des résultats du modèle 1, les paramètres **collection ostéologique** et / ou **âge** et les interactions **âge*nature de l'effort** et **âge*localisation anatomique** ont été testés. L'objectif est de qualifier l'influence globale de l'effort sur la distribution des stades.
- Modèles 3 et 4. Si le modèle 2 permet de détecter des différences significatives entre les catégories travailleurs manuels et travailleurs non manuels, l'approche sera affinée à partir de l'analyse d'un échantillon encore plus restreint comprenant les individus pour lesquels des catégorisations avancées ont été possibles (n = 252). Deux autres modèles seront établis.
- Le modèle 3 concerne le membre supérieur. Les paramètres **port de charges lourdes**, **mouvements répétitifs du membre supérieur** et **côté**, ainsi que les interactions entre ceux-ci sont testés.
- Le modèle 4 concerne le membre inférieur. Les paramètres **port de charges lourdes** et **côté**, ainsi que l'interaction d'ordre 2 sont testés.

L'**âge** et la **collection ostéologique** sont conservés dans ces deux modèles si ils sont significatifs dans le modèle 1.

2.4.2. Le système de cotation des enthèses rachidiennes

Une démarche analogue à celle présentée pour le squelette appendiculaire a été suivie pour les enthèses rachidiennes. L'analyse s'est d'abord intéressée à l'influence de l'**âge**, du **sexe**, de la **collection ostéologique**, et des interactions **âge*sexe** et **âge*collection ostéologique** pour l'ensemble des individus pour lesquels les insertions rachidiennes ont été étudiées (n = 504). Elle a ensuite portée sur les paramètres directement liés à l'activité : **nature de l'effort, port de charges lourdes**, **mouvements répétitifs du membre supérieur**.

Le logiciel SAS 9.0 © a été utilisé pour les GEEs. Les calculs du mode et de la médiane et les tests non-paramétriques ont été réalisés grâce au logiciel Statistica 7.1 ©. Les calculs de fréquence et les graphiques ont été réalisés avec le logiciel Excel 2002 ©. Le seuil de 5% a été fixé comme risque de première espèce acceptable.

Chapitre V
Résultats de la validation

Les résultats obtenus pour l'échantillon de référence sont présentés par système de cotation, d'abord pour le squelette appendiculaire (système 1, 2 et 4) puis pour le squelette rachidien. La démarche analytique, présentée en détail à la fin du chapitre précédent, se résume ainsi : l'analyse débute par une description générale (statistiques descriptives et exploratoires pour l'échantillon total) puis s'intéresse de plus en plus finement aux paramètres biomécaniques, avec une étude de l'échantillon masculin d'activité connue et du sous-échantillon pour lequel une catégorisation avancée a pu être effectuée. Les paramètres testés sont mentionnés en gras dans le texte. Les insertions étudiées sont désignées dans le corps du texte et dans les tableaux par des abréviations ; concernant leur signification, je renvoie le lecteur au tableau 4 du chapitre II et à l'annexe A.

Il m'a paru nécessaire de renvoyer certains tableaux en annexe afin de ne pas surcharger le corps du texte.

Annexe B : tableaux présentant le nombre de cotations attribuées par classe d'âge, selon le sexe et les catégorisations des professions.

Annexe C : système 1, résultats des tests de Mann et Whitney.

Annexe D : système 2, résultats des analyses de type 3 et des estimations robustes pour les catégorisations avancées.

Annexe E : système 4, résultats des analyses de type 3 et des estimations robustes pour les catégorisations avancées.

Annexe F : système 3, résultats des analyses de type 3 et des estimations robustes pour les catégorisations avancées.

1. Système 1

1.1. Première étape - échantillon complet (721 individus)

Statistiques descriptives

La lecture du tableau 17 révèle des écarts importants de fréquences des lésions (stades B + C) selon les enthèses : minimum de 13% pour l'insertion des mm. épicondyliens médiaux sur l'humérus à gauche (HEM gauche) ; maximum de 39% pour l'insertion du m. subscapulaire sur l'humérus à droite (HSC droite). Toutefois, les sites ne se distinguent ni par le mode ni par la médiane, qui correspondent tous deux au stade A.

Analyse exploratoire et inférentielle

Réalisation du modèle 1

Au cours de la première étape de la réalisation du modèle 1, les paramètres **âge**, **sexe** et **collection ostéologique** ainsi que les interactions **âge*sexe** et **âge*collection ostéologique** sont testés.

Les résultats de l'analyse de type 3 (tableau 18) indiquent qu'à la fin de cette étape, l'**âge**, le **sexe** et l'interaction **âge*sexe** ont un effet significatif sur la distribution des stades de cotation du remaniement osseux. Les résultats sont identiques à la fin de la deuxième étape (tableau 18), dans laquelle l'interaction **âge*collection ostéologique** a été retirée du modèle. L'analyse se termine donc à la fin de la troisième étape, après que le paramètre simple **collection ostéologique** ait été retiré. Les résultats des estimations robustes pour ce modèle sont présentés dans le tableau 19.

Effet de l'âge

Les fréquences des lésions au sein de la population totale augmentent significativement avec l'âge (tableaux 18 et 19 ; figure 17). La hausse des fréquences de stades B et C est régulière. On note cependant une augmentation relativement importante de la fréquence des stades B entre les classes d'âge [30-39] et [40-49] (de 8 à 18%) et de la fréquence des stades C entre le groupe des [40-49] et celui des [50-59] (de 1 à 5%).

Le tableau 20 permet de constater une corrélation positive entre les stades et l'âge pour chacune des insertions étudiées avec le système

Localisation	Insertion	n	Stade A	Stade B	Stade C	Médiane	Mode
Membre supérieur	HSC droit	613	**60,8%**	33,8%	5,4%	A	A
	HSC gauche	610	**67,7%**	29,5%	2,8%	A	A
	HSI droit	573	**72,6%**	24,4%	3,0%	A	A
	HSI gauche	565	**79,8%**	18,1%	2,1%	A	A
	HEL droit	544	**66,0%**	25,4%	8,6%	A	A
	HEL gauche	551	**75,7%**	20,5%	3,8%	A	A
	HEM droit	515	**85,4%**	13,0%	1,6%	A	A
	HEM gauche	498	**87,1%**	11,8%	1,0%	A	A
	RBB droit	629	**69,5%**	27,3%	3,2%	A	A
	RBB gauche	631	**69,1%**	25,4%	5,5%	A	A
Membre inférieur	CSB droit	651	**74,0%**	20,0%	6,0%	A	A
	CSB gauche	646	**74,5%**	21,8%	3,7%	A	A
	FPF droit	646	**84,8%**	11,9%	3,3%	A	A
	FPF gauche	637	**84,9%**	11,0%	4,1%	A	A
	FMF droit	591	**81,7%**	17,1%	1,2%	A	A
	FMF gauche	604	**82,9%**	15,2%	1,8%	A	A
	FIP droit	621	**69,2%**	25,8%	5,0%	A	A
	FIP gauche	590	**71,2%**	25,8%	3,1%	A	A

Tableau 17. Système 1 - échantillon de référence : fréquences des stades, médiane et mode par insertion.

		Statistiques de score pour l'analyse GEE de type 3					
		1re étape		2e étape		3e étape	
Source	**d.d.l.**	**Khi2**	***p***	**Khi2**	***p***	**Khi2**	***p***
Age	1	111,81	***<0,001***	163,26	***<0,001***	181,72	***<0,001***
Sexe	1	6,21	***0,013***	9,09	***0,003***	11,77	***<0,001***
Collection ostéologique	3	1,07	0,785	5,34	0,149		
Age*Sexe	1	5,08	***0,024***	8,02	***0,005***	8,06	***0,005***
Age*Collection ostéologique	3	0,40	0,940				

Tableau 18. Système 1 - échantillon de référence : résultats de l'analyse de type 3

Paramètre		OR	IC 95 %		p
Age	Femme	1,09*	1,08	1,10	<0,001
	Homme	1,07*	1,07	1,08	<0,001
Sexe	Femme	1			
	Homme	2,88	1,56	5,32	<0,001
Age*Sexe	Femme	1			
	Homme	0,98*	0,97	1,00	0,005
* par année					

Tableau 19. Système 1 - échantillon de référence : estimations robustes.

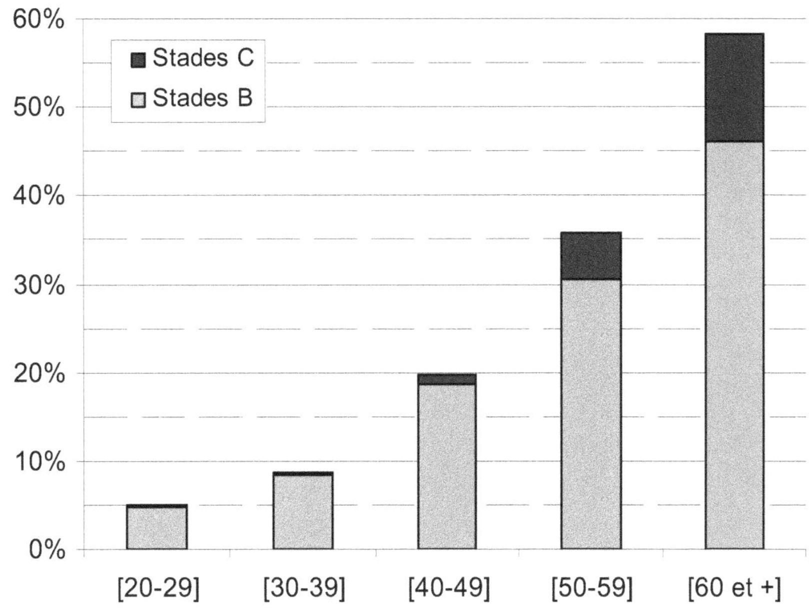

Figure 17. Système 1 - échantillon de référence : fréquences des stades B et C suivant la classe d'âge.

Localisation	Insertion	n	Rho de Spearman*
Membre supérieur	HSC droit	613	0,51
	HSC gauche	610	0,48
	HSI droit	573	0,44
	HSI gauche	565	0,47
	HEL droit	544	0,63
	HEL gauche	551	0,58
	HEM droit	515	0,42
	HEM gauche	498	0,41
	RBB droit	629	0,40
	RBB gauche	631	0,46
Membre inférieur	CSB droit	651	0,46
	CSB gauche	646	0,48
	FPF droit	646	0,43
	FPF gauche	637	0,43
	FMF droit	591	0,47
	FMF gauche	604	0,42
	FIP droit	621	0,42
	FIP gauche	590	0,44
***p< 0,001**			

Tableau 20. Système 1 - échantillon de référence : corrélation entre l'âge et les stades par insertion.

*Effets du sexe et de l'interaction âge*sexe*

L'effet du **sexe**, les paramètres **âge** et **âge*sexe** étant fixés, est très fortement significatif ($p < 0,001$). Les hommes présentent des stades plus élevés que les femmes d'après le modèle 1 ; l'*odds ratio* estimé est de 2,9 pour le paramètre sexe. Cet *odds ratio* indique que pour un homme et une femme pris au hasard, les chances d'observer un stade supérieur chez l'homme sont presque trois fois plus grandes que celles d'observer la situation inverse.

Lorsqu'on s'intéresse aux fréquences des lésions (stades B + C) par classe d'âge et par sexe (figure 18), les hommes présentent plus de lésions que les femmes pour les classes d'âge [20-29] et [30-39].

L'interaction **âge*sexe** est significative. L'effet de l'**âge** est plus marqué chez les femmes que chez les hommes : les femmes présentent légèrement mais significativement plus de chance que les hommes d'avoir une modification plus importante, l'âge avançant (tableau 19 et figure 18). L'écart relativement important des fréquences de lésions au début de la vie adulte se comble graduellement, et les femmes ont légèrement plus de lésions que les hommes après 50 ans (figure 18). La différence de l'influence de l'**âge** suivant le **sexe** s'exprime par une augmentation des fréquences des stades B et C entre les classes d'âge avec une pente légèrement plus marquée chez les femmes (figures 19 et 20).

Les corrélations, selon le sexe, entre l'âge et la distribution des stades de chaque insertion confirment l'impression de relation plus monotone au sein du groupe féminin. Ces corrélations (tableau 21) sont plus élevées pour les femmes dans la quasi-totalité des cas (17 des 18 insertions). La moyenne des coefficients de détermination (rho2) pour les femmes (0,29) est nettement supérieure à celle des hommes (0,1

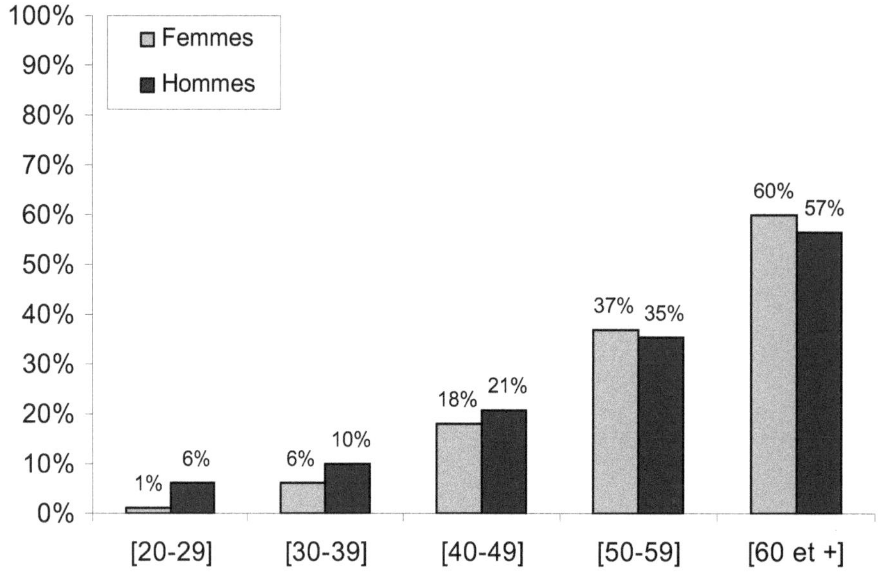

Figure 18. Système 1 - échantillon de référence : fréquences des lésions (stades B + C) suivant la classe d'âge et le sexe.

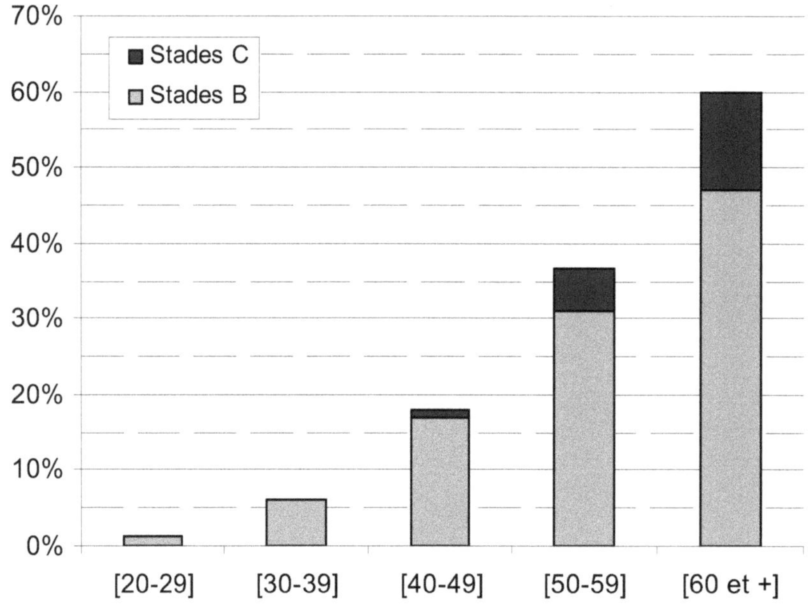

Figure 19. Système 1 - échantillon de référence - femmes : fréquences des stades B et C suivant la classe d'âge.

1.2. Deuxième étape - échantillon d'activité connue (404 individus)

Réalisation du modèle 2

Les paramètres testés sont l'**âge**, significativement influent dans le modèle 1, la **nature de l'effort** (travailleurs non manuels ou travailleurs manuels), la **localisation anatomique** des lésions, ainsi que les trois interactions possibles.

Le tableau 22 présente les étapes de l'analyse de type 3. A la fin de la première étape, aucune des interactions n'étant significative, elles ont été retirées du modèle. L'influence des trois paramètres restants est hautement significative (tableaux 22 et 23).

Effet de la nature de l'effort

L'effet de la variable **nature de l'effort** est fortement

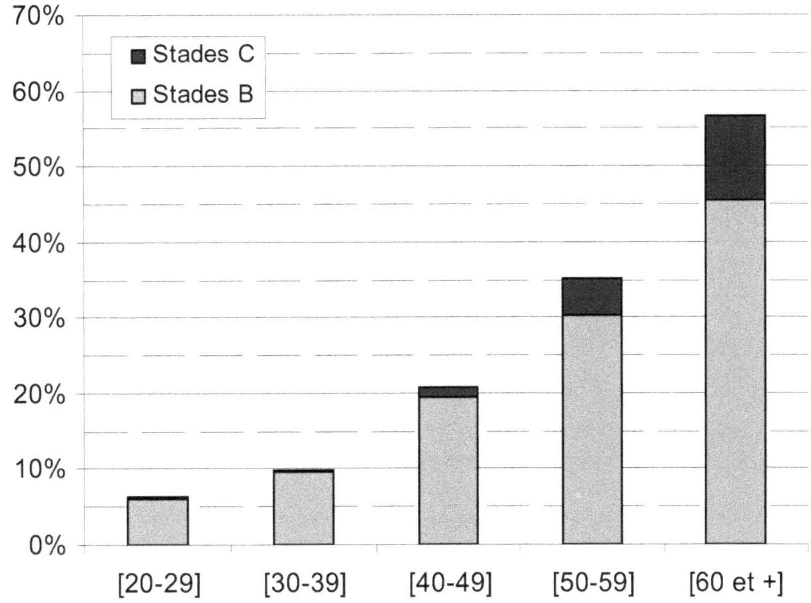

Figure 20. Système 1 - échantillon de référence - hommes : fréquences des stades B et C suivant la classe d'âge.

Localisation	Insertion	Femmes n	Femmes Rho de Spearman*	Hommes n	Hommes Rho de Spearman*
Membre supérieur	HSC droit	210	0,64	403	0,46
	HSC gauche	207	0,50	403	0,50
	HSI droit	198	0,52	375	0,38
	HSI gauche	198	0,52	367	0,43
	HEL droit	198	0,72	346	0,55
	HEL gauche	184	0,69	367	0,49
	HEM droit	182	0,53	333	0,29
	HEM gauche	166	0,43	332	0,36
	RBB droit	213	0,46	416	0,43
	RBB gauche	216	0,56	415	0,48
Membre inférieur	CSB droit	225	0,51	426	0,40
	CSB gauche	218	0,55	428	0,41
	FPF droit	216	0,53	430	0,35
	FPF gauche	216	0,51	421	0,35
	FMF droit	193	0,54	398	0,42
	FMF gauche	201	0,48	403	0,38
	FIP droit	209	0,45	412	0,45
	FIP gauche	196	0,47	394	0,47
** p< 0,001*					

Tableau 21. Système 1 - échantillon de référence : corrélation entre l'âge et les stades par insertion suivant le sexe.

Source	d.d.l.	Statistiques de score pour l'analyse GEE de type 3			
		1re étape		2e étape	
		Khi2	*p*	**Khi2**	*p*
Age	1	22,11	***<0,001***	91,04	<0,001
Localisation anatomique	1	1,56	0,211	31,8	***<0,001***
Nature de l'effort	1	0,64	0,425	13,04	***<0,001***
Age*Localisation anatomique	1	0,05	0,831		
Age*Nature de l'effort	1	0,1	0,751		
Localisation anatomique*Nature de l'effort	1	0,17	0,684		

Tableau 22. Système 1 - échantillon d'activité connue : résultats de l'analyse de type 3.

Paramètre		OR	IC 95 %		p
Age		1,07*	1,07	1,08	<0,001
Localisation anatomique	Membre inférieur	1			
	Membre supérieur	1,57	1,35	1,82	<0,001
Nature de l'effort	Non manuel	1			
	Manuel	1,74	1,29	2,35	<0,001
* par année					

Tableau 23. Système 1 - échantillon d'activité connue : estimations robustes.

significatif (tableaux 22 et 23), l'influence de l'**âge** et de la **localisation anatomique** étant fixée. Les travailleurs manuels présentent plus de stades élevés que les travailleurs non manuels. Les chances d'observer, pour un travailleur manuel, un stade supérieur à celui d'un travailleur non manuel sont 1,7 fois plus grandes que les chances de rencontrer la situation inverse (tableau 23). Cette différence se retrouve quelle que soit la classe d'âge (figure 21). Les fréquences des enthésopathies (stades B + C) sont toujours supérieures pour les travailleurs manuels. Toutefois, les lésions sont environ deux fois plus fréquentes chez les travailleurs manuels dans les trois premières classes d'âge puis cet écart se réduit dans les deux dernières.

L'interaction **âge*nature de l'effort** est non significative dans le modèle. Cependant, les fréquences de lésions au cours de la vie suivant la catégorie d'activité diffèrent assez sensiblement. La fréquence des enthésopathies chez les travailleurs non manuels triple entre les classes d'âge [40-49] et [50-59] (figure 22). De plus, cette augmentation soudaine des lésions est caractérisée par une proportion importante de stades C, rares ou absents dans les trois premières classes d'âge. L'augmentation des fréquences des enthésopathies suivant l'âge chez les travailleurs manuels parait, comparativement, beaucoup plus régulière (figure 23).

Pour chaque classe d'âge, des différences par enthèse entre les deux catégories de travailleurs ont été estimées avec le test de Mann et Whitney. Très peu de résultats sont significatifs (annexe C). Pour 90 tests, des différences significatives sont observées pour seulement six insertions d'après la probabilité ajustée pour les *ex aequo* et pour deux insertions d'après la probabilité exacte.

Effet de la localisation anatomique

Les lésions du membre inférieur, quel que soit l'âge ou l'activité des individus, sont moins fréquentes que celles du membre supérieur (figures 24 à 26). Les chances d'observer un stade plus élevé au membre supérieur qu'au membre inférieur sont une fois et demie plus importantes que celles d'observer la situation inverse (tableau 23).

1.3. Troisième étape - échantillon d'activité connue - catégorisations avancées, membre supérieur (252 individus)

Réalisation du modèle 3

Les résultats de l'analyse de type 3 indiquent que l'influence de la répétitivité n'est pas significative. A l'issue de l'analyse, les paramètres âge, côté, port de charges lourdes et l'interaction âge*côté apparaissent significatifs (tableau 24). Les résultats de l'analyse robuste sont donnés dans le tablea

Nous nous intéresserons tout d'abord au paramètre **côté**

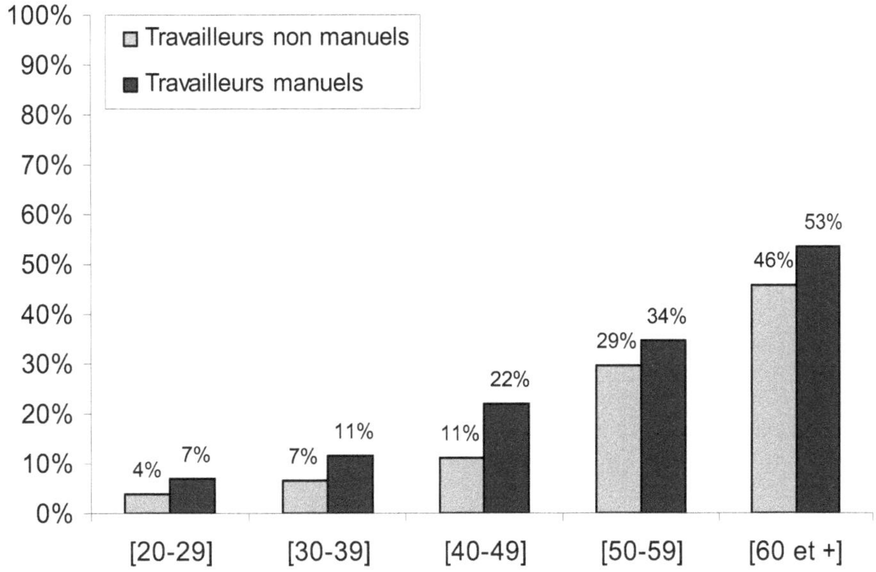

Figure 21. Système 1 - échantillon d'activité connue : fréquences des lésions (stades B + C) suivant la classe d'âge et la nature de l'effort.

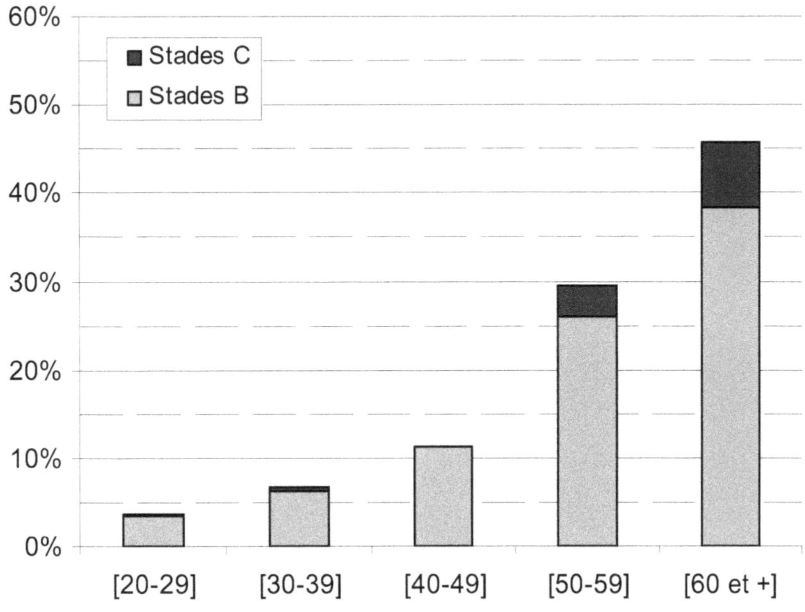

Figure 22. Système 1 - échantillon d'activité connue - travailleurs non manuels : fréquences des stades B et C suivant la classe d'âge.

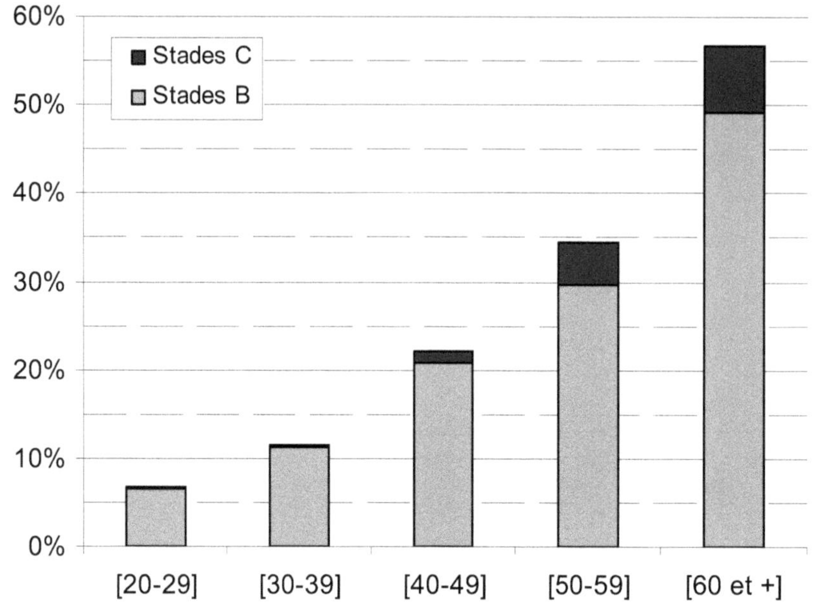

Figure 23. Système 1 - échantillon d'activité connue - travailleurs manuels : fréquences des stades B et C suivant la classe d'âge.

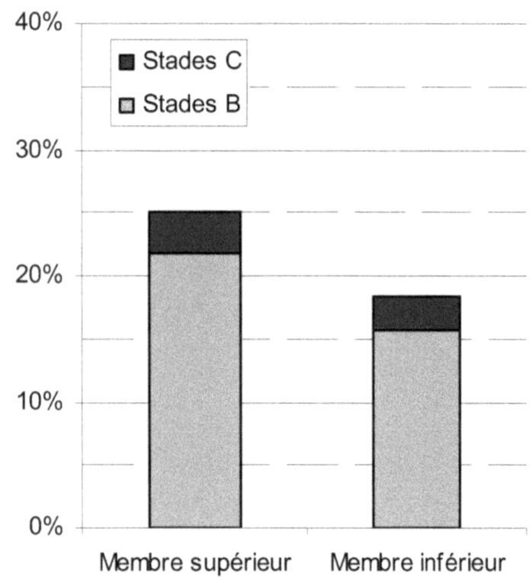

Figure 24. Système 1 - échantillon d'activité connue : fréquences des stades B et C suivant la localisation anatomique.

et à son interaction avec l'**âge**, puis nous étudierons le paramètre **port de charges lourdes**.

*Effets du côté et l'interaction âge*côté*

Pour le membre supérieur, les résultats de l'analyse robuste indiquent que les lésions sont plus fréquentes à droite qu'à gauche (*odds ratio* = 3). Cependant, cette tendance décroît avec l'âge (tableau 25). Les fréquences de lésion sont deux fois plus importantes à droite qu'à gauche dans les deux premières classes d'âge mais l'écart s'atténue notablement ensuite (figure 27).

Effet du port de charges lourdes

Le port fréquent ou non de charges lourdes est un facteur significativement influant sur la distribution des stades (tableau 25). Il existe 2 fois plus de chances d'observer un stade plus élevé chez un travailleur qui porte fréquemment des charges lourdes plutôt que la situation inverse. L'influence de ce paramètre est vraie pour toutes les classes d'âge (figure 28). Elle est particulièrement forte pour les classes d'âge [30-39] et [40-49].

Le modèle n'a pas détecté un effet plus marqué de l'**âge** pour l'un ou l'autre des deux groupes. Cependant, comme le modèle 2, l'augmentation des fréquences des stades de lésions des sujets portant souvent des charges lourdes semble différente de celle des individus qui portent peu de charges (figures 29 et 30). Pour les seconds, les fréquences d'enthésopathies sont identiques dans les deux premières classes d'âge, doublent entre les classes [30-39] et [40-49] et doublent encore entre les classes [40-49] et [50-59] (figure 29). La transition de la cinquantaine est de plus caractérisée par l'apparition d'une fréquence importante de stades C. A l'inverse, chez les premiers, les variations les plus importantes s'observent (figure 30) :

- - entre les deux premières classes d'âge, avec presque trois fois plus de lésions chez les [30-39] par rapport aux [20-29],
- - entre les [50-59] et les [60 et +] avec une proportion très importante de stades C chez les [60 et +].

Nature de l'effort versus *port de charges lourdes*

Il m'a semblé intéressant de déterminer l'importance

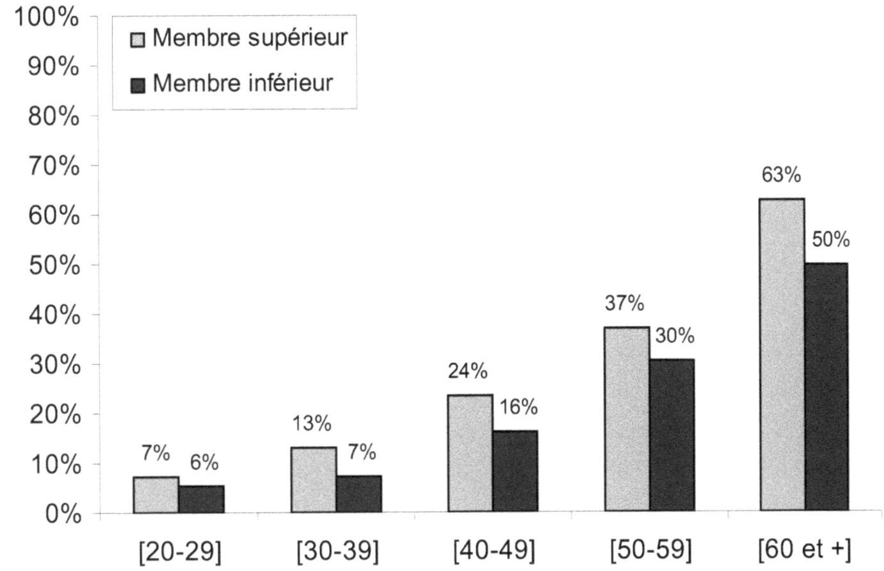

Figure 25. Système 1 - échantillon d'activité connue : fréquences des lésions suivant la classe d'âge et la localisation anatomique.

		Statistiques de score pour l'analyse GEE de type 3					
		1re étape		2e étape		3e étape	
Source	**d.d.l.**	**Khi2**	**p**	**Khi2**	**p**	**Khi2**	**p**
Age	1	46,3	***<0,001***	55	***<0,001***	54,9	***<0,001***
Côté	1	10,9	***<0,001***	10,9	***0,001***	10,9	***0,001***
Port de charges lourdes	1	5,72	***0,017***	16,9	***<0,001***	19	***<0,001***
Mouvements répétitifs	1	1,86	0,172	0,35	0,555		
Age*Côté	1	7,18	***0,007***	7,47	***0,006***	7,51	***0,006***
Age*Port de charges lourdes	1	1,54	0,215				
Age*Mouvements répétitifs	1	1,45	0,229				
Côté*Port de charges lourdes	1	0,39	0,531				
Côté*Mouvements répétitifs	1	1,14	0,286				
Port de charges*Mouvements répétitifs	1	1,87	0,171				

Tableau 24. Système 1 - membre supérieur - échantillon d'activité connue - catégorisations avancées : résultats de l'analyse de type 3.

Paramètre		**OR**	**IC 95 %**		**p**
Age	Gauche	1,08*	1,07	1,09	<0,001
	Droite	1,06*	1,05	1,07	<0,001
Côté	Gauche	1			
	Droite	2,96	1,56	5,60	<0,001
Age*Côté	Gauche	1			
	Droite	0,98*	0,97	1,00	0,007
Port de charges lourdes	Sans	1			
	Avec	2,01	1,47	2,76	<0,001

* par année

Tableau 25. Système 1 - membre supérieur - échantillon d'activité connue - catégorisations avancées : estimations robustes.

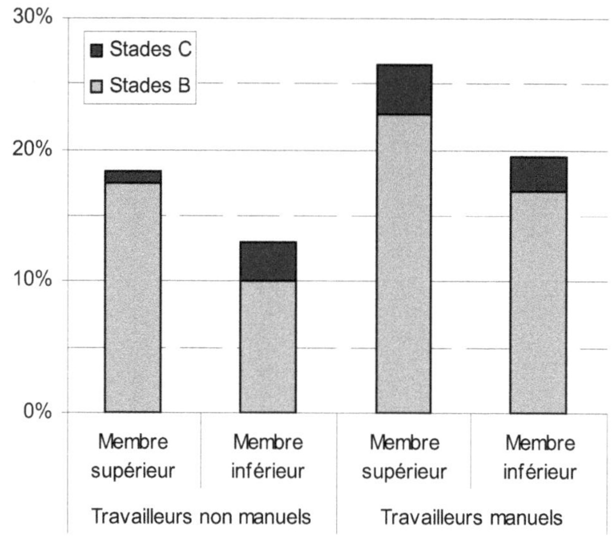

Figure 26. Système 1 - échantillon d'activité connue : fréquence des stades B et C suivant la nature de l'effort de la localisation anatomique.

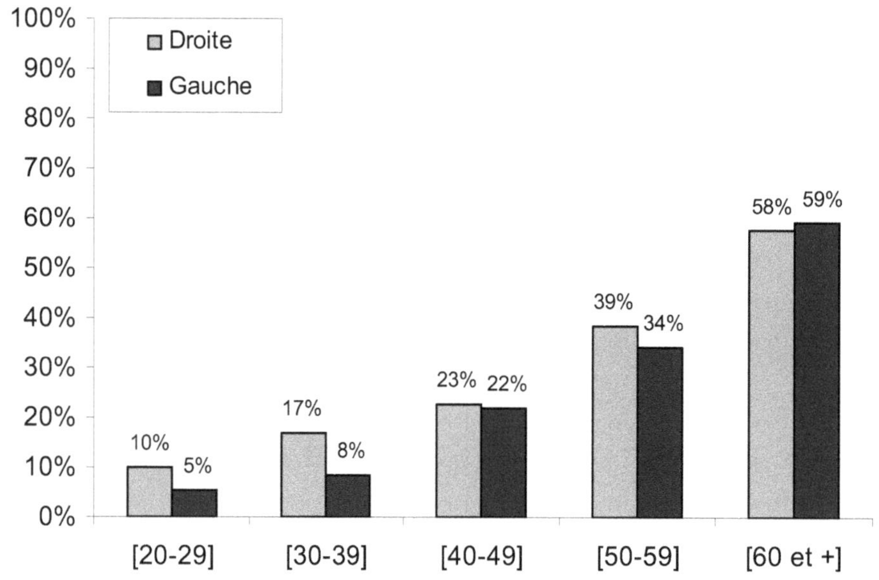

Figure 27. Système 1 - membre supérieur - échantillon d'activité connue - catégorisations avancées : fréquences des lésions (stades B + C) suivant la classe d'âge et le côté.

relative des paramètres **nature de l'effort** et **port de charges lourdes**. Dans ce but, une nouvelle variable catégorielle a été définie. Cette variable, appelée **NPC** (pour nature et port de charges), comporte 3 catégories :

0 : travailleurs non manuels sans port de charges lourdes (72 individus).
1 : travailleurs manuels sans port de charges lourdes (52 individus).
2 : travailleurs manuels avec port de charge lourdes (128 individus).

Les résultats de l'analyse de type 3 avec la variable NPC (tableau 26) sont similaires à ceux obtenus avec la variable port de charges lourdes (tableau 24).

Cependant, les résultats robustes (tableau 27) apportent une information supplémentaire par rapport à la première analyse : les catégories NPC 0 et NPC 1 ne diffèrent pas significativement ($p = 0,879$). Au contraire, les travailleurs manuels avec port de charges lourdes (NPC 2) se distinguent significativement des travailleurs non manuels (NPC 0) et des travailleurs manuels sans port de charges lourdes (NPC 1). Ce résultat semble indiquer que le **port de**

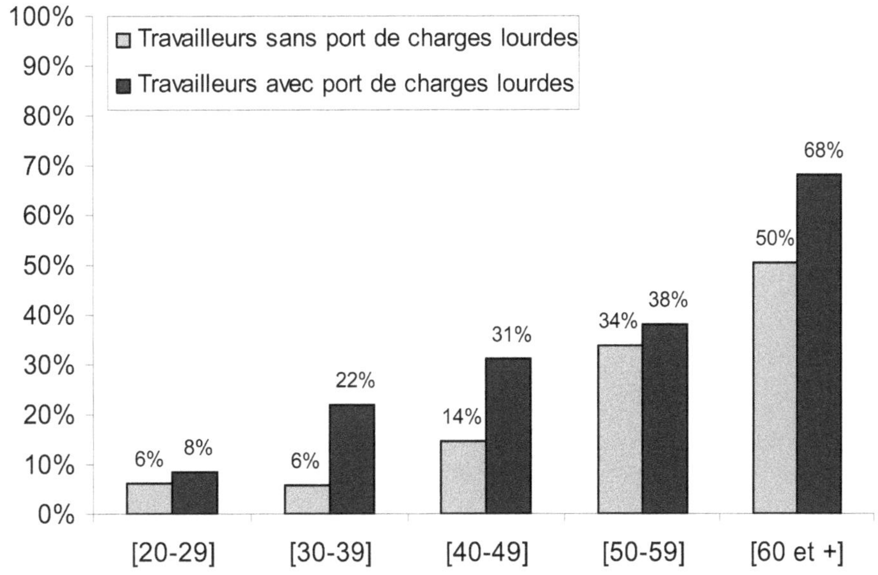

Figure 28. Système 1 - membre supérieur - échantillon d'activité connue - catégorisations avancées : fréquences des lésions (stades B + C) suivant la classe d'âge et le paramètre port de charges lourdes.

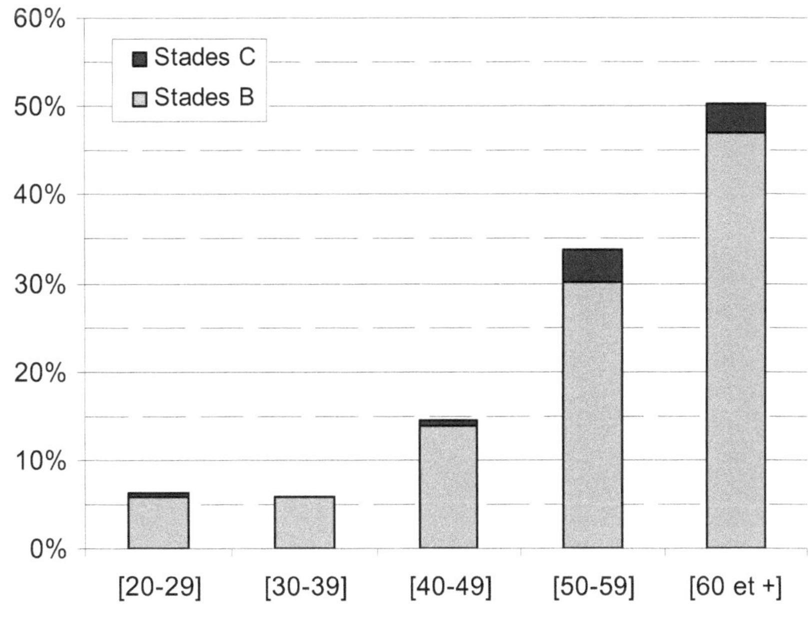

Figure 29. Système 1 - membre supérieur - échantillon d'activité connue - catégorisations avancées - travailleurs sans port de charges lourdes : fréquences des stades B et C suivant la classe d'âge.

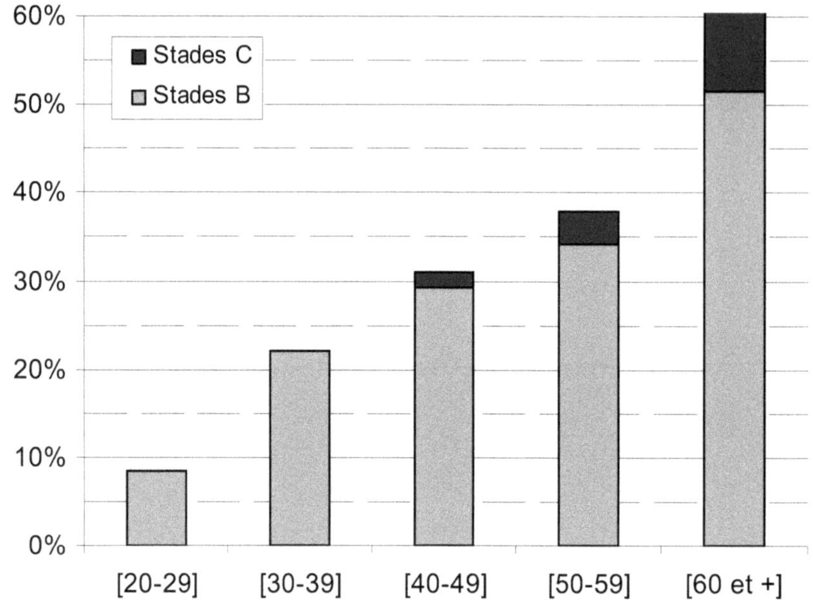

Figure 30. Système 1 - membre supérieur - échantillon d'activité connue - catégorisations avancées - travailleurs avec port de charges lourdes : fréquences des stades B et C suivant la classe d'âge.

charges lourdes est un facteur déterminant pour expliquer les fréquences importantes de lésions chez les travailleurs manuels.

Des différences par enthèses entre les travailleurs avec et sans port fréquent de charges lourdes ont été recherchées pour chaque classe d'âge à l'aide du test de Mann et Whitney (annexe C). Seules sept différences, pour 50 tests effectuées, présentent une probabilité ajustée pour les *ex aequo* inférieure à 0,05. Les travailleurs portant fréquemment des charges lourdes présentent une distribution des stades stochastiquement plus grande que celles du groupe moins actif pour les insertions RBB gauche, HSC et HSI droites dans la classe [30-39] ; HSC droite dans la classe [40-49] ; HEM gauche et RBB droite et gauche dans la classe [60 et +] (figure 31). Notons toutefois que la probabilité exacte est inférieure à 0,05 dans seulement 4 cas. De plus, deux tests seulement (HEM et RBB gauches dans la dernière classe, annexe C) présentent des probabilités associées très faibles.

Test post hoc *: côté, latéralité et asymétrie*

Les fréquences plus importantes des lésions du côté droit sont l'expression probable de la latéralité. Les modèles n'indiquent pas d'effet significatif de l'interaction **côté*port de charges lourdes**. L'effet du **port de charges lourdes** n'est pas plus marqué d'un côté que de l'autre. Pour un individu et un muscle donné, il semble intéressant de savoir si cet effet concerne simultanément les deux côtés ou un seul, entraînant une asymétrie.

La figure 32 présente les fréquences de paires d'insertions asymétriques, c'est-à-dire les cas où un stade est plus important d'un côté que de l'autre, rapporté au nombre de paires totales observées par catégorie d'activité et par classe d'âge. Les rares cas où un stade C est attribué d'un côté et un stade A de l'autre n'ont pas été distingués des écarts d'un seul stade (A *vs* B ou B *vs* C).

Les fréquences des asymétries sont très différentes suivant le type d'activité, particulièrement avant 50 ans. Une fois encore, la transition [40-49] et [50-59] parait décisive chez les travailleurs les moins actifs : la fréquence des asymétries est constante dans la première moitié de la vie adulte puis triple brusquement à partir de 50 ans. La proportion des asymétries en faveur du côté gauche est globalement inférieure à celle du côté droit dans les deux groupes (figures 33 et 34). Les asymétries dominantes à gauche ont cependant tendance à être plus fréquentes avec l'âge, et sont même majoritaires dans la classe d'âge [60 et +]. Cette tendance est plus nette chez les travailleurs sans port de charges lourdes.

Le rapport droite / gauche est dans l'ensemble similaire entre les deux groupes d'activité (figures 33 et 34). Néanmoins, les individus de la classe [20-29] sans port fréquent de charges lourdes ont proportionnellement moins d'asymétrie à gauche que les individus avec port de charges lourdes. La situation inverse s'observe pour la classe d'âge [50-59].

Les deux groupes d'activités ne se distinguent pas

		Statistiques de score pour l'analyse GEE de type 3					
		1re étape		2e étape		3e étape	
Source	**d.d.l.**	**Khi2**	**p**	**Khi2**	**p**	**Khi2**	**p**
Age	1	38,5	***<0,001***	54,42	***<0,001***	54,77	***<0,001***
Côté	1	8,94	***0,003***	10,72	***0,001***	10,89	***0,001***
NPC	2	4,94	0,085	17,24	***<0,001***	19,09	***<0,001***
Mouvements répétitifs	1	1,51	0,219	0,58	0,445		
Age*Côté	1	6,58	***0,010***	7,34	***0,007***	7,5	***0,006***
Age*NPC	2	1,55	0,461				
Age*Mouvements répétitifs	1	0,94	0,333				
Côté*NPC	2	2,6	0,272				
Côté*Mouvements répétitifs	1	0,07	0,792				
NPC*Mouvements répétitifs	1	2,57	0,109				

Tableau 26. Système 1 - membre supérieur - échantillon d'activité connue - catégorisations avancées - variable NPC : résultats de l'analyse de type 3.

Paramètre		**OR**	**IC 95 %**		**p**
NPC	0	1			
	1	1,04	0,64	1,69	0,879
	2	2,05	1,37	3,05	<0,001
	1	1			
	2	1,97	1,33	2,92	<0,001

Tableau 27. Système 1 - membre supérieur - échantillon d'activité connue - catégorisations avancées - variable NPC : estimations robustes.

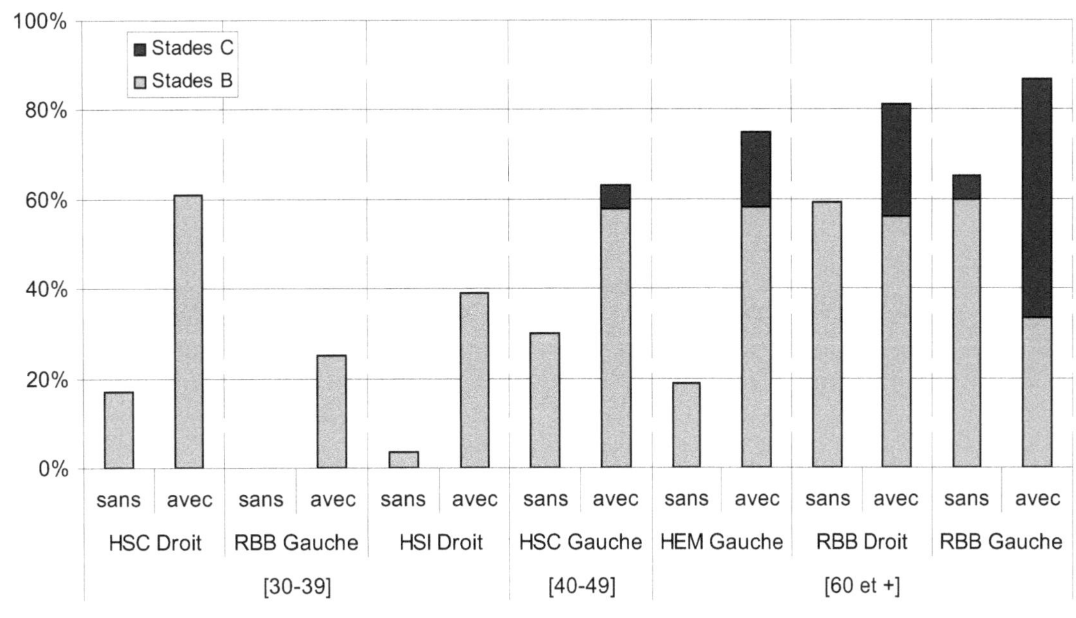

Figure 31. Système 1 - membre supérieur - échantillon d'activité connue - catégorisations avancées : illustration des différences significatives entre les travailleurs avec et sans port de charges lourdes d'après les tests de Mann et Whitney ajustés pour les ex aequo.

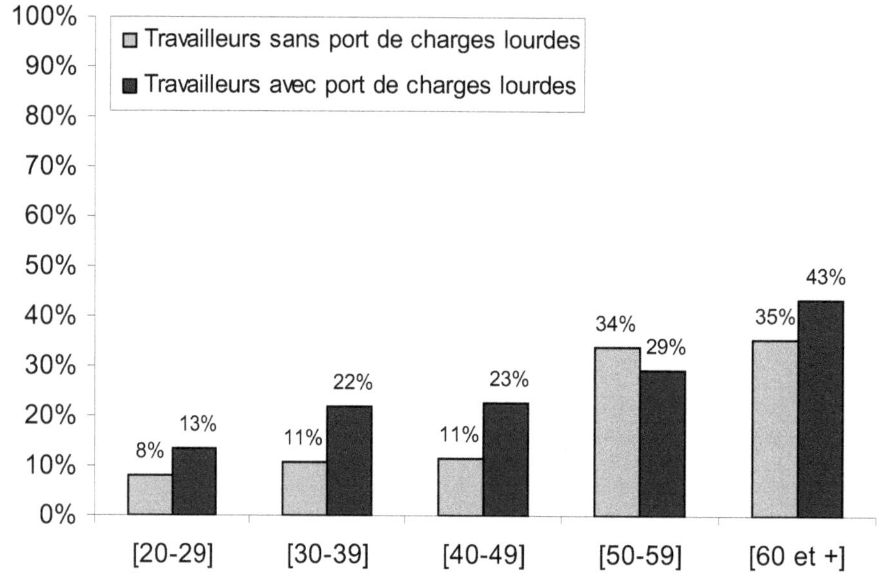

Figure 32. Système 1 - membre supérieur - échantillon d'activité connue - catégorisations avancées : fréquences des asymétries suivant la classe d'âge et le paramètre port de charges lourdes.

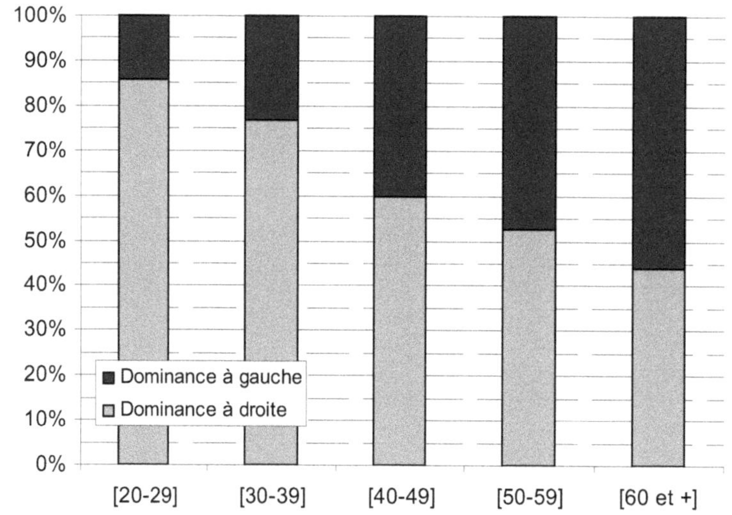

Figure 33. Système 1 - membre supérieur - échantillon d'activité connue - catégorisations avancées - travailleurs sans port de charges lourdes : fréquences des dominances droites et gauches suivant la classe d'âge.

particulièrement par le côté le plus marqué (généralement le droit), mais par la fréquence des asymétries. Une activité physique éprouvante nécessitant le déplacement fréquent d'objets lourds entraîne des lésions unilatérales. Les travailleurs dont l'activité physique est moindre ont des fréquences d'asymétrie relativement faibles avant 50 ans. Après 50 ans, on note une augmentation des cas d'asymétrie aussi bien à gauche qu'à droite.

J'ai cherché par un regroupement à voir si les asymétries étaient vraiment plus fréquentes avant cinquante ans pour les travailleurs avec port de charges lourdes. Deux groupes ont été distingués : d'une part, les individus sans asymétrie et d'autre part ceux qui en ont au moins une. Ces derniers sont, quelle que soit la classe d'âge, proportionnellement plus nombreux dans le groupe avec port de charges lourdes : chez les moins de 50 ans, ils représentent plus de la moitié de l'effectif (tableau 28). Les individus présentant au moins une asymétrie ne représentent qu'un tiers des sujets de groupe sans port de charges lourdes. La différence est hautement significative d'après le test de Fish

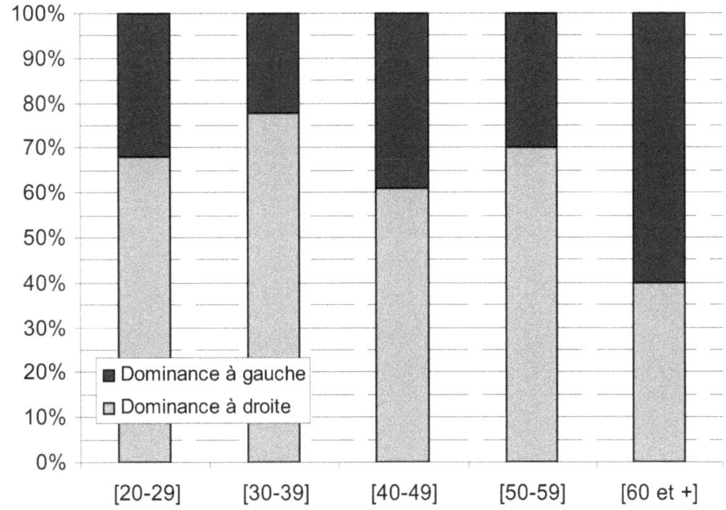

Figure 34. Système 1 - membre supérieur - échantillon d'activité connue - catégorisations avancées - travailleurs avec port de charges lourdes : fréquences des dominances droites et gauches pour les asymétries, suivant la classe d'âge.

	Sans port de charges lourdes		**Avec port de charges lourdes**		**p exacte test de Fisher**	
	n asymétrie(s)		**n asymétrie(s)**			
Classe d'âge	0	≥ 1	0	≥ 1	uni.	bi.
[20-29]	17	6	22	18	0,111	0,181
[30-39]	23	9	7	12	***0,015***	***0,020***
[40-49]	15	8	8	13	0,067	0,130
[50-59]	4	11	2	21	0,152	0,189
[60 et +]	5	17	1	15	0,180	0,370
[20-49]	55	23	37	43	***0,002***	***0,002***
[50 et +]	9	28	3	36	***0,046***	0,062

Tableau 28. Système 1 - membre supérieur - échantillon d'activité connue - catégorisations avancées : fréquences des individus présentant au moins une asymétrie suivant la classe d'âge et le paramètre port de charges lourdes.

1.4. Quatrième étape - échantillon d'activité connue - catégorisation avancée, membre inférieur (252 individus)

Réalisation du modèle 4

A la fin de la première étape de l'analyse de type 3 (tableau 29), les effets du paramètre **âge** et de l'interaction **côté*port de charges lourdes** sont significatifs. En deuxième étape, où les deux autres interactions sont retirées du modèle, l'influence de la variable **port de charges lourdes** devient très significative alors que la probabilité associée à l'interaction **côté*port de charges lourdes** dépasse le seuil requis (p = 0,059). Les probabilités associées à cette interaction dans l'analyse robuste sont elles aussi légèrement supérieures à 5%. Ce paramètre est donc retiré du modèle et seules les variables **âge** et **port de charges lourdes** sont significatives (tableaux 29 et 30).

Effet du port de charges lourdes

Comme pour le membre supérieur, l'*odds ratio* égal à 2 (tableau 30) indique que les chances d'observer, pour un travailleur avec port de charges lourdes, un stade plus élevé sont deux fois plus importantes que les chances d'avoir la situation inverse. Cette différence existe dans toutes les classes d'âge (figure 35). Les différences les plus importantes entre les deux catégories de travailleurs se rencontrent dans les trois premières classes d'âge : les travailleurs avec port de charges lourdes ont près de trois fois plus de lésions.

Une fois encore, les fréquences des stades de lésions dans le groupe le moins actif augmentent brusquement après 50 ans (figure 36). Chez les individus du groupe le plus actif, les augmentations les plus importantes se situent entre les deux premières et entre les deux dernières classes d'âge, comme pour le membre supérieur (figure 37).

Source	d.d.l.	Statistiques de score pour l'analyse GEE de type 3							
		1re étape		2e étape		3e étape		4e étape	
		Khi2	*p*	Khi2	*p*	Khi2	*p*	Khi2	*p*
Age	1	44,79	***<0,001***	47,79	***<0,001***	47,82	***<0,001***	47,77	***<0,001***
Côté	1	0,98	0,322	1,73	0,189	0,85	0,357		
Port de charges lourdes	1	2,02	0,156	12,96	***<0,001***	12,85	***<0,001***	12,87	***<0,001***
Age*Côté	1	0,54	0,463						
Age*Port de charges lourdes	1	0,06	0,814						
Côté*Port de charges lourdes	1	3,86	***0,050***	3,56	0,059				

Tableau 29. Système 1 - membre inférieur - échantillon d'activité connue - catégorisations avancées : résultats de l'analyse de type 3.

Paramètre		OR	IC 95 %		p
Age		1,07*	1,06	1,08	<0,001
Port de charges lourdes	Sans	1			
	Avec	2,01	1,38	2,91	<0,001

* par année

Tableau 30. Système 1 - membre inférieur - échantillon d'activité connue - catégorisations avancées : estimations robustes.

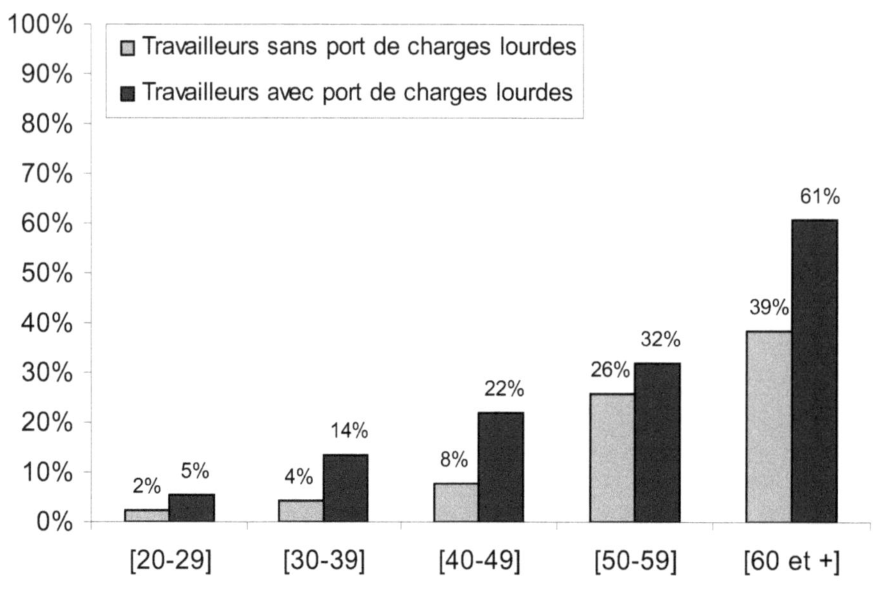

Figure 35. Système 1 - membre inférieur - échantillon d'activité connue - catégorisations avancées : fréquences des lésions (stades B + C) suivant la classe d'âge et le paramètre port de charges lourdes.

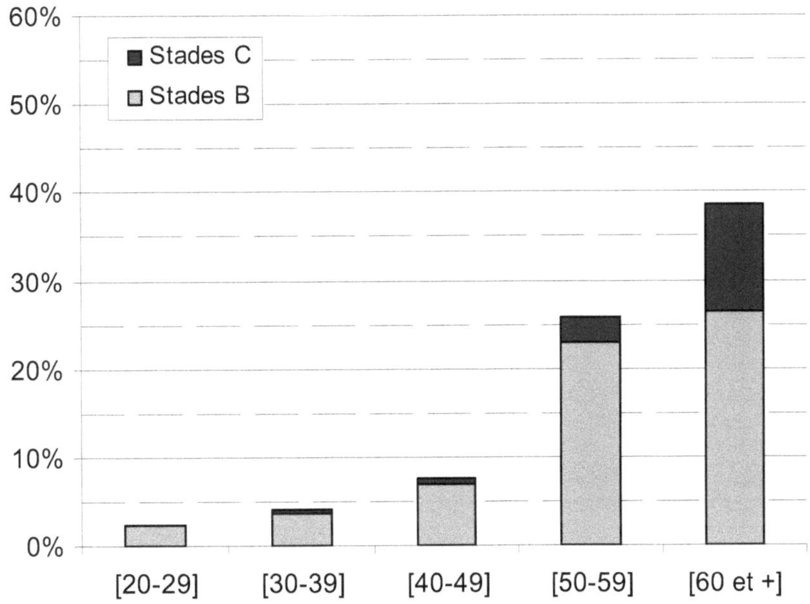

Figure 36. Système 1 - membre inférieur - échantillon d'activité connue - catégorisations avancées - travailleurs sans port de charges lourdes : fréquences des stades B et C suivant la classe d'âge.

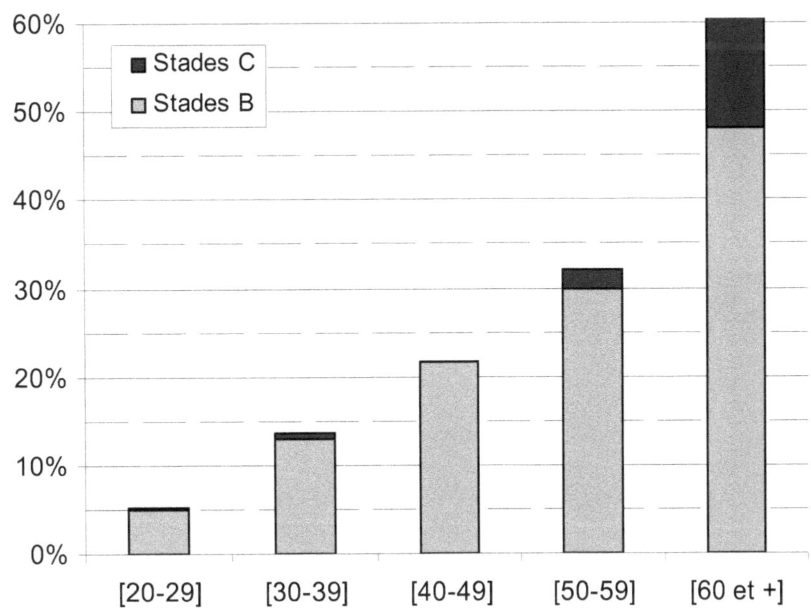

Figure 37. Système 1 - membre inférieur - échantillon d'activité connue - catégorisations avancées - travailleurs avec port de charges lourdes : fréquences des stades B et C suivant la classe d'âge.

		Statistiques de score pour l'analyse GEE de type 3					
		1re étape		2e étape		3e étape	
Source	d.d.l.	Khi2	*p*	Khi2	*p*	Khi2	*p*
Age	1	25,12	***<0,001***	46,36	***<0,001***	46,33	***<0,001***
Côté	1	1,4	0,237	0,56	0,455		
NPC	2	3,65	0,161	14,7	***<0,001***	14,7	***<0,001***
Age*Côté	1	0,57	0,451				
Age*NPC	2	0,64	0,725				
Côté*NPC	2	5,46	0,065				

Tableau 31. Système 1 - membre inférieur - échantillon d'activité connue - catégorisations avancées - variable NPC : résultats de l'analyse de type 3.

Paramètre		OR	IC 95 %		*p*
NPC	0	1			
	1	0,82	0,46	1,47	0,508
	2	1,91	1,21	3,01	0,006
	1	1			
	2	2,32	1,43	3,77	<0,001

Tableau 32. Système 1 - membre inférieur - échantillon d'activité connue - catégorisations avancées - variable NPC : estimations robustes.

Nature de l'effort versus *port de charges lourdes*

La variable NPC (voir page 156) a une nouvelle fois été utilisée afin de préciser l'importance relative des paramètres nature de l'effort et port de charges lourdes. Les résultats (tableau 31 et 32) sont similaires aux précédent

Les distributions des stades chez les travailleurs non manuels (NPC 0) et manuels sans port de charges lourdes (NPC 1) ne diffèrent pas significativement ($p = 0{,}508$). En revanche, les individus du groupe NPC 2 (travailleurs manuels avec port de charges lourdes), offrent significativement plus de lésions que les individus des autres catégories.

Des différences de rangs moyens entre les stades ont été recherchées par enthèse et pour chaque classe d'âge à l'aide du test de Mann et Whitney. Les résultats sont présentés dans l'annexe B. Des différences significatives d'après les probabilités ajustées pour les *ex aequo* apparaissent pour

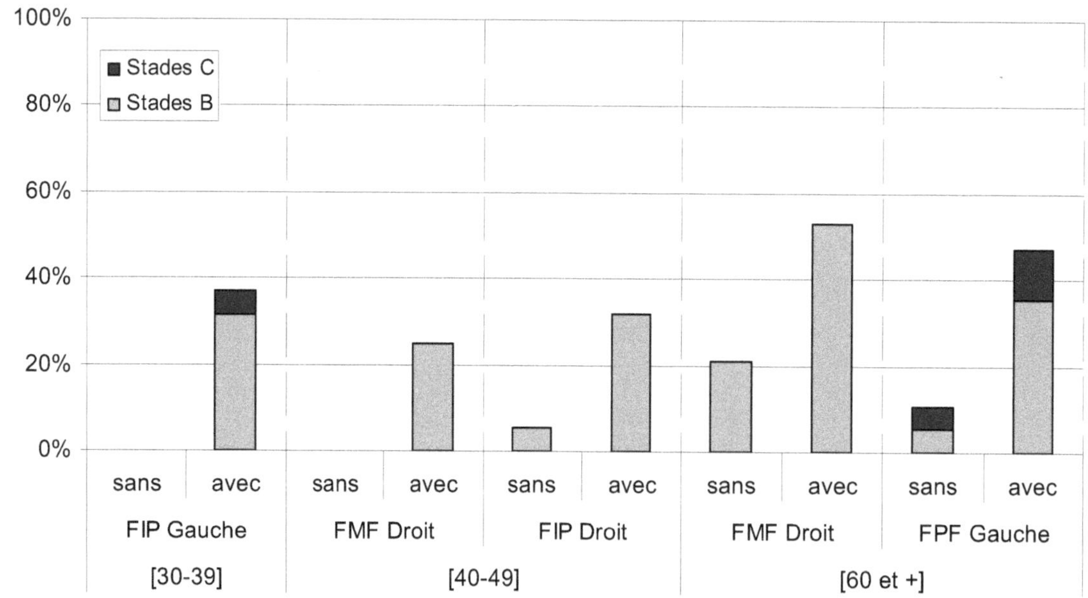

Figure 38. Système 1 - membre inférieur - échantillon d'activité connue - catégorisations avancées : illustration des différences significatives entre les travailleurs avec et sans port de charges lourdes d'après les tests de Mann et Whitney ajustés pour les ex aequo.

cinq insertions (figure 38). D'après les probabilités exactes, une seule de ces différences est réellement significative (FIP gauche). La seule probabilité réellement faible concerne cette insertion avec une valeur *p* ajustée pour les *ex aequo* de 0,001.

1.5. Cinquième étape. Les femmes, les hommes et l'activité

Au début de cette analyse, des différences de fréquence de modifications osseuses selon le sexe ont été observées : les femmes présentent moins de lésions que les hommes, mais l'écart tend à se réduire avec l'âge. De plus, chez les hommes dont l'activité est connue, nous avons vu que la distribution des stades pour l'ensemble du système appendiculaire est dépendante du type de métier : les métiers manuels, et plus précisément ceux avec port de charges lourdes, favorisent l'apparition de lésions osseuses. Dans cette dernière partie, j'ai cherché à éclaircir les effets respectifs du sexe et de l'activité. Un dernier modèle a été construit. Il oppose trois groupes : les femmes et les deux catégories masculines du paramètre **port de charges lourdes**. L'intitulé de la variable est **sexe / activité**. Les autres paramètres considérés sont l'**âge**, la **localisation anatomique** et les trois interactions entre ces paramètres. Le paramètre **côté** et l'interaction **âge*côté**, significatifs pour le membre supérieur, semblent indépendants de l'activité. Ils n'ont pas étés pris en compte dans ce modèle.

Cette analyse a uniquement un but exploratoire et les résultats ne seront qu'indicatifs. En effet, il existe sans doute d'importantes variations individuelles des activités journalières pratiquées par les femmes. L'activité est trop mal connue (chapitre IV. 1.4.1.) pour définir des sous-groupes, l'échantillon de femmes est donc hétérogène.

Réalisation du modèle

A la fin de la première étape de l'analyse de type 3 (tableau 33), les deux interactions impliquant la localisation anatomique n'ont pas d'influence significative. Ce résultat était prévisible pour l'interaction âge*localisation anatomique, non retenue dans le modèle 2. Après avoir retiré ces deux interactions, les quatre paramètres restants (âge, sexe / activité, localisation anatomique et âge*sexe / activité) sont significatifs (tableaux 33 et 34).

Le sexe et l'activité ; le sexe et l'âge

Les hommes manipulant fréquemment des charges lourdes présentent significativement plus de lésions que les autres hommes et que les femmes, les autres paramètres étant fixés (tableau 34). Ces deux derniers groupes ne diffèrent pas significativement ($p = 0{,}237$).

L'influence de l'âge est similaire pour les deux groupes masculins (tableau 34). Elle diffère cependant significativement entre les femmes et les hommes du groupe le plus actif ($p = 0{,}003$). L'âge avançant, les femmes ont aussi tendance à présenter plus de modifications que les hommes qui ne portent pas fréquemment des charges lourdes mais cette différence reste non significative, bien que la probabilité soit proche du seuil requis ($p = 0{,}057$).

Graphiquement, les fréquences des lésions chez les femmes augmentent plus et plus régulièrement avec l'âge que dans les deux groupes masculins (figure 39).

Ces résultats et les précédents suggèrent que les écarts détectés en début d'analyse entre hommes et femmes soient principalement liés à l'activité et à un effet différent de l'**âge** suivant le **sexe**. Les femmes ne semblent pas différer des hommes dont le métier n'implique pas de port de charges lourdes fréquent. Concernant l'influence de l'**âge**, les deux groupes d'hommes divergent plus du groupe féminin (p = 0,003 et 0,057) qu'entre eux ($p = 0{,}546$).

2. Système 2

2.1. Première étape - échantillon complet (721 individus)

Statistiques descriptives

Les fréquences des stades A, B et C, le mode et la médiane pour les enthèses étudiées avec le système 2 sont présentés dans le tableau 35.

		Statistiques de score pour l'analyse GEE de type 3			
		1re étape		2e étape	
Source	**d.d.l.**	**Khi2**	***p***	**Khi2**	***p***
Age	1	72,33	***<0,001***	71,39	***<0,001***
Sexe / activité	2	14,96	***<0,001***	15,62	***<0,001***
Localisation anatomique	1	1,83	0,177	13,69	***<0,001***
Age*Sexe / activité	2	9,50	***0,009***	9,73	***0,008***
Age*Localisation anatomique	1	0,00	0,981		
Sexe / activité*Localisation anatomique	2	4,10	0,129		

Tableau 33. Système 1 - femmes et travailleurs avec ou sans port de charges lourdes : résultats de l'analyse de type 3.

Paramètre		OR	IC 95 %		p
Age	Femme	1,09*	1,08	1,10	<0,001
	Homme sans	1,07*	1,06	1,09	<0,001
	Homme avec	1,07*	1,06	1,08	<0,001
Sexe / activité	Femme	1			
	Homme sans	1,71	0,70	4,17	0,237
	Homme avec	4,51	2,20	9,23	<0,001
	Homme sans	1			
	Homme avec	2,64	1,10	6,31	0,030
Age*Sexe / activité	Femme	1			
	Homme sans	0,98*	0,97	1,00	0,057
	Homme avec	0,98*	0,97	0,99	0,003
	Homme sans	1			
	Homme avec	0,99*	0,98	1,01	0,546
Localisation anatomique	Membre inférieur	1			
	Membre supérieur	1,31	1,14	1,51	<0,001

* par année

Tableau 34. Système 1 - femmes et travailleurs avec ou sans port de charges lourdes : estimations robustes.

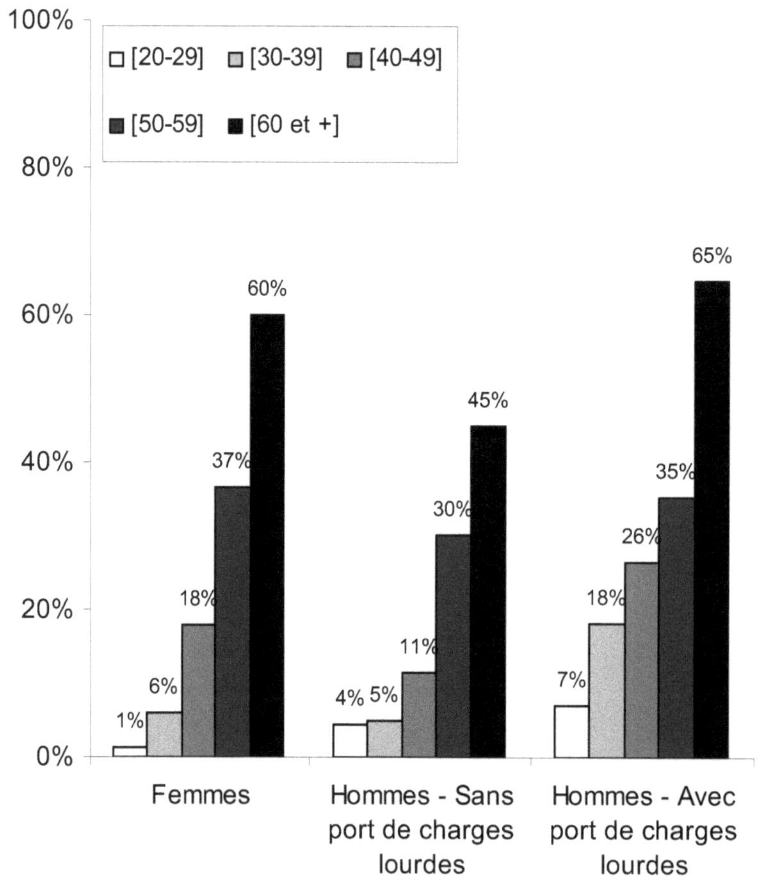

Figure 39. Système 1 - femmes et travailleurs avec ou sans port de charges lourdes : fréquences des lésions (stades B + C) suivant le groupe sexe / activité et la classe d'âge.

Localisation	Insertion	n	Stade A	Stade B	Stade C	Médiane	Mode
Membre supérieur	UTB droit	614	**88%**	9%	3%	A	A
	UTB gauche	626	**86%**	12%	2%	A	A
Membre inférieur	PQF droit	587	**80%**	14%	6%	A	A
	PQF gauche	586	**81%**	15%	4%	A	A
	CTS droit	549	**66%**	26%	8%	A	A
	CTS gauche	545	**66%**	27%	7%	A	A

Tableau 35. Système 2 - échantillon de référence : fréquences des stades, médiane et mode par insertion.

		Statistiques de score pour l'analyse GEE de type 3					
		1re étape		2e étape		3e étape	
Source	**d.d.l.**	**Khi2**	**p**	**Khi2**	**p**	**Khi2**	**p**
Age	1	87,75	***<0,001***	119,66	***<0,001***	118,85	***<0,001***
Sexe	1	0,32	0,569	0,63	0,426		
Collection ostéologique	3	1,65	0,649	38,2	***<0,001***	39,18	***<0,001***
Age*Sexe	1	0,72	0,395				
Age*Collection ostéologique	3	2,51	0,474				

Tableau 36. Système 2 - échantillon de référence : résultats de l'analyse de type 3.

Les insertions ne se distinguent ni par le mode ni par le médiane, qui correspondent tous deux au stade A. Les lésions des insertions du m. triceps sural (CTS) sur les calcanéus gauche et droit sont toutefois plus fréquentes.

Analyse exploratoire et inférentielle

Réalisation du modèle 1

Trois étapes ont été nécessaires à la construction du modèle (tableau 36). A la fin de la première, le résultat de l'analyse de type 3 indique que les paramètres **âge** et **collection ostéologique** influent significativement sur la distribution des stades. Lors de la deuxième étape, où les interactions sont retirées, les résultats sont similaires, le paramètre **sexe** restant non significatif ($p = 0,426$). Les résultats robustes du modèle final sont présentés dans le tableau 37.

Effet de l'âge

Les lésions des insertions étudiées avec le deuxième système sont de plus en plus fréquentes l'âge avançant (tableau 37). Cette influence significative de l'**âge** s'observe pour les stades B et les stades C du début de l'âge adulte jusqu'à la classe d'âge [50-59] (figure 40). Les fréquences des lésions dans les deux dernières classes sont en revanche assez similaires. Les augmentations les plus brusques sont visibles entre les classes d'âge [20-29] et [30-39] (de 4 à

Paramètre		OR	IC 95 %		p
Age		**1,05***	**1,04**	**1,06**	**<0,001**
Collection ostéologique	Spitalfields	1			
	Sassari	0,88	0,63	1,23	0,455
	Coimbra	0,55	0,40	0,74	<0,001
	Bologne	2,00	1,35	2,96	0,001
	Bologne	1			
	Coimbra	0,27	0,19	0,39	<0,001
	Sassari	0,44	0,30	0,64	<0,001
	Coimbra	1			
	Sassari	1,61	1,20	2,17	0,002

* par année

Tableau 37. Système 2 - échantillon de référence : estimations robustes.

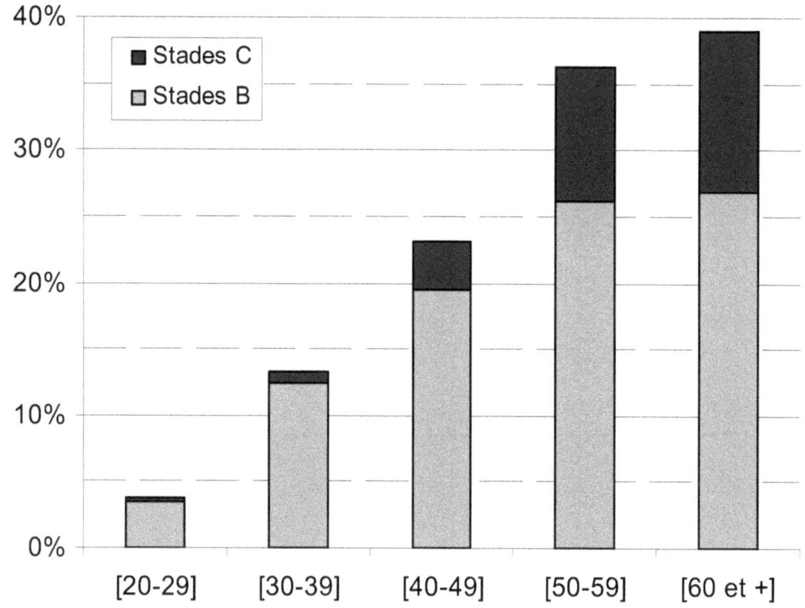

Figure 40. Système 2 - échantillon de référence : fréquences des stades B et C suivant la classe d'âge.

13% de lésions) et entre les classes d'âge [40-49] et [50-59] (4 et 10% de stades C).

La corrélation positive entre les stades et l'âge s'observe pour chacune des insertions étudiées avec le système 2 (tableau 38). Le coefficient moyen de détermination (moyenne des Rho2) est de 0,12.

Localisation	Insertion	n	*Rho* de Spearman*
Membre supérieur	UTB droit	614	0,29
	UTB gauche	626	0,26
Membre inférieur	PQF droit	587	0,35
	PQF gauche	586	0,38
	CTS droit	549	0,40
	CTS gauche	545	0,39
*** $p < 0,001$**			

Tableau 38. Système 2 - échantillon de référence : corrélation entre l'âge et les stades par insertion.

Effet de la collection ostéologique

La fréquence des stades diffère sensiblement selon les collections ostéologiques (tableau 37 ; figure 41). Les remodelages sont beaucoup plus fréquents dans la collection de Bologne. Les chances d'observer pour un individu de Bologne un stade supérieur à celui d'un individu d'une autre série sont deux (Sassari et Spitalfields) voire trois fois (Coimbra) supérieures aux chances d'observer la situation inverse, l'âge étant fixé. Dans la collection de Coimbra, les remodelages sont significativement plus rares que dans les autres séries. Les chances qu'un individu de Coimbra présente un stade inférieur à un individu de Sassari ou de Spitalfields sont deux fois plus importantes que les chances de rencontrer la situation inverse. Enfin, les collections de Spitalfields et de Sassari ne diffèrent pas significativement quant à la distribution des stades pour ce système (p = 0,455).

2.2. Deuxième étape - échantillon d'activité connue (404 individus)

L'**âge** est un paramètre significativement influent dans l'échantillon complet. Il est sera donc conservé dans les autres modèles. De plus, les interactions entre l'âge et les nouveaux paramètres seront testées. La **collection ostéologique** d'origine est également un paramètre significativement influent. Il sera conservé dans les modèles suivants.

Réalisation du modèle 2

Les étapes de la construction du modèle sont présentées dans le tableau 39. A la fin de la première étape, aucune des interactions n'est significative. Après leur retrait du modèle, l'influence de la nature de l'effort n'est pas significative, contrairement à celles des trois autres paramètres restants (tableaux 39 et 40).

Résultats, fin de l'analyse

Le membre supérieur présente significativement moins de remodelages que le membre inférieur. Les lésions sont

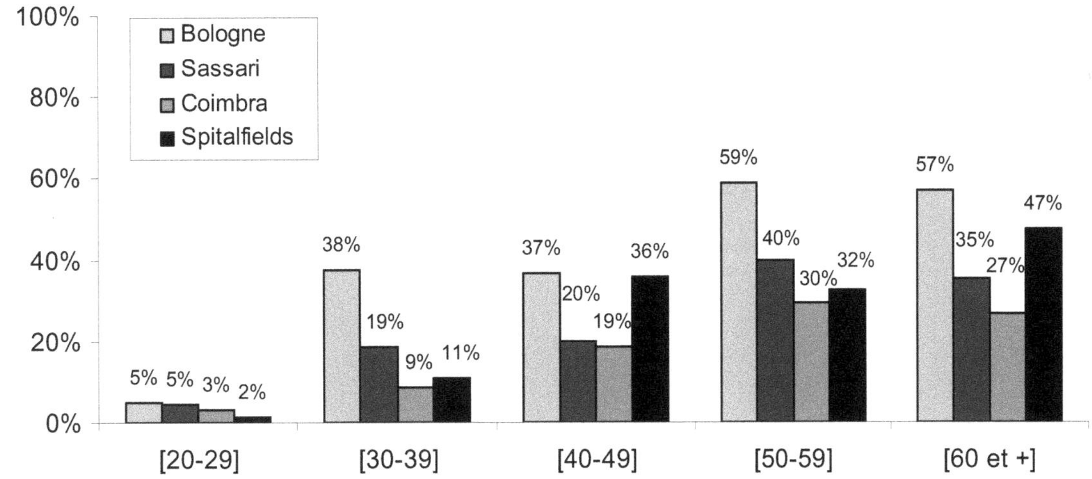

Figure 41. Système 2 - échantillon de référence : fréquences des lésions (stades B + C) suivant la classe d'âge et la collection ostéologique.

		Statistiques de score pour l'analyse GEE de type 3			
		1re étape		2e étape	
Source	**d.d.l.**	**Khi2**	***p***	**Khi2**	***p***
Age	1	26,93	***<0,001***	55,96	***<0,001***
Collection ostéologique	3	28,71	***<0,001***	28,76	***<0,001***
Localisation	1	10,51	***0,001***	36,19	***<0,001***
Nature de l'effort	1	0,64	0,423	0,99	0,321
Age*Localisation	1	0,9	0,344		
Age*Nature de l'effort	1	0,06	0,800		
Localisation*Nature de l'effort	1	0,85	0,356		

Tableau 39. Système 2 - échantillon d'activité connue : résultats de l'analyse de type 3.

plus fréquentes chez les travailleurs manuels, mais la différence n'est pas significative (tableau 40). Cette absence de différence significative selon la catégorisation la plus fiable sur les activités pratiquées quotidiennement pourrait justifier l'arrêt de l'analyse à ce niveau. Cependant, nous avons vu dans l'étude du système 1 que le facteur **port de charges lourdes** expliquait mieux la distribution des stades attribués que la nature de la tâche.

Des modèles pour les membres supérieur et inférieur ont donc été réalisés suivant la catégorisation avancée de l'activité. Les résultats, présentés dans l'annexe D, sont peu concluants. Au membre supérieur, les travailleurs sans port de charges lourdes présentent plus de lésions que les travailleurs avec port de charges lourdes. Cette différence est proche du seuil de significativité : non significative dans l'analyse de type 3 (p = 0,053) mais significative dans l'analyse robuste (p = 0,035). Ce résultat, assez étonnant, est difficilement interprétable. D'une part, il est obtenu à partir d'un échantillon plus restreint et des catégorisations sur l'activité plus difficiles à établir. D'autre part, les probabilités associées sont à la limite du seuil de significativité. Dans ce cas, il semble préférable de considérer la valeur p la plus conservative et de ne pas tenir compte de l'effet. Pour le membre inférieur, les seuls paramètres testés pouvant expliquer la distribution des stades restent l'**âge** et la **collection ostéologique**.

L'analyse de la distribution des stades attribués avec le système 2 est arrêtée à ce niveau.

3. Système 4

3.1. Première étape - échantillon complet (721 individus)

Statistiques descriptives

Les fréquences des trois stades, le mode et la médiane pour chacune des enthèses fibreuses étudiées avec le système 4 sont présentés dans le tableau 41.

Le stade B correspond au stade le plus fréquemment observé dans l'échantillon de référence pour 10 des 12

Paramètre		OR	IC 95 %		p
Age		**1,05***	**1,04**	**1,06**	**<0,001**
Localisation anatomique	Membre inférieur	1			
	Membre supérieur	0,42	0,32	0,56	<0,001
Nature de l'effort	Non manuel	1			
	Manuel	1,26	0,80	1,99	0,324
Collection ostéologique	Spitalfields	1			
	Sassari	0,81	0,47	1,42	0,467
	Coimbra	0,50	0,29	0,88	0,016
	Bologne	2,07	1,14	3,74	0,016
	Bologne	1			
	Coimbra	0,24	0,16	0,38	<0,001
	Sassari	0,39	0,26	0,59	<0,001
	Coimbra	1			
	Sassari	1,62	1,10	2,40	0,015

* par année

Tableau 40. Système 2 - échantillon d'activité connue : estimations robustes.

Localisation	Insertion	n	Stade A	Stade B	Stade C	Médiane	Mode
Membre supérieur	HGP droit	568	21,8%	**60,6%**	17,6%	B	B
	HGP gauche	539	27,6%	**62,7%**	9,6%	B	B
	HDE droit	591	42,3%	**48,4%**	9,3%	B	B
	HDE gauche	586	41,6%	**49,3%**	9,0%	B	B
	RRP droit	567	46,7%	**50,1%**	3,2%	B	B
	RRP gauche	568	46,8%	**48,9%**	4,2%	B	B
Membre inférieur	FGF droit	643	34,7%	**53,2%**	12,1%	B	B
	FGF gauche	635	35,1%	**52,1%**	12,8%	B	B
	FLA droit	645	37,8%	**54,9%**	7,3%	B	B
	FLA gauche	629	37,4%	**53,9%**	8,7%	B	B
	TSO droit	659	**59,5%**	34,9%	5,6%	A	A
	TSO gauche	644	**57,6%**	34,5%	7,9%	A	A

Tableau 41. Système 4 - échantillon de référence : fréquences des stades, médiane et mode par insertion.

insertions. Seules les insertions droite et gauche du m. soléaire sur le tibia (TSO), avec le stade A comme mode et médiane, se distinguent des autres insertions fibreuses. Les remodelages osseux sont toutefois très fréquents pour TSO droite et gauche (plus de 40 %). Dans ces conditions, il semble difficile de considérer les stades B, très fréquents, comme des modifications pathologiques.

Analyse exploratoire et inférentielle

Réalisation du modèle 1

Les résultats de l'analyse de type 3 indiquent qu'à la fin de la première étape, seul l'effet de l'âge est significatif (tableau 42). Cependant, l'interaction âge*sexe présente une probabilité associée relativement faible[1] et le paramètre sexe semble seul avoir une influence négligeable. Cette interaction est conservée dans la seconde étape. A la fin de celle-ci, l'effet de l'âge, de la collection ostéologique et de l'interaction âge*sexe sur le remodelage osseux apparaît comme significatif (tableaux 42 et 43).

Effet de l'âge

Les fréquences des stades de remodelage augmentent significativement avec l'âge (tableau 43). La fréquence des stades B progresse de 17 à 47 % de la première à la deuxième classe d'âge, puis dépasse les 60 % dans les trois

[1] La probabilité associée dans les estimations de l'erreur standard empirique est de 0,084.

		Statistiques de score pour l'analyse GEE de type 3			
		1re étape		**2e étape**	
Source	**d.d.l.**	**Khi2**	***p***	**Khi2**	***p***
Age	1	153,00	***<0,001***	205,92	***<0,001***
Sexe	1	0,00	0,988	0,06	0,814
Collection ostéologique	3	1,78	0,620	28,34	***<0,001***
Age*Sexe	1	2,78	0,095	4,87	***0,027***
Age*Collection ostéologique	3	0,74	0,863		

Tableau 42. Système 4 - échantillon de référence : résultats de l'analyse de type 3.

Paramètre		**OR**	**IC 95 %**		**p**
Age	Femmes	1,07*	1,06	1,08	<0,001
	Hommes	1,09*	1,08	1,09	<0,001
Sexe	Femmes	1,00			
	Hommes	0,94	0,54	1,63	0,813
Age*Sexe	Femmes	1,00			
	Hommes	1,01*	1,00	1,02	0,021
Collection ostéologique	Spitalfields	1			
	Sassari	1,63	1,20	2,23	0,002
	Coimbra	0,88	0,69	1,12	0,293
	Bologne	1,51	1,09	2,09	0,014
	Bologne	1			
	Coimbra	0,58	0,44	0,76	<0,001
	Sassari	1,09	0,81	1,45	0,576
	Coimbra	1			
	Sassari	1,86	1,46	2,38	<0,001

* par année

Tableau 43. Système 4 - échantillon de référence : estimations robustes.

suivantes (figure 42). L'âge accroît également les chances d'observer des productions osseuses (stades C) sur les surfaces d'insertions fibreuses. Les stades C, rares avant 40 ans, deviennent en effet de plus en plus fréquents et représentent 1/5e des stades attribués dans la classe d'âge des [60 et +].

Les corrélations positives entre les stades et l'âge s'observent pour toutes les insertions fibreuses étudiées (tableau 44).

Effet de la collection ostéologique

Les fréquences des stades varient significativement suivant la collection étudiée (tableaux 42 et 43 ; figure 43). En revanche, les distributions des stades comparées entre les collections de Coimbra et de Spitalfields, comme celles entre Bologne et Sassari, ne se distinguent pas

Localisation	**Insertion**	**n**	***Rho* de Spearman***
Membre supérieur	HGP droit	568	0,51
	HGP gauche	539	0,52
	HDE droit	591	0,50
	HDE gauche	586	0,48
	RRP droit	567	0,53
	RRP gauche	568	0,53
Membre inférieur	FGF droit	643	0,64
	FGF gauche	635	0,65
	FLA droit	645	0,64
	FLA gauche	629	0,63
	TSO droit	659	0,37
	TSO gauche	644	0,39

Tableau 44. Système 4 - échantillon de référence : corrélation entre l'âge et les stades par insertion.
***p* < 0,001**

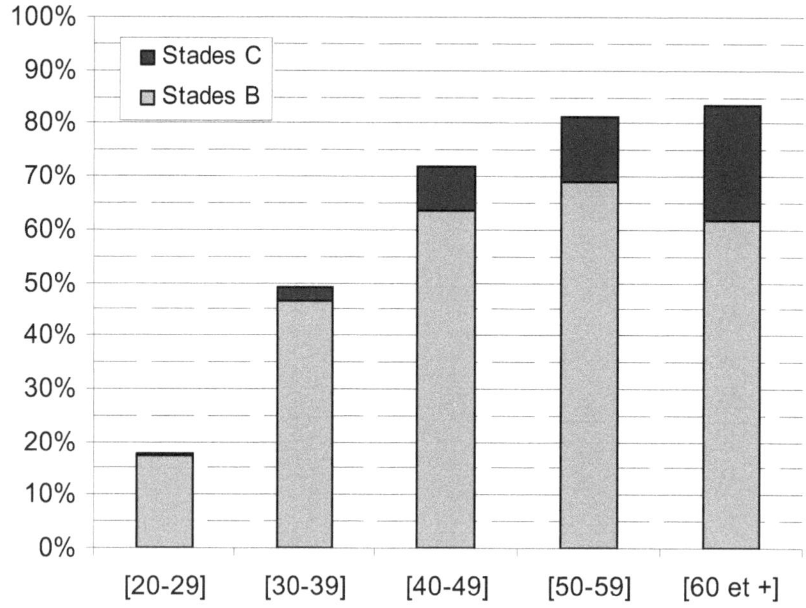

Figure 42. Système 4 - échantillon de référence : fréquences des stades B et C suivant la classe d'âge.

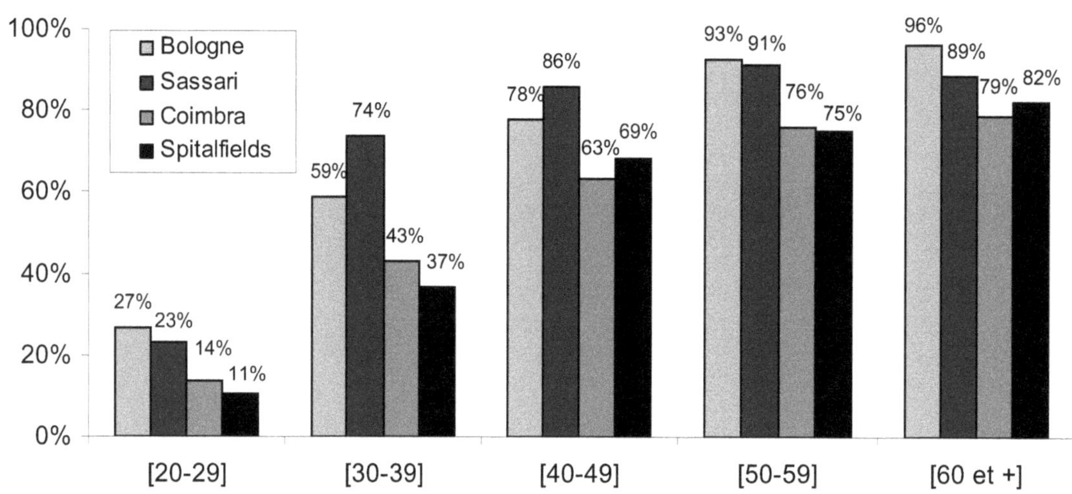

Figure 43. Système 4 - échantillon de référence : fréquences des stades B + C suivant la classe d'âge et la collection ostéologique.

significativement (respectivement $p = 0{,}293$ et $p = 0{,}576$). Ces deux dernières collections présentent significativement plus de remodelage que les deux premières. Les chances d'observer un stade plus élevé chez un individu des collections italiennes par rapport à un individu provenant de Spitalfields ou de Coimbra sont environ une fois et demie plus grandes que celles d'observer la situation inverse, les autres paramètres étant fixés. Ces différences sont illustrées pour l'échantillon global (figure 43) et pour les hommes uniquement (figure 44).

*Effet de l'interaction âge*sexe*

L'effet de l'**âge** sur le remodelage osseux au niveau des enthèses fibreuses varie en fonction du **sexe**. Les hommes ont tendance, l'âge avançant, à présenter plus fréquemment des remodelages osseux que les femmes (tableau 43). Cette tendance ne s'observe pas graphiquement lorsque les stades B et C sont regroupés (figure 45).

Les femmes présentent plus de stade A que les hommes,

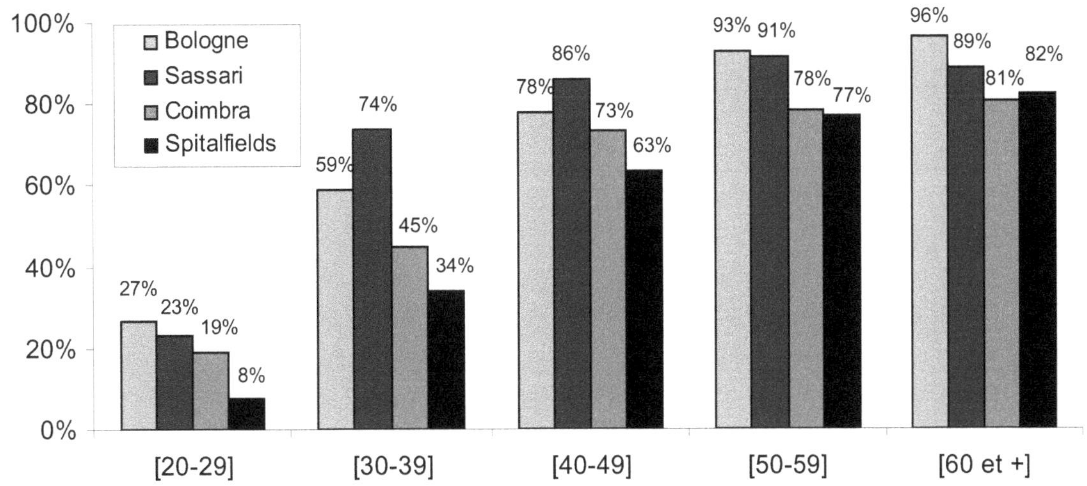

Figure 44. Système 4 - échantillon de référence - hommes : fréquences des stades B + C suivant la classe d'âge et la collection ostéologique.

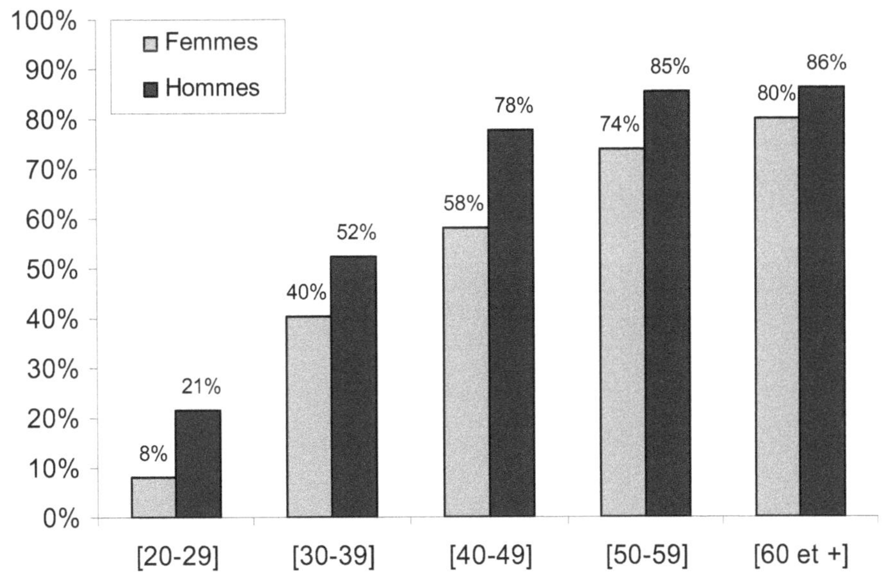

Figure 45. Système 4 - échantillon de référence : fréquences des stades B + C suivant la classe d'âge et le sexe.

quelle que soit la classe d'âge. Les écarts les plus importants s'observent dans les classes d'âges [20-29] et [40-49]. Si les stades B et C sont distingués (figures 46 et 47), les résultats du modèle se dessinent plus aisément : dans les deux dernières classes d'âge, les hommes présentent à peu près la même fréquence de stades B que les femmes mais près de deux fois plus de stades C.

Lorsqu'on s'intéresse aux corrélations, par enthèse, entre l'âge et les stades attribués, les valeurs sont supérieures chez les hommes dans 8 cas sur 12 (tableau 45). Les moyennes des coefficients de détermination sont cependant assez similaires : 0,32 pour les hommes et 0,30 pour les femmes.

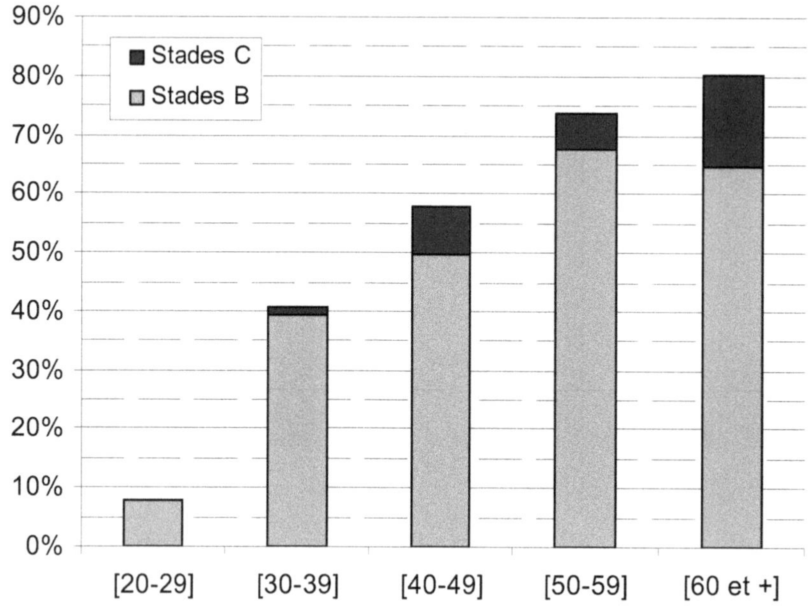

Figure 46. Système 4 - échantillon de référence - femmes : fréquences des stades B et C suivant la classe d'âge.

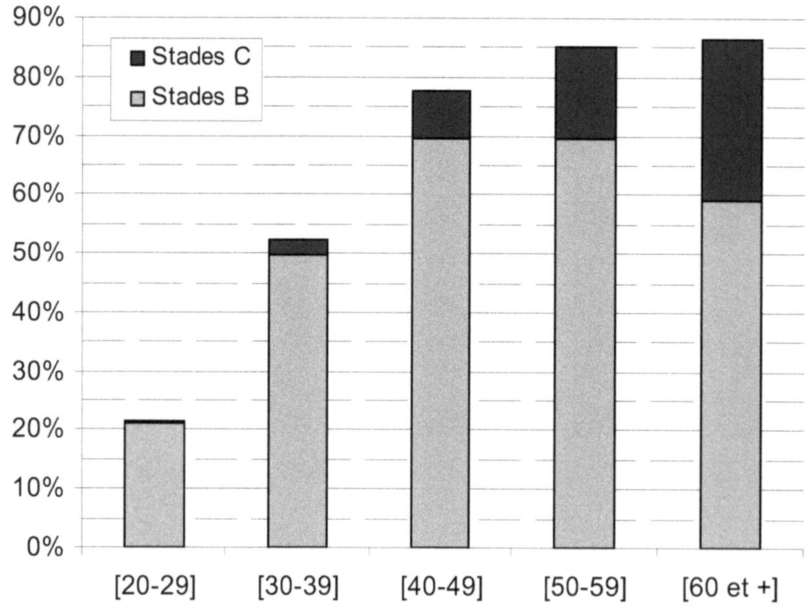

Figure 47. Système 4 - échantillon de référence - hommes : fréquences des stades B et C suivant la classe d'âge.

Localisation	Insertion	Femmes		Hommes	
		n	Rho de Spearman*	n	Rho de Spearman*
Membre supérieur	HGP droit	200	0,62	368	0,51
	HGP gauche	190	0,62	349	0,55
	HDE droit	201	0,52	390	0,53
	HDE gauche	199	0,50	387	0,51
	RRP droit	201	0,55	366	0,55
	RRP gauche	194	0,57	374	0,52
Membre inférieur	FGF droit	211	0,60	432	0,66
	FGF gauche	210	0,59	425	0,67
	FLA droit	206	0,62	439	0,67
	FLA gauche	203	0,56	426	0,69
	TSO droit	222	0,34	437	0,41
	TSO gauche	215	0,42	429	0,39
***p < 0,001**					

Tableau 45. Système 4 - échantillon de référence : corrélation entre l'âge et les stades par insertion suivant le sexe.

Source	d.d.l.	Statistiques de score pour l'analyse GEE de type 3			
		1re étape		2e étape	
		Khi2	p	Khi2	p
Age	1	48,63	***<0,001***	148,78	***<0,001***
Collection ostéologique	3	17,48	***<0,001***	18,21	***<0,001***
Localisation anatomique	1	8,69	***0,003***	24,86	***<0,001***
Nature de l'effort	1	0,10	0,748	2,16	0,142
Age*Localisation anatomique	1	3,12	0,078		
Age*Nature de l'effort	1	0,71	0,398		
Localisation anatomique*Nature de l'effort	1	0,84	0,359		

Tableau 46. Système 4 - échantillon d'activité connue : résultats de l'analyse de type 3.

Paramètre		OR	IC 95 %		p
Age		**1,09***	**1,08**	**1,10**	**<0,001**
Localisation anatomique	Membre inférieur	1			
	Membre supérieur	1,47	1,27	1,70	<0,001
Nature de l'effort	Non manuel	1			
	Manuel	1,26	0,93	1,71	0,136
Collection ostéologique	Spitalfields	1			
	Sassari	1,76	1,05	2,96	0,033
	Coimbra	1,04	0,62	1,73	0,888
	Bologne	1,65	0,97	2,79	0,063
	Bologne	1			
	Coimbra	0,63	0,47	0,84	0,002
	Sassari	1,07	0,79	1,44	0,662
	Coimbra	1			
	Sassari	1,70	1,30	2,22	<0,001
* par année					

Tableau 47. Système 4 - échantillon d'activité connue : estimations robustes.

3.2. Deuxième étape - échantillon d'activité connue (404 individus)

Réalisation du modèle 2

Les paramètres testés dans ce modèle sont l'**âge** et la **collection ostéologique**, tous deux significatifs dans le modèle 1, associés aux variables **nature de l'effort** et **localisation anatomique**.

A la fin de la première étape de l'analyse de type 3 (tableau 46), la probabilité associée à l'interaction âge*localisation anatomique est légèrement supérieure à 5% dans l'analyse de type 3 et dans l'estimation robuste (p = 0,068) ; l'effet simple de la localisation anatomique est en revanche très significatif. En conservant uniquement les effets simples (âge, collection ostéologique, localisation anatomique et nature de l'effort) en deuxième étape, les différences entre travailleurs manuels et non manuels restent clairement non

Insertion	**n**	**Stade A**	**Stade B**	**Stade C**	**Médiane**	**Mode**
C2 inf	367	**97,3%**	2,5%	0,3%	A	A
C3 sup	362	**90,6%**	9,4%	0,0%	A	A
C3 inf	361	**99,7%**	0,3%	0,0%	A	A
C4 sup	376	**97,6%**	2,4%	0,0%	A	A
C4 inf	377	**99,2%**	0,8%	0,0%	A	A
C5 sup	389	**99,2%**	0,8%	0,0%	A	A
C5 inf	396	**98,2%**	1,8%	0,0%	A	A
C6 sup	400	**98,8%**	1,3%	0,0%	A	A
C6 inf	395	**98,7%**	1,3%	0,0%	A	A
C7 sup	412	**96,8%**	3,2%	0,0%	A	A
C7 inf	412	**93,7%**	6,3%	0,0%	A	A
T1 sup	422	**82,7%**	14,9%	2,4%	A	A
T1 inf	423	**97,4%**	2,6%	0,0%	A	A
T2 sup	426	**69,7%**	25,4%	4,9%	A	A
T2 inf	427	**91,6%**	7,7%	0,7%	A	A
T3 sup	426	**55,2%**	39,4%	5,4%	A	A
T3 inf	428	**76,6%**	20,8%	2,6%	A	A
T4 sup	429	**48,5%**	44,1%	7,5%	B	A
T4 inf	427	**64,4%**	32,1%	3,5%	A	A
T5 sup	433	**49,0%**	42,0%	9,0%	B	A
T5 inf	434	**56,0%**	38,9%	5,1%	A	A
T6 sup	436	42,9%	**47,7%**	9,4%	B	B
T6 inf	435	47,8%	**46,2%**	6,0%	B	B
T7 sup	440	41,1%	**46,4%**	12,5%	B	B
T7 inf	438	41,1%	**54,6%**	4,3%	B	B
T8 sup	438	38,6%	**50,5%**	11,0%	B	B
T8 inf	437	33,6%	**56,5%**	9,8%	B	B
T9 sup	439	40,3%	**44,9%**	14,8%	B	B
T9 inf	439	23,9%	**59,5%**	16,6%	B	B
T10 sup	441	30,4%	**49,9%**	19,7%	B	B
T10 inf	440	23,2%	**56,4%**	20,5%	B	B
T11 sup	443	23,9%	**53,0%**	23,0%	B	B
T11 inf	443	37,9%	**49,2%**	12,9%	B	B
T12 sup	447	38,9%	**46,1%**	15,0%	B	B
T12 inf	447	**59,3%**	37,4%	3,4%	A	A
L1 sup	448	**59,2%**	35,5%	5,4%	A	A
L1 inf	448	**83,9%**	14,7%	1,3%	A	A
L2 sup	448	**70,5%**	25,0%	4,5%	A	A
L2 inf	447	**93,1%**	6,9%	0,0%	A	A
L3 sup	450	**80,9%**	18,2%	0,9%	A	A
L3 inf	450	**93,3%**	6,4%	0,2%	A	A
L4 sup	448	**82,8%**	16,1%	1,1%	A	A
L4 inf	447	**94,4%**	5,6%	0,0%	A	A
L5 sup	435	**84,6%**	14,7%	0,7%	A	A
L5 inf	433	**91,0%**	6,5%	2,5%	A	A
S1 sup	431	**82,8%**	16,0%	1,2%	A	A

Tableau 48. Système 3 - échantillon de référence : fréquences des stades, médiane et mode par insertion.

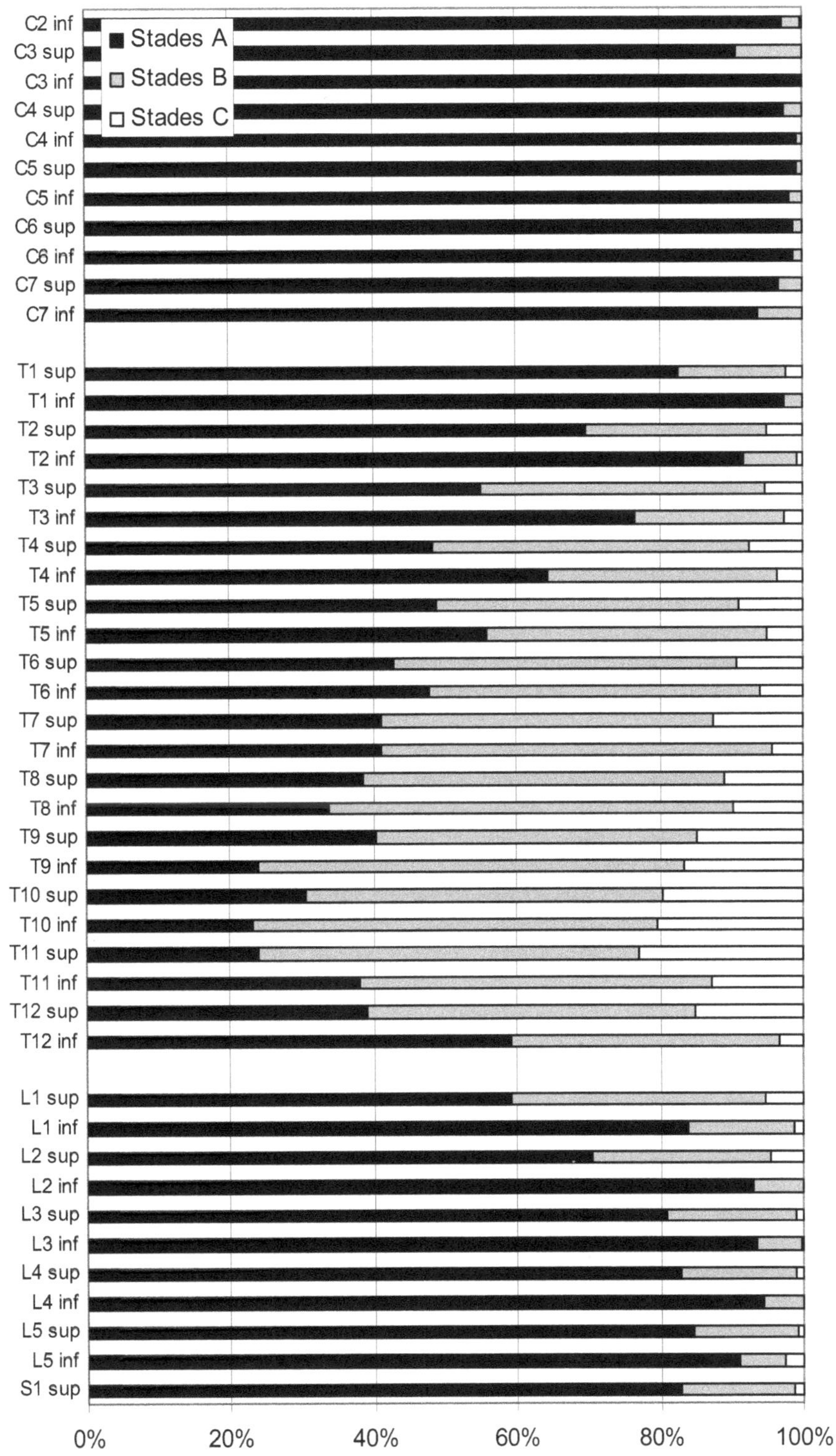

Figure 48. Système 3 - échantillon de référence : fréquences des stades par insertion.

Source	d.d.l.	Statistiques de score pour l'analyse GEE de type 3					
		1re étape		2e étape		3e étape	
		Khi2	*p*	Khi2	*p*	Khi2	*p*
Age	1	1,30	0,254	0,63	0,426		
Sexe	1	0,07	0,792	2,29	0,130		
Collection ostéologique	1	0,07	0,789	8,46	***0,004***	11,28	***0,001***
Age*Sexe	1	0,73	0,394				
Age*Collection ostéologique	1	1,56	0,211				

Tableau 49. Système 3 - étage thoracique - échantillon de référence : résultats de l'analyse de type 3.

Paramètre		OR	IC 95 %		p
Collection	Spitalfields	1			
ostéologique	Coimbra	1,46	1,17	1,82	<0,001

Tableau 50. Système 3 - étage thoracique - échantillon de référence : estimations robustes.

significatives (p = 0,142), et les paramètres âge, collection ostéologique et localisation anatomique suffisent à expliquer la diversité observée au sein de l'échantillon (tableau 46). Les estimations robustes sont présentées dans le tableau 47.

Résultats, fin de l'analyse

Le membre supérieur présente significativement plus de remodelages que le membre inférieur (tableau 47). Les remodelages sont plus fréquents chez les travailleurs manuels, mais la différence est très nettement non significative (tableau 47). D'autres paramètres (l'**âge**, la **collection ostéologique** et la **localisation anatomique**) expliquent mieux la distribution des stades au sein de l'échantillon. Seule la localisation anatomique plaide en faveur d'une influence des paramètres biomécaniques sur la distribution des stades.

Des modèles pour les membres supérieur et inférieur ont été réalisés suivant les catégorisations plus avancées. Les analyses ne permettent pas de conclure sur l'influence de l'activité. Les résultats de ces analyses sont présentés dans l'annexe E.

Pour le membre supérieur, les travailleurs avec port de charges lourdes présentent plus de lésions que les travailleurs sans port de charges lourdes. Le membre supérieur droit est également plus fréquemment atteint que le gauche. Les probabilités sont cependant légèrement

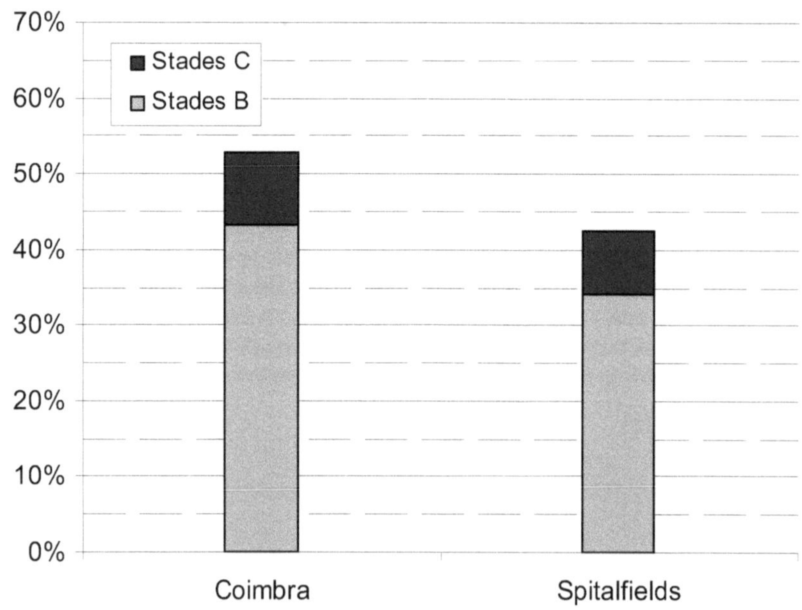

Figure 49. Système 3 - étage thoracique - échantillon de référence : fréquences des stades B et C suivant la collection ostéologique.

Source	d.d.l.	Statistiques de score pour l'analyse GEE de type 3			
		1re étape		2e étape	
		Khi2	**p**	**Khi2**	**p**
Age	1	2,24	0,135	3,78	0,052
Sexe	1	3,46	0,063	6,86	***0,009***
Collection ostéologique	1	0,17	0,680	5,26	***0,022***
Age*Sexe	1	1,15	0,283		
Age*collection ostéologique	1	0,11	0,737		

Tableau 51. Système 3 - étage lombaire - échantillon de référence : résultats de l'analyse de type 3.

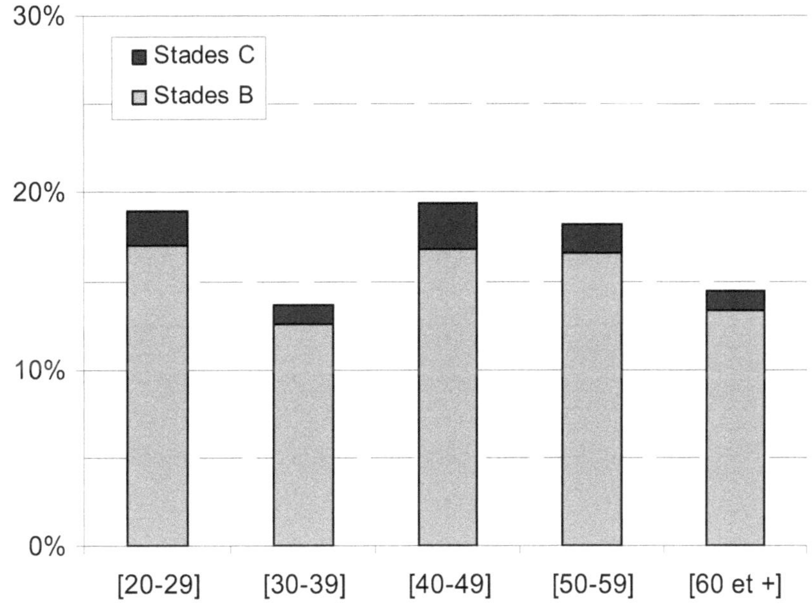

Figure 50. Système 3 - étage lombaire - échantillon de référence : fréquences des stades B et C suivant la classe d'âge.

Paramètre		**OR**	**IC 95 %**		**p**
Age		0,99*	0,98	1,00	0,047
Sexe	Femme	1			
	Homme	0,71	0,54	0,91	0,008
Collection ostéologique	Spitalfields	1			
	Coimbra	0,70	0,53	0,94	0,016

* par année

Tableau 52. Système 3 - étage lombaire - échantillon de référence : estimations robustes.

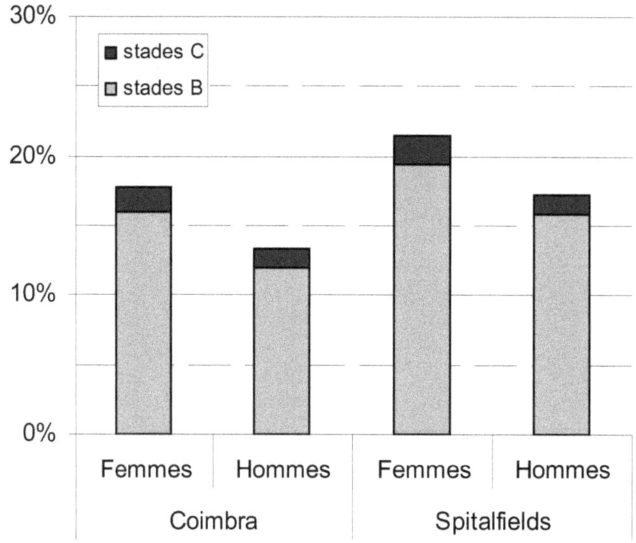

Figure 51. Système 3 - étage lombaire - échantillon de référence : fréquences des stades B et C suivant la collection ostéologique et le sexe.

		Statistiques de score pour l'analyse GEE de type 3	
		1re étape	
Source	d.d.l.	Khi2	*p*
Collection ostéologique	1	0,02	0,879
Nature de l'effort	1	0,58	0,445

Tableau 53. Système 3 - étage thoracique - échantillon d'activité connue : résultats de l'analyse de type 3.

Paramètre		OR	IC 95 %		p
Nature de l'effort	Non manuel	1			
	Manuel	1,16	0,80	1,69	0,436
Collection ostéologique	Spitalfields	1			
	Coimbra	1,04	0,66	1,62	0,875

Tableau 54. Système 3 - étage thoracique - échantillon d'activité connue : estimations robustes.

		Statistiques de score pour l'analyse GEE de type 3	
		1re étape	
Source	d.d.l.	Khi2	*p*
Collection ostéologique	1	3,70	0,054
Nature de l'effort	1	0,09	0,759

Tableau 55. Système 3 - étage lombaire - échantillon d'activité connue : résultats de l'analyse de type 3.

Paramètre		OR	IC 95 %		p
Nature de l'effort	Non manuel	1			
	Manuel	0,93	0,57	1,50	0,756
Collection ostéologique	Spitalfields	1			
	Coimbra	0,57	0,34	0,93	0,025

Tableau 56. Système 3 - étage lombaire - échantillon d'activité connue : estimations robustes.

supérieur à 5% pour l'analyse de type 3 et les estimations robustes.

Pour le membre inférieur, les seuls paramètres influençant significativement l'apparition des remodelages osseux sont l'**âge** et la **collection ostéologique**.

Mon objectif est de détecter des relations statistiques significatives entre les remodelages osseux des enthèses fibreuses et l'activité. Le système 4 ne permet visiblement pas de mettre en évidence cette relation. J'ai comme pour le système 2 choisi d'arrêter l'étude à cette étape.

4. Système 3. Rachis

4.1. Première étape - échantillon complet (504 individus)

Statistiques descriptives

Les fréquences des stades A, B et C, la médiane et le mode pour chacune des insertions des ligaments jaunes sur le rachis sont présentés dans le tableau 48. La distribution des stades varie nettement suivant les insertions. Ces variations de fréquences relatives sont clairement en relation avec la localisation anatomique de l'insertion (figure 48). Le rachis cervical est sans conteste la zone la moins fréquemment lésée. La fréquence des stades A dépasse 90% pour toutes les insertions et un seul stade C a été attribué. L'étage thoracique se caractérise par une augmentation des fréquences des stades B et C, de la première aux dernières vertèbres. La valeur A reste la médiane pour les insertions sur les vertèbres thoraciques hautes et le mode jusqu'à la 5e vertèbre thoracique. De la 6e à la 12e, le stade B devient le plus fréquent. Après une transition relativement brusque, la médiane et le mode correspondent de nouveau au stade A pour l'étage lombaire. La distribution des stades pour cet étage se distingue de celle pour les insertions cervicales par une fréquence de stades de remodelage plus importante. Cette analyse descriptive amène à deux constats. D'une part, les stades de remodelage sont extrêmement rares pour l'étage cervical. Une analyse statistique dans le cas des insertions cervicales ne peut être envisagée avec des fréquences aussi faibles. D'autre part, il semble préférable d'analyser séparément les étages thoracique et lombaire compte tenu des différences importantes relevées lors de l'analyse descriptive.

Analyse exploratoire et inférentielle - étage thoracique

Réalisation du modèle 1

Seul le paramètre collection ostéologique est significatif pour expliquer les variations de distribution des stades pour les enthèses de l'étage thoracique (tableaux 49 et 50).

Effet de la collection ostéologique

Les individus de Coimbra présentent significativement plus de remodelage que les individus de Spitalfields (figure 49). Les chances d'observer pour un individu de Coimbra un stade supérieur à celui d'un sujet de Spitalfields sont 1,4 fois plus grandes que les chances d'observer la situation inverse.

Analyse exploratoire et inférentielle - étage lombaire

Réalisation du modèle 1

A la fin de la deuxième étape de l'analyse de type 3 (tableau 51), après que les interactions aient été retirées, le sexe et la collection ostéologique apparaissent comme des facteurs significatifs. La probabilité associée à l'âge est à la limite du seuil de significativité fixé (p = 0,052). L'effet de l'âge est significatif (p = 0,047) d'après les estimations empiriques : la fréquence des enthésophytes aura tendance à décroître avec l'âge (tableau 52). Je considérerai toutefois la valeur p la plus conservative. Par ailleurs l'influence de l'âge n'est pas clairement exprimée sur la figure 50.

Effet de la collection ostéologique

Les individus de Coimbra présentent significativement moins de remodelage que ceux de Spitalfields. Les chances d'observer pour un individu de Coimbra, un stade supérieur à celui d'un individu de Spitalfields sont 1,4 fois moindres que celles d'observer la situation inverse (tableau 52).

Effet du sexe

Les hommes présentent moins de remodelage que les femmes pour les insertions lombaires. Si un individu de chaque sexe est choisi au hasard, les chances d'observer un stade supérieur chez la femme sont 1,4 fois plus grandes que les chances d'observer un stade supérieur chez l'homme (tableau 52).

Les effets de la collection ostéologique et du sexe sur la distribution des stades sont illustrés dans la figure 51.

4.2. Deuxième étape - échantillon d'activité connue (204 individus)

Réalisation du modèle 2. Etage thoracique

Aucun des deux paramètres testés, la **collection ostéologique** et la **nature de l'effort**, ne permettent d'expliquer la distribution des stades dans ce sous-échantillon (tableaux 53 et 54).

Réalisation du modèle 2. Etage lombaire

Pour l'étage lombaire, l'effet la **nature de l'effort** est également très nettement non significatif (tableaux 55 et 56).

Résultats, fin de l'analyse

Les analyses sur le paramètre **nature de l'effort** indiquent une absence d'effet significatif de ce facteur au niveau des étages thoracique et lombaire. Les résultats des analyses effectuées avec les catégorisations d'activité avancées, présentés dans l'annexe F, sont également négatifs et j'arrêterai l'étude des remodelages rachidiens à ce stade.

Chapitre VI
Discussion

Trois des quatre analyses effectuées pour les systèmes de cotation n'ont pas permis de mettre en évidence, à partir de l'étude d'un échantillon de référence, une relation entre l'activité physique et des modifications macroscopiques des enthèses.

Le début de cette discussion sera consacré aux résultats obtenus pour le système 1. Pour chacun des paramètres significativement influents, les mécanismes les plus probables d'apparition des lésions seront discutés. Je m'intéresserai ensuite au paramètre collection ostéologique, qui s'est révélé significativement lié aux stades attribués avec les trois autres systèmes. Seront ensuite présentés les résultats relatifs au système 2, aux enthèses fibreuses (système 4) et aux insertions rachidiennes (système 3).

1. Le système 1

1.1. L'activité

La relation entre l'activité et l'apparition des enthésopathies sur le matériel osseux avait souvent été supposée, jamais attestée. Mes résultats démontrent que cette relation existe et qu'elle est statistiquement significative pour les insertions étudiées avec le premier système de cotation.

Les différences sont plus nettes lorsque les insertions sont regroupées par sous-échantillon (graphiques) ou par individu (GEEs) plutôt qu'étudiées séparément (tests de Mann et Whitney). Ces différences sont caractéristiques pour les deux membres.

Les fréquences des lésions sont, quel que soit l'âge au décès, plus faibles chez les travailleurs les moins engagés physiquement. Toutefois, l'écart est toujours proportionnellement plus grand avant cinquante ans. Après cet âge, les fréquences de lésions dans les groupes d'activité sont souvent comparables.

La catégorisation la plus simple et la plus fiable, qui oppose les travailleurs manuels aux non manuels, met en évidence un déséquilibre dans la distribution des stades. Cependant, cet écart semble davantage être la conséquence d'un facteur particulier : l'action de porter fréquemment des charges lourdes. Ce résultat est en accord avec les données de la médecine du travail. Le port de charges lourdes est, à lui seul, un facteur de risque d'apparition d'enthésopathies, en raison de la répétition d'efforts importants (levées des charges) et de la flexion des bras contre résistance (Commandré 1977 : 105 ; Simoneau *et al.* 1996 : 21-25). De plus, dans la plupart des métiers pour lesquels le port de charges lourdes est fréquent, d'autres facteurs de risques de lésions s'ajoutent, tels que les postures contraignantes, le travail musculaire statique, les chocs et impacts, etc. (Simoneau *et al.* 1996).

Les troubles musculo-squelettiques induits par le travail se rencontrent dans des professions qui n'exigent pas un effort important mais une répétition des gestes (coiffeur par exemple). Pourtant, d'après mes résultats, la simple répétition de mouvements n'influe pas significativement sur la distribution des stades. On aurait pu s'attendre à une influence du paramètre mouvements répétitifs du membre supérieur, peut-être moins marquée que le port de charges lourdes mais toutefois significative.

Trois hypothèses peuvent être avancées pour expliquer ce résultat. Premièrement, il est possible que les influences respectives des mouvements répétés du membre supérieur et du port de charges lourdes ne puissent pas être distinguées aisément dans l'échantillon. Deuxièmement, la catégorisation pour la répétitivité des mouvements du membre supérieur peut avoir été trop subjective. Enfin, les traces osseuses consécutives à un arrachement tendineux ne sont pas à mon avis distinguables des lésions microtraumatiques sur os sec. Or il est probable que les arrachements tendineux au niveau de l'insertion se rencontrent plus souvent dans les métiers physiquement durs plutôt que dans ceux avec des gestes répétitifs demandant peu d'efforts. La prépondérance des enthésopathies dans le groupe port fréquent de charges lourdes s'expliquerait alors par l'association de lésions microtraumatiques et traumatiques.

Rappelons que si il est relativement aisé de distinguer les professions manuelles des professions non manuelles, il est beaucoup plus difficile de caractériser l'intensité ou la répétitivité des gestes que ces activités réclament. Les résultats obtenus pour le paramètre port de charges lourdes expriment probablement l'influence d'un ensemble de facteurs liés aux professions physiquement éprouvantes plutôt que l'effet unique de ce paramètre.

1.2. L'âge

Les résultats confirment ce qui avait été pressenti quant à l'influence de l'âge. Celui-ci a un effet important et significatif dans tous les modèles et ce quel que soit le sexe ou le type d'activité. Ce résultat, pour les insertions du système 1, est en accord avec les précédentes études sur des individus d'âge au décès connu (Cunha et Umbelino 1995 ; Mariotti *et al.* 2004, 2007) ou estimé (p. ex. : Robb 1998 ; Molnar 2006).

L'augmentation des fréquences des lésions en fonction de l'âge est régulière lorsque la totalité de l'échantillon est prise en compte : la fréquence tend à doubler d'une classe d'âge à la suivante. Cette augmentation pourrait être liée à la raréfaction progressive de la vascularisation tendineuse proche de l'insertion, qui commence dès l'âge de 30 à 35 ans (Rodineau 1991).

Dans les échantillons les plus pertinents pour tester l'effet de l'âge (les hommes les moins actifs des groupes travailleurs non manuels ou travailleurs sans port de charges lourdes), l'accroissement des fréquences des enthésopathies ne parait pas aussi régulière : une augmentation relativement brusque est observée entre les classes d'âge [40-49] et [50-59]. Il semble que chez ces individus, pour lesquels les contraintes biomécaniques sont peu susceptibles d'avoir entraîné des lésions, l'apparition généralisée des enthésopathies résulte de processus dégénératifs associés à la sénescence, à partir de 50 ans. Il est intéressant de noter que pour la classe d'âge [50-59] les fréquences des lésions sont toujours similaires quels que soient les groupes (manuels *versus* non manuels, hommes *versus* femmes, membre supérieur *versus* inférieur, etc.). De plus, la très grande majorité de ces fréquences se situe entre 30 et 40%. Ceci suggère que les effets des phénomènes dégénératifs liés à la sénescence ne se surajoutent pas aux effets des contraintes mécaniques, mais plutôt qu'ils les masquent. La désorganisation tissulaire de l'enthèse, fréquente chez le sujet âgé dans la population actuelle (Durigon et Paolaggi 1991 ; Kumagai *et al.* 1994 ; Milz *et al.* 2004 ; Benjamin *et al.* 2007), peut bien évidemment se produire au niveau d'une enthèse saine et les conséquences (cicatrisation, irrégularité de la surface, ...) sont alors observables sur le squelette. A l'inverse, il semble que cette désorganisation n'induise pas un effet supplémentaire sur une insertion déjà remodelée.

D'après ces résultats et les données médicales sur les insertions fibrocartilagineuses (chapitre II. 2.1.1.), il est possible de considérer l'effet de l'âge en deux temps. Du début de la vie adulte à la cinquantaine, la raréfaction de la vascularisation tendineuse favorise l'apparition d'enthésopathies mécaniques. Les lésions sont rares parmi les moins actifs (moins de 10%), elles sont beaucoup plus fréquentes chez les individus avec des emplois physiquement pénibles. Après cinquante ans, les modifications osseuses sont fréquentes (entre 30 et 40%) : elles peuvent être la conséquence, soit de lésions mécaniques plus anciennes, soit de la désorganisation tissulaire liée à la sénescence.

1.3. Le sexe

Les différences entre les hommes et les femmes sont de deux types. D'une part, les hommes présentent des stades de remodelage osseux plus élevés que les femmes. D'autre part, cet écart se réduit avec l'âge, la corrélation entre la distribution des stades et l'âge est plus importante chez les femmes.

Le premier résultat est en accord avec de nombreux travaux sur des collections archéologiques (Robb 1998 ; Steen et Lane 1998 ; Al-Oumaoui *et al.* 2004 ; Molnar 2006 ; Weiss 2007). Deux hypothèses principales ont été proposées pour expliquer la plus grande fréquence de lésions chez les hommes :

- - des dimensions corporelles plus importantes chez les hommes, liées au dimorphisme sexuel,
- - des contraintes biomécaniques différentes selon le sexe et plus importantes chez les hommes.

Des différences ostéométriques en fonction du sexe ont été mises en évidence dans les échantillons de Coimbra et de Spitalfields (Molleson et Cox 1993 ; Brůžek 1995 ; Silva 1995). Il semble légitime d'admettre que ces écarts entre hommes et femmes impliquent des différences de dimensions corporelles (taille, poids, ...) et d'étendre cette constatation aux deux autres collections.

Sachant que le dimorphisme sexuel des dimensions corporelles est en faveur du sexe masculin chez la plupart des mammifères, il ne peut être directement lié à l'activité physique. Il doit donc être observé dans l'échantillon quelles que soient les contraintes biomécaniques subies. Des différences métriques suivant le sexe sont d'ailleurs remarquées pour les zones relativement peu soumises au contraintes mécaniques, tel le bloc crânio-facial ou les os des pieds (p. ex. : Silva 1995). Si la cause principale d'écart de cotation entre hommes et femmes était les dimensions corporelles, cet écart devrait s'observer quelle que soit l'intensité et la répétitivité des contraintes biomécaniques subies au cours de la vie. Or, lorsque les femmes sont comparées aux sous-échantillons masculins avec et sans port de charges lourdes, seuls les hommes portant fréquemment des charges lourdes diffèrent significativement des femmes. Les cotations de celles-ci ne se distinguent pas des stades attribués aux travailleurs non manuels ou aux artisans peu engagés dans des travaux de forces (cordonniers, tisserands, ...). Il semble donc que notre premier constat (les hommes présentent globalement des stades plus élevés que les femmes) soit en fait principalement une conséquence secondaire de différence de contraintes biomécaniques subies entre le groupe de femmes (hétérogène du point de vue de ces contraintes) et une fraction très active du groupe masculin.

1.4. L'effet de l'âge selon le sexe

Mes résultats indiquent une interaction significative entre l'âge et le sexe : l'augmentation des enthésopathies avec l'âge présente une pente plus marquée chez les femmes.

P. Molnar (2006) avait déjà mis en évidence sur une série du Néolithique moyen une augmentation plus importante des stades de remodelage avec l'âge chez les femmes. Elle interprète ce résultat comme l'expression de la division sexuelle du travail associée à des variations des charges de travail durant la vie. Cette interprétation se heurte pourtant aux résultats obtenus en dernière analyse : les paramètres biomécaniques seuls ne peuvent expliquer cette différence de relation entre âge et stades suivant le sexe.

Je pense qu'une hypothèse plus complexe, mettant en jeu l'interaction de facteurs hormonaux, mécaniques et dégénératifs, pourrait expliquer ce fait. Chez les femmes avant la ménopause, la désorganisation de la matrice extracellulaire au niveau de l'enthèse est influencée par les hormones ovariennes (Naqvi *et al.* 2005 ; Hashem *et al.* 2006). A chaque grossesse, le taux élevé de relaxine favorise les risques d'apparition de lésions mécaniques, en raison de la déstructuration de l'enthèse et de l'hyper-laxité ligamentaire. L'augmentation graduelle des fréquences des lésions entre 20 et 50 ans, comparativement aux hommes, pourrait être associée à l'augmentation du nombre de grossesses durant cette période[1]. Après 50 ans, les fréquences des lésions chez les femmes pourraient être l'expression d'une association entre les phénomènes dégénératifs classiques et la fragilisation tendineuse liée à la ménopause (Falconer *et al.* 1996 ; Ewies *et al.* 2003). Si cette interaction se produit réellement, il est toutefois difficile d'expliquer pourquoi l'écart entre hommes et femmes n'est pas plus important passé 50 ans.

1.5. La localisation anatomique

Mes résultats montrent que les fréquences des lésions du membre supérieur sont, quels que soient l'âge, le sexe ou les contraintes biomécaniques subies au cours de la vie, toujours plus importantes que celles du membre inférieur. Généralement, les travaux sur les enthésopathies comme marqueurs d'activité traitent uniquement du membre supérieur et peu de comparaisons sont possibles avec mon étude. Le travail sur les chasseurs-cueilleurs khoisans de S. E. Churchill et A. G. Morris (1998) révèle que les moyennes de scores attribués pour les membres inférieurs sont toujours plus élevées bien que la significativité des différences n'ait pas été testée. En revanche dans une étude sur les mineurs de Hallstatt (Pany 2003) les moyennes indiquent que les lésions des enthèses fibrocartilagineuses du membre supérieur sont plus fréquentes que celles du membre inférieur. Mes résultats et ceux que je viens d'évoquer plaident en faveur d'une relation entre la localisation anatomique des atteintes et le mode de vie. Ainsi, mon échantillon comme celui des mineurs de Hallstatt concerne des populations sédentaires dont les activités journalières impliquent de manière préférentielle les membres supérieurs. Au contraire, la prédominance des atteintes du membre inférieur chez des chasseurs-cueilleurs comme les khoisans serait liée à une mobilité plus importante. Notons toutefois que dans l'étude de E. Crubézy (1988) sur les paysans médiévaux de Canac, les fréquences des lésions (lorsque l'on s'intéresse uniquement aux insertions étudiables avec le système 1) sont plus élevées pour le membre inférieur (40 %) par rapport au membre supérieur (33%). Le premier n'est cependant représenté que par une seule insertion, celles des mm. ischio-jambiers sur la tubérosité ischiatique.

1.6. Côté, latéralité et asymétrie

Au niveau du membre supérieur, le côté droit est plus fréquemment atteint que le gauche, mais cette tendance décroît avec l'âge. La prépondérance des lésions à droite exprime probablement la dominance fonctionnelle du côté droit sur le côté gauche, qui s'observe pour approximativement 90 % de la population actuelle (Blackburn et Knüsel 2006). L'augmentation plus importante des lésions à gauche avec l'âge ne correspond bien évidemment pas à une inversion de cette dominance mais reflète plutôt la non spécificité topographique des lésions liées à la sénescence. De plus, le rapport lésions à gauche / lésions à droite est similaire quelle que soit l'activité : la localisation des enthésopathies mécaniques n'est semble-t-il pas complètement associée à la latéralité. Ce résultat est assez conforme à celui d'une étude portant sur les atteintes professionnelles de la coiffe des rotateurs. Sur 97 droitiers, 63% présentaient une lésion à l'épaule droite, 31% à l'épaule gauche, et 6 % avaient des lésions bilatérales (Elleuch *et al.* 2001).

Le rapport des lésions à gauche et à droite ne varie pas suivant l'activité, mais les individus présentant au moins une asymétrie sont significativement plus nombreux avant cinquante ans chez les sujets portant des charges lourdes. Ce résultat peut paraître étonnant : le port fréquent de charges lourdes, influe, assez logiquement, sur la distribution des stades de l'ensemble du squelette appendiculaire et non sur celles de zones particulières et il n'y a pas d'interaction

[1] D'après T. Molleson et M. Cox (1993 : 132), les femmes se marient entre 23 et 28 ans en moyenne dans l'échantillon de Spitalfields. Le premier enfant naît, toujours en moyenne, deux ans après et les grossesses se succèdent tous les deux ou trois ans (Molleson et Cox 1993 : 132, 139). Les dernières grossesses ont toujours lieu avant 50 ans (Molleson et Cox 1993 : 142).

entre ce paramètre et la localisation anatomique ou le côté. En fait, il n'y a pas de réelle opposition entres ces deux constats. D'une part, le groupe le plus actif physiquement présente plus fréquemment des lésions que le groupe moins actif. Ces lésions concernent toutes les régions anatomiques mais ne s'observent pas pour toutes les insertions chez un individu donné. D'autre part, les variations de stades pour les insertions gauche et droite d'un même muscle sont plus fréquentes dans le premier groupe. Cette plus grande diversité pourrait correspondre à une asymétrie importante dans les chaînes musculaires sollicitées à droite et à gauche.

Ainsi, il apparaît que la latéralité nous informe peu sur l'intensité ou la répétitivité des contraintes biomécaniques subies au cours de la vie. A l'inverse, avant 50 ans, une fréquence élevée de cas d'asymétrie (quel que soit le côté dominant) pour des insertions étudiées avec le système 1 se révèle être un bon indicateur d'activité physique éprouvante.

2. Les systèmes 2, 3 et 4 et le paramètre collection ostéologique

L'effet du paramètre collection ostéologique est significatif dans les analyses des systèmes 2, 3 et 4. L'influence de ce paramètre n'est théoriquement pas estimable par les GEEs. Le choix des catégories pour tester cet effet peut varier. En particulier, d'autres séries ostéologiques pourraient être sélectionnées pour tester l'influence de la collection et cet effet aléatoire ne peut être explicitement modélisé dans les GEEs. En dépit de ce problème, j'ai choisi de tester l'influence de la collection ostéologique d'origine sans tenir compte de cette limite. Les résultats sont donc difficilement interprétables mais restent cependant intéressants. En effet, ils indiquent une certaine constance pour les trois systèmes : les marques de remodelage sont moins fréquentes dans la collection de Coimbra et plus fréquentes dans la collection de Bologne.

Comme je l'ai déjà expliqué (chapitre IV. 2.4.), de nombreux facteurs peuvent être à l'origine des différences entre les collections ostéologiques (génétiques, culturels, environnementaux, …) et la détermination de celui ou de ceux qui sont prépondérants est impossible. Toutefois, plusieurs remarques peuvent être formulées :

- Premièrement, mes résultats indiquent que l'influence de ce ou de ces facteur(s) est globale à l'échelle du squelette et transcende à la fois les différences méthodologiques (systèmes de cotation) et anatomiques (insertions fibreuses et fibrocartilagineuses).
- Deuxièmement, l'influence de la collection s'observe pour les systèmes de cotation les moins fiables pour lesquels il a été difficile de mettre en harmonie les descriptions médicales et les remodelages osseux observés. A cette part d'inconnu méthodologique doit donc être ajoutée l'influence de facteurs intrinsèques ou extrinsèques non déterminés.
- Troisièmement, l'effet d'une interaction entre collection ostéologique et âge n'a été mis en évidence pour aucun des systèmes de cotation. Si les différences entre les collections ostéologiques indiquent une influence des facteurs génétiques, ce résultat ne conforte pas l'hypothèse formulée par J. Rogers et collaborateurs (1997) d'une prédisposition génétique aux phénomènes dégénératifs. Rappelons que cette étude concernait des squelettes dont l'âge au décès était estimé et non connu (Rogers *et al.* 1997).

3. Les spécificité du système 2

Le groupe d'insertions étudiées avec le système 2 présente une très forte homogénéité anatomique et anatomopathologique (chapitre III) qui m'a conduit à le distinguer des autres insertions fibrocartilagineuses appendiculaires. Ce groupe se singularise également par les résultats obtenus sur l'échantillon de référence.

Outre l'absence d'influence significative des facteurs biomécaniques sur la distribution des stades et les différences entre collections ostéologiques, le système 2 se distingue du système 1 par divers points :

- l'influence de l'âge semble moins marquée,
- les distributions des stades chez les hommes et les femmes ne diffèrent pas,
- l'effet de l'âge ne varie pas suivant le sexe,
- le membre inférieur présente plus de lésions que le membre supérieur,
- la latéralité n'est pas observée pour le membre supérieur.

La cotation des remodelages osseux avec le système 2 repose dans la quasi-totalité des cas sur la présence et la longueur d'un enthésophyte[2]. Les résultats obtenus posent la question de la signification de la présence d'enthésophyte au niveau de l'insertion des mm. triceps brachial, quadriceps fémoral et triceps sural.

Des productions osseuses existent parfois à l'insertion du m. triceps brachial sur l'ulna lors d'enthésopathies mécaniques. Observés dans la population actuelle chez les travailleurs de force ou les sportifs, les enthésophytes au niveau de cette insertion sont parfois dénommés *traction spurs* (p. ex. : Johnstone et Maffulli 2005) ou hyperostoses d'adaptation (Commandré 1977 : 103). Les atteintes sont le plus souvent unilatérales et l'âge moyen d'apparition se situe entre 30 et 50 ans (Commandré 1977 : 102). A l'inverse, les enthésophytes au niveau du pôle supérieur de la patella (insertion du m. quadriceps fémoral) et du calcanéus (insertion du m. triceps sural) s'observent le plus souvent chez des sportifs âgés (Paclet *et al.* 2001 ; Boden

[2] 97% des stades B et C ont été attribués suivant ce critère. Les trois pourcents restants sont des cas d'érosions du centre de la surface ou des cas mixtes (enthésophyte + érosion).

2005) : ceci suggère un rôle important des phénomènes dégénératifs dans leur apparition. En outre, les productions osseuses au niveau de l'insertion du m. triceps sural sont très fréquentes dans la population non sportive (Resnick et Niwayama 1983). Chez le rat, la formation de petits éperons osseux au niveau de cette insertion se rencontre lors du développement normal de l'enthèse, sans micro-arrachement ou réaction inflammatoire (Benjamin *et al.* 2000).

Des enthésophytes au niveau de ces trois insertions s'observent par ailleurs fréquemment chez les individus atteints de maladie hyperostosique. Dans ce cas les enthésophytes bilatéraux pour une ou plusieurs de ces insertions sont à tel point communs qu'ils appuient le diagnostic de cette pathologie (Utsinger 1985) dont l'origine est inconnue.

D'après mes recherches, les enthésophytes sont plus fréquents et de plus grandes dimensions chez les individus ayant dépassés la cinquantaine. Ces productions osseuses sont probablement la conséquence de la dégénérescence de l'enthèse et du tendon. Avant cet âge, les paramètres testés n'expliquent pas la présence d'enthésophytes. Ces derniers sont plus fréquents dans certaines collections et s'observent principalement pour le membre inférieur. Ce fait est en accord avec la documentation médicale : les enthésophytes semblent plutôt rares au niveau de l'ulna et très fréquents au niveau du calcanéus.

Une question se pose : pourquoi l'influence de l'activité n'a pu être mise en évidence, alors qu'elle est bien documentée en médecine du sport ? La formation d'enthésophytes dépend probablement de nombreux facteurs dont la diversité a pu masquer, au sein de l'échantillon, l'influence mécanique. Il est aussi possible que le choix d'une limite arbitraire métrique entre les stades B et C ait entraîné un biais statistique. En effet, l'écart de longueur entre deux enthésophytes n'a peut-être aucune signification et l'échelle de cotation proposée jouerait alors le rôle de paramètre perturbateur dans l'analyse.

Quoi qu'il en soit, le deuxième système de cotation n'est pas utilisable pour interpréter les modifications squelettiques comme des marqueurs d'activité.

4. Le système 4 : les insertions fibreuses

Assez étonnamment, les résultats obtenus pour les insertions fibreuses se distinguent peu de ceux des autres insertions appendiculaires. Comme pour le système 1, l'effet de l'âge est significatif sur la distribution des stades et les différences entre hommes et femmes relèvent de cette influence. Les écarts entre les collections ostéologiques et l'absence de différence suivant les catégories professionnelles rapprochent les insertions fibreuses des enthèses du système 2.

Compte tenu des spécificités des insertions fibreuses et fibrocartilagineuses, une opposition plus marquée entre ces deux types d'enthèses était attendue. On remarque toutefois que les insertions fibreuses se distinguent lorsque l'on considère les résultats des statistiques descriptives et des tests non-paramétriques :

- les surfaces osseuses irrégulières sont très fréquemment observées,
- la corrélation entre l'âge et les stades est plus importante pour le système 4 (moyenne des coefficients de détermination : 0,29) que pour le système 1 (0,22) ou 2 (0,12).

Intéressons-nous d'abord au premier point. Que représente l'irrégularité de la surface osseuse d'une insertion fibreuse ? Il ne peut s'agir d'une enthésopathie sur le squelette. En effet, les stades B représentent près de 20 % des stades attribués chez les [20-29] et cette fréquence passe à près de 50% dans la classe d'âge [30-39]. Toutes classes d'âge confondues, une irrégularité plus ou moins marquée de la surface (stades B + C) correspond à l'aspect le plus commun (près de 60% des stades attribués).

Comment expliquer une si grande fréquence des irrégularités de la surface osseuse, notamment chez les individus jeunes ? Rappelons que les insertions fibreuses sont périostées avant la maturité squelettique et que le périoste tend à disparaître au niveau de l'insertion chez le sujet adulte. Les fibres tendineuses pénètrent alors directement dans l'os. Cette transition est peut-être la cause d'un remaniement osseux au niveau de l'enthèse. Le passage d'un stade A (surface régulière) à un stade B (surface irrégulière) pourrait correspondre au processus physiologique de transformation d'une insertion périostée en insertion osseuse. Cette transition aurait lieu au début de la vie adulte, expliquant alors l'augmentation très importante du nombre de stades B entre les classes d'âges [20-29] et [30-39]. Si cette hypothèse est exacte, la corrélation entre l'âge et les stades de remodelage, pourrait s'expliquer par l'association de deux phénomènes. Le premier correspondrait au processus physiologique de transformation de l'enthèse. Le deuxième, plus tardif dans la vie de l'individu, serait associé au vieillissement cellulaire au niveau de l'enthèse. L'absence de documentation précise empêche cependant de conforter cette hypothèse et d'expliquer les différences de l'influence de l'âge suivant le sexe.

5. Le système 3 : les insertions rachidiennes

Mon étude confirme, sur un échantillon plus important, le résultat publié par E. Cunha et C. Umbelino (1995) sur la collection de Coimbra avec une méthode de cotation très similaire : la présence d'enthésophyte au niveau des insertions des ligaments jaunes n'est pas liée à l'âge. D. M. Williams et collaborateurs en 1984 avaient déjà relevé cette absence de l'influence de l'âge dans une étude clinique (Williams *et al.* 1984).

En dépit de cela, ce résultat reste étonnant à mes yeux. D'une part il est en contradiction avec certaines études dans lesquelles les ossifications des ligaments jaunes sont considérées comme plus fréquentes chez les individus âgés (Maigne *et al.* 1992 ; Viejo-Fuertes *et al.* 1998 ; Okuda *et al.* 2004). D'autre part, cette absence d'influence de l'âge pour les insertions des ligaments jaunes s'explique mal car elle est observée pour les autres enthèses et que les phénomènes dégénératifs rachidiens sont extrêmement communs. D. Resnick (1985 : 9) écrit : « *Degenerative abnormalities may become evident in any or all of the various ligaments of the vertebral column. As these ligaments normally provide stability, any alteration in the vertebral articulations can lead to ligamentous laxity with subsequent deterioration. Loss of elastic tissue, calcification and ossification, and bone proliferation at sites of ligamentous attachment to bone are recognized manifestations of such degeneration* ».

Si l'on admet, comme cet auteur, que les phénomènes dégénératifs concernent l'ensemble des ligaments rachidiens, comment expliquer l'absence de relation entre l'âge et la présence d'enthésophytes ? Il est possible que les phénomènes dégénératifs entraînent des modifications subtiles au niveau de l'insertion et non pas la production d'enthésophytes. Ceux-ci, présents à tout âge, masqueraient d'éventuels remodelages osseux plus discrets. Que représentent alors les enthésophytes ? La présence des productions osseuses est, dans mon étude, en relation étroite avec la localisation vertébrale. Les enthésophytes s'observent aux étages thoraciques et lombaires et en particulier sur les vertèbres thoraciques basses. De plus, les fréquences des stades B et C décroissent harmonieusement en amont et en aval de cette zone. Cette localisation préférentielle des enthésophytes au niveau des thoraciques basses, déjà décrite par de nombreux auteurs (voir Campo Martin *et al.* 2003) pourrait être mise en relation avec les spécificités anatomiques et cinétiques de cette zone. On observe en effet entre la dixième vertèbre thoracique et la première vertèbre lombaire une sagittalisation progressive des processus articulaires postérieurs (Pal et Routal 1999). Cette zone de transition accroît le degré de liberté en rotation alors que ce mouvement est limité en haut par l'orientation des facettes articulaires postérieures et le gril costal et en bas par la forme cylindrique des processus articulaires postérieurs (Ledoux et Halmagrand 1986 ; Maigne *et al.* 1992). Pour J.-Y. Maigne et collaborateurs (1992), les productions osseuses dans cette région seraient une adaptation normale[3] des insertions ligamentaires aux contraintes de rotation subies. Mon étude, qui n'a pas détecté d'influence de l'âge ou de l'activité pour expliquer la présence d'enthésophytes rachidiens, confirmerait cette hypothèse fonctionnelle.

[3] Chez l'individu âgé. Pourtant l'âge au décès des individus n'est pas connu dans leur étude. Les auteurs indiquent seulement « most seemed aged » (Maigne et al. 1992 : 121).

Conclusions de la validation

Les résultats de l'analyse méthodologique indiquent que les stades attribués pour les enthèses étudiées à partir des systèmes de cotation 2, 3 et 4 n'illustrent pas, ou mal, l'influence de l'activité physique. Une étude des modifications osseuses des insertions en tant que marqueurs osseux *s. l.* n'est pas envisageable avec ces systèmes de cotation.

A l'inverse, pour le système 1, défini sur la base de nombreuses références médicales, l'influence des sollicitations mécaniques sur la distribution de ces stades est clairement attestée. De plus, l'attribution des stades au moyen de ce système est reproductible. Son étude a en outre permis de définir, par comparaison avec les données médicales, les principaux paramètres perturbateurs pouvant masquer l'influence des facteurs mécaniques.

A mon sens, les résultats positifs obtenus pour le système 1 s'expliquent, au moins en partie, par la prise en considération des données médicales sur les enthèses fibrocartilagineuses lors de sa réalisation. Le choix de tenir compte de la perduration de la couche de fibrocartilage calcifié après disparition des tissus mous et celui de distinguer le contour du centre de l'enthèse apparaissent justifiés *a posteriori*.

Ces résultats permettent également de répondre définitivement à la question de l'utilisation des termes enthésopathie ou *musculoskeletal stress marker*. D'une part, les stades B et C sont relativement rares dans l'échantillon de référence, avec notamment des fréquences très basses avant 50 ans chez les sujets les moins actifs. La rupture observée au cap de la « cinquantaine » n'est pas en adéquation avec l'hypothèse d'un processus régulier d'apparition des modifications osseuses tout le long de la vie. D'autre part, les résultats obtenus ont pu être expliqués grâce aux études médicales sur les facteurs d'apparition de lésions au niveau des enthèses. Ces deux points justifient à mon avis l'emploi du terme enthésopathie pour les stades B et C attribués avec le système 1, au sens de pathologie de l'insertion observable sur le squelette.

Grâce à ce système de cotation et sous certaines conditions, nous pouvons mettre en relation un phénomène biologique - la présence d'enthésopathies sur le squelette - avec des comportements humains. Ces enthésopathies sont donc des marqueurs osseux d'activité au sens large. Reste à examiner comment les étudier sur des séries archéologiques, en particulier des fossiles du Paléolithique supérieur et du Mésolithique, et interpréter les résultats.

J'ai exposé au début de ce travail le problème de la précision de l'interprétation (chapitre I. 1.). Le but de l'analyse méthodologique n'était pas de le résoudre : elle s'est cantonnée à l'étude de l'influence générale de l'activité physique. Cette influence est plus facile à mettre en évidence lorsque les insertions sont regroupées. Elle a de plus été observée pour tous les segments corporels étudiés. Il est donc possible d'illustrer pour des populations du passé des *patterns* généraux. Cependant, cela nécessite de tenir compte de certains facteurs, notamment l'âge, et soulève le problème du choix des outils statistiques.

L'influence significative de l'âge sur la distribution des stades est attestée pour le système 1 et ce paramètre doit donc être impérativement contrôlé. Cela pose un réel problème du fait de l'impossibilité de déterminer à la fois précisément et avec fiabilité l'âge au décès des sujets adultes à partir du squelette. Cependant, nous avons vu que l'apparition généralisée des enthésopathies est observée après la cinquantaine. Avant 50 ans, il semble acceptable de considérer les écarts de fréquences observées entre deux groupes comme le fait de différences comportementales. Or la distinction de deux groupes d'âge avant et après cette limite est possible sur du matériel archéologique. Il reste toutefois le problème de l'influence de l'âge différente selon le sexe. Une étude qui veut traiter de la division sexuelle du travail, même si elle ne concerne que des adultes de moins de cinquante ans, doit théoriquement tenir compte de l'interaction âge*sexe. Les résultats trop partiels sur les causes des écarts entre les hommes et les femmes ne me permettent pas d'envisager de solution satisfaisante. Faute de mieux, il convient de conserver en mémoire ce facteur et d'interpréter avec circonspection d'éventuelles différences entre les hommes et les femmes.

Dans mon étude, l'analyse statistique a principalement été réalisée grâce à des modèles. L'utilisation des GEEs, malgré ses limites, m'a paru pertinente dans la démarche exploratoire d'un nombre important de données. Les GEEs dépendent de la théorie asymptotique et le nombre d'individus nécessaires varie en fonction du nombre de variables explicatives. Rappelons que pour plus de cinq variables le nombre d'individus minimum est évalué à 100, voire 200 (Stokes *et al.* 2000 : 479). L'étude de plus d'une centaine d'adultes d'âge et de sexe déterminés ne peut être envisagée pour le Paléolithique supérieur et le Mésolithique. L'alternative de considérer isolement les insertions et d'appliquer un test basé sur les rangs pour distinguer des différences entre deux groupes s'est révélée infructueuse. Il me semble qu'il s'agit là de l'écueil majeur de l'étude des enthésopathies comme marqueurs osseux d'activité : l'analyse des données. Face aux spécificités de celles-ci (ordinales et répétées), l'utilisateur est souvent obligé de chercher des alternatives complexes qui se révèlent bien souvent inadaptées (chapitre IV. 2.). Si aucun test n'est vraiment adéquat, il convient à mon avis de privilégier les outils statistiques les plus proches des données brutes, c'est-à-dire ceux qui mettent en jeu le moins de transformations (moyenne, rangs, remplacement des données manquantes par des données estimées, ...). Je considère par exemple qu'aucun avantage en terme d'analyse statistique ne justifie réellement le remplacement d'une donnée manquante par une approximation. Pratiquement, les choix de l'utilisateur dans ce domaine sont dépendants de l'échantillon, des données récoltées et des problématiques ; les miens seront donc exposés à la fin du chapitre suivant.

J'aimerais maintenant aborder la question de la mise en évidence de la pratique d'une activité précise à partir des insertions étudiées avec le système 1. J'ai indiqué dans l'introduction que la reconnaissance d'une activité particulière, l'utilisation de l'arc, présenterait un grand intérêt pour le Paléolithique supérieur.

Plusieurs approches ont été proposées pour déterminer la pratique probable d'activités précises à partir des marques osseuses au niveau des enthèses (chapitre I, 1.).

Celle envisagée par D. E. Hawkey (1988) consiste à distinguer au sein des insertions étudiées les enthèses qui présentent le plus fréquemment des atteintes. Ce groupe d'insertions permettrait de reconnaître les muscles les plus souvent sollicités, les mouvements quotidiens et ainsi les activités. La détermination de ces dernières repose sur l'électromyographie et les études cinématiques des activités actuelles. Cette approche n'est envisageable que dans l'hypothèse évoquée pour les *musculoskeletal stress markers*, c'est-à-dire lorsque l'on admet l'apparition régulière et progressive de marques non pathologiques au niveau des enthèses. Or, nous avons vu que cette hypothèse ne pouvait être acceptée dans le cas des insertions étudiées avec le système 1. En outre, cette approche se fonde sur une comparaison des fréquences de lésions des différentes insertions. Elle implique par exemple qu'un stade B pour une enthèse donnée représente la même quantité de stress mécaniques subis qu'un stade B pour une autre insertion. Or, rien ne justifie vraiment ce postulat (Robb 1998).

Il convient de noter que lorsque l'on compare les données épidémiologiques aux résultats obtenus pour les insertions étudiées avec le système 1, certains points communs intéressants apparaissent. Pour le membre supérieur par exemple, les lésions au niveau de l'épicondyle médial sont relativement rares dans l'échantillon de référence (chapitre V, tableau 17) comme dans la population actuelle (Commandré 1977 : 99-101 ; Descatha *et al.* 2003). De même, pour le membre inférieur, les enthésopathies pour le m. petit fessier sont plus rares que celles du m. moyen fessier, dans les populations actuelles (Bard 2002 ; Kong *et al.* 2007) et dans l'échantillon de référence (chapitre V, tableau 17). Toutefois, le parallèle entre données ostéologiques et études épidémiologiques n'est pas toujours vérifié. Ainsi, les atteintes traumatiques et microtraumatiques de l'insertion du m. biceps brachial sur le radius sont très rares dans la population actuelle (Commandré 1977 : 105 ; Catonné *et al.* 1992 ; Johnstone et Maffulli 2005) alors que les modifications squelettiques sont particulièrement fréquentes dans l'échantillon de référence (chapitre V, tableau 17). D'autres études ont également révélé des fréquences importantes d'enthésopathies au niveau de cette insertion au sein de collections ostéologiques (p. ex. : Crubézy 1988 ; Galera et Garralda 1993). Selon E. Crubézy (1988 : 176), les remodelages osseux les plus légers seraient asymptomatiques, ce qui expliquerait la contradiction entre les données épidémiologiques et les fréquences sur os sec. L'hypothèse est intéressante mais cette inadéquation rend à mon avis hasardeuse la reconnaissance de mouvements d'après les fréquences relatives des lésions. En revanche, les similitudes constatées pour certaines insertions rarement atteintes dans la population actuelle et dans l'échantillon de référence permettent de formuler l'hypothèse suivante : si, pour une insertion donnée, une fréquence importante d'enthésopathies est observée au sein d'un échantillon archéologique et qu'elles sont rares dans l'échantillon de référence et dans la population actuelle, alors des sollicitations mécaniques spécifiques peuvent être suspectées.

Les approches pour déterminer d'après les données étiopathogéniques la pratique d'une activité précise pour un individu (Dutour 1986, 1992, 2000) ou pour un groupe d'individus (Crubézy 1988) ont été présentées au début de ce travail (chapitre I. 1.). Pour les insertions qui nous intéressent, ces approches sont fortement limitées par le problème de spécificité des marques osseuses. En effet, considérées isolément, la plupart des insertions étudiées avec le système 1 ne sont pas spécifiques d'une activité ou d'un geste particulier. Ainsi, les mécanismes responsables d'une atteinte de l'insertion des mm. épicondyliens latéraux sur l'humérus sont multiples ; les lésions se rencontrent de plus fréquemment dans la population active, pour la pratique de plusieurs sports et dans de nombreuses professions (Commandré 1977 : 80-89 ; Dupont *et al.* 1983 ; Rodineau 1991 ; Banks *et al.* 2005). Les lésions de la coiffe des rotateurs (insertions du m. subscapulaire et des mm. infra et supra-épineux) sont également très peu spécifiques d'une gestuelle particulière (Commandré 1977 : 51 ; Uhthoff et Sarkar 1991). En fait, pour les enthèses étudiées avec le système 1, seules les lésions de l'épicondyle médial pour l'humérus (HEM) et de la tubérosité radiale (RBB) se distinguent par une certaine spécificité. Concernant RBB, les lésions décrites dans la littérature correspondent principalement à une rupture tendineuse au niveau de l'insertion lors d'une contraction brutale alors que le biceps est déjà en tension, coude fléchi (Catonné *et al.* 1992 ; Fitzgerald *et al.* 1994 ; Johnstone et Maffulli 2005). L'atteinte microtraumatique est principalement observée chez les travailleurs de force qui soulèvent des charges lourdes, le coude à demi-fléchi (Commandré 1977 : 105). Dans mon étude, les enthésopathies pour RBB sont significativement plus fréquentes dans le groupe de travailleurs avec port fréquent de charges pour les classes d'âge [30-39] et [60 et +]. Il est donc possible qu'une fréquence importante de lésions pour cette insertion traduise réellement la pratique d'une activité précise. Toutefois, F. Commandré (1977 : 105) indique que les atteintes se retrouvent « [...] dans toute occupation qui demande beaucoup à la supination [...] ». De plus, comme nous l'avons vu dans le paragraphe précédent, les fréquences très importantes des modifications osseuses pour cette insertion restent difficilement explicables. La transposition est en revanche plus facile à envisager pour HEM. Les atteintes de l'insertion des mm. épicondyliens médiaux sont, comme pour l'épicondyle latéral, observées dans la pratique de plusieurs sports et professions. Toutefois, elles sont assez rares dans la population actuelle (et dans l'échantillon de référence) et se rencontrent assez spécifiquement dans la pratique du lancer (Commandré 1977 99-101 ; Bramhall *et al.* 1994 ; Coudreuse et Parier 2003 ; Ouellette *et al.* 2008).

Du fait de ces problèmes de spécificité, il semble préférable pour déterminer la pratique de l'activité qui nous intéresse en premier lieu - l'utilisation de l'arc - de considérer un ensemble de marques. Cette option, qui a déjà été évoquée par plusieurs chercheurs (Dutour 1986 ; Peterson 1998 ; Molnar 2006), se révèle malheureusement peu pertinente. Les descriptions de lésions microtraumatiques chez les archers sont extrêmement rares. Il s'agit le plus souvent d'enthésopathies ou de tendinopathies (Mann et Littke 1989 ; Lapostolle 2004), généralement situées à l'épaule, plus rarement au coude (Ergen *et al.* 2004). A l'épaule, elles concernent les insertions des mm. infra et supra-épineux ; au niveau du coude, celles des mm. épicondyliens latéraux et médiaux, biceps et triceps brachial (Mann et Littke 1989 ; Rayan 1992 ; Mann 1994 ; Lapostolle 2004)[4]. A part l'insertion du m. triceps brachial, les enthésopathies peuvent toutes être cotées avec le système 1. Le tir à l'arc est une activité statique caractérisée par une répartition asymétrique des forces et des charges sur le corps : un bras tire la corde pendant que l'autre pousse l'arc (Mann et Littke 1989 ; Mann 1994). En anthropologie biologique, les travaux sur l'utilisation de l'arc se fondent sur cette caractéristique pour considérer un ensemble de marques distribuées de façon asymétrique (Dutour 1986 ; Peterson 1998 ; Molnar 2006). Cette hypothèse de travail séduisante ne se vérifie pourtant pas dans la littérature médicale concernant l'archerie[5]. Premièrement, un archer ne présente généralement qu'une seule lésion (Mann et Littke 1989 ; Mann 1994 ; Lapostolle 2004). Or, isolée, aucune de ces atteintes n'est spécifique à la pratique du tir à l'arc. Deuxièmement, ces enthésopathies sont généralement unilatérales mais le côté lésé varie suivant les individus. Ainsi, pour l'insertion du tendon de m. supra épineux sur l'humérus, D.L. Mann et N. Littke (1989) recensent deux atteintes du côté du bras d'arc pour quatre du côté du bras de corde au sein d'un échantillon de 21 archers de niveau international. Enfin, des cas d'atteintes bilatérales de l'insertion d'un même muscle peuvent être rencontrés (Rayan 1992). Pour résumer, il n'existe pas de marque ou de groupe de marques étudiable avec le système 1 qui soit spécifique à la pratique du tir à l'arc.

L'étude de l'aspect osseux des enthèses des squelettes du Paléolithique supérieur et du Mésolithique peut donc nous fournir des informations précieuses sur les comportements de ces périodes, mais ne nous permettra probablement pas de décrire de manière détaillée les activités journalières. La précision des interprétations sera certainement faible ; nous pourrons en revanche être assurés de leur fiabilité grâce à l'analyse méthodologique qui vient d'être présentée.

[4] Dans ces travaux, le type d'arc (à poulies ou classique) utilisé par les patients n'est pas précisé. Sans permettre une analyse détaillée, l'étude de E. Ergen et collaborateurs (2004) indique que les atteintes (sans précision sur la nature ou la localisation) se rencontrent avec des fréquences comparables pour les deux types.

[5] Par ailleurs, les étude de la biomécanique du tir à l'arc indiquent de grandes similitudes d'activité musculaire et de position articulaire entre le bras d'arc et le bras de corde (Sessa 1994 ; Kosar et Demirel 2004).

3e partie
Enthésopathies et activités préhistoriques

Les résultats obtenus dans la deuxième partie de ce travail nous ont obligé à affiner l'approche et à redéfinir les objectifs de l'étude des enthèses et des enthésopathies des fossiles du Paléolithique supérieur et du Mésolithique. La détermination de la pratique d'activités précises, en particulier celle du tir à l'arc, semble en effet compromise. Des aspects plus généraux des comportements et du mode de vie peuvent cependant être abordés. Trois objectifs ont été définis :

1) Rechercher les spécificités de l'échantillon préhistorique, comparativement à l'échantillon de référence actuel. Les populations du Paléolithique supérieur et du Mésolithique sont des chasseurs-collecteurs nomades et l'on peut supposer que ce mode de vie a des répercussions sur la localisation des atteintes.
2) Tester l'hypothèse d'une différence comportementale suivant les groupes culturels. Nous avons vu dans l'introduction que certains aspects comportementaux opposaient l'Epipaléolithique et le Mésolithique aux phases plus anciennes du Paléolithique supérieur. Les différences, qui concernent d'une part l'exploitation du milieu proche, considérée comme plus intensive dans les périodes récentes, et d'autre part la mobilité des groupes, peuvent être recherchées à partir des traces osseuses au niveau des enthèses.
3) Distinguer une division du travail. L'étude des enthésopathies peut permettre de tester l'hypothèse de l'existence d'une séparation particulière des tâches, suivant le sexe. L'assertion de A. Testart (1986 : 22), « La division sexuelle du travail chez les chasseurs-cueilleurs est un fait massif et universel qui semble échapper à toute détermination formulée en termes écologiques, techniques ou économiques », suggère qu'une telle séparation du travail existait vraisemblablement au Paléolithique supérieur et au Mésolithique. Toutefois, comme je l'ai indiqué en introduction, l'analyse de la morphologie osseuse a conduit S. E. Churchill et B. Holt à remettre en cause la division sexuelle du travail au Paléolithique supérieur et au Mésolithique.

Les hommes et les femmes du Paléolithique supérieur et du Mésolithique sont des *Homo sapiens sapiens*. L'analyse des fréquences d'enthésopathies de ces sujets à la lumière des résultats obtenus pour les squelettes récents et des données médicales actuelles ne pose théoriquement pas de problème de transposition. Il est cependant nécessaire de formuler le postulat suivant : les phénomènes d'apparition des marques au niveau des enthèses (en particulier celles liées aux processus dégénératifs) n'ont fondamentalement pas changé depuis l'émergence de l'homme moderne.

Chapitre VII
Matériel

Remarques préliminaires

Les vestiges humains européens du Paléolithique supérieur et du Mésolithique sont très rares. Les caractéristiques des individus découverts jusqu'à présent illustrent probablement mal la diversité biologique réelle de populations dispersées sur plusieurs milliers de kilomètres carrés et ayant vécues pendant trente mille ans. En outre, les vestiges humains sont généralement découverts en contexte sépulcral et il est fort probable que les défunts inhumés aient fait l'objet d'une sélection dont nous ignorons les raisons (Formicola 1988 ; Mussi *et al.* 1989 ; Henry-Gambier 2001). L'effectif réduit et la faible représentativité de l'échantillon constituent une difficulté majeure dans toutes les études paléoanthropologiques. L'effectif pour le Paléolithique supérieur et le Mésolithique est cependant suffisamment important pour permettre la constitution d'un ensemble cohérent, accessible à l'analyse.

La constitution du corpus analysable n'est pas sans risque pour diverses raisons. La majorité des découvertes sont anciennes et les positions chronologiques et culturelles des ossements sont parfois incertaines (Henry-Gambier 2005). Il est impératif de se référer aux révisions effectuées (p. ex. : Gambier *et al.* 2000 ; Henry-Gambier 2002 ; Telegin *et al.* 2002 ; Conard *et al.* 2004) et d'exclure les vestiges pour lesquels aucune datation radiométrique directe et / ou aucune donnée archéologique récente ne confirment l'ancienneté. En outre, les découvertes anciennes ont parfois subi des mésaventures qui n'en facilitent pas l'étude : mélanges de plusieurs squelettes, disparition partielle ou totale des restes osseux, dispersions des vestiges d'un même site dans plusieurs institutions, reconstitutions discutables et restaurations masquant les structures anatomiques, etc.

Pays	Squelettes étudiés	n
Italie	Baousso da Torre 2 ; Barma Grande 5 et 6 ; Grotte des Enfants 4 et 5 ; Ostuni 1 ; Paglicci 25 ; Veneri Parabita 1 et 2	9
France	Cro-Magnon* A, B et C ; Abri Pataud* A, B et C	6
République tchèque	Dolní Věstonice 3, 13, 15 et 16 ; Pavlov 1	5
Grande Bretagne	Paviland 1	1
Russie	Sunghir 1	1
Total		22

Tableau 57. Groupe gravettien (GRAV).
** Voir paragraphe 2.*

1. Présentation des vestiges humains

95 squelettes provenant de 44 sites européens (tableau 58 et figure 52) ont été étudiés[1]. La zone géographique s'étend des limites occidentales de l'Europe (Grande Bretagne et Bretagne) à la plaine russe et à l'Ukraine. Elle recouvre 8 pays actuels.

L'échantillon regroupe la majorité des vestiges européens complets ou sub-complets du Paléolithique supérieur et une part importante des squelettes mésolithiques. La position chronologique et l'attribution culturelle des vestiges sont fiables, c'est-à-dire fondées, soit sur une révision de la stratigraphie des sites et des industries, soit sur des datations directes des fossiles ou d'objets clairement associés. La non exhaustivité de cet échantillon s'explique à la fois par les limites temporelles et matérielles de l'étude et par le refus, l'absence de réponse, ou l'ajournement des demandes d'examen que j'ai adressées[2].

Les vestiges étudiés ont été répartis en trois groupes chronologiques et culturels (figures 52 et 53).

- Le groupe gravettien (GRAV) : les vestiges humains proviennent principalement d'Italie, de République tchèque et de France, mais également de Russie

[1] Quelques individus supplémentaires, très peu représentés et mal conservés, ont été étudiés mais n'ont pas été inclus dans cet échantillon (p. ex. : Bron II, Val-de-Rueil A et B). Le squelette le Peyrat 6, également examiné, n'a pas été inclus dans l'échantillon du fait de sa position chrono-culturelle douteuse (Cleyet-Merle 1988 ; Drucker 2001).

[2] En tout, les demandes d'examens portaient sur 170 fossiles environ, celles non concrétisées concernent principalement des squelettes mésolithiques.

Pays	Site	Départ. ou région	Année(s) découverte	Inventeur(s)	Références découverte	n	Période	Culture	Références période / culture	Datation	Laboratoire	Références datation
France	Auneau	Eure-et-Loir	1986	Villes, Verjux et Hamon	(Dubois et Verjux 1994)	1	Méso.	Méso. final	(Verjux 1999)	6 650 ± 90 BP[1]	Ly 4731	(Dubois et Verjux 1994 ; Verjux 1999)
France	Chancelade	Dordogne	1888	Hardy	(Hardy 1891)	1	Pal. sup.	Magd.	(de Sonneville-Bordes 1959)			
France	La Chaussée-Tirancourt	Somme	1990-1991	Ducrocq	(Valentin 1995 ; Ducrocq *et al.* 1996)	1	Méso.		(Ducrocq *et al.* 1996)	9 020 ± 100 BP[1]	Gif A 92523	(Valentin 1995)
France	Les Closeaux	Hauts-de-Seine	1996	Coupain, Valentin et Lang	(Lang *et al.* 1997)	1	Méso.		(Lang *et al.* 1997)			
France	Cro-Magnon	Dordogne	1868	Lartet	(Lartet 1868)	3[2]	Pal. sup.	Gravettien	(Henry-Gambier 2002)	27 780 ± 270 BP	Beta 157439	(Henry-Gambier 2002)
France	Lafaye	Tarn-et-Garonne	1863	Brun	(Brun 1865)	1	Pal. sup.	Magd. moyen	(Ladier et Welté 1991)	15 290 ± 150 BP[1]	Gif A 95047	(Gambier *et al.* 2000)
France	Laugerie-Basse	Dordogne	1872	Massénat	(Massénat *et al.* 1872)	1	Pal. sup.	Magd. moyen	(de Sonneville-Bordes 1960 ; Roussot 1986)	15 660 ± 130 BP[1]	Gif A 94204	(Gambier *et al.* 2000)
France	Pataud	Dordogne	1958 - 1963	Movius Jr	(Movius Jr et Vallois 1959)	3[2]	Pal. sup.	Proto Magd. - Gravettien final	(Movius Jr 1977)	22 000 ± 600 à 21 980 ± 250 BP	OxA 162 / GrN 1876	(Movius Jr 1977)
France	Saint-Germain-la-Rivière	Gironde	1934	Blanchard	(Blanchard 1935)	1	Pal. sup.	Magd. moyen	(Lenoir 1983)	15 780 ± 200 BP[1]	Gif A 95456	(Gambier *et al.* 2000)
France	Téviec	Morbilhan	1928-1929	Péquart et Péquart	(Péquart et Péquart 1928, 1929)	1	Méso.		(Péquart et Péquart 1928, 1929)	6 740 ± 60 à 5 680 ± 50 BP[1,3]	OxA-6665 / OxA-6662	(Schulting et Richards 2001)
France	La Vergne	Charente-Maritime	1995	Robin	(Courtaud *et al.* 1999)	4	Méso.	Méso. ancien-moyen	(Courtaud *et al.* 1999)			
Grande Bretagne	Gough's cave	Somerset	1903 / 1935	Seligman et Parsons	(Stringer 2000)	1	Méso.		(Stringer 2000)	9 080± 150 et 9 100 ± 100 BP[1]	BM-525 / OxA-814	(Stringer 2000)
Grande Bretagne	Paviland (Goat's hole cave)	South walls	1823	Buckland	(Swainston et Brookes 2000)	1	Pal. sup.	Gravettien	(Swainston 2000)	26 350 ± 350 et 25 840 ± 280 BP[1]	OxA 1815 / OxA 8025	(Pettitt 2000)
Italie	Arene Candide	Ligurie	1940 - 1942 / 1970 - 1971	Cardini et Bèrnabo Brea	(Cardini 1946)	5[2]	Pal. sup.	Epigrav. final	(Bietti 1987)	10 735 ± 55 à 9 925 ± 50 BP[1]	OxA 10999 / OxA 11003	(Formicola *et al.* 2005)

Pays	Site	Départ. ou région	Année(s) découverte	Inventeur(s)	Références découverte	n	Période	Culture	Références période / culture	Datation	Laboratoire	Références datation
Italie	Baousso da Torre	Ligurie	1873	Rivière	(Rivière 1887)	1	Pal. sup.	Gravettien	(Mussi 2001)			
	Barma Grande	Ligurie	1894	Abbo	(Verneau 1899)	2	Pal. sup.	Gravettien	(Mussi 2001)	24 800 ± 800 BP[1]	OxA 10093	(Formicola *et al.* 2004)
	Continenza	Abruzzes	1993	Griffoni Cremonesi	(Grifoni Cremonesi *et al.* 1995)	1	Pal. sup.	Epigrav. final	(Grifoni Cremonesi *et al.* 1995)	8065 / 7957 BC[4]	ANSTO OZD410	(Grifoni Cremonesi 2003)
	Grotte des Enfants	Ligurie	1901	de Villeneuve	(de Villeneuve 1906)	2	Pal. sup.	Gravettien	(Palma di Cesnola 1976 ; Mussi 2001)			
	Grotte des Enfants	Ligurie	1901	de Villeneuve	(de Villeneuve 1906)	1	Pal. sup.	Epigrav. final	(Palma di Cesnola 1976 ; Mussi 2001)			
	Maritza	Abruzzes	1960-1962	Radmilli	(Grifoni et Radmilli 1964)	1	Pal. sup.	Epigrav. final	(Grifoni et Radmilli 1964)			
	Molara	Sicile	1975	Mannino	(Mannino 1975)	1	Méso.		(Tusa 1976-1977)	8 600 ± 100 BP[1]	OxA-534	(Gowlett *et al.* 1987)
	Oriente (Favignana)	Sicile	1972	Mannino	R. Di Salvo com. pers.	1	Méso.		En cours d'étude	8159 ± 37 BP		M. A. Mannino, com. pers
	Ostuni	Pouilles	1991	Coppola	(Coppola 1992)	1	Pal. sup.	Gravettien	(Coppola et Vacca 1995)	24 410 ± 320 BP	Gif 9247	(Coppola et Vacca 1995)
	Paglicci	Pouilles	1988-89	Palma di Cesnola et Mezzena	(Mezzena et Palma di Cesnola 1989-1990)	1	Pal. sup.	Gravettien	(Mezzena et Palma di Cesnola 1989-1990)	23 470 ± 370 BP	F 57	(Mezzena et Palma di Cesnola 1989-1990)
	Romanelli	Pouilles	1904	Stasi	(Stasi et Regalia 1904)	1	Pal. sup.	Epigrav. - Romanellien	(Bietti 2003)	10 640 ± 100 à 9 790 ± 80 BP	GrN- 2055 / GrN 2154	(Fabbri 1987 ; Bietti 2003)
	Romito	Calabre	1961 - 1965 / 2001 - 2002	Graziosi / Martini	(Martini *et al.* 2004)	6	Pal. sup.	Epigrav. final	(Martini *et al.* 2004)	13 120 ± 220 BP à 11 060 ± 100 BP	Beta 168524 / Beta 160295	(Martini *et al.* 2004)
	San Téodoro	Sicile	1937-1942	Graziosi	(Graziosi et Maviglia 1946 ; Graziosi 1947)	4	Pal. sup.	Epigrav. final	(Graziosi et Maviglia 1946 ; Graziosi 1947)			
	Tagliente	Venetie	1973	Broglio et Leonardi	(Bartolomei *et al.* 1974)	1	Pal. sup.	Epigrav. final	(Bartolomei *et al.* 1974)	13 430 ± 180 à 12 040 ± 170 BP	R-605a / R-371	(Alessio *et al.* 1970 ; Broglio 1995)
	Uzzo	Sicile	1975 - 1983	Piperno	(Borgognini Tarli 1980 ; Borgognini Tarli *et al.* 1993)	10	Méso.		(Borgognini Tarli 1980 ; Borgognini Tarli *et al.* 1993)			

Pays	Site	Départ. ou région	Année(s) découverte	Inventeur(s)	Références découverte	n	Période	Culture	Références période / culture	Datation	Laboratoire	Références datation
Italie	Vado all' Arancio	Toscane	1969	Minellono et Puccinelli	(Minellono *et al.* 1980)	1	Pal. sup.	Epigrav. final	(Minellono *et al.* 1980)	11 330 ± 50 et 11 600 ± 130 BP	R-1333 et LY-3415	(Minellono 1987)
	Vatte di Zambana	Trento	1968	Broglio, Bortolomei et Leonardi	(Corrain *et al.* 1976)	1	Méso.	Sauvetterien	(Broglio 1973)	8 000 ±110 BP et 7 740 ±150 BP	R-491	(Alessio *et al.* 1969)
	Veneri Parabita	Pouilles	1968	Cremonensi	(Cremonesi *et al.* 1972)	2	Pal. sup.	Gravettien	(Cremonesi *et al.* 1972 ; Mussi 1986)			
	Villabruna	Venetie	1988	Broglio et Villabruna	(Broglio 1995)	1	Pal. sup.	Epigrav. final	(Aimar *et al.* 1994 ; Broglio 1995)	12 140 ± 70 BP[1]	KIA 27004	(Alciati et Formicola 2005)
Luxembourg	Loschbour	Gutland	1935	Thill	(Gob 1982)	1	Méso.	Montbanien	(Gob 1982)	7 115 ± 45 BP	GrN 7177	(Gob 1982)
Suisse	Bichon	Canton de Neuchâtel	1956 / 1991-1992	Gigon et Gallay / Morel	(Sauter 1956 ; Morel 1993)	1	Pal. sup.	Azilien	(Morel 1993)	11 610 ± 110 et 11 760± 110 BP[1]	ETH-8774 / ETH-8773	(Morel 1993)
	Birsmatten Basisgrotte	Bâle	1944	Lüdin	(Sedlmeier et Kaufmann 1996)	1	Méso.		(Sedlmeier et Kaufmann 1996)	6290 ± 80 BP[1]	OxA-2238	(Sedlmeier et Kaufmann 1996)
République tchèque	Dolní Věstonice I	Moravie	1949	Klíma	(Sládek *et al.* 2000)	1	Pal. sup.	Gravettien - Pavlovien	(Svoboda 2006)	de 29 300 ± 750 à 22 250 ± 570 BP	GrN 18187 / Ly 1303	(Jelínek et Orvanová 1999 ; Svoboda 2006)
	Dolní Věstonice II	Moravie	1986 - 1987	Klíma et Svoboda	(Sládek *et al.* 2000)	3	Pal. sup.	Gravettien - Pavlovien	(Svoboda 2006)	de 26 640 ± 110 à 24 000 ± 900 BP	GrN 14831 / ISGS 1616	(Svoboda 2006)
	Pavlov I	Moravie	1957	Klíma	(Sládek *et al.* 2000)	1	Pal. sup.	Gravettien - Pavlovien évolué	(Svoboda 2006)	26 170 ± 450 BP	GrN 20391	(Svoboda 2006)
	Staré Město	Moravie	1949	Hrubý	(Jelínek 1986)	1	Pal. sup.	Epipal.	(Jelínek 1986)			
Russie	Sunghir	Region de Vladimir	1954	Bader	(Bader et Bader 2000)	1	Pal. sup.	Gravettien	(Bader et Bader 2000)	22 930 ± 200 BP[1]	OxA 9036	(Sulerzhitski *et al.* 2000)

Pays	Site	Départ. ou région	Année(s) découverte	Inventeur(s)	Références découverte	n	Période	Culture	Références période / culture	Datation	Laboratoire	Références datation
Ukraine	Fatma Koba	Crimée	1927	Trusova et Bibikov	(Klein *et al.* 1971)	1	Méso.	Méso. - Tardenoisien	(Debetz 1936)			
	Murzak Koba	Crimée	1936	Bibikov et Žirov	(Klein *et al.* 1971)	2	Méso.	Méso. - Tardenoisien	(Žirov 1940)			
	Vasilyevka II	Region de Dniepr	1953	Stolyar	(Gokhman 1966 ; Jacobs 1993)	9	Méso.	Méso. récent	(Jacobs 1993 ; Telegin *et al.* 2002)	de 8 020 ± 90 à 7 620 ± 80 BP[1]	OxA 3806 / OxA 3805	(Jacobs 1993 ; Telegin *et al.* 2002)
	Vasilyevka III	Region de Dniepr	1953 ?[5]	Danilenko	(Gokhman 1966 ; Jacobs 1993)	9	Pal. sup.	Epipal.	(Jacobs 1993 ; Lillie *et al.* 2003)	de 10 080 ± 100 à 9 980 ±100 BP[1]	OxA 3809 / OxA 3807	(Jacobs 1993 ; Lillie *et al.* 2003)

Tableau 58. Présentation des sites.

Les cultures ne sont pas précisées par les auteurs pour certains sites mésolithiques. Pal. sup. : Paléolithique supérieur ; Magd. : Magdalénien ; Méso : Mésolithique ; Epigrav. : Epigravettien ; Epipal. : Epipaléolithique. [1] : datation directe des vestiges humains. [2] : voir paragraphe 2. [3] : pas pour le sujet étudié. [4] : datation directe des vestiges humains (?), voir Grifoni Cremonensi 2003. [5] : M. C. Lillie com. pers.

et de Grande Bretagne (tableau 57). Ils se placent chronologiquement entre 28 et 20 000 BP environ (tableaux 57 et 58).

- Le groupe des cultures de la fin du Paléolithique supérieur (CFPS) : ce groupe, plus hétérogène que le précédent d'un point de vu culturel, comprend les individus datés des 5 - 6 derniers millénaires du Paléolithique supérieur, entre 16 et 10 000 BP environ (tableau 58 et 59). Ils proviennent essentiellement de France (Magdalénien moyen), d'Italie (Epigravettien final) et d'Ukraine (Epipaléolithique) (tableau 59). Il m'a semblé préférable de rattacher les 4 sujets magdaléniens à ce groupe CFPS malgré l'écart chronologique important entre ces individus et les autres sujets.

Pays	Squelettes étudiés	n
Italie	Arene Candide[1] A, B, C, D et 10 ; Continenza 7 ; Grotte des Enfants 3 ; Maritza 2 ; Romanelli 1 ; Romito 3, 4, 5, 6, 7 et 8 ; San Téodoro 1, 3, 4 et 5 ; Tagliente 2 ; Vado all'Arancio 1 ; Villabruna 1	22
France	St-Germain-la-Rivière 4 ; Lafaye 12 ; Chancelade 1 ; Laugerie-Basse 4 ;	4
République tchèque	Staré Město 1	1
Suisse	Bichon	1
Ukraine	Vasilyevka III 10 (6462-06), 12 (6462-08), 13 (6462-09), 22 (6462-13), 28 (6462-19), 35 (6462-23), 36 (6462-24), 37 (6462-25) et 38 (6462-26)	9
Total		**37**

Tableau 59. Groupe des cultures de la fin du Paléolithique supérieur (CFPS).
[1] Voir paragraphe 2 ; [2] ex-Bruniquel 24 (Oakley et al. 1971(eds)).

- Le groupe mésolithique (MESO). Les vestiges, datés entre 9 et 6 600 BP environ, proviennent également d'Italie, de France et d'Ukraine, mais aussi du Luxembourg, de Suisse et de Grande Bretagne (tableau 60)

Pays	Squelettes étudiés	n
Italie	Oriente B ; Molara 2 ; Uzzo 1A, 1B, 2, 4A, 4B, 5, 7, 8, 10 et 11 ; Vatte di Zambana 1	13
France	Auneau 3 ; La Chaussée-Tirancourt ; Les Closeaux 1; La Vergne* ST03, ST07 (2), ST10 (inf) et ST11 (1) ; Téviec 6	8
Grande Bretagne	Gough's Cave 1	1
Luxembourg	Loschbour	1
Suisse	Birsmatten Basisgrotte	1

Pays	Squelettes étudiés	n
Ukraine	Fatma Koba ; Murzak Koba 1 et 2 ; Vasilyevka II 08 (6285-02), 11 (6285-05), 12 (6285-06), 14 (6285-07), 18 (6285-11), 21 (6285-21), 24 (6285-17), 25 (6285-18) et 27 (6285-19)	12
Total		*36*

Tableau 60. Groupe mésolithique (MESO).
** Dénomination provisoire.*

Outre l'observation de l'aspect des enthèses sur le squelette, j'ai également entrepris un examen complet des squelettes et ossements originaux. Je ne présenterai dans ce qui suit que les aspects qui constituaient un préalable nécessaire à l'analyse des enthèses :

- l'individualisation des sujets au sein d'assemblages osseux,
- les nouvelles estimations du sexe et de l'âge au décès,
- les aspects spécifiques à l'étude des enthésopathies, avec une présentation des cas pathologiques et des difficultés d'application de la méthode.

2. Individualisation des sujets au sein d'un assemblage osseux

Pour diverses raisons (conditions de gisement, fouilles rapides, mélanges post-fouilles) la répartition des os par individu a été reconsidérée pour trois sites du Paléolithique supérieur : Arene Candide et les abris Pataud et Cro-Magnon. La répartition que je propose est fondée sur :

- les liaisons par symétrie et par contiguïté articulaire,
- la reconnaissance de différences de format,
- l'aspect des surfaces osseuses (patine, concrétion),
- l'identification d'atteintes osseuses généralisées (lésions dégénératives ou maladie systémique),
- la localisation spatiale des os.

Ce travail a permis de reconnaître quatre adultes pour le site d'Arene Candide et trois sujets adultes à l'abri Pataud ainsi qu'à Cro-Magnon. Pour distinguer les nouvelles attributions des précédentes (qui étaient numérotées) et ne pas rajouter plus de confusion qu'il n'en existe déjà (voir p. ex. : Formicola 2005), les différents sujets ont été repérés par des lettres. Les regroupements proposés correspondent à la répartition la plus probable en l'état actuel des recherches. Ils ne concernent que les os longs des membres et les os des ceintures scapulaire et pelvienne.

2.1. Abri Cro-Magnon (Dordogne)

L'étude princeps (Broca 1868) faisait état d'au moins 4 individus adultes (CM 1, 2, 3, 4) identifiés en premier lieu à partir des crânes conservés. Une révision proposée par H. V. Vallois et G. Billy (1965) intégrait également les os coxaux dans la distinction d'un homme adulte (Cro-Magnon 1 dit « le vieillard ») et d'une femme adulte (Cro-Magnon 2) plus gracile, Cro-Magnon 3 et 4 restant quant à eux assez mal définis. La révision la plus récente a confirmé un NMI de 4 adultes à partir des os coxaux (Henry-Gambier *et al.* 2007). Cette dernière étude a montré la nécessité de reconsidérer l'assemblage osseux. Elle illustre notamment la mauvaise reconstitution du bassin de Cro-Magnon 1, constitué de deux os coxaux masculins et d'un sacrum féminin.

Etant donné les conditions de découverte et l'absence d'observation sur l'éventuelle existence de connexions anatomiques (Henry-Gambier 2002 ; Henry-Gambier *et al.* 2007), la répartition des os par individu ne peut s'appuyer que sur les ossements mais ceux-ci sont fragmentaires. Le squelette du quatrième sujet est très partiel, aussi la répartition que je propose ne concerne que trois des adultes : Cro-Magnon A, B et C.

Cro-Magnon A

Les os longs et les os coxaux associés à Cro-Magnon A sont très robustes et présentent les traces du processus dégénératif associé à la sénescence. Des concrétions calcaires sont observables à leur surface. Ils correspondent à la majorité des os attribués initialement à Cro-Magnon 1 (tableau 61). Pour des raisons taphonomiques, aucune cotation n'a pu être effectuée avec le système 1 pour ce squelette : il a donc été retiré de l'échantillon.

Os	N° inventaire	Ancienne attribution (Vallois et Billy 1965)
Ulna gauche	4299	Cro-Magnon 1
Os coxaux gauche et droit	4314	Cro-Magnon 1*
Fémur droit	4327	Cro-Magnon 1
Fémur gauche	4325	Cro-Magnon 1
Tibia droit	4332	Cro-Magnon 1
Tibia gauche	4331	Non attribué

Tableau 61. Ossements attribués à Cro-Magnon A.
* Egalement attribués à Cro-Magnon 1 par D. Henry-Gambier et collaborateurs (2007).

Cro-Magnon B

L'humérus et l'ulna initialement attribués à Cro-Magnon 2 ont été associés à Cro-Magnon B (tableau 62). Ils sont « graciles » et ne présentent pas de lésions arthrosiques.

Os	N° inventaire	Ancienne attribution (Vallois et Billy 1965)
Humérus gauche	4293	Cro-Magnon 2
Ulna gauche	4301	Cro-Magnon 2

Tableau 62. Ossements attribués à Cro-Magnon B.

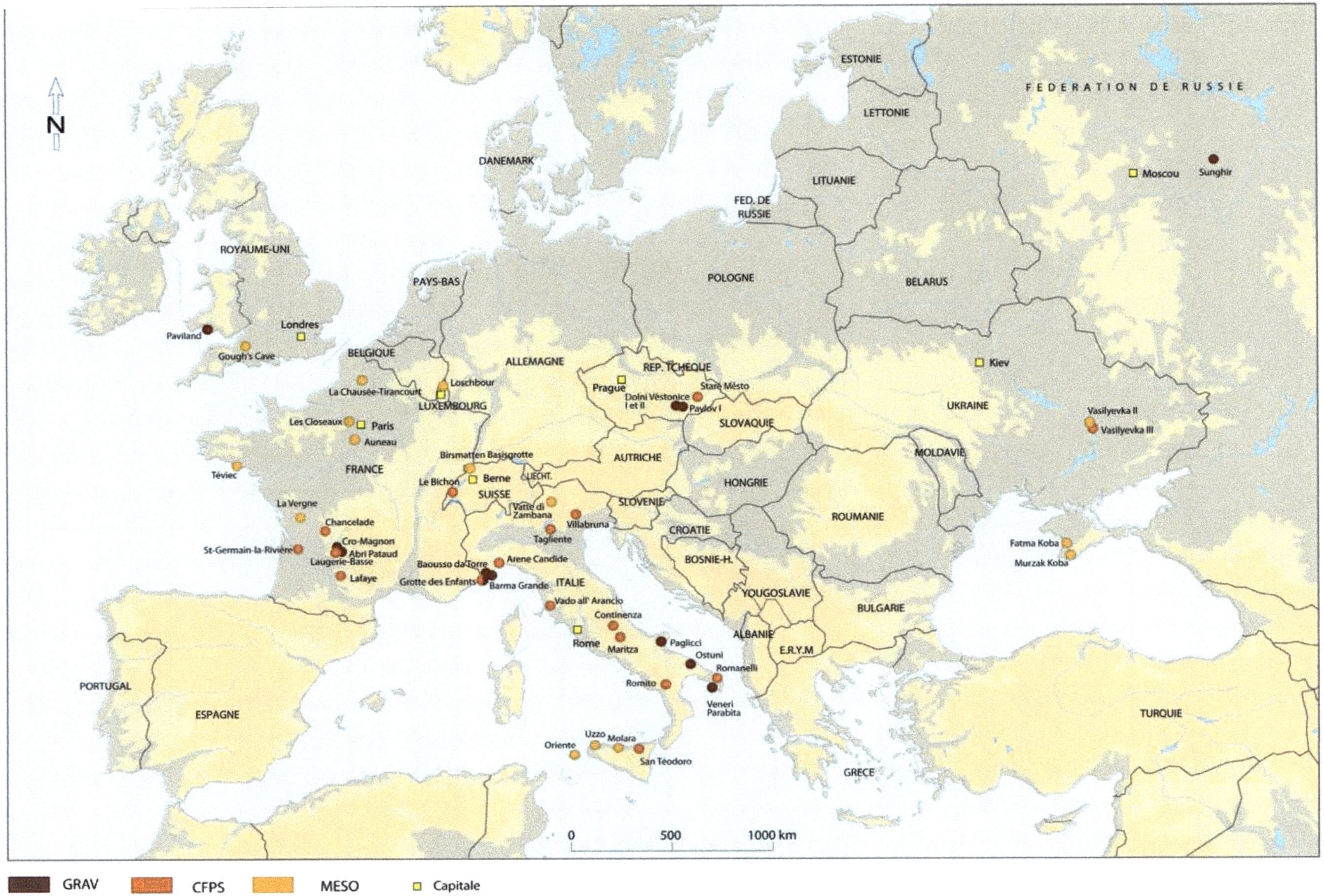

Figure 52. Localisation des sites préhistoriques.
Grav : gravettien ; CFPS : cultures de la fin du Paléolithique supérieur ; MESO : mésolithique.

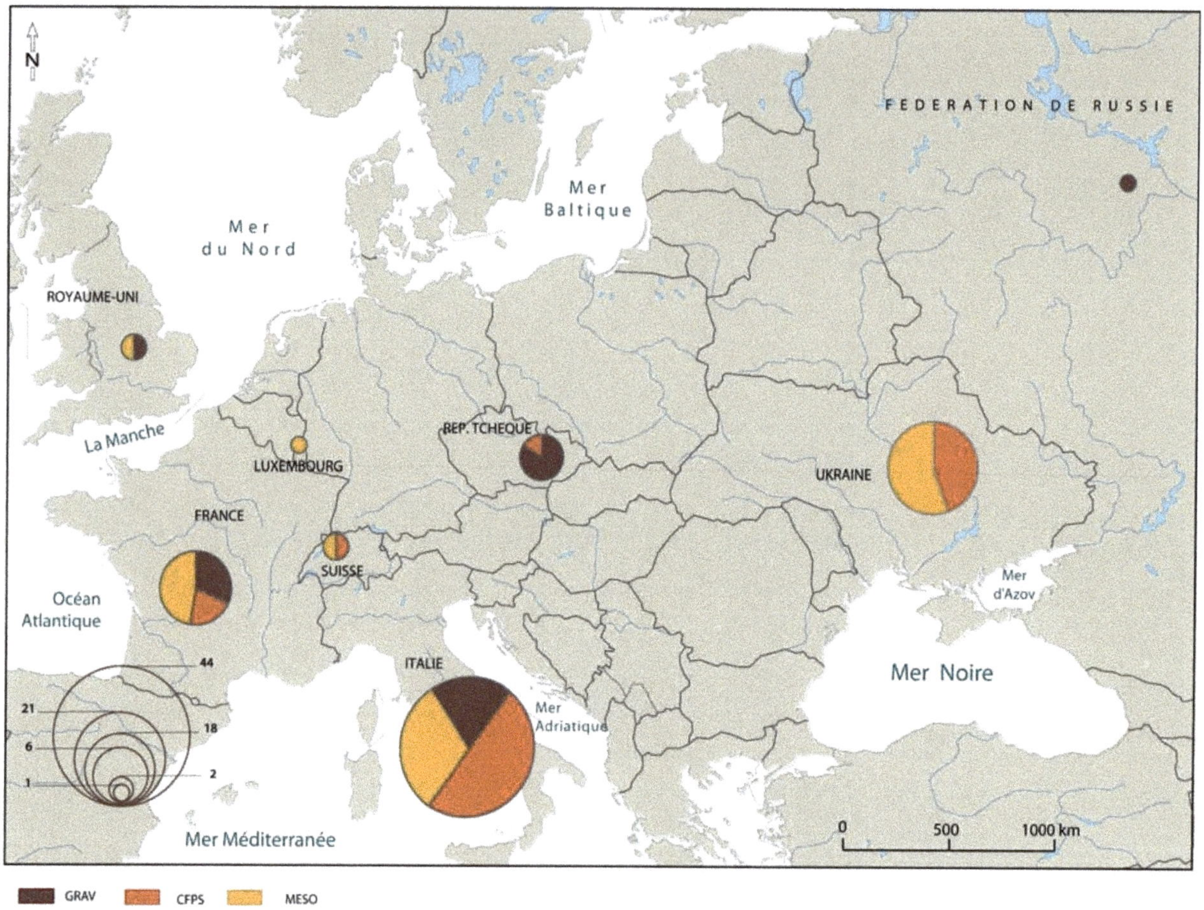

Figure 53. Effectif suivant la localisation géographique et le groupe chrono-culturel.
Grav : gravettien ; CFPS : cultures de la fin du Paléolithique supérieur ; MESO : mésolithique.

Cro-Magnon C

Les dimensions des os long situent cet individu entre les sujets A et B en terme de robustesse. Les os présentent les traces du processus dégénératif associé à la sénescence. Cro-Magnon C comprend des ossements initialement attribués aux individus 2 et 3 (tableau 63).

Os	N° inventaire	Ancienne attribution (Vallois et Billy 1965)
Humérus droit	4294	Cro-Magnon 3
Humérus gauche	4295	Cro-Magnon 3
Ulna droit	4300	Cro-Magnon 3
Ulna gauche	4302 et 4298	Cro-Magnon 2 et 3
Radius gauche	4303	Cro-Magnon 2
Tibia droit	4333	Cro-Magnon 2
Tibia gauche	4330	Cro-Magnon 3

Tableau 63. Ossements attribués à Cro-Magnon C.

2.2. L'abri Pataud (Dordogne)

Les fouilles H. L. Movius Jr (1977) du niveau 2 du Gravettien final (Proto-Magdalénien) de l'abri Pataud ont livré les os d'au moins trois adultes répartis sur 14 m^2. Les attributions confirment en l'état actuel les regroupements initiaux[3] fondés sur la seule analyse morphométrique (Billy 1975). Ici, elles intègrent notamment la localisation des ossements et les connexions anatomiques connues à partir des archives de fouilles (Nespoulet *et al.* 2008 ; Henry-Gambier *et al.* étude en cours).

Abri Pataud A

Les vestiges de cet individu (tableau 64) se situaient dans les carrés G VI et VII (Nespoulet *et al.* 2008). Le regroupement est fondé sur la position et l'aspect des ossements.

Os	N° inventaire
Clavicule droite	1513
Humérus gauche	1519
Os coxal gauche	3

Tableau 64. Ossements attribués à Abri Pataud A.

Abri Pataud B

Cet individu provient du carré FII (Nespoulet *et al.* 2008).

[3] G. Billy (1975) ne propose pas de dénomination pour les sujets et le *Catalogue of fossil hominids* (Oakley *et al.* 1971(eds)) désigne les individus par des numéros sans tenir compte des appariements. J'ai donc choisi de distinguer les adultes par des lettres.

Il est représenté par les os des membres supérieurs (tableau 65) en connexion anatomique (complexe 22).

Os
Clavicule droite
Clavicule gauche
Scapula droite
Humérus droit
Humérus gauche
Ulna gauche
Radius gauche

Tableau 65. Ossements attribués à Abri Pataud B.

Abri Pataud C

Les os longs de cet individu (tableau 66) ont été découverts épars dans la bande II (Nespoulet *et al.* 2008). Leur regroupement est fondé sur la pertinence des restitutions articulaires. Ils apparaissent plus robustes que ceux du sujet B.

Os	N° inventaire
Humérus gauche	1. G.
Radius gauche	7. G.
Ulna gauche	7. G.

Tableau 66. Ossements attribués à Abri Pataud C.

2.3. Arene Candide (Ligurie)

Ce site a livré une vingtaine d'individus répartis dans plusieurs tombes assez bien conservées ou constituant des assemblages osseux sans connexion anatomique (Cardini 1980 ; Paoli *et al.* 1980). Ces assemblages (I, III, IV XII, XIII et XIV) ont été interprétés comme des ensembles d'ossements qui semblent, au moins en partie, le résultat de déplacements volontaires entrepris afin de libérer l'espace pour de nouvelles inhumations (Cardini 1980 ; Henry-Gambier 2001).

4 sujets adultes (Arene Candide A, B, C et D) ont pu être distingués parmi les ossements des assemblages I, III, IV, XII, XIII et XIV (tableaux 67-70). Les regroupements que je propose semblent très similaires à ceux de G. Paoli et collaborateurs (1980). Cependant, en l'absence de numéros pour la plupart des os, il est difficile de comparer avec précision les deux études, en particulier pour les sujets A et B.

Arene Candide A

Os	N°	assemblage
Humérus gauche	18	III
Ulna droit	35	III
Ulna gauche	26	III
Radius droit		III
os coxal droit	6	III
os coxal gauche		IV
Fémur gauche		IV
Tibia gauche	10	III
Fibula droite	13	III
Fibula gauche	12	III

Tableau 67. Ossements attribués à Arene Candide A.

Les os attribués à Arene Candide A (individu 3 de Paoli *et al.* 1980), sont présentés dans le tableau 67. Cet individu se caractérise par des os longs de petites dimensions et courbes. Ils constituaient une partie des assemblages III et IV. L'assemblage IV contenait 2 os coxaux gauches non numérotés, il s'agit ici de celui de plus petite dimension.

Arene Candide B

Os	N°	assemblage
Humérus droit	9	III
Humérus gauche	19	III
Ulna droit	35	III
Ulna gauche	26	III
Radius droit	17	III
Radius gauche		IV
Os coxal droit	8	III
os coxal gauche		IV
Fémur droit		IV
Fémur gauche	11	III
Tibia droit	3	III
Tibia gauche		IV

Tableau 68. Ossements attribués à Arene Candide B.

Les os de ce sujet (individu 4 de Paoli *et al.* 1980) ont des dimensions plus importantes que ceux d'Arene Candide A. Ils ne présentent pas de courbure diaphysaire « anormale ». Ces os constituaient une partie des assemblages III et IV (tableau 68). L'assemblage IV contenait 2 os coxaux gauches non numérotés, il s'agit ici de l'os aux dimensions les plus importantes.

Arene Candide C

Os
Humérus droit
Humérus gauche
Ulna droit
Ulna gauche
Radius gauche
Os coxal droit
Fémur droit
Fémur gauche

Tableau 69. Ossements attribués à Arene Candide C.

Tous les os de ce sujet (individu 12 de Paoli *et al.* 1980) proviennent de l'assemblage XII (tableau 69). Les os longs sont de grandes dimensions et certains présentent des lésions dégénératives.

Arene Candide D

Os
Clavicule droite
Clavicule gauche
Scapula gauche
Humérus gauche

Tableau 70. Ossements attribués à Arene Candide D.

Ce sujet (individu 14 de Paoli *et al.* 1980) est issu de l'assemblage XIV (tableau 70). Ses ossements se distinguent nettement des os des autres assemblages par leur couleur (plus claire) et leur faible densité.

3. Détermination du sexe

3.1. Remarques préliminaires

La détermination du sexe des sujets du Paléolithique supérieur et du Mésolithique repose le plus souvent sur la robustesse du bloc crânio-facial et des os longs. Nous connaissons actuellement les écueils de cette démarche : les critères utilisés n'ont pas de valeur universelle. Les méthodes de détermination du sexe à partir d'éléments extra-pelviens fondées sur des échantillons de populations actuelles ne peuvent être appliquées aux squelettes préhistoriques. D'une part, ces méthodes ont une piètre réussite en dehors des populations qui ont servi à leur élaboration (Brůžek *et al.* 2005). D'autre part, les squelettes du Mésolithique et du Paléolithique supérieur sont plus « robustes » et ces méthodes ont tendance à « masculiniser » les femmes (Brůžek *et al.* 2004) Certaines déterminations anciennes ont été effectuées d'après la morphologie pelvienne, mais avec des méthodes dont la fiabilité n'est pas attestée. Cette situation m'a conduit à entreprendre pour la majorité des spécimens une nouvelle diagnose tenant compte du changement de paradigme dans ce domaine.

Le dimorphisme sexuel pelvien s'exprime par des variations de forme dues aux contraintes fonctionnelles liées à la locomotion bipède et à la reproduction (gestation et parturition) (Brůžek *et al.* 2005). Il est commun à toutes les populations d'*Homo sapiens sapiens,* contrairement au dimorphisme extra-coxal qui se manifeste principalement par des différences de format plus ou moins marquées suivant les populations (Brůžek *et al.* 2005). La morphologie du bassin, et plus précisément celle des os coxaux (le sacrum est trop souvent fragmentaire), est donc actuellement le meilleur indicateur osseux pour attribuer un sexe à un squelette d'*Homo sapiens sapiens* adulte, quelle que soit la période considérée. Deux méthodes de détermination du sexe à partir de l'os coxal, l'une morphoscopique (Brůžek 2002), l'autre morphométrique (Murail *et al.* 2005), déjà employées pour des fossiles du Paléolithique supérieur (Henry-Gambier *et al.* 2002 ; Brůžek *et al.* 2006 ; Henry-Gambier *et al.* 2007), ont été appliquées à l'échantillon.

Comme dans beaucoup de séries archéologiques, l'os coxal des squelettes du Paléolithique supérieur et du Mésolithique est souvent mal conservé, voire absent. Le problème récurrent de la mauvaise conservation de cet os a conduit certains auteurs à proposer une détermination du sexe en deux temps, l'objectif étant d'augmenter le nombre d'individu « sexés »[4] avec une fiabilité élevée de diagnose (Murail *et al.* 1999). La première étape, la diagnose sexuelle primaire, est effectuée à partir de l'os coxal (voir *supra*). Dans la diagnose secondaire, les mesures extra-pelviennes des individus de sexe indéterminé sont comparées, au moyen d'une analyse discriminante probabiliste, à celles des sujets sexés en première étape, le dimorphisme sexuel extra-pelvien de ces derniers étant considéré comme représentatif du dimorphisme sexuel de l'ensemble de l'échantillon.

3.2. Diagnose sexuelle primaire

3.2.1. Réalisation

La première méthode, morphoscopique, s'intéresse à 5 caractères de l'os coxal (Brůžek 2002) ; la seconde, probabiliste, met en jeu des combinaisons de dimensions coxales (Murail *et al.* 2005). Ces deux méthodes ont été mises au point sur de vastes échantillons d'individus de sexe connu. Leur fiabilité, testée sur des groupes de référence différents de ceux utilisés pour leur élaboration, est très élevée. L'approche morphoscopique conduit à une détermination correcte dans 95 % des cas (Brůžek 2002), l'approche morphométrique à une détermination correcte dans près de 100% des cas (Murail *et al.* 2005).

3.2.2. Résultats

Les résultats individuels obtenus avec les deux méthodes sont présentés, par groupe chrono-culturel, dans les tableaux 71 à 73. Ils réunissent les nouvelles diagnoses et les résultats déjà publiés pour des fossiles du Paléolithique supérieur (Henry-Gambier *et al.* 2002 ; Brůžek *et al.* 2006 ; Henry-Gambier *et al.* 2007).

52%[5] des individus ont pu être sexés lors de cette diagnose primaire : 27 hommes et 22 femmes. Aucune différence d'attribution de sexe suivant le côté n'a été rencontrée.

[4] J'ai choisi d'utiliser ce néologisme, proposé par J. Brůžek et collaborateurs (2005), afin d'alléger le texte.

[5] Calculé pour un total de 94 individus, Cro-Magnon A ayant été retiré de l'échantillon (2.1.).

Squelette	Méthode morphologique	Méthode morphométrique	Diagnose sexuelle primaire
Baousso da Torre 2	Ind[1]	M[1]	M
Barma Grande 5	—	—	I
Barma Grande 6	—	—	I
Cro-Magnon B	—	—	I
Cro-Magnon C	—	—	I
Dolní Věstonice 3	Ind[3]	Ind[3]	I
Dolní Věstonice 13	M[3]	M[3]	M
Dolní Věstonice 15	M[3]	M[3]	M
Dolní Věstonice 16	Ind[3]	M[3]	M
Grotte des Enfants 4	M[1]	M[1]	M
Grotte des Enfants 5	F[1]	F[1]	F
Ostuni 1	F	—[4]	F
Paglicci 25	F	F	F
Abri Pataud A	F	F	F
Abri Pataud B	—	—	I
Abri Pataud C	—	—	I
Paviland 1	M	Ind	M
Pavlov 1	—	—	I
Sunghir 1	Ind	M	M
Veneri Parabita 1	M	M	M
Veneri Parabita 2	F	Ind	F

Tableau 71. GRAV : résultats de la diagnose sexuelle primaire.
— : méthode non applicable ; Ind : dimorphisme sexuel trop faible ;
[1] Henry-Gambier et al. inédit ; [2] Henry-Gambier et al., 2007 ;
[3] Brůžek et al. 2006 ; [4] pas d'autorisation pour effectuer des mesures.

Squelette	Méthode morphologique	Méthode morphométrique	Diagnose sexuelle primaire
Arene Candide 10	—	—	I
Arene Candide A	Ind	M	M
Arene Candide B	M	M	M
Arene Candide C	M	M	M
Arene Candide D	—	—	I
Bichon	M	M	M
Chancelade 1	—	—	I
Continenza 7	—	M	M
Grotte des Enfants 3	F[1]	F[1]	F
Lafaye 1	F[1]	F[1]	F
Laugerie-Basse 4	M[1]	M[1]	M
Maritza 2	—	—	I
Romanelli 1	M	M	M
Romito 3	M	—	M
Romito 4	Ind	Ind	I
Romito 5	—	—	I
Romito 6	—	F	F
Romito 7	—	M	M
Romito 8	—	—	I
St-Germain-la-Rivière 4	F[2]	F[2]	F
San Téodoro 1	F	Ind	F
San Téodoro 3	—	—	I
San Téodoro 4	F	F	F
San Téodoro 5	—	—	I
Staré Město 1	—	—	I
Tagliente 2	M	M	M

Squelette	Méthode morphologique	Méthode morphométrique	Diagnose sexuelle primaire
Vado all' Arancio 1	M	M	M
Vasilyevka III 10 (6462-06)	—	—	I
Vasilyevka III 12 (6462-08)	F	—	F
Vasilyevka III 13 (6462-09)	—	—	I
Vasilyevka III 22 (6462-13)	—	—	I
Vasilyevka III 28 (6462-19)	—	—	I
Vasilyevka III 35 (6462-23)	—	—	I
Vasilyevka III 36 (6462-24)	M	Ind	M
Vasilyevka III 37 (6462-25)	—	—	I
Vasilyevka III 38 (6462-26)	—	—	I
Villabruna 1	M	M	M

Tableau 72. CFPS : résultats de la diagnose sexuelle primaire.
— : méthode non applicable ; Ind : dimorphisme sexuel trop faible ;
[1] Henry-Gambier et al., inédit et [2] Henry-Gambier et al, 2002.

Squelette	Méthode morphologique	Méthode morphométrique	Diagnose sexuelle primaire
Auneau 3	M	M	M
Birsmatten Basisgrotte	—	—	I
La Chaussée-Tirancourt	I	M	M
Les Closeaux 1	F	—	F
Fatma Koba	Ind	M	M
Gough's Cave 1	Ind	M	M
La Vergne ST03	F	—	F
La Vergne ST07 (2)	—	—	I
La Vergne ST10	—	—	I
La Vergne ST11 (1)	—	Ind	I
Loschbour	Ind	Ind	I
Molara 2	—	—	I
Murzak Koba 1	Ind	M	M
Murzak Koba 2	Ind	M	M
Oriente B	F	Ind	F
Téviec 6	F	F	F
Uzzo 1A	Ind	F	F
Uzzo 1B	Ind	F	F
Uzzo 2	Ind	Ind	I
Uzzo 4A	—	—	I
Uzzo 4B	—	—	I
Uzzo 5	Ind	F	F
Uzzo 7	—	—	I
Uzzo 8	—	—	I
Uzzo 10	F	—	F
Uzzo 11	Ind	Ind	I
Vasilyevka II 08 (6285-02)	—	—	I
Vasilyevka II 11 (6285-05)	—	—	I
Vasilyevka II 12 (6285-06)	—	—	I
Vasilyevka II 14 (6285-07)	—	—	I
Vasilyevka II 18 (6285-11)	F	F	F
Vasilyevka II 21 (6285-21)	—	—	I
Vasilyevka II 24 (6285-17)	—	—	I
Vasilyevka II 25 (6285-18)	—	—	I
Vasilyevka II 27 (6285-19)	—	—	I
Vatte di Zambana 1	F	—	F

Tableau 73. MESO : résultats de la diagnose sexuelle primaire.
— : méthode non applicable ; Ind : dimorphisme sexuel trop faible.

Variables	Os	Mesures (Bräuer 1988)
H1	Humérus	Largeur de l'épiphyse distale (M4a)
H2	Humérus	Périmètre minimum de la diaphyse (M7)
H3	Humérus	Diamètre antéro-postérieur, mesuré au niveau de H4
H4	Humérus	Diamètre transversal maximal de la diaphyse au niveau de la tubérosité deltoïdienne
F1	Fémur	Diamètre antéro-postérieur au milieu de la diaphyse (M6)
F2	Fémur	Diamètre transversal au milieu de la diaphyse (M7)
F3	Fémur	Circonférence au milieu de la diaphyse (M8)
F4	Fémur	Diamètre antéro-postérieur sous-trochantérien (M10)
F5	Fémur	Diamètre transversal sous-trochantérien (M9)
F6	Fémur	Circonférence sous-trochantérienne
F7	Fémur	Diamètre vertical de la tête (M18)
F8	Fémur	Largeur de l'épiphyse distale du fémur (M21)
T1	Talus	Longueur maximum (M1a)
T2	Talus	Largeur maximum (M2)

Tableau 74. Dimensions utilisées pour la diagnose sexuelle secondaire.
Bräuer (1988), sauf H3, H4 et F6 : mesures personnelles. Mesures effectuées du côté gauche lorsque cela était possible.

N° AD	Variables	Os	L.W.	n H	n F	HBS	FBS	BS	HMS	FMS	Remarques
1	H1 H2 H3	Hum.	0,57	15	12	20%	17%	19%	0%	0%	
2	H1 H2 H4	Hum.	0,51	15	12	27%	17%	22%	0%	0%	
3	H1 H3 H4	Hum.	0,43	15	12	47%	33%	41%	0%	0%	dans l'AD n°11 et 12
4	F5 F7	Fém.	0,55	15	13	27%	15%	21%	0%	0%	
5	H1 F2 F7	Hum. Fém.	0,38	12	8	50%	50%	50%	0%	0%	
6	H1 F6 F7	Hum. Fém.	0,30	12	7	75%	71%	74%	0%	0%	
7	H2 F1 F2 F3 F4 F5	Hum. Fém.	0,56	20	15	35%	20%	29%	0%	0%	
8	H1 H3 F6	Hum. Fém.	0,55	14	10	21%	20%	21%	0%	0%	dans l'AD n°11 et 12
9	H3 F5	Hum. Fém.	0,62	17	16	12%	19%	15%	0%	0%	dans l'AD n°10 et 12
10	H2 H3 H4 F1 F3 F5	Hum. Fém.	0,55	17	15	29%	13%	22%	0%	0%	redondance de l'AD n°9
11	H1 H3 H4 F2 F3 F6	Hum. Fém.	0,30	14	10	64%	80%	71%	0%	0%	redondance de l'AD n°3 et 8
12	H1 H3 H4 F1 F3 F4 F5 F6	Hum. Fém.	0,28	14	10	71%	80%	75%	0%	0%	redondance de l'AD n°3, 8 et 9

Tableau 75. Analyses discriminantes (AD) retenues.

3.3. Diagnose probabiliste secondaire

3.3.1. Analyses discriminantes

Des analyses discriminantes ont été réalisées à partir de combinaisons de 14 mesures relevées sur l'humérus, le fémur et le talus (tableau 74). Abri Pataud A et Arene Candide A, B et C, sexés dans la première étape mais distingués au sein d'assemblages osseux, n'ont pas été considérés. Au risque d'erreur inhérent aux diagnoses primaire et secondaire (faible mais qui existe) se serait en effet ajouté celui d'une association potentiellement erronée.

Dans la diagnose secondaire, le dimorphisme sexuel des sujets sexés dans la première étape (soit ici 45 individus[6]) est considéré comme représentatif du dimorphisme sexuel au sein de l'échantillon total (Murail *et al.* 1999). Or, l'échantillon paléolithique et mésolithique est hétérogène si l'on considère son extension temporelle et sa dispersion géographique. Il est impossible d'exclure l'existence de variations du dimorphisme sexuel extra-coxal des populations d'origine. Ainsi, le dimorphisme sexuel des mésolithiques serait faible comparativement à celui des paléolithiques (Borgognini Tarli et Repetto 1986a, 1986b). Afin de minimiser l'effet de cette hétérogénéité, la fiabilité de la détermination a été privilégiée par rapport au nombre d'individus sexés. Ce choix est possible grâce à la très grande liberté offerte à l'utilisateur lors d'une diagnose sexuelle probabiliste secondaire (Murail *et al.* 1999).

La première précaution a été de conserver uniquement les

[6] 49 individus moins Abri Pataud A et Arene Candide A, B, C.

analyses discriminantes pour lesquelles tous les classements *a posteriori* des individus de sexe connu étaient corrects (aucun individu mal classé). 12 analyses discriminantes (tableau 75) ont ainsi été retenues. Le nombre d'analyses a été grandement limité par la faiblesse de l'effectif des individus sexés. Les analyses discriminantes impliquant la variable F8, mesurée sur un effectif réduit de 7 hommes et 8 femmes, n'ont ainsi pas été utilisées. De plus, lorsque le lambda Wilk est trop élevé (limite arbitrairement fixée à 0,65), le pouvoir discriminant de l'analyse est trop faible pour distinguer les sexes. Les analyses reposant sur les mesures du talus ont pour cette raison été écartées. Les résultats des analyses discriminantes pour les individus déjà sexés par la diagnose primaire sont présentés dans l'annexe G.

L.W. : Lambda de Wilk ; n H et n F : effectifs des hommes et des femmes sexés en diagnose primaire et utilisés comme référents pour la diagnose secondaire. HBS et FBS : pourcentage des hommes et des femmes bien sexés*. BS : pourcentage d'individus bien sexés*. HMS et FMS : pourcentage des hommes et des femmes mal sexés*. Hum. : humérus. Fém. : fémur. * avec une probabilité *a posteriori* supérieure ou égale à 95%.

J'ai considéré que l'attribution d'un sexe était possible uniquement lorsque la probabilité *a posteriori* qu'un individu soit un homme ou une femme dépassait 95%. De plus, seuls les individus pour lesquels la probabilité *a posteriori* d'au moins 2 analyses dépassait ce seuil se

Squelette	AD 1	AD 2	AD 3	AD 4	AD 5	AD 6	AD 7	AD 8	AD 9	AD 10	AD 11	AD 12	Sexe en secondaire
Barma Grande 5	0,91	0,93	**0,98**										I
Barma Grande 6				0,55									I
Cro-Magnon B	0,59	**0,99**	**0,98**										M
Cro-Magnon C	0,30	0,14	0,14										I
Dolní Věstonice 3							0,08		0,12	*0,04*			F*
Abri Pataud B	0,05	0,05	0,05										F
Abri Pataud C	0,86	**0,98**	**0,99**										M
Pavlov 1							0,69						I

Tableau 76. GRAV : probabilité a posteriori d'appartenir au sexe masculin pour les individus de sexe indéterminé en diagnose primaire.
*AD : analyse discriminante. * voir remarque supra.*

Squelette	AD 1	AD 2	AD 3	AD 4	AD 5	AD 6	AD 7	AD 8	AD 9	AD 10	AD 11	AD 12	Sexe en secondaire
Arene Candide 10	0,06	**0,97**	0,61	0,62		0,95		0,22	0,43				M
Arene Candide D	0,02	0,02	0,01										F
Chancelade 1	0,75	0,39	0,24				0,56	0,74	0,70	0,48	*0,02*	*0,03*	F
Maritza 2													I
Romito 4	0,63	0,92	**0,98**	0,47	0,88	**1,00**	0,28	0,80	0,22	0,35	**1,00**	**1,00**	M
Romito 5							0,13		0,10	0,07			I
Romito 8	0,78	0,94	0,93	**0,98**	**0,99**	**1,00**	0,40	0,81	0,38	0,57	**1,00**	**1,00**	M
San Téodoro 3	0,80	0,93	**0,97**										I
San Téodoro 5													I
Staré Město 1													I
Vasilyevka III 10 (6462-06)	0,06	0,38	0,35										I
Vasilyevka III 13 (6462-09)													I
Vasilyevka III 22 (6462-13)							0,01		0,04	0,01			F
Vasilyevka III 28 (6462-19)	**0,95**	0,81	**0,97**				0,19	0,92	0,72	0,54	0,92	**1,00**	M
Vasilyevka III 35 (6462-23)									0,59				I
Vasilyevka III 37 (6462-25)							0,93						I
Vasilyevka III 38 (6462-26)				0,95			0,91		**0,96**	0,82			M

Tableau 77. CFPS : probabilité a posteriori d'appartenir au sexe masculin pour les individus de sexe indéterminé en diagnose primaire.
AD : analyse discriminante.

Squelette	AD 1	AD 2	AD 3	AD 4	AD 5	AD 6	AD 7	AD 8	AD 9	AD 10	AD 11	AD 12	Sexe en secondaire
Birsmatten Basisgrotte	0,08	*0,01*	*0,05*				*0,05*	0,12	0,12	0,06	*0,02*	0,08	F
La Vergne ST07 (2)							0,02		0,06	*0,02*			F
La Vergne ST10							0,82		0,25	0,35			I
La Vergne ST11 (1)													I
Loschbour	0,44	0,32	0,17	0,28	*0,02*	0,22	0,67	0,62	0,66	0,35	0,18	0,44	I
Molara 2	0,86	**0,97**	**0,97**				**0,99**	0,93	**0,98**	**0,99**	**1,00**	**0,99**	M
Uzzo 2				0,40									I
Uzzo 4A	0,06	*0,02*	*0,01*				0,00						F
Uzzo 4B	0,13	*0,03*	0,10					*0,04*	0,35				F
Uzzo 7	0,06	*0,02*					0,87	*0,01*	0,65	0,74	*0,00*	*0,00*	F
Uzzo 8													I
Uzzo 11	0,24	0,50	0,17	0,16	*0,02*	*0,00*	0,91	0,32	0,57	0,77	0,13	0,16	F
Vasilyevka II 08 (6285-02)	0,59	0,61	0,39				0,77	0,66	0,78	0,44	*0,05*	*0,01*	F
Vasilyevka II 11 (6285-05)	0,93	0,79	0,73				0,93	**0,95**	**0,95**	0,92	0,88	0,15	M
Vasilyevka II 12 (6285-06)	1,00	1,00	1,00										M
Vasilyevka II 14 (6285-07)	0,99	0,85	0,84	0,77	0,26	0,27	**0,99**	**0,99**	**0,98**	**0,99**	**0,98**	**0,99**	M
Vasilyevka II 21 (6285-21)	**0,96**	**0,98**	**0,97**	0,73	0,93	**1,00**	0,70	**1,00**	0,90	0,89	**1,00**	**1,00**	M
Vasilyevka II 24 (6285-17)	0,30	*0,05*	0,18				*0,00*	0,69	0,24	*0,02*	0,76	0,80	F
Vasilyevka II 25 (6285-18)							0,71		0,94	0,82			I
Vasilyevka II 27 (6285-19)	0,91	**0,97**	0,93	0,83	0,77	*0,01*	0,92	0,69	0,91	0,89	*0,03*	*0,04*	I*

Tableau 78. MESO : probabilité a posteriori d'appartenir au sexe masculin pour les individus de sexe indéterminé en diagnose primaire.
AD : analyse discriminante. non concordance des résultats.*

sont vu attribuer un sexe définitif (à l'exception de Dolní Věstonice 3, voir *infra*).

Enfin, contrairement au principe de majorité appliqué dans d'autres travaux (Murail 1996 ; Murail *et al.* 1999 ; Bocquentin 2003), aucun sexe n'a été attribué s'il existait une discordance entre les analyses.

3.3.2. Résultats

Les tableaux 76 à 78 présentent les résultats des analyses discriminantes pour les individus de sexe indéterminé à l'issue de la diagnose primaire.

La diagnose secondaire a permis de sexer 25 individus supplémentaires : 13 femmes et 12 hommes.

J'ai attribué un sexe féminin à Dolní Věstonice 3, sur la base des 3 probabilités *a posteriori* en faveur de ce sexe, bien qu'une seule dépasse 95% (tableau 76), dérogeant ainsi au principe énoncé *supra*. J'ai en effet estimé que les résultats de J. Brůžek et collaborateurs (2006), qui considèrent ce sujet comme une femme à partir de la morphologie et la morphométrie de l'os coxal (avec une probabilité associée à cette diagnose légèrement inférieure à 95%), avaient un poids majeur en faveur de cette attribution.

Synthèse

74 sujets (39 hommes et 35 femmes) de l'échantillon fossiles ont pu être sexés, soit 79% des individus (tableaux 79 à 81). Dans 8 cas (11% de l'effectif sexé), la détermination est différente de celle publiée : Romito 4 et 6 (Mallegni et Fabbri 1995), Uzzo 1B, 4A, 5 et 7 (Borgognini Tarli *et al.* 1993), Chancelade 1 (Testut 1889 ; Vallois 1941-1946) et Murzak Koba 1 (Žirov 1940). Excepté celles de Romito 4 et 6 sexés sur la morphométrie de l'os coxal, les anciennes diagnoses reposaient essentiellement sur la robustesse du squelette.

Squelette	1aire	2aire	Sexe
Baousso da Torre 2	M		M
Barma Grande 5	I	I	I
Barma Grande 6	I	I	I
Cro-Magnon B	I	M	M
Cro-Magnon C	I	I	I
Dolní Věstonice 13	M		M
Dolní Věstonice 15	M		M
Dolní Věstonice 16	M		M

Squelette	1aire	2aire	Sexe
Dolní Věstonice 3	I	F	F
Grotte des Enfants 4	M		M
Grotte des Enfants 5	F		F
Ostuni 1	F		F
Paglicci 25	F		F
Abri Pataud A	F		F
Abri Pataud B	I	F	F
Abri Pataud C	I	M	M
Paviland 1	M		M
Pavlov 1	I	I	I
Sunghir 1	M		M
Veneri Parabita 1	M		M
Veneri Parabita 2	F		F

Tableau 79. GRAV : résultats de la diagnose sexuelle.

Squelette	1aire	2aire	Sexe
Arene Candide 10	I	M	M
Arene Candide A	M		M
Arene Candide B	M		M
Arene Candide C	M		M
Arene Candide D	I	F	F
Bichon	M		M
Chancelade 1	I	F	F
Continenza 7	M		M
Grotte des Enfants 3	F		F
Lafaye 1	F		F
Laugerie-Basse 4	M		M
Maritza 2	I	I	I
Romanelli 1	M		M
Romito 3	M		M
Romito 4	I	M	M
Romito 5	I	I	I
Romito 6	F		F
Romito 7	M		M
Romito 8	I	M	M
St-Germain-la-Rivière 4	F		F
San Téodoro 1	F		F
San Téodoro 3	I	I	I
San Téodoro 4	F		F
San Téodoro 5	I	I	I
Staré Město 1	I	I	I
Tagliente 2	M		M
Vado all' Arancio 1	M		M
Vasilyevka III 10 (6462-06)	I	I	I
Vasilyevka III 12 (6462-08)	F		F
Vasilyevka III 13 (6462-09)	I	I	I
Vasilyevka III 22 (6462-13)	I	F	F
Vasilyevka III 28 (6462-19)	I	M	M
Vasilyevka III 35 (6462-23)	I	I	I
Vasilyevka III 36 (6462-24)	M		M
Vasilyevka III 37 (6462-25)	I	I	I
Vasilyevka III 38 (6462-26)	I	M	M
Villabruna 1	M		M

Tableau 80. CFPS : résultats de la diagnose sexuelle.

Squelette	1aire	2aire	Sexe
Auneau 3	M		M
Birsmatten Basisgrotte	I	F	F
La Chaussée-Tirancourt	M		M
Les Closeaux 1	F		F
Fatma Koba	M		M
Oriente B	F		F
Gough's Cave 1	M		M
La Vergne ST03	F		F
La Vergne ST07 (2)	I	F	F
La Vergne ST10	I	I	I
La Vergne ST11 (1)	I	I	I
Loschbour	I	I	I
Molara 2	I	M	M
Murzak Koba 1	M		M
Murzak Koba 2	M		M
Téviec 6	F		F
Uzzo 1A	F		F
Uzzo 1B	F		F
Uzzo 2	I	I	I
Uzzo 4A	I	F	F
Uzzo 4B	I	F	F
Uzzo 5	F		F
Uzzo 7	I	F	F
Uzzo 8	I	I	I
Uzzo 10	F		F
Uzzo 11	I	F	F
Vasilyevka II 08 (6285-02)	I	F	F
Vasilyevka II 11 (6285-05)	I	M	M
Vasilyevka II 12 (6285-06)	I	M	M
Vasilyevka II 14 (6285-07)	I	M	M
Vasilyevka II 18 (6285-11)	F		F
Vasilyevka II 21 (6285-21)	I	M	M
Vasilyevka II 24 (6285-17)	I	F	F
Vasilyevka II 25 (6285-18)	I	I	I
Vasilyevka II 27 (6285-19)	I	I	I
Vatte di Zambana 1	F		F

Tableau 81. MESO : résultats de la diagnose sexuelle

4. Détermination de l'âge au décès

4.1. Remarques préliminaires

Actuellement, la détermination de l'âge au décès des adultes à partir du squelette ne peut être à la fois précise et fiable car la variabilité individuelle de la progression du développement corporel ou des conséquences de la sénescence sur le squelette est trop importante (Cox 2000 ; Jackes 2000 ; Schmitt 2001, 2002). En toute rigueur, il n'est généralement pas possible d'attribuer un individu à une classe d'âge décennale (ou plus étroite) avec une fiabilité satisfaisante. Des intervalles chronologiques larges sont préférables.

Les adultes jeunes constituent un cas particulier car plusieurs indicateurs osseux permettent de les distinguer et de les attribuer à la classe d'âge des 20-29 ans (Cox 2000 ; Brůžek *et al.* 2005 ; Schmitt et Georges 2008). Pour identifier les jeunes adultes au sein de l'échantillon fossile, j'ai utilisé cinq critères :

1) absence de fusion ou fusion partielle de la crête iliaque à l'ilium (Owings Webb et Suchey 1985),
2) absence de fusion ou fusion partielle de l'extrémité sternale de la clavicule (Owings Webb et Suchey 1985),
3) absence de fusion ou fusion partielle du listel des vertèbres (Albert et Maples 1995),
4) aspect métaphysaire de la symphyse pubienne (Brooks et Suchey 1990 ; Schmitt 2001 ; Schmitt et Georges 2008),
5) aspect non remanié de la surface sacro-pelvienne iliaque (Schmitt 2001, 2005).

La fusion de l'extrémité sternale de la clavicule n'a pas été utilisée pour distinguer les individus de plus trente ans. Cette fusion peut en effet se produire dès 21-22 ans et s'observe fréquemment à 25 ans (Owings Webb et Suchey 1985).

La reconnaissance des individus âgés est beaucoup plus problématique. Les méthodes utilisés sont généralement peu précises à la fois parce que les indicateurs osseux considérés sont en réalité faiblement corrélés à l'âge chronologique et parce qu'elles sont entachées d'erreurs méthodologiques importantes (Schmitt 2001, 2002 ; Brůžek *et al.* 2005). Des recherches récentes ont permis la mise au point de méthodes plus fiables fondées sur la surface sacro-pelvienne iliaque (SSPI), un des indicateurs osseux les plus performants (p. ex. : Buckberry et Chamberlain 2002 ; Igarashi *et al.* 2005 ; Schmitt 2005). Dans ce travail j'ai appliqué la méthode de A. Schmitt (2005). Présentée par ailleurs (Schmitt 2001 ; Brůžek *et al.* 2005 ; Schmitt 2005 ; Schmitt et Georges 2008), cette méthode réalisée à partir d'un large échantillon de référence issu de plusieurs populations européennes a été testée sur un échantillon différent. Elle permet de s'affranchir de l'influence de la structure par âge de la population de référence en utilisant une distribution de l'âge au décès dérivée d'un modèle de mortalité paramétrique avec une espérance de vie à la naissance de 30 ans. Cette méthode, qui privilégie la fiabilité à la précision, a déjà été appliquée à des fossiles du Paléolithique supérieur (Henry-Gambier *et al.* 2007).

4.2. Intérêts et limites de la méthode d'A. Schmitt (2005)

Compte de tenu de l'importance du facteur « âge au décès » dans l'étude des enthésopathies, certains aspects théoriques et pratiques de la méthode de détermination choisie doivent être discutés.

4.2.1. Limite théorique

Comme dans les autres méthodes d'estimation d'âge au décès, l'aspect des indicateurs osseux retenus par A. Schmitt (2005) est lié à l'interaction de facteurs génétiques, culturels et environnementaux dont l'effet n'est pas quantifiable (Jackes 2000). En revanche, il a été qualifié et l'on sait que la méthode de A. Schmitt n'est fiable que pour les populations européennes (Schmitt *et al.* 2002 ; Schmitt 2005). Cette constatation pose la question de la légitimité de son application aux populations du Paléolithique supérieur et du Mésolithique, certes européennes mais génétiquement et culturellement différentes de l'échantillon de référence. Cette limite théorique n'est pour l'instant surmontable qu'au prix d'une hypothèse « [...] coûteuse, mais incontournable [...] » : « [...] le mode de sénescence des marqueurs ostéologiques est resté inchangé depuis l'apparition de l'homme moderne » (Schmitt 2005 : 95). Cette hypothèse a déjà été formulée pour l'étude des enthésopathies dégénératives mais le problème ne doit cependant pas être oublié.

4.2.2. Intérêts et limites pratiques

Dans cette méthode, des scores sont attribués à quatre caractères morphologiques :

- l'organisation transverse de la surface auriculaire (SSPIA ; 2 scores),
- la modification de la surface articulaire (SSPIB ; 4 scores),
- la modification apicale de la surface articulaire (SSPIC ; 2 scores),
- la modification de la tubérosité iliaque (SSPID ; 2 scores).

La combinaison obtenue à partir des scores permet de connaître, pour un sujet donné, les probabilités *a posteriori* d'appartenir à chacune des classes d'âge définies par l'auteur (20-29, 30-39,...> 60 ; voir le tableau de l'annexe H). Considérons un individu qui présente la combinaison 2 / 2 / 1 / 1. Pour chaque classe, les probabilités associées à cette combinaison sont présentées dans le tableau 82.

L'utilisateur détermine l'intervalle chronologique pour un individu en regroupant les classes d'âge de telle sorte que la fiabilité de l'estimation soit la plus élevée possible. Ainsi, c'est à l'utilisateur de choisir le seuil requis. S'il estime qu'une chance sur cinq de se tromper ne représente pas un risque trop important, il attribuera l'individu à l'intervalle 20-49 ans (0,41+0,21+0,19 = 0,81 ; tableau 82). S'il désire accroître la fiabilité, il privilégiera alors l'intervalle 20-59 ans (p = 0,92 ; tableau 82) ou considérera que l'âge du sujet est indéterminé. Un des avantages majeurs de la méthode est donc de connaître directement la fiabilité des résultats obtenus et d'adapter le choix à la problématique. La contrepartie à cette liberté est fâcheuse car la méthode ne propose pas de catégories de classement telles que : indéterminé ; adultes jeune, mature, âgé. Le classement effectué *a posteriori* pose de sérieux problèmes pratiques.

Score				Probabilités *a posteriori*				
SSPIA	SSPIB	SSPIC	SSPID	20-29 ans	30-39 ans	40-49 ans	50-59 ans	> 60 ans
2	2	1	1	0,19	0,41	0,21	0,11	0,08

Tableau 82. Exemple de détermination de l'âge d'après les scores de la méthode Schmitt (2005).

Ainsi, suivant les combinaisons individuelles, 9 intervalles chronologiques différents peuvent être déterminés[7] : <60 ans, >30 ans, >40 ans, >50 ans, >60 ans, 20-29 ans, 20-39 ans, 20-49 ans et 30-59 ans. Ces intervalles parfois très larges se chevauchent partiellement ou complètement. Dans ce dernier cas, ils peuvent être aisément regroupés (p. ex. : les sujets de l'intervalle 20-39 ans peuvent être associés à ceux de l'intervalle 20-49 ans). Mais lorsque le chevauchement est partiel (p. ex. : les intervalles 20-49 ans et 30-59 ans), le regroupement est impossible. J'ai montré l'importance du cap de « la cinquantaine » pour l'étude des enthésopathies sur le squelette avec le système 1. Il est donc essentiel dans l'échantillon fossile de pouvoir séparer les adultes jeunes ou matures des adultes âgés, avec théoriquement une limite à 50 ans. Les intervalles < 60 ans, > 30 ans, > 40 ans et 30-59 ans présentent dans ce cas peu d'intérêt.

La méthode de A. Schmitt, contrairement à d'autres méthodes de détermination de l'âge au décès (p. ex. : Buckberry et Chamberlain 2002), est applicable lorsque l'os coxal est incomplet. Ainsi, un intervalle chronologique peut être proposé même si un caractère est inobservable comme dans le cas de l'adulte Uzzo 4B (tableau 83), dont l'aspect de la tubérosité iliaque n'a pu être coté.

Individu	Côté	SSPIA	SSPIB	SSPIC	SSPID
Uzzo 4B	Droit	2	1	1	Non observable
	Gauche	2	1	1	Non observable

Tableau 83. Scores attribués pour les SSPI gauche et droite de Uzzo 4B.

Deux scores sont possibles pour SSPID et deux cas sont donc discutables (tableau 84).

En dépit de l'incertitude associée à l'absence de score pour un des caractères, un âge inférieur à 50 ans peut être proposé avec une probabilité minimale de 84 % (tableau 84). L'attribution n'a été retenue que lorsqu'un seul caractère était inobservable. Au delà, j'ai considéré la surface sacro-pelvienne iliaque comme non étudiable. Lorsqu'un individu présentait quatre caractères observables pour un os coxal et trois pour l'autre, la classe d'âge estimée à partir de la SSPI complète a été privilégiée. Lorsque des résultats différents selon le côté mais compatibles ont été obtenus (p. ex. : 20-39 ans et 20-49 ans), l'intervalle le plus large a été retenu. Aucun cas d'incompatibilité entre côtés (p. ex. : 20-49 ans d'après la SSPI gauche et 50 ans et plus d'après la droite) n'a été rencontré.

[7] Avec une probabilité a *posteriori* pour les assigner ≥ 80% et pour un référentiel ayant une distribution par âge correspond à une espérance de vie à la naissance de 30 ans.

4.3. Résultats

54 individus ont pu être classés dans un intervalle chronologique grâce aux critères de maturation osseuse, à l'aspect de la symphyse pubienne et à la SSPI. Pour cette dernière, le classement a d'abord été effectué avec une probabilité d'au moins 80%, comme le propose A. Schmitt (2005). Les sujets ont ensuite été regroupés en trois catégories : les adultes jeunes ou matures (AJM), les adultes âgés (AA) et les indéterminés. Dans le texte qui suit, l'expression « probabilité *a posteriori* minimale » est utilisée pour indiquer la probabilité associée à la situation la plus désavantageuse en terme de précision (l'intervalle chronologique le plus large) lorsqu'un des caractères est absent ou lorsque les intervalles diffèrent selon le côté.

4.3.1. Les adultes jeunes ou matures (AJM)

La classe d'âge 20-29 ans

A partir des critères retenus, 23 individus appartenant à la classe d'âge 20-29 ans ont pu être distingués (tableau 85).

La maturation squelettique de Romanelli 1 est complètement achevée mais cet individu a pu être attribué à la classe d'âge 20-29 ans d'après la SSPI avec une probabilité *a posteriori* de 88% (elle passe à 97% pour l'intervalle 20-39 ans).

Un 24e individu a été attribué à la classe 20-29 ans : Dolní Věstonice 13. Cette détermination ne se fonde pas sur les critères retenus car les centres d'ossifications secondaires sont tous fusionnés et le bassin est maintenu articulé par du mastique, empêchant l'étude de la symphyse pubienne et de la surface sacro-pelvienne iliaque. J'ai toutefois tenu compte des arguments présentés par S. W. Hillson et collaborateurs (2006) pour évaluer l'âge au décès de cet individu. Ces auteurs notent ainsi que les lignes épiphysaires (qui indiquent une maturation osseuse incomplète) sont observables à l'œil nu sur le 2e métacarpien droit et sur les extrémités proximales des tibias. Elles sont de plus visibles radiologiquement aux extrémités distales du radius et de l'ulna gauche. En outre, l'éruption de la troisième molaire inférieure de cet individu n'est pas encore achevée à droite et semble tout juste être terminée à gauche. La surface occlusale de ces dents n'est pas usée. Ces caractéristiques

Cas	Score				Probabilités *a posteriori*					Estimation*
	SSPIA	SSPIB	SSPIC	SSPID	20-29 ans	30-39 ans	40-49 ans	50-59 ans	> 60 ans	
N°1	2	1	1	**1**	0,73	0,19	0,06	0,02	0	20-39
N°2	2	1	1	**2**	0,23	0,39	0,22	0,16	0	20-49

Tableau 84. Détermination d'un intervalle chronologique en l'absence d'un score. Exemple d'Uzzo 4B.
** Avec une probabilité a posteriori ≥ 80%.*

Squelette	Groupe chrono-culturel	Sexe	Aspect métaphysaire symphyse pubienne	Absence de fusion ou fusion partielle			SSPI*
				Clavicule	Crête iliaque	Listel	
Arene Candide 10	CFPS	M	X	X	X	X	
Baousso da Torre 2	GRAV	M		X		X	
Bichon	CFPS	M	X	X	X	X	X
Dolní Věstonice 15	GRAV	M		X			
Goug's Cave 1	MESO	M		X	X	X	
Murzak Koba 1	MESO	M	X	X			
Ostuni 1	GRAV	F	X	X	X	X	
Paglicci 25	GRAV	F	X	X	X	X	
Abri Pataud A	GRAV	F		X			X
Paviland 1	GRAV	M			X		X
Romanelli 1	CFPS	M					X
Romito 4	CFPS	M	X				X
Romito 7	CFPS	M	X				
St-Germain-la-Rivière 4	CFPS	F		X			
San Téodoro 1	CFPS	F		X			
Tagliente 2	CFPS	M	X				X
Uzzo 1B	MESO	F		X			
Uzzo 10	MESO	F		X	X		
Uzzo 11	MESO	F	X				
Vado all' Arancio 1	CFPS	M	X	X			X
Vasilyevka II 11 (6285-05)	MESO	M				X	
Vasilyevka II 18 (6285-11)	MESO	F			X		
Villabruna 1	CFPS	M		X			

Tableau 85. Adultes jeunes.
** Déterminé avec une probabilité a posteriori minimale ≥ 80%.*

osseuses et dentaires plaident nettement en faveur d'un sujet jeune et j'ai donc intégré Dolní Věstonice 13 à la classe d'âge des 20-29 ans.

Les intervalles chronologiques 20-39 et 20-49 ans

14 individus ont été attribués avec une probabilité minimale ≥ 80% aux intervalles chronologiques 20-39 ans ou 20-49 ans d'après l'aspect de la surface sacro-pelvienne iliaque (tableau 86).

4.3.2. Les adultes âgés (AA)

10 individus ont été considérés comme des adultes âgés (AA) d'après les résultats obtenus avec les SSPI (tableau 87). L'attribution de ces dix sujets à l'intervalle chronologique des plus de 50 ans est entachée d'un risque d'erreur non négligeable (entre 14 et 22%). Toutefois, ces individus sont tous très probablement décédés après 40 ans (7% de risque d'erreur au maximum) et les chances que leur âge au décès réel se situe entre 40 et 50 ans sont relativement faibles par rapport à celles d'un décès plus tardif.

On peut ainsi considérer que les fréquences d'enthésopathies des sujets du groupe des AA illustreront probablement les effets des phénomènes dégénératifs au niveau des enthèses, même s'il n'est pas possible d'attribuer avec certitude ces individus à un intervalle d'âge au décès > 50 ans.

4.3.3. Les adultes d'âge indéterminé

Un intervalle chronologique n'a pu être assigné pour 40 individus (tableau 88). A ces sujets s'ajoutent six individus, un épipaléolithique et cinq mésolithiques, pour lesquels les

Squelette	Groupe chrono-culturel	Sexe	Probabilité minimale d'appartenir à l'intervalle chronologique[1]		intervalle chrono-logique retenu[2]
			20-39 ans	20-49 ans	
Fatma Koba	MESO	M	**0,92**	**0,98**	20-39
La Vergne ST03	MESO	F	**0,92**	**0,98**	20-39
Romito 3	CFPS	M	**0,92**	**0,98**	20-39
Romito 6	CFPS	F	0,92	0,98	20-39
Vasilyevka III 36 (6462-24)	CFPS	M	**0,92**	**0,98**	20-39
Uzzo 1A	MESO	F	**0,92**	**0,98**	20-39
Arene Candide A	CFPS	M	0,79	**0,92**	20-49
Arene Candide B	CFPS	M	0,62	**0,84**	20-49
Lafaye 1	CFPS	F	0,79	**0,92**	20-49
San Téodoro 4	CFPS	F	0,60	**0,81**	20-49
Sunghir 1	GRAV	M	0,60	**0,81**	20-49
Vasilyevka III 12 (6462-08)	CFPS	F	0,60	**0,81**	20-49
Veneri Parabita 2	GRAV	F	0,60	**0,81**	20-49
Uzzo 4B	MESO	F	0,62	**0,84**	20-49

Tableau 86. Adultes jeunes ou matures. Détermination avec la méthode de A. Schmitt (2005).
[1] En gras, probabilité a posteriori minimale ≥ 80% [2] Avec une probabilité a posteriori minimale ≥ 80%

Squelette	Groupe chrono-culturel	Sexe	Probabilité minimale d'appartenir à l'intervalle chronologique[1]			Intervalle chronologique retenu[2]
			> 40 ans	> 50 ans	> 60 ans	
Chancelade 1	CFPS	F	**0,93**	0,78	0,47	> 40 ans
Continenza 7	CFPS	M	**0,93**	0,78	0,47	> 40 ans
Grotte des Enfants 5	GRAV	F	**0,93**	0,78	0,47	> 40 ans
Uzzo 2	MESO	I	**0,93**	0,78	0,47	> 40 ans
Veneri Parabita 1	GRAV	M	**0,93**	0,78	0,47	> 40 ans
Auneau 3	MESO	M	**0,98**	**0,86**	0,62	> 50 ans
Murzak Koba 2	MESO	M	0,99	0,85	0,72	> 50 ans
Oriente B	MESO	F	**0,99**	**0,85**	0,72	> 50 ans
Grotte des Enfants 3	CFPS	F	**1**	**0,95**	**0,84**	> 60 ans
Laugerie-Basse 4	CFPS	M	1	**0,95**	**0,84**	> 60 ans

Tableau 87. Adultes âgés. Détermination avec la méthode de A. Schmitt (2005).
[1] En gras, probabilité a posteriori minimale ≥ 80% [2] Avec une probabilité a posteriori minimale ≥ 80%

intervalles chronologiques sont inadaptés dans mon étude (tableau 89)

Synthèse

48 individus du Paléolithique supérieur et du Mésolithique ont pu être classés dans deux groupes d'âge : les adultes jeunes ou matures (AJM) et les adultes âgés (AA) (tableaux 90 à 92). Une séparation stricte entre moins de 50 ans et plus de 50 ans n'a pu être réalisée. Toutefois, compte tenu des difficultés d'estimation d'âge au décès à partir du squelette et de l'effectif réduit de l'échantillon, la répartition que j'ai finalement retenue est exploitable au sens où elle permet de répondre à la problématique. D'une part, la catégorie des AJM est composée en large majorité d'individus jeunes pour lesquels la diagnose de l'âge au décès est très fiable (29 cas sur 38 individus). Or c'est la catégorie la plus pertinente pour discuter des différences comportementales à partir des enthésopathies. D'autre part, le risque d'erreur étant connu pour chaque individu, il pourra être en pris compte dans les interprétations.

5. Etude de l'aspect osseux des enthèses

Trois types de difficultés relatives à l'étude des enthèses des fossiles ont été rencontrés. Pour quatre individus, des cotations ont été problématiques en raison de modifications osseuses à proximité ou au niveau des insertions. Dans quatre cas, une présomption de maladie systémique existait. Enfin, cinq sujets avaient peut-être subi un traumatisme.

5.1. Les cotations problématiques

Murzak Koba 1

J'ai pu observé au niveau des fémurs de ce sujet une absence bilatérale du petit trochanter. Ce cas, qui fera prochainement l'objet d'une étude spécifique, est à rapprocher de celui décrit par V. Formicola et collaborateurs (1990) pour un

GRAV		CPFS		MESO	
Squelette	**Sexe**	**Squelette**	**Sexe**	**Squelette**	**Sexe**
Barma Grande 5	I	Arene Candide D	F	Les Closeaux 1	F
Barma Grande 6	I	Maritza 2	I	La Vergne ST07 (2)	F
Cro-Magnon B	M	Romito 5	I	La Vergne ST10 (inf)	I
Cro-Magnon C	I	Romito 8	M	La Vergne ST11 (1)	I
Dolní Věstonice 16	M	San Téodoro 3	I	Molara 2	M
Dolní Věstonice 3	F	San Téodoro 5	I	Uzzo 4A	F
Grotte des Enfants 4	M	Staré Město 1	I	Uzzo 7	F
Abri Pataud B	F	Vasilyevka III 10 (6462-06)	I	Uzzo 8	I
Abri Pataud C	M	Vasilyevka III 13 (6462-09)	I	Vasilyevka II 08 (6285-02)	F
Pavlov 1	I	Vasilyevka III 22 (6462-13)	F	Vasilyevka II 12 (6285-06)	M
		Vasilyevka III 28 (6462-19)	M	Vasilyevka II 14 (6285-07)	M
		Vasilyevka III 35 (6462-23)	I	Vasilyevka II 21 (6285-21)	M
		Vasilyevka III 37 (6462-25)	I	Vasilyevka II 24 (6285-17)	F
		Vasilyevka III 38 (6462-26)	M	Vasilyevka II 25 (6285-18)	I
				Vasilyevka II 27 (6285-19)	I
				Vatte di Zambana 1	F

Tableau 88. Individus adultes d'âge imprécis.

Squelette	Groupe chrono-culturel	Sexe	Probabilité minimale d'appartenir à l'intervalle chronologique[1]			intervalle chronologique retenu[2]
			30-59 ans	> 30 ans	> 40 ans	
Birsmatten Basisgrotte	MESO	F	0,73	**0,99**	0,73	> 30 ans
La Chaussée-Tirancourt	MESO	M	0,73	**0,99**	0,73	> 30 ans
Loschbour	MESO	I	0,73	**0,99**	0,73	> 30 ans
Uzzo 5	MESO	F	0,73	**0,99**	0,73	> 30 ans
Arene Candide C	CFPS	M	**0,86**	**0,94**	0,55	30-59 ans
Téviec 6	MESO	F	**0,89**	**0,89**	0,70	30-59 ans

Tableau 89. Adultes de plus de 30 ans. Détermination avec la méthode de A. Schmitt (2005).
[1] En gras, probabilité a posteriori minimale ≥ 80% [2] Avec une probabilité a posteriori minimale ≥ 80%

sujet d'Arene Candide non étudié ici. Le reste du squelette ne présente pas d'anomalie majeure et seules les insertions du m. ilio-psoas (FIP) gauche et droite n'ont pas été prises en compte dans l'étude.

Veneri Parabita 1

Une production osseuse longue d'une quinzaine de millimètres environ est observable à la marge latérale de la tubérosité ischiatique gauche de cet individu. Cette production osseuse, considérée par F. Mallegni et collaborateurs (2000) comme l'ossification du ligament du m. carré crural consécutive à des microtraumatismes répétés, est clairement distincte de l'insertion des mm. biceps fémoral, semi-tendineux et semi-membraneux (CSB). Elle n'a donc pas été prise en compte lors de la cotation.

Arene Candide B et le Bichon

Ces deux épipaléolithiques présentent une lacune de l'os cortical au niveau de l'épicondyle médial droit[8]. Assez étrangement, un autre humérus droit, provenant du site des Arene Candide (assemblage IV) et qui na pas pu être associé à un individu précis, offre la même lésion. Cet os pourrait appartenir à Arene Candide A, porteur par ailleurs d'une pathologie systémique (voir *infra*). La lésion, très particulière (je n'en ai jamais observé de similaire et je ne connais pas de descriptions de cas équivalents), se situe

[8] Je remercie le professeur Olivier Dutour et le docteur Christiane Kramar pour m'avoir fait part de leur avis sur ces atteintes.

Squelette	Sexe	Intervalle	Groupe d'âge
Baousso da Torre 2	M	20-29 ans	AJM
Barma Grande 5	I		I
Barma Grande 6	I		I
Cro-Magnon B	M		I
Cro-Magnon C	I		I
Dolní Věstonice 3	F		I
Dolní Věstonice 13	M	20-29 ans	AJM
Dolní Věstonice 15	M	20-29 ans	AJM
Dolní Věstonice 16	M		I
Grotte des Enfants 4	M		I
Grotte des Enfants 5	F	> 40 ans	AA
Ostuni 1	F	20-29 ans	AJM
Paglicci 25	F	20-29 ans	AJM
Abri Pataud A	F	20-29 ans	AJM
Abri Pataud B	F		I
Abri Pataud C	M		I
Paviland 1	M	20-29 ans	AJM
Pavlov 1	I		I
Sunghir 1	M	20-49 ans	AJM
Veneri Parabita 1	M	> 40 ans	AA
Veneri Parabita 2	F	20-49 ans	AJM

Tableau 90. GRAV : résultats de la détermination de l'âge au décès.

Squelette	Sexe	Intervalle	Groupe d'âge
Auneau 3	M	> 50 ans	AA
Birsmatten Basisgrotte	F	> 30 ans	I
La Chaussée-Tirancourt	M	> 30 ans	I
Les Closeaux 1	F		I
Fatma Koba	M	20-39 ans	AJM
Gough's Cave 1	M	20-29 ans	AJM
La Vergne ST03	F	20-39 ans	AJM
La Vergne ST07 (2)	F		I
La Vergne ST10 (inf)	I		I
La Vergne ST11 (1)	I		I
Loschbour	I	> 30 ans	I
Molara 2	M		I
Murzak Koba 1	M	20-29 ans	AJM
Murzak Koba 2	M	> 50 ans	AA
oriente B	F	> 50 ans	AA
Téviec 6	F	30-59 ans	I
Uzzo 1A	F	20-39 ans	AJM
Uzzo 1B	F	20-29 ans	AJM
Uzzo 2	I	> 40 ans	AA
Uzzo 4A	F		I
Uzzo 4B	F	20-49 ans	AJM
Uzzo 5	F	> 30 ans	I
Uzzo 7	F		I
Uzzo 8	I		I
Uzzo 10	F	20-29 ans	AJM
Uzzo 11	F	20-29 ans	AJM
Vasilyevka II 08 (6285-02)	F		I
Vasilyevka II 11 (6285-05)	M	20-29 ans	AJM
Vasilyevka II 12 (6285-06)	M		I
Vasilyevka II 14 (6285-07)	M		I
Vasilyevka II 18 (6285-11)	F	20-29 ans	AJM
Vasilyevka II 21 (6285-21)	M		I
Vasilyevka II 24 (6285-17)	F		I
Vasilyevka II 25 (6285-18)	I		I
Vasilyevka II 27 (6285-19)	I		I
Vatte di Zambana 1	F		I

Tableau 91. CFPS : résultats de la détermination de l'âge au décès.

Squelette	Sexe	Intervalle	Groupe d'âge
Arene Candide 10	M	20-29 ans	AJM
Arene Candide A	M	20-49 ans	AJM
Arene Candide B	M	20-49 ans	AJM
Arene Candide C	M	30-59 ans	I
Arene Candide D	F		I
Bichon	M	20-29 ans	AJM
Chancelade 1	F	> 40 ans	AA
Continenza 7	M	> 40 ans	AA
Grotte des Enfants 3	F	> 60 ans	AA
Lafaye 1	F	20-49 ans	AJM
Laugerie-Basse 4	M	> 60 ans	AA
Maritza 2	I		I
Romanelli 1	M	20-29 ans	AJM
Romito 3	M	20-39 ans	AJM
Romito 4	M	20-29 ans	AJM
Romito 5	I		I
Romito 6	F	20-39 ans	AJM
Romito 7	M	20-29 ans	AJM
Romito 8	M		I
St-Germain-la-Rivière 4	F	20-29 ans	AJM
San Téodoro 1	F	20-29 ans	AJM
San Téodoro 3	I		I
San Téodoro 4	F	20-49 ans	AJM
San Téodoro 5	I		I
Staré Mĕsto 1	I		I
Tagliente 2	M	20-29 ans	AJM
Vado all' Arancio 1	M	20-29 ans	AJM
Vasilyevka III 10 (6462-06)	I		I
Vasilyevka III 12 (6462-08)	F	20-49 ans	AJM
Vasilyevka III 13 (6462-09)	I		I
Vasilyevka III 22 (6462-13)	F		I
Vasilyevka III 28 (6462-19)	M		I
Vasilyevka III 35 (6462-23)	I		I
Vasilyevka III 36 (6462-24)	M	20-39 ans	AJM
Vasilyevka III 37 (6462-25)	I		I
Vasilyevka III 38 (6462-26)	M		I
Villabruna 1	M	20-29 ans	AJM

Tableau 92. MESO : résultats de la détermination de l'âge au décès.

sur l'insertion du ligament collatéral médial sur l'humérus, ligament qui partage une enthèse commune avec les muscles épicondyliens médiaux (voir annexe A). Dans les deux cas, elle a été prise en compte et un stade B a été attribué.

5.2. Les pathologies systémiques

Aucun des 94 individus n'est affecté par la maladie hyperostosique. Un seul squelette, Romito 8 (en grande partie inédit), exhibe un ensemble de lésions suggérant une maladie inflammatoire. Trois autres fossiles, Arene Candide A, Dolní Věstonice 15 et Veneri Parabita 1, ont fait l'objet d'un diagnostic de maladie systémique. L'objectif n'est pas ici de porter un diagnostic pour Romito 8 ou de proposer une révision pour Arene Candide A et Dolní Věstonice 15. Il s'agit de déterminer si les maladies généralisées dont ils seraient atteints ont participé aux modifications observées au niveau des enthèses. Le diagnostic de spondylarthrite ankylosante probable, posé par F. Mallegni et collaborateurs (2000) pour le sujet Veneri Parabita 1, sera en revanche remis en question.

Romito 8

Le squelette de Romito 8, remarquablement bien conservé, montre de nombreuses lésions articulaires et juxta-articulaires associant le plus souvent ostéolyse et ostéoformation. Parmi les lésions majeures, on relève :

- des érosions et des déformations des plateaux vertébraux et des surfaces articulaires postérieures à tous les étages du rachis,
- une déformation bilatérale de l'articulation de l'épaule associée à des lésions érosives des insertions des muscles de la coiffe des rotateurs (figure 54),
- une déformation de l'articulation radio-carpienne droite,
- des lésions érosives des os des mains,
- une atteinte ostéolytique du grand trochanter à droite,
- une déformation importante de la tubérosité tibiale droite,
- des réactions périostées sur la majorité des os.

La grande homogénéité dans le type et la localisation des atteintes plaide en faveur d'une seule origine, et l'ensemble évoque assez clairement une maladie inflammatoire. Les enthésopathies observées s'intègrent parfaitement à cet ensemble et ne peuvent en toute rigueur être considérées comme des traces laissées par l'activité. Cet individu a donc été exclu de l'échantillon.

Dolní Věstonice 15

Dès sa découverte, la morphologie du squelette de Dolní Věstonice 15, un des trois défunts de la sépulture triple du site de Dolní Věstonice II, a suscité de nombreuses discussions. Dolní Věstonice 15 se caractérise notamment

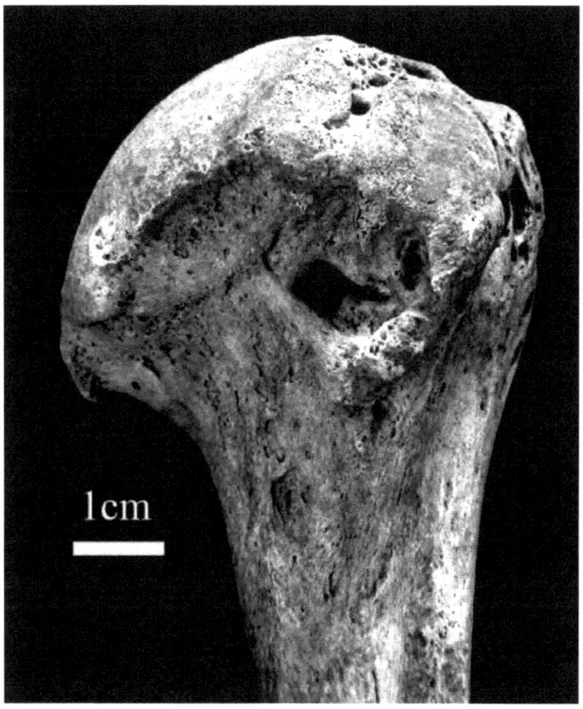

Figure 54. Romito 8 - humérus gauche : déformation du contour de la tête humérale et atteinte de l'insertion du m. subscapulaire.

par une série de modifications osseuses (Trinkaus *et al.* 2006) dont les principales sont :

- une petite taille et des membres inférieurs courts,
- une asymétrie des fémurs,
- une courbure anormale de l'extrémité distale de l'humérus droit,
- une légère courbure diaphysaire des os de l'avant bras gauche.

Plusieurs diagnostics ont été proposés pour expliquer ces anomalies (Klíma 1987 ; Jelínek 1992 ; Kuklik 1992 ; Formicola *et al.* 2001) mais aucun ne semble réellement convainquant (voir Formicola *et al.* 2001 ; Trinkaus *et al.* 2006) et le cas de Dolní Věstonice 15 est loin d'être résolu. Dans l'étude paléopathologique la plus récente (Trinkaus *et al.* 2006), les auteurs n'arrêtent pas de diagnostic définitif mais précisent plusieurs points importants :

- cet individu souffrait très probablement d'une forme de dysplasie congénitale.
- La plupart des déformations osseuses considérées auparavant comme pathologiques rentrent en réalité dans la variabilité actuelle et passée.
- Il n'y a pas d'indication en faveur de troubles de la locomotion dans le jeune âge comme au moment du décès.
- La fracture de l'humérus droit et celle des os de l'avant-bras gauche ne sont pas avérées. Dans tous les

cas, ces fractures seraient anciennes et parfaitement consolidées ; les déformations qui en résulteraient sont minimes.

L'examen que j'ai réalisé montre que les enthèses ne présentent ni caractéristique anormale, ni lésion. Les anomalies osseuses constatées sont très discrètes. Il n'y a donc aucune raison d'exclure Dolní Věstonice 15 de l'échantillon.

Arene Candide A

L'individu Arene Candide A est constitué de la majorité des os d'un ensemble déterminé comme pathologique par V. Formicola (1995). La courbure marquée des diaphyses des os longs, leur longueur maximale relativement faible la présence d'enthésopathies suggèrerait d'après l'auteur un rachitisme vitamino-résistant hypophosphatémique lié au chromosome X. Cette forme de rachitisme peut s'accompagner d'une prolifération osseuse au niveau des enthèses (Polisson *et al.* 1985 ; Burnstein *et al.* 1989), ce qui m'a conduit à exclure ce sujet de l'étude.

Veneri Parabita 1

Dans la présentation des squelettes de Veneri Parabita publiée en 2000, F. Mallegni et collaborateurs ont posé le diagnostic de spondylarthrite ankylosante probable pour le sujet numéro 1 (Mallegni *et al.* 2000). Ce diagnostic se fonde sur l'aspect d'une seule vertèbre, la troisième lombaire d'après les auteurs. Cette vertèbre exhibe sur la face antérieure du corps un remodelage osseux de type réaction périostée, associé à une possible érosion de la marge antérieure du plateau inférieur (figure 55). Cette vertèbre présente, de plus, des ostéophytes marginaux au niveau du plateau inférieur.

Le diagnostic de spondylarthropathie inflammatoire est délicat sur os sec. Pour le cas précis de la spondylarthrite ankylosante, les critères suivants sont généralement retenus (Rogers et Waldron 1995) :

- présence de syndesmophytes, c'est-à-dire de productions osseuses <u>fines</u> dans l'axe du rachis, joignant plusieurs vertèbres et entraînant ainsi une ankylose vertébrale,
- mise au carré des vertèbres,
- atteintes érosives bilatérales des articulations sacro-iliaques, pouvant entraîner une ankylose intra-articulaire,
- atteintes érosives des enthèses et des articulations (généralement celles de grandes dimensions),
- ankylose des côtes aux vertèbres.

Aucune de ces lésions n'est observable pour le squelette de Veneri Parabita 1, ni Veneri Parabita 2 (je n'ai pu associer avec certitude la vertèbre à l'un des deux sujets).

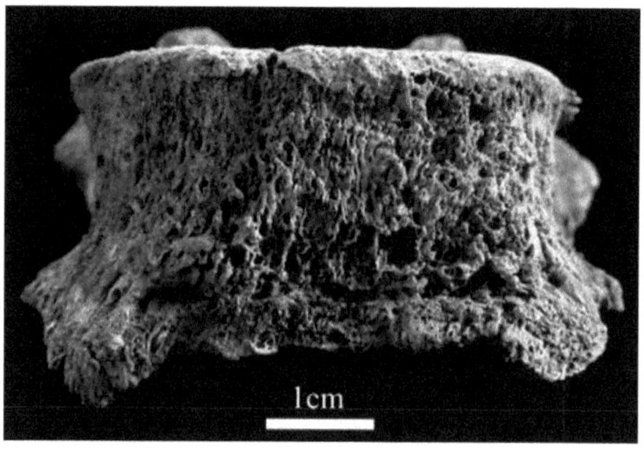

Figure 55. Atteinte vertébrale de Veneri Parabita 1.

Ajoutons que les autres lésions rencontrées dans les spondylarthropathies au sens large (notamment l'atteinte érosive des articulations des os des mains et des pieds ou des surfaces articulaires postérieures des vertèbres) sont également absentes. Le diagnostic proposé par F. Mallegni et collaborateurs ne peut à mon avis être retenu et le sujet a été conservé dans l'échantillon.

5.3. Les traumatismes pouvant modifier la biomécanique

Vado all'Arancio 1

Cet individu présente une ankylose des trois os composant l'articulation talo-crurale gauche, consécutive à des fractures des malléoles médiale et latérale ainsi que de la marge postérieure de l'extrémité distale du tibia (Minellono *et al.* 1980). Ces fractures ont entraîné une claudication et une altération de la biomécanique normale du membre inférieur (Minellono *et al.* 1980 ; Holt *et al.* 2002). Je n'ai donc pas retenu les cotations des insertions du membre inférieur pour cet individu.

Molara 2

Une pseudarthrose entre le tibia et la fibula gauche, au niveau du quart distal de ces os a été observée. Selon A. Canci et collaborateurs (1995), cette néo-articulation résulte très probablement d'une fracture consolidée de la fibula, entraînant la formation d'un important cal osseux. Pour des raisons identiques à celles évoquées à propos de Vado all'Arancio 1, les cotations des insertions du membre inférieur n'ont pas été prises en compte.

Laugerie-Basse 4

L'ensemble du squelette de cet individu âgé présente des atteintes dégénératives. Elles se rencontrent notamment au niveau des articulations distales des tibias, sous l'aspect de déformations des marges articulaires. J. Dastugue et M.-A. de Lumley (1976 : 617) associent à une fracture de la malléole médiale la « [...] déformation talo-malléolaire [...] » (sans indication de côté) qu'ils reconnaissent. Ils ajoutent que « Malgré les modifications articulaires consécutives, rien n'indique que le sujet ait mal supporté cette déformation » (Dastugue et de Lumley 1976 : 617). L'examen du squelette ne confirme pas l'hypothèse d'une fracture. Les cotations des insertions du membre inférieur de Laugerie-Basse 4 ont donc été conservées dans les analyses.

Vatte di Zambana

Ce sujet présente une fracture de l'ulna et du radius droits à hauteur du tiers distal, ainsi qu'une fracture de l'olécrane gauche qui a entraîné une arthrose exubérante du coude, associant éburnation, ostéophytes marginaux et déformation de la surface articulaire (Corrain *et al.* 1976). Les cotations des insertions des deux membres supérieurs de cet individu n'ont donc pas été retenues car il est très probable que les enthésopathies observées relèvent des contraintes biomécaniques anormales liées aux fractures. Les cotations attribuées avec le système 1 ne concernaient que le membre supérieur chez cet individu. Il a donc été retiré de l'échantillon.

Chancelade 1

Cet individu présente de nombreuses atteintes dégénératives associées sans aucun doute à son âge (plus de quarante ans). Cependant, un ensemble de modifications osseuses au niveau de l'épaule droite semble plutôt être la conséquence d'une atteinte traumatique. Cet ensemble de lésions relevé par J. Dastugue (1969) comprend :

- une déformation de la tête humérale et de la cavité glénoïdale de la scapula avec une ostéophytose en marge des surfaces articulaires,
- un effacement du sillon intertuberculaire associé à une néoformation osseuse envahissante.

Selon J. Dastugue (1969), qui n'avait observé aucune atteinte des surfaces articulaires proprement dites, et qui considérait le sillon intertuberculaire comme déshabité, les lésions seraient caractéristiques d'une luxation antéro-médiale, non réduite, de l'épaule. Contrairement aux observations de cet auteur, les surfaces articulaires humérales et scapulaires présentent à mon avis le poli caractéristique d'une éburnation. Cependant, celle-ci peut être consécutive à la luxation invétérée et ma remarque n'invalide pas le diagnostic proposé. Les traces d'éburnation sont la preuve que la femme de Chancelade 1 a continué, après l'événement traumatique, à se servir de son membre supérieur droit. Il reste que les enthésopathies du membre supérieur droit ne peuvent être prises en compte dans ce travail car les lésions des insertions des muscles de la coiffe des rotateurs sont très probablement associées à cet événement traumatique qui a, en outre, dû perturber l'ensemble des sollicitations de la chaîne musculaire.

6. Echantillon fossile final et démarche analytique

Finalement, 91 squelettes préhistoriques qui ne présentent pas de pathologie systémique modifiant l'aspect des enthèses ont, au moins, une cotation effectuée avec le système 1. Parmi ces 91 individus, seuls les 46 sujets attribués à un des deux groupes d'âge et sexés peuvent être retenus pour composé l'échantillon préhistorique (tableau 93).

L'effectif est donc très réduit. Celui des adultes jeunes ou matures, qui nous intéresse en premier lieu pour discuter des modes de vie, est encore plus limité car il ne comprend que 37 sujets.

Une analyse statistique élaborée est dès lors difficilement concevable ; aux difficultés déjà rencontrées dans l'étude des cotations des modifications squelettiques au niveau des enthèses s'ajoute le problème majeur posé par un effectif très restreint. Pour ces raisons, la démarche choisie est donc la suivante :

Premièrement, des statistiques descriptives (fréquences des stades, mode et médiane) ont été employées afin de mettre en lumière, par comparaison avec l'échantillon actuel de référence, les spécificités de l'échantillon préhistorique. Les variations de fréquences d'enthésopathies suivant l'âge, la localisation anatomique et le côté ont également été recherchées.

Deuxièmement, une analyse comparative des fréquences d'enthésopathies selon le groupe chrono-culturel et le sexe a été menée. L'effectif restreint de chaque groupe (tableau 93) et la nature ordinale et répétée des données ont rendu particulièrement difficiles ces comparaisons statistiques. Toutefois, comme nous allons le voir dans le chapitre suivant, les stades C sont très rares au sein de l'échantillon préhistorique. Dans ces conditions, il m'a semblé efficace de ne pas maintenir la distinction entre stades B et C dans les analyses. Les cotations ont ainsi pu être traitées comme des variables binomiales : présence ou absence d'une enthésopathie. En revanche, je n'ai pas trouvé de solution pleinement satisfaisante au problème de l'analyse de données répétées, principalement à cause de l'effectif réduit qui empêche l'utilisation d'outils statistiques fondés sur la théorie asymptotique. J'ai privilégié trois approches. La première ne tient pas compte du caractère répété des cotations, elle consiste à regrouper les insertions. Quand cette approche a permis de mettre en évidence des différences intéressantes, j'ai effectué des tests par insertion ou par individu afin de contourner le problème des données répétées.

Le test exact de Fisher (effectué avec le logiciel Statistica 7.1 ©), qui ne nécessite pas d'effectif minimum, a été utilisé pour les comparaisons portant sur :

Groupe d'âge	Sexe	GRAV	CFPS	MESO
AJM	**Femmes**	Ostuni 1 Paglicci 25 Abri Pataud A Veneri Parabita 2	Lafaye 1 Romito 6 St-Germain-la-Rivière 4 San Téodoro 1 San Téodoro 4 Vasilyevka III 12 (6462-08)	La Vergne ST03 Uzzo 1A Uzzo 1B Uzzo 4B Uzzo 10 Uzzo 11 Vasilyevka II 18 (6285-11)
AJM	**Hommes**	Baousso da Torre 2 Dolní Věstonice 13 Dolní Věstonice 15 Paviland 1 Sunghir 1	Arene Candide 10 Arene Candide B Bichon Romanelli 1 Romito 3 Romito 4 Romito 7 Tagliente 2 Vado all' Arancio 1 Vasilyevka III 36 (6462-24) Villabruna 1	Fatma Koba Gough's Cave 1 Murzak Koba 1 Vasilyevka II 11 (6285-05)
AA	**Femmes**	Grotte des Enfants 5	Chancelade 1 Grotte des Enfants 3	Oriente B
AA	**Hommes**	Veneri Parabita 1	Continenza 7 Laugerie-Basse 4	Auneau 3 Murzak Koba 2

Tableau 93. Echantillon préhistorique retenu pour l'analyse des enthésopathies.

- la fréquence des enthésopathies (pour une insertion ou un groupe d'insertions),
- la fréquence des individus présentant au moins une enthésopathie,
- la fréquence des individus avec au moins une asymétrie.

Des *odds ratios* ont permis d'illustrer la fréquence des lésions selon la localisation anatomique. Le calcul des *odds ratios* a été effectué d'après A. Agresti (1984 : 15-18) avec le logiciel Excel 2002 ©. La comparaison deux à deux des *odds ratios* a été réalisée avec ce logiciel à partir des formules fournies par D. G. Altman et J. M. Bland (2003). L'utilisation d'*odds ratio* de cette façon est impropre, dans le sens où ils ne doivent théoriquement être calculés que pour des données indépendantes. Or les stades attribués pour le membre supérieur et inférieur sont en partie corrélés. J'ai cependant choisi de les employer car ils permettent d'illustrer et de comparer des rapports et nous verrons que les principales différences observées entre les groupes chrono-culturels portent justement sur le rapport des lésions entre membre supérieur et inférieur. L'ensemble de l'échantillon préhistorique (91 individus) a également été utilisé pour présenter la localisation préférentielle des atteintes dans les trois groupes chrono-culturels.

Le seuil de 5% a été fixé comme risque de première espèce pour les deux types de test.

Chapitre VIII
Résultats et discussion

1. Résultats

1.1. Statistiques descriptives par individu et par insertion

Les statistiques descriptives par insertion sont indiquées dans le tableau 94, les données individuelles sont résumées dans le tableau 95.

Le nombre de cotations par individu est compris entre 3 et 18 (tableau 95) ; la valeur médiane est de 12. Les enthésopathies sont rares, environ 12% des insertions étudiées au total, mais la moitié des individus présente cependant au moins une lésion (23 pour 46 sujets ; tableau 95). La rareté des atteintes est constatée pour les 18 insertions : le stade A correspond au mode et à la médiane dans tous les cas (tableau 94). Deux insertions humérales ne présentent pas d'atteinte pour le côté gauche : celle des mm. supra et infra-épineux (HSI) et celle des mm. épicondyliens médiaux (HEM). En tout, seuls cinq stades C ont été attribués (tableaux 94 et 95).

Les insertions ont été classées d'après leur fréquence de lésions (stades B + C), par ordre décroissant (figure 56), pour l'échantillon fossile. Un classement analogue a été effectué à partir des stades des 721 individus de l'échantillon actuel de référence (figure 57).

Certaines similitudes entre les deux échantillons sont constatées. Ainsi, HEM gauche (insertion des mm.

Localisation	Insertion	n	Stade A	Stade B	Stade C	Médiane	Mode
Membre supérieur	HSC droit	27	**85,2%**	14,8%	0,0%	A	A
	HSC gauche	25	**92,0%**	4,0%	4,0%	A	A
	HSI droit	22	**95,5%**	4,5%	0,0%	A	A
	HSI gauche	22	**100%**	0,0%	0,0%	A	A
	HEL droit	34	**88,2%**	11,8%	0,0%	A	A
	HEL gauche	30	**90,0%**	6,7%	3,3%	A	A
	HEM droit	33	**84,8%**	15,2%	0,0%	A	A
	HEM gauche	30	**100%**	0,0%	0,0%	A	A
	RBB droit	34	**82,4%**	17,6%	0,0%	A	A
	RBB gauche	33	**87,9%**	12,1%	0,0%	A	A
Membre inférieur	CSB droit	32	**78,1%**	18,8%	3,1%	A	A
	CSB gauche	33	**78,8%**	21,2%	0,0%	A	A
	FPF droit	33	**97,0%**	3,0%	0,0%	A	A
	FPF gauche	30	**96,7%**	3,3%	0,0%	A	A
	FMF droit	28	**82,1%**	17,9%	0,0%	A	A
	FMF gauche	31	**80,6%**	16,1%	3,2%	A	A
	FIP droit	29	**86,2%**	10,3%	3,4%	A	A
	FIP gauche	26	**84,6%**	15,4%	0,0%	A	A

Tableau 94. Echantillon préhistorique : fréquences des stades, médiane et mode par insertion.

Groupe culturel[1]	Groupe d'âge[2]	Sexe	Individu	Stades[3] A	B	C	Total	Lésions[4] MS	MI	MS+MI
GRAV	AJM	Femmes	Abri Pataud A	3	0	0	*3*	0	0	0
			Ostuni 1	17	1	0	*18*	0	1	1
			Paglicci 25	17	0	0	*17*	0	0	0
			Veneri Parabita 2	4	4	0	*8*	X	1	1
		Hommes	Baousso da Torre 2	12	0	0	*12*	0	0	0
			Dolní Věstonice 13	18	0	0	*18*	0	0	0
			Dolní Věstonice 15	17	0	0	*17*	0	0	0
			Paviland 1	9	0	0	*9*	0	0	0
			Sunghir 1	5	2	0	*7*	0	1	1
	AA	Femme	Grotte des Enfants 5	8	1	0	*9*	1	0	1
		Homme	Veneri Parabita 1	2	2	1	*5*	X	1	1
CFPS	AJM	Femmes	Lafaye 1	12	2	0	*14*	1	0	1
			Romito 6	10	0	0	*10*	0	0	0
			St-Germain-la-Rivière 4	13	0	0	*13*	0	0	0
			San Téodoro 1	13	3	0	*16*	1	1	1
			San Téodoro 4	9	0	0	*9*	0	0	0
			Vasilyevka III 12 (6462-08)	5	1	0	*6*	0	1	1
		Hommes	Arene Candide 10	10	0	0	*10*	0	0	0
			Arene Candide B	17	1	0	*18*	1	0	1
			Bichon	14	4	0	*18*	1	1	1
			Romanelli 1	14	4	0	*18*	1	1	1
			Romito 3	13	1	0	*14*	0	1	1
			Romito 4	18	0	0	*18*	0	0	0
			Romito 7	17	0	0	*17*	0	0	0
			Tagliente 2	8	0	0	*8*	X	0	0
			Vado all'Arancio 1	6	0	0	*6*	0	X	0
			Vasilyevka III 36 (6462-24)	5	1	0	*6*	1	0	1
			Villabruna 1	16	1	0	*17*	0	1	1
	AA	Femmes	Chancelade 1	0	4	1	*5*	1	1	1
			Grotte des Enfants 3	8	0	0	*8*	0	0	0
		Hommes	Continenza 7	6	6	1	*13*	1	1	1
			Laugerie-Basse 4	1	2	1	*4*	1	1	1
MESO	AJM	Femmes	La Vergne ST03	6	0	0	*6*	0	0	0
			Uzzo 1A	11	3	0	*14*	1	1	1
			Uzzo 1B	16	0	0	*16*	0	0	0
			Uzzo 4B	9	0	0	*9*	0	X	0
			Uzzo 10	13	0	0	*13*	0	0	0
			Uzzo 11	12	0	0	*12*	0	0	0
			Vasilyevka II 18 (6285-11)	10	0	0	*10*	0	0	0
		Hommes	Fatma Koba	9	4	0	*13*	1	1	1
			Gough's Cave 1	12	0	0	*12*	0	0	0
			Murzak Koba 1	11	0	0	*11*	0	0	0
			Vasilyevka II 11 (6285-05)	4	1	0	*5*	1	0	1
	AA	Femme	Oriente B	14	1	0	*15*	1	0	1
		Hommes	Auneau 3	10	4	0	*14*	1	1	1
			Murzak Koba 2	4	6	1	*11*	1	1	1
Total				*468*	*59*	*5*	*532*	*16/43*	*17/44*	*23/46*
				88%	11%	1%	100%	37%	39%	50%

Tableau 95. Echantillon préhistorique : résultats par individu.

[1] GRAV : gravettien ; CFPS : cultures de la fin du Paléolithique supérieur ; MESO : Mésolithique. [2] AJM : adultes jeunes ou matures ; AA : adultes âgés. [3] Nombre de stades A, B et C attribués et nombre total de cotations. [4] MS : membre supérieur ; MI : membre inférieur ; 0 : pas de lésion ; 1 : au moins une lésion ; X : pas de cotation pour ce membre.

épicondyliens médiaux sur l'humérus) et FPF gauche et droit (insertion du m. petit fessier sur le fémur) sont dans les deux cas des insertions peu atteintes.

Les enthèses les plus fréquemment atteintes diffèrent toutefois clairement entre les deux classements.

Dans l'échantillon préhistorique (figure 56), les quatre fréquences les plus importantes concernent des enthèses du membre inférieur : les insertions gauche et droite des mm. ischio-jambiers (CSB) et du m. moyen fessier (FMF) (figures 58 et 59). La première insertion du membre supérieur dans ce classement est celle du m. biceps radial (RBB) à droite (figure 60), avec une fréquence d'enthésopathies proche de 18 %. Les insertions à droite des mm. épicondyliens médiaux (HEM, figure 61) et du m. subscapulaire (HSC) sont les enthèses du membre supérieur les plus souvent atteintes après RBB droit (environ 15% de lésions).

Pour l'échantillon actuel (figure 57) :

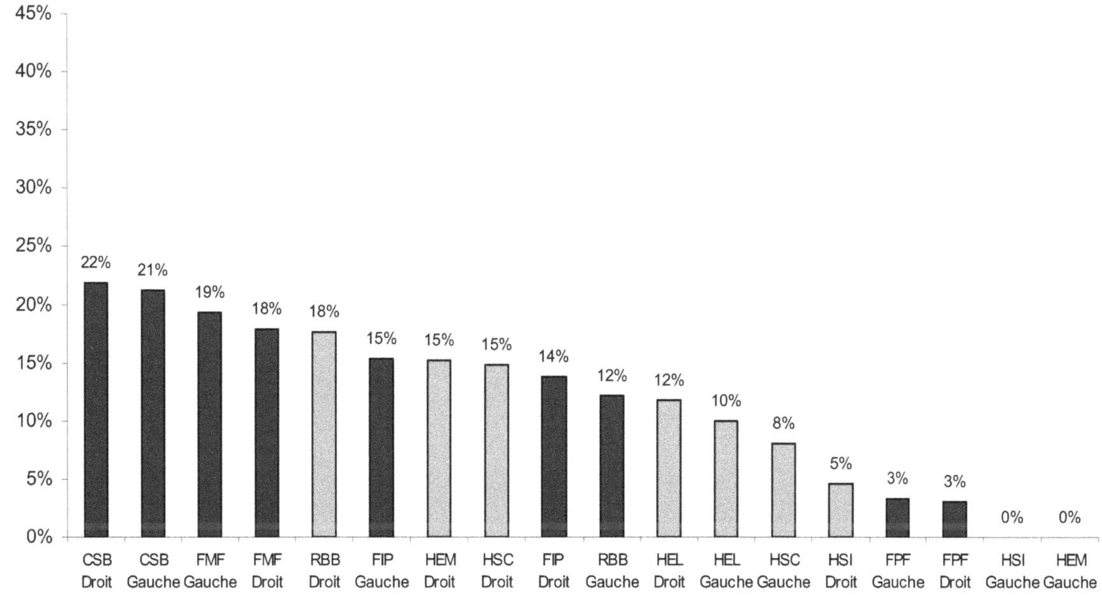

Figure 56. Echantillon préhistorique : fréquences des lésions (stades B + C) par insertion.
En gris clair : enthèses du membre supérieur ; en gris foncé : enthèses du membre inférieur.

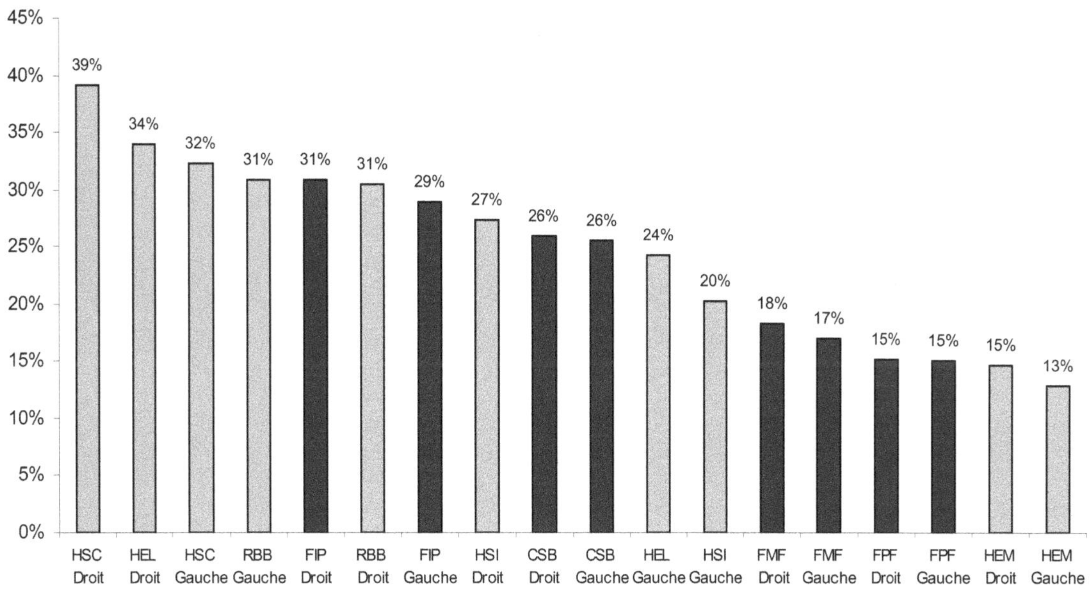

Figure 57. Echantillon de référence (721 individus) : fréquences des lésions (stades B + C) par insertion.
En gris clair : enthèses du membre supérieur ; en gris foncé : enthèses du membre inférieur.

- les insertions les plus fréquemment atteintes sont des sites du membre supérieur,
- les enthésopathies ne sont pas particulièrement fréquentes pour l'insertion du m. biceps brachial (RBB) à droite,
- l'insertion des mm. épicondyliens médiaux (HEM) à droite est en avant-dernière position (devant HEM gauche…) en terme de fréquence de lésion.

1.2. Les différents paramètres

Les fréquences des lésions suivant la localisation anatomique, le sexe et le groupe chrono-culturel sont résumées dans le tableau 96 pour les adultes jeunes ou matures (AJM), le tableau 97 pour les adultes âgés (AA) et le tableau 98 pour les 46 sujets (AJM+AA).

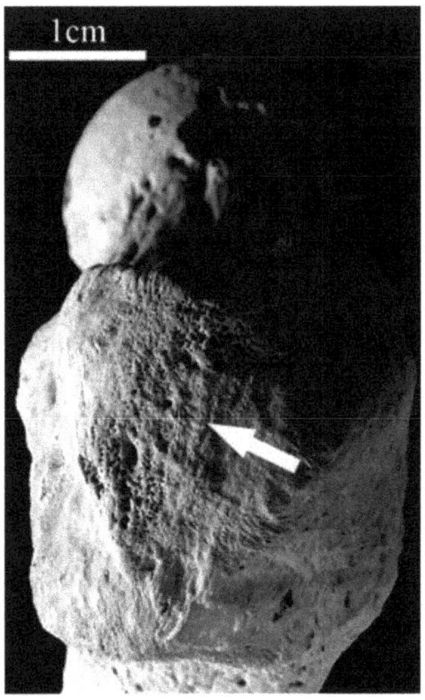

Figure 58. Fatma Koba (homme, AJM) - FMF gauche : surface irrégulière et présence de nombreux foramens

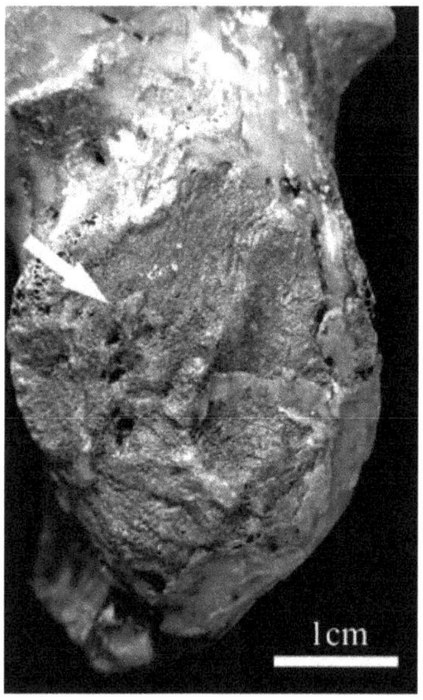

Figure 59. Sunghir 1 (homme, AJM) - CSB gauche : surface irrégulière et présence de foramens.

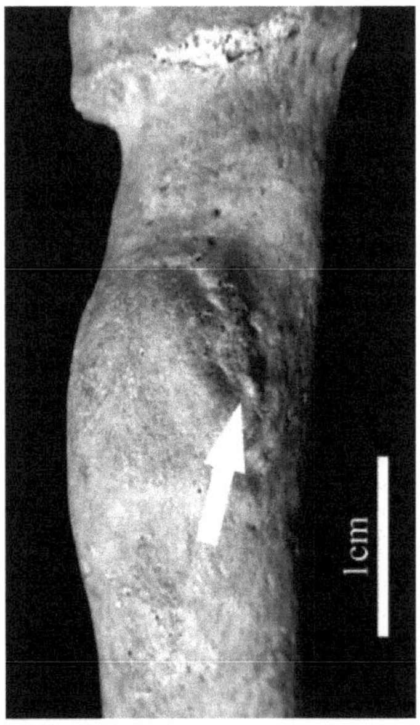

Figure 60. San Téodoro 1 (femme, AJM) - RBB droit : contour irrégulier.

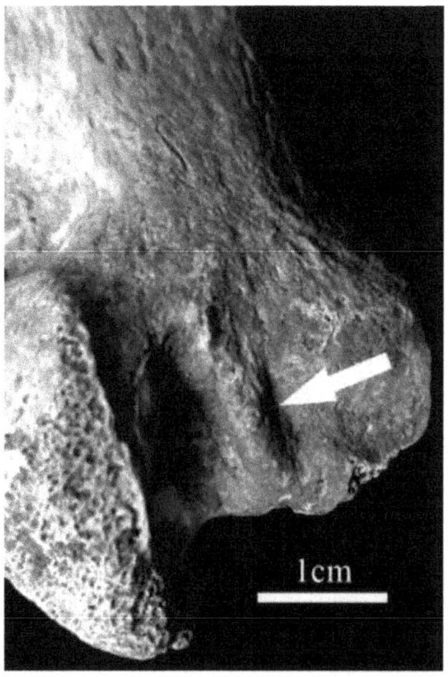

Figure 61. Vasilyevka II 11 (6285-05) (homme, AJM) - HEM droit : contour saillant.

	GRAV			CFPS			MESO			Total		
	M (5)	F (4)	M+F (9)	M (11)	F (6)	M+F (17)	M (4)	F (7)	M+F (11)	M (20)	F (17)	M+F (37)
Membre supérieur droit	0/16	0/9	0/25	4/41	3/21	7/62	3/13	1/27	4/40	7/70	4/57	11/127
Membre supérieur gauche	0/17	0/12	0/29	1/39	1/14	2/53	0/15	0/20	0/35	1/71	1/46	2/117
Total membre supérieur	0/33	0/21	0/54	5/80	4/35	9/115	3/28	1/47	4/75	8/141	5/103	13/244
Membre inférieur droit	1/11	2/12	3/23	3/35	0/18	3/53	1/9	1/18	2/27	5/55	3/48	8/103
Membre inférieur gauche	1/19	3/13	4/32	4/35	2/15	6/50	1/4	1/15	2/19	6/58	6/43	12/101
Total membre inférieur	2/30	5/25	7/55	7/70	2/33	9/103	2/13	2/33	4/46	11/113	9/91	20/204
Total	2/63	5/46	7/109	12/150	6/68	18/218	5/41	3/80	8/121	19/254	14/194	33/448

Tableau 96. Echantillon préhistorique - AJM : fréquences des lésions suivant le groupe chrono-culturel, le sexe et la localisation anatomique.
( ) : nombre d'individus

	GRAV			CFPS			MESO			Total		
	M (1)	F (1)	M+F (2)	M (2)	F (2)	M+F (4)	M (2)	F (1)	M+F (3)	M (5)	F (4)	M+F (9)
Membre supérieur droit		0/2	0/2	4/6	0/2	4/8	5/8	0/5	5/13	9/14	0/9	9/23
Membre supérieur gauche		1/5	1/5	1/3*	2/4	3/7	2/6*	1/5	3/11	3/9	4/14	7/23
Total membre supérieur		1/7	1/7	5/9	2/6	7/15	7/14	1/10	8/24	12/23	4/23	16/46
Membre inférieur droit	1/1*		1/1	2/3	3/5*	5/8	3/7	0/3	3/10	6/11	3/8	9/19
Membre inférieur gauche	2/4	0/2	2/6	3/5*	0/2	3/7	1/4	0/2	1/6	6/13	0/6	6/19
Total membre inférieur	3/5	0/2	3/7	5/8	3/7	8/15	4/11	0/5	4/16	12/24	3/14	15/38
Total	3/5	1/9	4/14	10/17	5/13	15/30	11/25	1/15	12/40	24/47	7/37	31/84

Tableau 97. Echantillon préhistorique - AA : fréquences des lésions (stades B + C), suivant le groupe chrono-culturel, le sexe et la localisation anatomique.
*( ) : nombre d'individus ; * : dont un stade C.*

	GRAV			CFPS			MESO			Total		
	M (6)	F (5)	M+F (11)	M (13)	F (8)	M+F (21)	M (6)	F (8)	M+F (14)	M (25)	F (21)	M+F (46)
Membre supérieur droit	**0/16**	**0/11**	**0/27**	**8/47**	**3/23**	**11/70**	**8/21**	**1/32**	**9/53**	**16/84**	**4/66**	**20/150**
Membre supérieur gauche	**0/17**	**1/17**	**1/34**	**2/42***	**3/18**	**5/60**	**2/21***	**1/25**	**3/46**	**4/80**	**5/60**	**9/140**
Total membre supérieur	**0/33**	**1/28**	**1/61**	**10/89**	**6/41**	**16/130**	**10/42**	**2/57**	**12/99**	**20/164**	**9/126**	**29/290**
Membre inférieur droit	**2/12***	**2/12**	**4/24**	**5/38**	**3/23***	**8/61**	**4/16**	**1/21**	**5/37**	**11/66**	**6/56**	**17/122**
Membre inférieur gauche	**3/23**	**3/15**	**6/38**	**7/40***	**2/17**	**9/57**	**2/8**	**1/17**	**3/25**	**12/71**	**6/49**	**18/120**
Total membre inférieur	**5/35**	**5/27**	**10/62**	**12/78**	**5/40**	**17/118**	**6/24**	**2/38**	**8/62**	**23/137**	**12/105**	**35/242**
Total	**5/68**	**6/55**	**11/123**	**22/167**	**11/81**	**33/248**	**16/66**	**4/95**	**20/161**	**43/301**	**21/231**	**64/532**

Tableau 98. Echantillon préhistorique - AJM+AA : fréquences des lésions (stades B + C), suivant le groupe chrono-culturel, le sexe et la localisation anatomique.
*( ) : nombre d'individus ; * : dont un stade C.*

1.2.1. Age, localisation anatomique et latéralité

Age

L'influence de l'âge sur les fréquences des atteintes au sein de l'échantillon préhistorique est évidente lorsque toutes les insertions sont regroupées (tableaux 96 et 97 et figure 62) : les lésions sont près de quatre fois plus fréquentes dans le groupe des adultes âgés (AA ; 37%) par rapport aux adultes jeunes ou matures (AJM ; 11%). De plus, les cinq stades C attribués l'ont été pour des sujets âgés. Du point de vu des lésions par individu, il est intéressant de noter que les sujets attribués avec une probabilité relativement faible au groupe d'âge des AJM (voir chapitre VII, tableau 86) ne se caractérisent pas par des fréquences d'atteintes très importantes, à l'exception de Veneri Parabita 2 (tableau 95). Dans le même ordre d'idée, les sujets attribués au groupe des AA avec une probabilité basse (voir chapitre VII, tableau 87) ne se distinguent pas vraiment des autres adultes âgés, sauf Grotte des Enfants 5 qui ne présente qu'une atteinte pour neuf cotations (tableau 95).

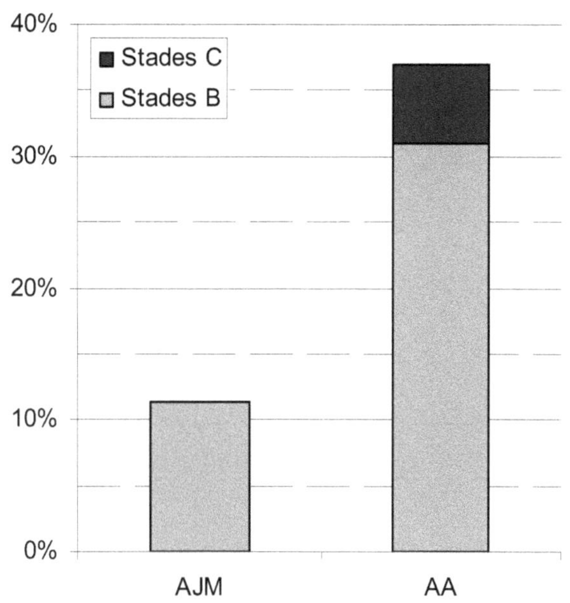

Figure 62. Echantillon préhistorique : fréquences des stades B et C suivant le groupe d'âge.

Localisation anatomique

Les insertions les plus fréquemment atteintes au sein de l'échantillon préhistorique sont des enthèses du membre inférieur (tableau 94 et figure 56). Les lésions apparaissent également plus fréquentes au niveau de ce membre lorsque les stades sont regroupés suivant la localisation (tableau 98). Ce constat est vrai pour les deux groupes d'âge (tableaux 96 et 97 et figure 63). L'écart est plus important chez les AJM, pour lesquels les atteintes sont deux fois plus fréquentes au niveau du membre inférieur. Aucun des *odds ratio* calculés afin de comparer les proportions d'enthésopathies suivant la localisation anatomique ne diffère cependant significativement de 1 (tableau 99).

	OR	IC 95%	
AJM	0,52	0,25	1,07
AA	0,82	0,34	1,99
AJM+AA	0,66	0,39	1,11

Tableau 99. Echantillon préhistorique : odds ratios suivant la localisation anatomique des lésions.

Latéralité, dominance fonctionnelle

Les fréquences des lésions du membre inférieur sont similaires quel que soit le côté (tableaux 94 et 98, figures 56 et 64). La dominance fonctionnelle du côté droit s'observe par contre aisément pour le membre supérieur, que l'on considère les fréquences des lésions par insertion (tableau 94 et figure 56) ou par membre (tableau 98 et figure 64). Les enthésopathies sont plus fréquentes à droite dans les deux groupes d'âge (tableaux 96 et 97 et figure 65), mais l'écart entre gauche et droite est plus important chez les AJM. Cette réduction de l'écart avec l'âge avait déjà été constatée pour l'échantillon actuel (chapitre VI. 1.6).

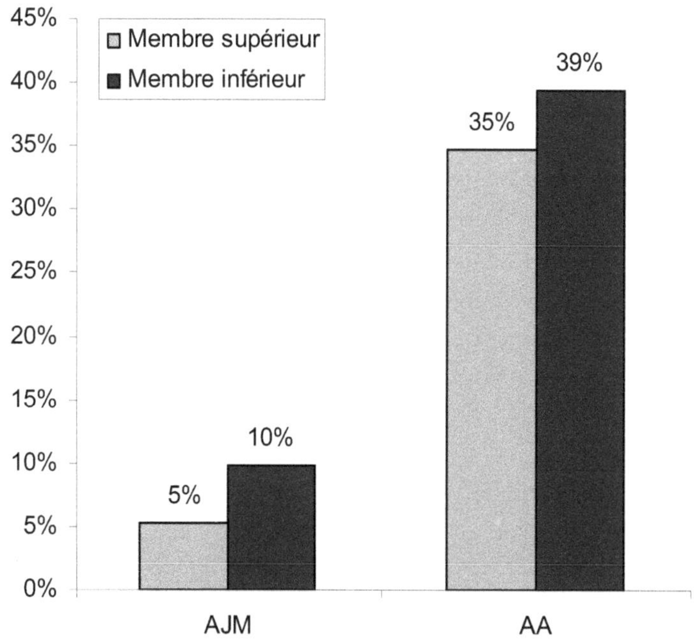

Figure 63. Echantillon préhistorique : fréquences des lésions (stades B + C) suivant le groupe d'âge et la localisation anatomique.

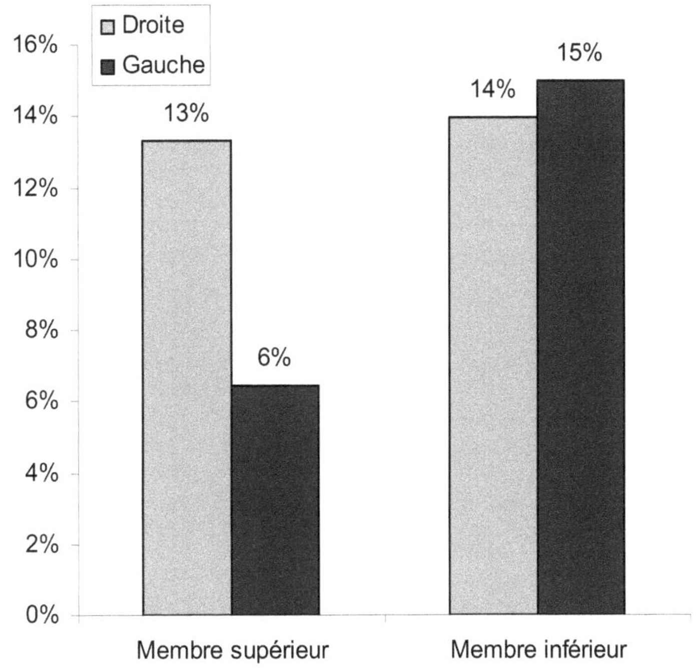

Figure 64. Echantillon préhistorique : fréquences des lésions (stades B + C) suivant la localisation anatomique et le côté.

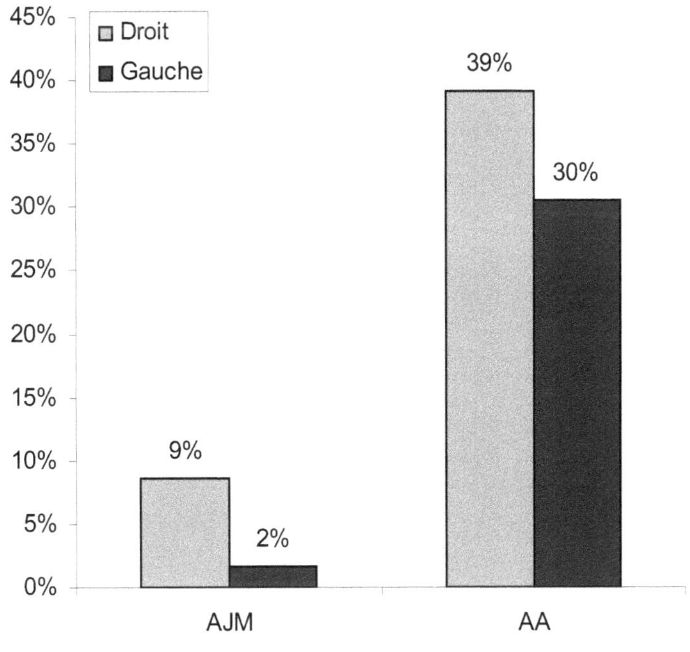

Figure 65. Echantillon préhistorique - membre supérieur : fréquences des lésions (stades B + C) suivant le groupe d'âge et le côté.

1.2.2. Comparaison des groupes chrono-culturels

Fréquence totale des lésions

Pour les adultes jeunes ou matures (AJM), les fréquences totales des lésions sont similaires entre les trois groupes chrono-culturels (tableau 96) : 6% pour les sujets gravettiens (GRAV), 8% pour les individus de la fin du paléolithique supérieur (CFPS) et 7% pour les mésolithiques (MESO). Pour les adultes âgés (AA), les lésions semblent plus fréquentes dans le groupe CFPS mais le nombre restreint de stades attribués ne permet pas de réelle comparaison (tableau 97).

Localisation anatomique

Des différences selon le groupe chrono-culturel sont observées pour la localisation anatomique des lésions (tableaux 96 à 98). Pour le groupe des AJM (figure 66), la totalité des lésions chez les individus gravettiens concerne le membre inférieur ; aucune atteinte n'a été notée pour le membre supérieur. De plus, la fréquence des enthésopathies du membre inférieur dans ce groupe (près de 13%) est sensiblement plus importante que celle calculée pour les groupes des cultures de la fin du Paléolithique supérieur et du mésolithique (9% environ dans les deux cas). Les individus jeunes ou matures gravettiens se caractérisent ainsi nettement par un écart très important entre membre supérieur et inférieur et par une totale absence de lésion au niveau du membre supérieur. Toujours pour les AJM, les groupes plus récents se distinguent entre eux par la fréquence des enthésopathies au niveau du membre supérieur (tableau 96 et figure 66) : elle est plus importante dans le groupe CFPS (8%) que dans le groupe MESO (5%). Lorsque les groupes sont comparés deux à deux avec le test exact de Fisher (tableau 100), en regroupant les cotations suivant la localisation, une seule probabilité est inférieure à 5% (et uniquement avec le test unilatéral). D'après ce test, les gravettiens présentent moins de lésions au niveau du membre supérieur que les sujets de la fin du Paléolithique supérieur. Toutefois, lorsque l'on s'intéresse au nombre d'individus présentant au moins une lésion (tableau 95) aucune différence significative n'est constatée (tableau 101).

Du fait de l'effectif réduit, les comparaisons sont plus difficiles pour les adultes âgés. Il existe cependant des similitudes avec le groupe AJM (tableau 97). Ainsi, pour les 2 individus gravettiens âgés, une seule lésion (pour 7 insertions cotées) a été relevée au niveau du membre supérieur alors que 3 atteintes (sur 7 enthèses observées) ont été notées pour le membre inférieur. Pour le groupe CFPS, les fréquences d'enthésopathies au membre supérieur et inférieur sont similaires (respectivement 7 cas sur 15 et 8 cas sur 15). Chez les individus âgés du groupe MESO les atteintes sont en revanche plus fréquentes au niveau du membre supérieur (8 cas sur 24) par rapport au membre inférieur (4 cas sur 16).

Les *odds ratios* calculés en regroupant les cotations suivant

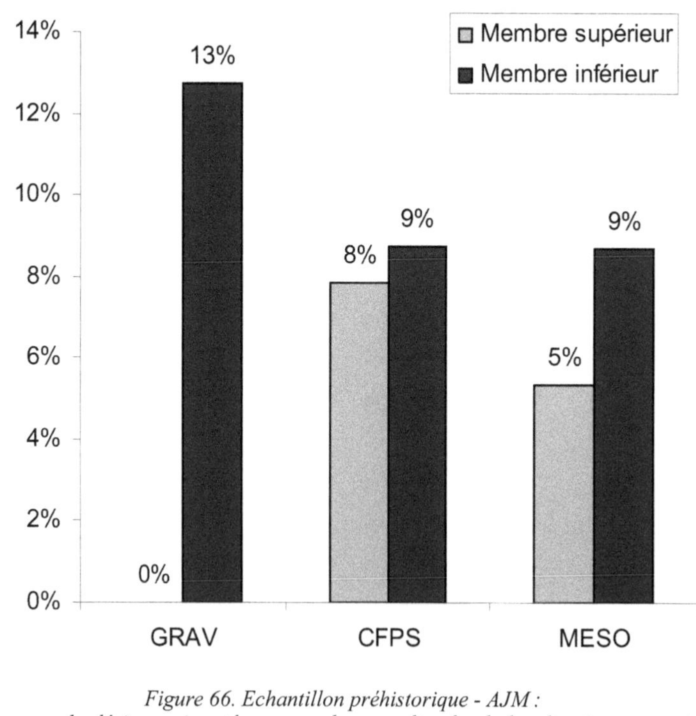

Figure 66. Echantillon préhistorique - AJM : fréquences des lésions suivant le groupe chrono-culturel et la localisation anatomique.

	Membre supérieur p exacte		Membre inférieur p exacte	
	uni.	**bi.**	**uni.**	**bi.**
GRAV versus CFPS	0,028	0,059	0,298	0,422
GRAV versus MESO	0,110	0,139	0,375	0,750
CFPS versus MESO	0,362	0,571	0,631	1

Tableau 100. Echantillon préhistorique - AJM : comparaison deux à deux des groupes chrono-culturels d'après les fréquences des lésions.

	Membre supérieur p exacte		Membre inférieur p exacte	
	uni.	**bi.**	**uni.**	**bi.**
GRAV versus CFPS	0,060	0,066	0,593	1
GRAV versus MESO	0,170	0,228	0,444	0,629
CFPS versus MESO	0,449	0,692	0,312	0,420

Tableau 101. Echantillon préhistorique - AJM : comparaison deux à deux des groupes chrono-culturels d'après les fréquences d'individus ayant au moins une lésion.

	AJM			AA			AJM + AA		
	OR	**IC 95%**		**OR**	**IC 95%**		**OR**	**IC 95%**	
GRAV	0,06	0,00	1,15	0,22	0,02	2,97	0,09	0,01	0,70
CFPS	0,89	0,34	2,33	0,77	0,18	3,21	0,83	0,40	1,74
MESO	0,59	0,14	2,49	1,50	0,36	6,17	0,93	0,36	2,42

Tableau 102. Echantillon préhistorique : odds ratios de la localisation anatomique des lésions pour chaque groupe chrono-culturel.

	AJM			AA			AJM+AA		
	Z	**p uni.**	**p bi.**	**Z**	**p uni.**	**p bi.**	**Z**	**p uni.**	**p bi.**
GRAV vs CFPS	-1,69	0,046	0,091	-0,82	0,206	0,412	-2,00	0,023	0,046
GRAV vs MESO	-1,35	0,089	0,177	-1,27	0,102	0,204	-2,03	0,021	0,042
CFPS vs MESO	0,46	0,323	0,646	-0,65	0,258	0,516	-0,18	0,429	0,857

Tableau 103. Echantillon préhistorique : comparaison deux à deux des groupes chrono-culturels d'après les odds ratios pour la localisation anatomique.

la localisation anatomique sont présentés dans le tableau 102. Un seul de ces *odds ratios* est significativement différent de 1 : la proportion d'enthésopathies par rapport aux enthèses saines est significativement plus importante au niveau du membre inférieur au Gravettien, lorsque tous les individus sont considérés (AJM + AA).

Les comparaisons des *odds ratios* suivant les groupes chrono-culturels mettent en évidence des différences significatives entre les gravettiens et les individus des deux autres groupes (tableau 103).

Il m'a semblé intéressant d'utiliser l'ensemble de l'échantillon préhistorique étudié (91 individus) afin de rechercher si les différences concernant le rapport membre supérieur / membre inférieur étaient toujours constatées. Le fait de ne pas connaître l'âge au décès ou le sexe pour certains de ces individus ne pose en soi pas réellement de problème ici : nous avons vu que la localisation préférentielle des lésions ne varie pas en fonction de l'âge ou du sexe pour l'échantillon actuel de référence (chapitre VI 1.5.) ; cela semble être également vrai dans le cas de l'échantillon préhistorique (tableaux 96 et 97 et figure 63 pour l'âge ; *infra* pour le sexe). La localisation préférentielle des atteintes varie nettement suivant les groupes chrono-culturels lorsque les 91 individus sont pris en compte (figure 67). L'écart en faveur du membre inférieur au Gravettien se réduit pour le groupe de la fin du Paléolithique supérieur et les lésions du membre supérieur prédominent au Mésolithique.

Enfin, différentes permutations ont été effectuées pour tenter

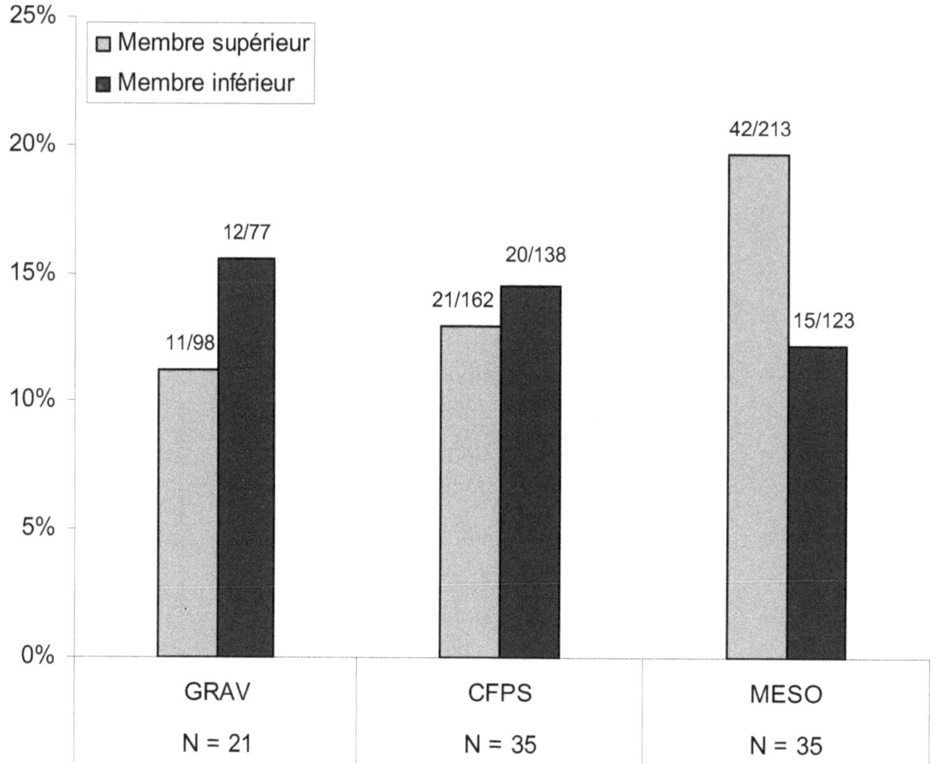

Figure 67. Echantillon préhistorique - 91 individus : fréquences des lésions (stades B + C) suivant le groupe chrono-culturel et la localisation anatomique.

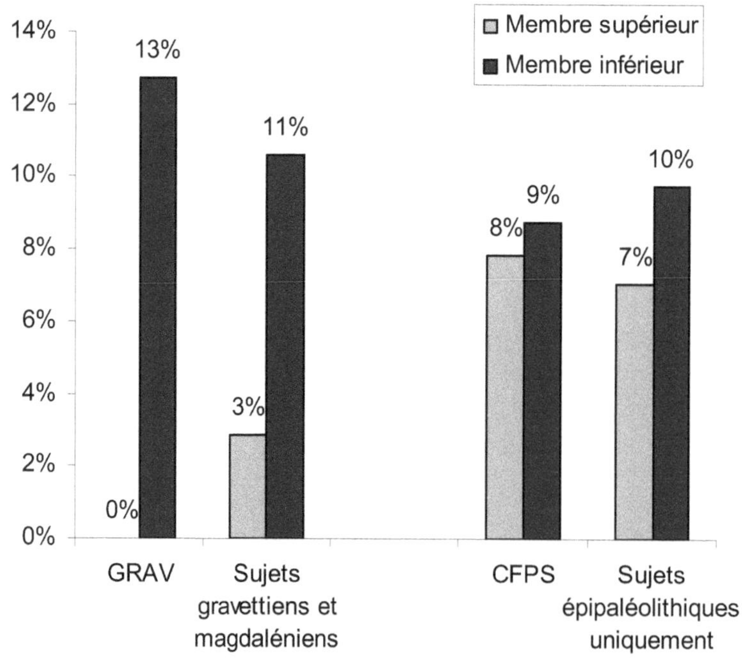

Figure 68. Echantillon préhistorique - AJM : fréquences des lésions suivant la localisation anatomique et la prise en compte ou non des sujets magdaléniens (n = 2) dans les groupes GRAV et CFPS.

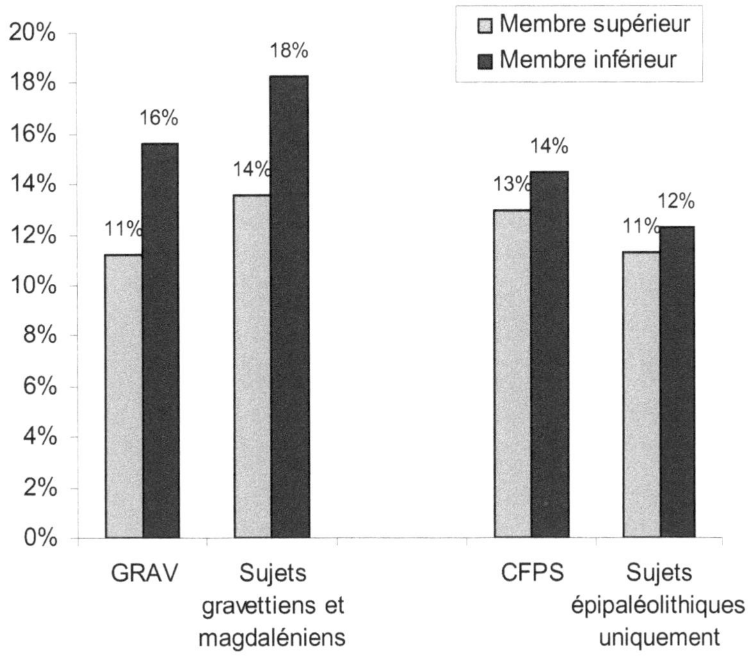

Figure 69. Echantillon préhistorique - 91 individus : fréquences des lésions (stades B + C) suivant la localisation anatomique et la prise en compte ou non des sujets magdaléniens (n = 4) dans les groupes GRAV et CFPS.

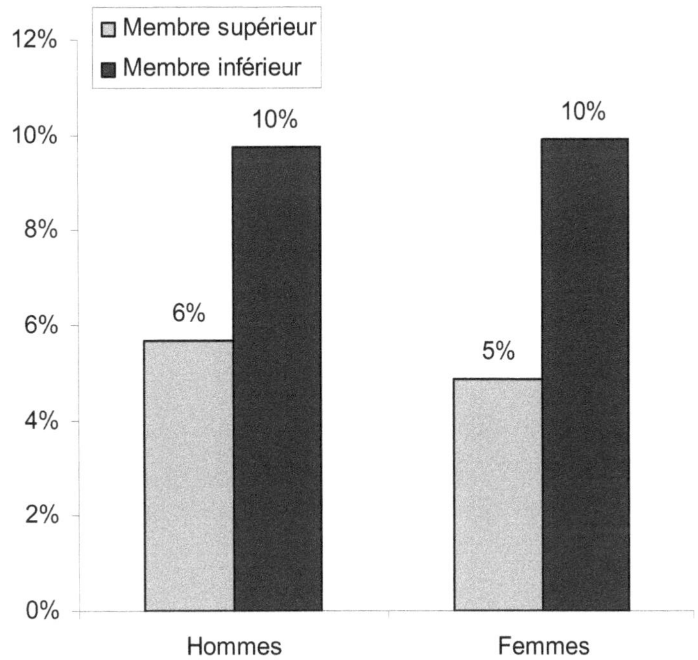

Figure 70. Echantillon préhistorique - AJM : fréquences des lésions suivant le sexe et la localisation anatomique.

de caractériser l'effet de l'intégration dans le groupe CFPS des quatre individus magdaléniens, chronologiquement et culturellement distincts des autres sujets de ce groupe. Les figures 68 et 69 illustrent ces tentatives pour les adultes jeunes ou matures et pour tous les individus préhistoriques (âge et sexe déterminés ou non). Les sujets ont été retirés du groupe CPFS et intégrés au groupe GRAV. Des variations apparaissent mais ne remettent pas fondamentalement en cause les résultats obtenus. En effet, les différences de localisation préférentielle des lésions entre le groupe GRAV et CFPS restent importantes.

1.2.3. Comparaison selon le sexe

Fréquence totale et localisation des lésions

La fréquence des lésions pour le groupe AJM est identique quel que soit le sexe (7%) (tableau 96). La localisation anatomique des lésions est comparable dans les deux sexes (tableau 96 et figure 70).

Pour les individus âgés (tableau 97), les lésions sont nettement plus fréquentes chez les hommes (51%) que chez les femmes (19%). Cette différence est significative d'après le test exact de Fisher (p des tests unilatéral et bilatéral $< 0,005$). Ce résultat est complètement différent de celui obtenu pour l'échantillon récent, pour lequel nous avions vu que les femmes avaient tendance, avec l'âge, à présenter plus de lésions que les hommes.

Lésions du membre supérieur

Les stades attribués suivant le sexe pour le membre supérieur ont été comparés pour le groupe des AJM. Ces comparaisons ne concernent que les individus des groupes CFPS et MESO, les squelettes gravettiens ne présentant pas d'enthésopathie pour ce membre. Le tableau 104 illustre les fréquences des lésions du membre supérieur suivant le côté, le sexe et le groupe chrono-culturel. Peu de différences entre hommes et femmes sont constatées. Ces différences concernent essentiellement la localisation des lésions pour le membre supérieur droit. Lorsque les deux groupes chrono-culturels sont réunis, les lésions sont plus fréquentes au niveau du coude chez les hommes (19%) que chez les femmes (6%). A l'épaule, deux enthésopathies (sur 14 insertions observées) ont été relevées chez les femmes, aucune chez les hommes.

Ces différences ne sont pas significatives d'après le test exact de Fisher (tableau 105).

Neuf femmes et 13 hommes présentent au moins une paire d'insertions observable au niveau du coude. Aucune des femmes n'exhibe d'asymétrie alors que cinq des sujets masculins en ont : Arene Candide B (HEM), Le Bichon (HEM et RBB, figure 71), Fatma Koba (HEM et RBB), Romanelli 1 (RBB) et Vasilyevka III 36 (6462-24) (RBB). La différence entre ces deux fréquences (0/9 et 5/13) est proche du seuil de significativité d'après le test de Fisher (*p*

		Membre supérieur droit		Membre supérieur gauche	
		Femmes	Hommes	Femmes	Hommes
CFPS	HSC	1/3	0/8	0/3	0/6
	HSI	0/2	0/7	0/2	0/6
	Epaule	1/5	0/15	0/5	0/12
	HEL	1/6	0/9	1/2	0/8
	HEM	0/6	2/8	0/4	0/9
	RBB	1/4	2/9	0/3	1/10
	Coude	2/16	4/26	1/9	1/27
MESO	HSC	0/5	0/2	0/4	0/3
	HSI	1/4	0/1	0/3	0/3
	Epaule	1/9	0/3	0/7	0/6
	HEL	0/6	0/3	0/5	0/3
	HEM	0/5	2/4	0/3	0/3
	RBB	0/7	1/3	0/5	0/3
	Coude	0/18	3/10	0/13	0/9
CFPS + MESO	HSC	1/8	0/10	0/7	0/9
	HSI	1/6	0/8	0/5	0/9
	Epaule	2/14	0/18	0/12	0/18
	HEL	1/12	0/12	1/7	0/11
	HEM	0/11	4/12	0/7	0/12
	RBB	1/11	3/12	0/8	1/13
	Coude	2/34	7/36	1/22	1/36

Tableau 104. Echantillon préhistorique - AJM - CFPS et MESO : fréquences des lésions par insertion du membre supérieur suivant le sexe.

	p exacte	
	uni.	bi.
HSC droit	0,444	0,444
HSI droit	0,429	0,429
Epaule droite	0,184	0,184
HEL droit	0,500	1,000
HEM droit	0,056	0,093
RBB droit	0,329	0,590
Coude droit	0,089	0,152

Tableau 105. Echantillon préhistorique - AJM - CFPS et MESO : comparaisons des fréquences des lésions pour le membre supérieur droit suivant le sexe.

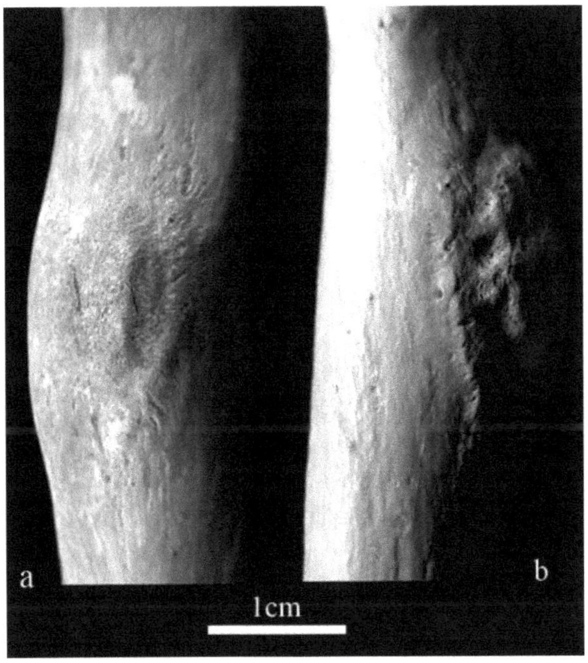

Figure 71. Le Bichon - radius - RBB droit (a) et gauche (b) : asymétrie en faveur du côté gauche.

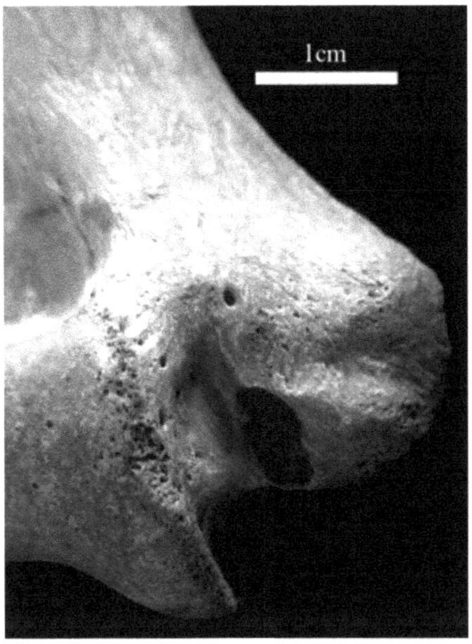

Figure 72. Le Bichon - humérus droit : lésion au niveau de l'épicondyle médial.

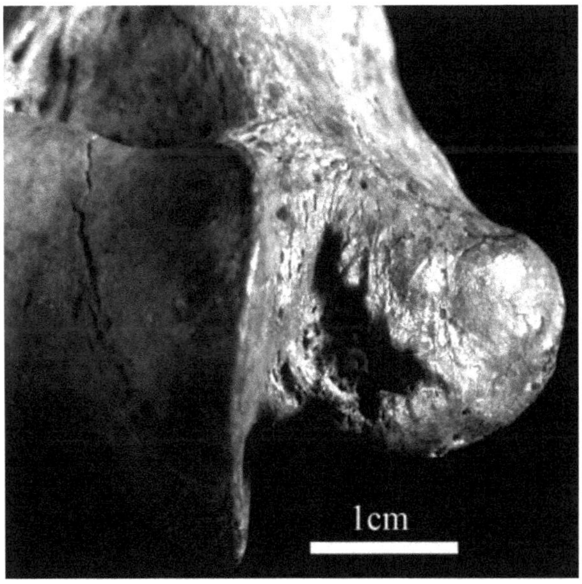

Figure 73. Arene Candide B - humérus droit : lésion au niveau de l'épicondyle médial.

exacte du test unilatéral : 0,049 ; *p* exacte du test bilatéral : 0,054).

1.3. Lacune osseuse au niveau de l'insertion du ligament collatéral médial, un nouveau marqueur osseux de la pratique du lancer ?

Deux hommes, Le Bichon et Arene Candide B, présentent une lésion particulière au niveau de l'épicondyle médial droit (HEM). Chez ces jeunes sujets épipaléolithiques (groupe d'âge 20-29 pour le premier, 20-49 pour le second), une lacune de l'os cortical et de l'os spongieux sous-jacent est observable dans cette zone (figures 72 et 73).

Description des lésions

L'atteinte se présente dans les deux cas comme une cavité aux bords bien définis associant une disparition de l'os cortical et de l'os spongieux sous-jacent. Sur l'humérus droit du Bichon, l'ouverture de cette cavité est de forme ovalaire, aux contours réguliers et émoussés. La longueur maximale de l'ouverture est approximativement de 7,5 mm, la largeur maximale de 4,5 mm environ. La profondeur maximale est légèrement inférieure à 4 mm. Le bord de la cavité est également émoussé mais plus irrégulier pour l'humérus droit d'Arene Candide B. Les dimensions maximales de l'ouverture sont d'environ 8,5 mm pour la longueur et 3,5 mm pour la largeur. Le fond de la cavité est plus irrégulier que dans le cas du Bichon ; la profondeur de la cavité est comprise entre 3 et 4 mm. Chez les deux individus, le fond de la cavité est tapissé d'« os poreux » : un « Tissu osseux spongieux réactionnel présentant un aspect trabéculaire serré et régulier » selon P. L. Thillaud (1996 : 19).

Correspondance anatomique

Ces lésions sont localisées au niveau de l'insertion humérale du faisceau antérieur[1] du ligament collatéral médial (LCM) (figure 74). Ce faisceau se confond avec le tendon des muscles épicondyliens médiaux pour former une enthèse commune au niveau de l'épicondyle (Milz *et al.* 2004). Le faisceau antérieur du LCM est principalement tendu en extension (Fuss 1991 ; Rongières *et al.* 2001 ; Bonnel 2002 : 45) mais sa tension maximale se rencontre entre 30 et 90° de flexion (Rongières *et al.* 2001). Du point de vu fonctionnel, il maintient la stabilité du coude en valgus (Bonnel 2002 : 45).

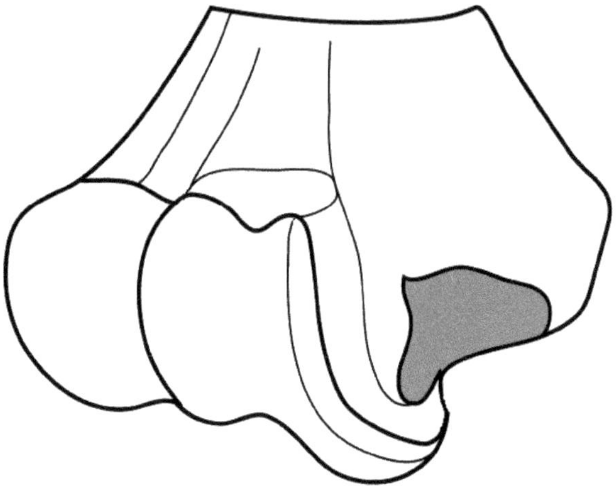

Figure 74. Insertion du faisceau intermédiaire du ligament collatéral médial.
D'après la figure 1 de F. K. Fuss (1991).

Atteintes du LCM

Les atteintes de l'insertion humérale du LCM décrites dans la littérature sont associées à la pratique du lancer quel que soit le sport : baseball, lancer de javelot, handball, … (Mirowitz et London 1992 ; Bramhall *et al.* 1994 ; Sugimoto et Ohsawa 1994 ; Schwartz *et al.* 1995 ; Coudreuse et Parier 2003 ; Ouellette *et al.* 2008). Trois phases principales caractérisent le lancer : l'armer, la phase d'accélération et la phase de décélération. Le LCM subit le maximum de contraintes, sous forme de tensions, lors de l'extension du coude en valgus maximal qui survient dans la 2e phase (Bramhall *et al.* 1994 ; Coudreuse et Parier 2003). La répétition de ces contraintes entraîne bien souvent une lésion ligamentaire ou osseuse. Chez l'adulte, elle revêt le plus fréquemment l'aspect d'une rupture partielle ou complète du ligament, proche de son insertion humérale en général (Schwartz *et al.* 1995 ; Mulligan *et al.* 2000 ; Coudreuse et Parier 2003 ; Miller *et al.* 2004). Des calcifications et des ossifications intraligamentaires peuvent être associées à ces ruptures (Mulligan *et al.* 2000 ; Nazarian *et al.* 2003). On observe parfois l'avulsion d'un fragment d'os cortical mais ce type de lésion est rare chez l'adulte (Gore *et al.* 1980).

L'atteinte osseuse se rencontre beaucoup plus fréquemment chez les sujets immatures. Elle se présente alors le plus souvent sous la forme d'un arrachement complet de l'épiphyse ou d'une avulsion de fragment(s) osseux (Brogdon et Crow 1960 ; Gore *et al.* 1980 ; Sugimoto et Ohsawa 1994 ; Nakanishi *et al.* 1996 ; Miller *et al.* 2004 ; Ouellette *et al.* 2008). Les avulsions de fragment(s) osseux se produisent à l'extrémité distale de l'épiphyse, alors que le ligament reste inséré sur l'épicondyle (Sugimoto et Ohsawa 1994 ; Nakanishi *et al.* 1996 ; Miller *et al.* 2004). Ce type d'avulsion semble plus fréquent avant la fusion de l'épicondyle au condyle. Dans l'étude de H. Sugimoto et T. Ohsawa (1994) portant sur 20 jeunes lanceurs symptomatiques, 12 sujets présentaient une atteinte ligamentaire ou osseuse détectée en imagerie. Les auteurs ont observé avant la fusion épiphysaire une fragmentation (4 cas) ou une lacune osseuse (2 cas) à la marge inférieure du centre d'ossification ; une rupture ligamentaire sans atteinte osseuse (4 cas) ou une lacune osseuse sous-corticale (2 cas) après la fusion.

Le diamètre maximal de la cavité ne se situe pas à l'ouverture pour les squelettes du Bichon et d'Arene Candide B ; les bords de celle-ci recouvrent légèrement la fosse (figures 72 et 73). Cette constatation n'est pas en faveur d'un arrachement osseux non cicatrisé car le diamètre maximal de la fosse serait alors observé à l'ouverture (voir Husson *et al.* 1991). Je ne connais pas de description chez l'adulte de l'aspect cicatrisé d'une avulsion osseuse survenue durant l'enfance ou l'adolescence. Il est possible que cet aspect soit similaire à ce qui est observé pour le Bichon et Arene Candide B. Cette hypothèse mécanique peut être avancée pour trois raisons :

- la localisation anatomique : lésion unilatérale droite,
- le caractère très spécifique des atteintes de l'insertion du LCM,

[1] Pour la majorité des auteurs (p. ex. : Fuss 1991 ; Mirowitz et London 1992 ; Sugimoto et Ohsawa 1994 ; Schwartz *et al.* 1995 ; Nakanishi *et al.* 1996 ; Nazarian *et al.* 2003 ; Ouellette *et al.* 2008), le faisceau antérieur du LCM correspond à la bande fibreuse tendue entre l'humérus et l'ulna qui s'insère d'une part, sur la face antérieure de l'extrémité distale de l'épicondyle médial et, d'autre part, sur la marge médiale du processus coronoïde. C'est cette désignation qui a été choisie ici. M. Rongières et collaborateurs (2001) nomment cette structure «faisceau intermédiaire» et utilisent «faisceau antérieur» pour désigner un faisceau supplémentaire, ignoré par les autres auteurs.

- le parallèle possible entre les données médicales actuelles et les observations faites pour les fossiles.

D'autres hypothèses peuvent cependant être formulées pour expliquer ces atteintes. J'ai tout d'abord envisagé les différentes causes non mécaniques de « fosse » au niveau des enthèses.

Les zones d'insertion tendineuses ou ligamentaires présentent fréquemment un aspect en fosse chez les sujets immatures. La perduration de ces lacunes osseuses s'observent parfois chez l'adulte (Ghanem *et al.* 2001). Toutefois, la perduration d'une lacune corticale est fort improbable pour expliquer les lésions du Bichon et d'Arene Candide B. En effet, ces lacunes corticales sont dites métaphysaires : elles concernent les insertions situées aux extrémités des diaphyses qui doivent migrées durant la croissance osseuse (Dörfl 1980a). Des lacunes corticales sont ainsi décrites chez l'enfant pour l'extrémité distale de l'humérus mais au dessus du cartilage de conjugaison (Keats et Joyce 1984).

La localisation des lésions est également un argument fort pour rejeter l'hypothèse d'une enthésopathie calcifiante érosive (chapitre II. 2.5.) : les tendinites calcifiantes semblent très rares au niveau du coude (Holt et Keats 1993). Dans une revue de 50 cas de tendinite calcifiante associée à des modifications osseuses au niveau de l'enthèse, aucune des lésions humérales (20 cas) n'était située à l'extrémité distale de l'os (Flemming *et al.* 2003). Notons toutefois que A. Chevrot et collaborateurs (2003) ont décrit des tendinites calcifiantes proches de l'épicondyle latéral, mais associées à des irrégularités de la corticale et non avec une érosion.

L'ostéolyse au niveau d'une épiphyse peut avoir une origine tumorale : chondroblastome ou tumeur à cellules géantes notamment. Toutefois, ces tumeurs sont exceptionnelles au niveau du coude (Goldenberg *et al.* 1970 ; Springfield *et al.* 1985 ; Campanacci *et al.* 1987) et l'ostéolyse qu'elles entraînent a généralement des dimensions sensiblement supérieures à celles observées pour les deux squelettes préhistoriques.

La possibilité d'une maladie systémique à l'origine de la lésion a également été envisagée. Le squelette du Bichon ne présente aucune atteinte osseuse pouvant laisser supposer une maladie hyperostosique, une spondylarthropathie ou toute autre maladie généralisée. Pour le site des Arene Candide, aucune modification osseuse évocatrice d'une maladie hyperostosique ou d'une spondylarthropathie n'a été observée au sein de l'assemblage osseux. Cependant, le sujet A d'Arene Candide pourrait être atteint de rachitisme vitamino-résistant hypophosphatémique lié au chromosome X (Formicola 1995). Or, j'ai constaté qu'un autre humérus droit provenant de l'assemblage osseux et pouvant appartenir à Arene Candide A présentait une cavité au niveau de l'insertion humérale du faisceau antérieur du LCM (figure 75). Une relation entre maladie génétique et lésion humérale pourrait être suspectée, au moins pour le site des Arene Candide. Cette hypothèse apparaît cependant peu vraisemblable pour trois raisons. D'une part, les enthésopathies associées au rachitisme hypophosphatémique correspondent à des calcifications ou à des ossifications de la zone d'insertion : il n'y a pas d'érosion au niveau de l'enthèse (Polisson *et al.* 1985 ; Burnstein *et al.* 1989). D'autre part, ces enthésopathies sont bilatérales (Polisson *et al.* 1985), contrairement à ce qui a été observé pour ces squelettes. Enfin, le squelette d'Arene Candide B n'exhibe qu'une seule enthésopathie pour 18 insertions étudiées (tableau 95).

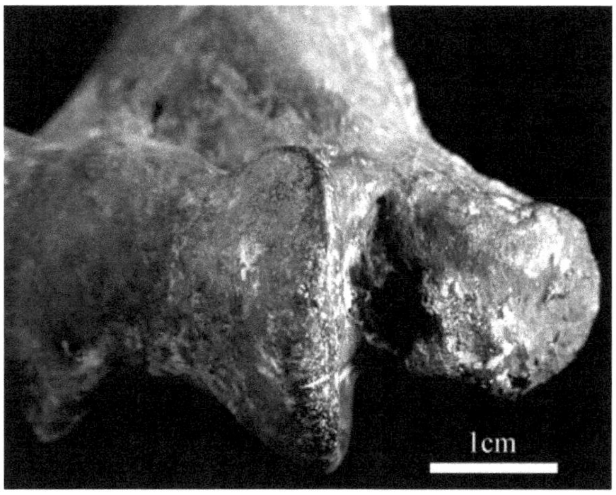

Figure 75. Humérus droit provenant des Arene Candide : lésion au niveau de l'épicondyle médial.

L'aspect des lésions pourrait évoquer une ostéochondrose. Classiquement, celle-ci est reconnue pour les surfaces articulaires. Dans ce cas, le principal facteur d'apparition serait vasculaire, de type ischémique, lors de l'ossification (Job-Deslandre 1999). Les ostéochondroses apophysaires sont distingués des précédentes d'après leur localisation mais également sur des arguments physiopathologiques : elles se rattachent en fait aux arrachements microtraumatiques (Job-Deslandre 1999), comme ceux que j'ai décrit pour le lancer.

Après cette recherche, il semble possible de retenir la première hypothèse et de formuler un diagnostic rétrospectif pour expliquer la lésion rencontrée chez les deux sujets : une avulsion osseuse microtraumatique survenue durant l'enfance ou au début de l'adolescence dénommée ostéochondrose apophysaire par certains auteurs (Job-Deslandre 1999). De plus, la localisation très spécifique de la lésion permet d'envisager la pratique répétée du lancer comme activité à l'origine de cette atteinte.

2. Discussion

En dépit d'un effectif restreint, l'étude des enthèses des

squelettes du Paléolithique supérieur et du Mésolithique a permis de mettre en évidence :

1) Pour les adultes jeunes ou matures, des fréquences globales d'enthésopathies similaires quels que soient le sexe et le groupe chrono-culturel.
2) Une localisation préférentielle des lésions au membre inférieur. L'écart entre membre supérieur et membre inférieur est plus marqué pour les sujets gravettiens. Nous allons voir que ce résultat peut être interprété à l'aune des données anatomiques sur les fossiles et des données archéologiques sur les déplacements des matières premières.
3) Une localisation des lésions différente selon le sexe au niveau du membre supérieur droit, avec une atteinte pouvant être associée à la pratique répétée du lancer avant la maturité squelettique pour deux sujets masculins de la fin du Paléolithique supérieur.

2.1. Fréquence totale des enthésopathies

Lorsque l'on s'intéresse aux adultes jeunes ou matures (AJM), les trois ensembles chrono-culturels et les deux sexes ne se distinguent pas pour leur fréquence « moyenne » d'enthésopathies. Cette absence de différence soulève deux remarques.

1) L'influence des facteurs favorisant l'apparition des enthésopathies a semble-il peu varié entre 28 000 et 6 000 BP. Ce résultat indique une certaine équivalence des charges mécaniques totales subies durant la vie des individus. Notons que le froid aurait pu jouer un rôle dans la survenue des atteintes microtraumatiques (chapitre II. 2.1.2.), mais que les individus gravettiens et magdaléniens, soumis à un climat froid, ne se distinguent pas par des fréquences d'enthésopathies très importantes.
2) Les comparaisons pour les AJM des fréquences d'enthésopathies en fonction du sexe ou du groupe chrono-culturel n'ont semble-t-il pas été biaisées par d'éventuelles différences de distribution réelle d'âge au décès (voir chapitre VII. 4.3.).

Les écarts observés entre les sexes et les ensembles chrono-culturels concernent la localisation des atteintes et non la fréquence globale des enthésopathies. Avant de présenter des hypothèses pour expliquer ces résultats, j'aimerais soulever un dernier point à propos de cette fréquence globale. Je n'ai pas directement comparé les sujets préhistoriques aux individus des périodes historiques car le décalage chronologique, environnemental et de mode de vie me paraissait trop important pour permettre une analyse pertinente. Il est néanmoins intéressant de noter que la fréquence d'enthésopathies pour les adultes jeunes ou matures du Paléolithique supérieur et du Mésolithique (11%) est comparable à celles obtenues pour les sujets de l'échantillon actuel ayant un âge au décès similaire (figure 17, [20-29] : 5%, [30-39] : 9%, [40-49] : 20% ; total [20-49] : 11%).

2.2. Prédominance des lésions au niveau du membre inférieur et évolution au cours des millénaires

Dans l'échantillon préhistorique, les enthésopathies sont plus fréquentes au membre inférieur qu'au membre supérieur. La prédominance des lésions des enthèses du membre inférieur est nette, aussi bien lorsque que ces dernières sont regroupées que lorsqu'elles sont considérées isolément. Ainsi, les quatre enthèses les plus atteintes sont localisées sur les os coxaux et les fémurs : insertions gauche et droite des mm. ischio-jambiers et du m. moyen fessier.

L'étude de l'échantillon de référence actuel nous a montré que le membre supérieur est en revanche préférentiellement atteint par rapport au membre inférieur, quel que soit l'activité ou l'âge. Afin d'expliquer ce résultat, j'ai évoqué l'influence possible d'un mode de vie sédentaire (chapitre VI. 1.5.). D'après cette hypothèse, la prédominance des lésions au niveau du membre inférieur dans l'échantillon préhistorique pourrait être mise en relation avec un mode de vie nomade.

La mobilité des chasseurs-collecteurs est particulièrement difficile à mettre en évidence en archéologie et la notion même de mobilité reste peu claire en ethnologie (Kelly 1995 : 111-115). Le déplacement des individus peut être quantifié en terme de distance et de fréquence, mais on peut également distinguer la mobilité résidentielle (l'ensemble des individus se déplacent, abandonnant un camp pour en occuper un autre) et la mobilité logistique (un groupe spécialisé part du campement principal puis y revient) (Binford 1980). Ainsi, pour un groupe donné, la mobilité résidentielle peut être faible alors que la distance parcourue par quelques individus est importante. J'emploierai pour l'instant le terme de mobilité au sens très large de déplacement des individus.

2.2.1. Des gravettiens plus mobiles ?

Nous avons constaté une tendance à la réduction au cours du temps de l'importance relative des lésions du membre inférieur par rapport au membre supérieur. Au Gravettien, les individus se singularisent par des lésions du membre supérieur rares (voir absentes pour les adultes jeunes ou matures) et par des lésions du membre inférieur plus fréquentes que dans les deux autres groupes chrono-culturels. L'analyse comparative révèle que cette particularité est indépendante de l'âge.

Les sujets de la fin du Paléolithique supérieur et ceux du Mésolithique se différencient moins clairement. Les fréquences des lésions au membre inférieur sont similaires pour les adultes jeunes ou matures des deux groupes. De plus, la prédominance des lésions au membre inférieur pour les fossiles de la fin du Paléolithique supérieur et du

Mésolithique est moins marquée que pour les gravettiens, le rapport étant même inversé chez les mésolithiques dans la comparaison impliquant les 91 individus préhistoriques.

Dans l'hypothèse d'une relation entre la mobilité des groupes et la localisation des lésions, ces résultats indiqueraient une tendance à la réduction de la mobilité au cours du temps. Les différences distinguent plus spécialement les gravettiens des groupes chrono-culturels plus récents. Cette interprétation peut paraître fragile, du fait de l'effectif restreint et en l'absence de réelle différence statistiquement significative. Toutefois, mes résultats font écho à ceux obtenus dans d'autres études, ce qui en renforce la validité et permet de préciser les interprétations sur la mobilité des groupes.

2.2.2. La morphologie osseuse

Dans son étude sur les adaptations structurelles du membre inférieur au Paléolithique supérieur et au Mésolithique en Europe, B. Holt (2003) a obtenu des résultats similaires aux miens : la robustesse des fémurs (et des tibias dans une moindre mesure) des sujets préhistoriques est plus importante au début du Paléolithique supérieur qu'à la fin du Paléolithique supérieur et qu'au Mésolithique. L'auteur note : « [...] *levels of activity involving large amounts of walking and running reduced substantially during the LUP* [*Late Upper Paleolithic*] *and continued to do so into Meso*[*lithic*] [...]. *In spite of the fact that LUP sample represents late Pleistocene hunter-gatherer populations, it differs markedly in femoral cross-sectional shape from the EUP* [*Early Upper Paleolithic*] *group, resembling instead Holocene populations* » (Holt 2003 : 208).

A mon sens, la similitude des résultats dans les deux études anthropologiques revêt une grande importance car la nature des phénomènes biologiques observés diffère clairement : adaptation osseuse non pathologique d'une part, réaction pathologique d'autre part. Cette concordance peut être expliquée de deux façons :

1) Par l'existence d'une relation entre la présence d'enthésopathies et les dimensions osseuses (les squelettes étudiés dans les deux cas sont bien souvent les mêmes), relation ne dépendant pas directement de facteurs biomécaniques.
2) Par de réelles spécificités des déplacements qui s'exprimeraient à la fois sur la morphologie des os et sur l'aspect des enthèses.

Plusieurs arguments invitent à privilégier la deuxième hypothèse. Premièrement, mes résultats pour l'échantillon de référence ne vont pas dans le sens d'une relation entre mesures et stades attribués avec le système 1 (chapitre VI. 1.3.). Deuxièmement, dans l'étude de B. Holt (2003), les différences entre le groupe gravettien et les groupes plus récents portent sur la morphométrie du fémur à mi-diaphyse, une localisation osseuse particulièrement plastique sous l'effet des contraintes mécaniques subies durant la marche. A l'inverse, B. Holt (2003) ne distingue pas de réelle différence pour la partie proximale du fémur. Or, les enthèses du membre inférieur que j'ai étudiées sont localisées au niveau de la hanche, ce qui discrédite l'hypothèse d'une relation directe entre morphométrie osseuse et enthésopathies. Troisièmement, la pratique régulière de la marche ou de la course peut fragiliser certaines enthèses étudiées dans mon travail, notamment l'insertion des mm. ischio-jambiers (CSB) (Roger 2001 ; Koulouris et Connell 2006), mais également celles des mm. moyen et petit fessier sur le grand trochanter (FMF et FPF) (Bard 2002).

Les résultats de l'analyse des enthésopathies et de la morphologie se confortent ainsi mutuellement, malgré les difficultés liées à l'échantillon fossile rencontrées dans les deux études.

2.2.3. Les données archéologiques

Mes résultats peuvent être interprétés à la lumière de ceux obtenus sur l'origine des matières premières, qui indiquent une circulation des objets sur de longues distances au Gravettien. Ces travaux concernent principalement l'origine des matières premières lithiques (p. ex. : Svoboda 1994 ; Bosinski 2000 ; Otte *et al.* 2002 ; Primault 2003 ; Foucher 2005) mais également celle des coquillages ou de l'ocre (p. ex. : Taborin 1993 : 113-121 ; Svoboda *et al.* 1996 : 153 ; Bosinski 2000).

J'ai souligné dans l'introduction qu'il n'était pas toujours possible de distinguer le déplacement d'individus de la diffusion d'objets par échange. La convergence de plusieurs éléments conduit parfois les auteurs à privilégier l'hypothèse de la circulation des hommes. Ainsi, pour les niveaux gravettiens de la grotte de Gargas (Hautes-Pyrénées), P. Foucher (2005) relève :

- une origine lointaine (Chalosse et Périgord) du silex pour une part non négligeable (environ un quart) de l'outillage,
- une distance relativement importante entre la grotte et les sources de matières premières locales (20-40 Km),
- la présence de coquillages d'origine océanique,
- des analogies frappantes entre l'industrie osseuse du site et celle des niveaux gravettiens de la grotte d'Isturitz (située à 140 Km à l'ouest).

D'après P. Foucher, ces données permettent de « [...] concevoir une société de chasseurs-cueilleurs très mobile, évoluant néanmoins dans un cadre géographique bien circonscrit [...] dont ils connaissent les moindres ressources [...]. Les matières premières circulent a priori sans entrave et on peut déduire qu'il en est de même pour la circulation des hommes / femmes et des idées » (Foucher 2005 : 146).

En Moravie, l'utilisation de roches allochtones est largement majoritaire au Gravettien. La circulation des hommes est évidente d'après J. Svoboda et collaborateurs : « *It would be absurd to invoke exchange to explain this almost total dominance of exotic silicites, clearly for utilisation use, particularly when this use was not extended to its fullest potential* [...]. *We argue that this imports are related to increased group mobility* [...] » (Svoboda *et al.* 1996 : 153). Les importations de coquillages et d'ocre attestent également du déplacement des gravettiens sur de longues distances (Svoboda *et al.* 1996 : 153).

L'avis des préhistoriens, sans être toujours aussi tranché que celui de J. Svoboda et collaborateurs, penche le plus souvent pour l'existence de déplacements importants des groupes humains gravettiens, ce qui n'exclut d'ailleurs pas (au contraire) les possibilités d'échange.

Au Tardiglaciaire, la diffusion sur de longues distances de coquillages et d'ocre est attestée (p. ex. : Taborin 1974 ; Grifoni Cremonesi 1998 ; Vanhaeren *et al.* 2004). On distingue de nombreuses cultures matérielles à la fin de la dernière glaciation et les tentatives de généralisation semblent vouées à l'échec, tant les exemples diffèrent suivant le cadre chronologique, géographique et paléo-environnemental. Notons néanmoins qu'une tendance à privilégier les matières locales caractérise certains groupes, comme ceux de la phase récente à *Federmesser* (Coudret 1997 ; Fagnart 1997 ; Valentin 1999). B. Valentin note : « Dans l'Ouest et le Sud du Bassin parisien, les matériaux traités ont été acquis à proximité immédiate des gisements ; il ne subsiste plus aucun témoignage d'une anticipation des besoins par le transport de supports allochtones comme au Magdalénien ou durant la phase ancienne de la tradition à Federmesser » (Valentin 1999 : 208). Ce constat est d'autant plus intéressant que la phase récente à *Federmesser* est reconnue à l'Alleröd, dans un environnement nettement plus boisé que précédemment. B. Valentin rejette l'hypothèse d'un comportement dicté exclusivement par le milieu et lui préfère celle d'une « [...] relation de causalité complexe, où le rôle des choix économiques paraît déterminant » (Valentin 1999 : 208). L'étude des matières premières lithiques pour la Belgique indique des choix similaires, avec une tendance nette à l'utilisation préférentielle des matières locales à partir de l'Alleröd (Otte *et al.* 2002). Pour d'autres régions, une évolution plus graduelle du comportement des préhistoriques est parfois perceptible. Ainsi, la nature et l'origine des roches utilisées dans les sites d'Enlène (Ariège) et de Troubat (Hautes-Pyrénées) illustrent une réduction progressive de l'approvisionnement en matières premières allochtones du Magdalénien moyen à l'Azilien (Lacombe 2005).

Lorsque l'on s'intéresse aux sources d'approvisionnement en matières premières au Mésolithique, la situation est clairement en opposition avec le Gravettien : l'utilisation des roches locales pour la taille de la pierre est fréquente (p. ex. : Ketterer 1997 ; Demars 2000 ; Roué 2000 ; Otte *et al.* 2002 ; Sulgostowska 2006). Des silex allochtones et des coquillages marins d'origine lointaine sont parfois attestés dans les gisements mésolithiques (p. ex. : Mussi *et al.* 2000 ; Sulgostowska 2006) mais dans des proportions nettement inférieures à celles observées au Gravettien. D'après les travaux sur les matières premières, il semble possible de considérer l'exploitation d'un territoire relativement restreint comme un phénomène ordinaire au Mésolithique.

Les gravettiens étaient mobiles, au sens où ils ont parcouru des distances importantes. Ils sont cependant parfois considérés comme relativement sédentaires pour des chasseurs-collecteurs, car ils ont occupé des habitats structurés sur de longues durées (Svoboda *et al.* 2000). Il semble ainsi que ce soit l'ampleur des distances parcourues, associée au transport des matières lithiques et du gibier, plutôt que la fréquence de ces déplacements qui favoriserait 1) l'apparition d'enthésopathies au niveau du membre inférieur et 2) un ratio nettement en faveur de ce membre. Les différences constatées entre les gravettiens et les sujets plus récents indiqueraient alors une réduction des distances parcourues par les chasseurs-collecteurs de la fin du Paléolithique supérieur et du Mésolithique.

2.2.4. Les fréquences des lésions du membre supérieur des sujets gravettiens

Les gravettiens se sont probablement déplacés sur de longues distances en transportant des charges parfois importantes, comme le laisse penser l'apport de nucleus entiers dans certains sites (p. ex. : Demars 1994 : 195-196 ; Svoboda 1994). Les résultats obtenus pour l'échantillon de référence actuel attestent de l'influence du port de charges lourdes sur l'apparition des atteintes pour l'ensemble du squelette. Dans ce cas, pourquoi observons-nous moins de lésions au niveau du membre supérieur pour le groupe gravettien ? Rappelons premièrement que la présence d'une enthésopathie est un phénomène relativement rare. L'absence de lésion au niveau du membre supérieur pour les adultes jeunes ou matures gravettiens ne veut pas dire qu'aucune contrainte mécanique n'ait été subie. Il est possible qu'avec un effectif plus représentatif (n = 9, ...), des lésions aient pu être observées. D'ailleurs, lorsque la totalité des squelettes gravettiens est considérée (figure 67), l'écart de fréquence des lésions entre membre supérieur et inférieur se réduit - tout en restant important comparativement aux deux autres groupes chrono-culturels - par rapport aux seuls adultes jeunes ou matures. Le transport de charges lourdes a bien une influence sur l'ensemble du squelette, mais associé à des déplacements sur de longues distances, il pourrait favoriser préférentiellement l'apparition des lésions au niveau du membre inférieur. Par ailleurs, nous ne connaissons pas les moyens employés par les gravettiens pour porter ou transporter des charges et l'on peut envisager que certaines techniques aient préservé le membre supérieur.

2.2.5. Evolution des modes de subsistance

Il reste à expliquer les fréquences relativement importantes d'enthésopathies au niveau du membre supérieur pour les groupes de la fin du Paléolithique supérieur (CFPS) et du Mésolithique (MESO). S. E. Churchill (1994) a mis en évidence des différences morphologiques au niveau du membre supérieur entre des sujets gravettiens et des individus de la fin du Paléolithique supérieur. Ces derniers sont plus robustes et l'asymétrie est chez eux plus marquée ; il convient encore une fois de souligner la similitude entre les résultats de cette analyse morphologique et ceux obtenus à partir de l'étude des enthèses. S. E. Churchill (1994) met en relation ses observations avec un changement d'économie de subsistance des groupes, notamment une diversification et une intensification de l'exploitation du milieu. En Europe, de nombreuses vestiges attestent de la consommation de petits mammifères, de mollusques, d'oiseaux ou de poissons à l'Epipaléolithique et au Mésolithique (Price 1983 ; Straus 1991 ; Bicho 1994 ; Barbaza 1999 ; Burov 1999 ; Le Gall 1999 ; Sulgostowska 2006). La consommation de gastéropodes a parfois pris une telle ampleur qu'elle a localement provoqué des chutes de population des espèces (Ortea 1986 cité par Straus 1991 ; Mannino et Thomas 2001). Dans le site d'Uzzo par exemple, les mésolithiques ont consommé, en plus du cerf et du sanglier, des cétacés, des petits mammifères, des tortues et des oiseaux ainsi que des mollusques terrestres et marins collectés en grande quantité (Borgognini Tarli *et al.* 1993 ; Mannino *et al.* 2007). La part des végétaux dans l'alimentation à la fin du Paléolithique supérieur et au Mésolithique devait également être importante si l'on se réfère aux macro-restes (racines, graines et fruits) retrouvés dans les gisements (p. ex. : Holden *et al.* 1995 ; Kubiak-Martens 1999 ; Aura *et al.* 2005 ; Sulgostowska 2006). D'après certains auteurs (Price 1983 ; Straus 1991 ; Demars 1993 ; Bicho 1994), cette diversification des ressources alimentaires prélevées sur un territoire relativement restreint marquerait une exploitation intensive du milieu. L'implantation géographique des sites mésolithiques, qui donne souvent accès à des biotopes variés (p. ex. : Burov 1999 ; Mussi *et al.* 2000), pourrait refléter la volonté des derniers chasseurs-collecteurs de profiter « au maximum » des ressources disponibles dans un environnement proche. Mes résultats vont également dans le sens de cette hypothèse : il est possible que les lésions au membre supérieur des individus des groupes CFPS et MESO soient l'expression de ce mode d'exploitation du milieu. Le travail du bois pourrait également avoir favoriser l'apparition d'enthésopathies au niveau du membre supérieur.

Un faisceau d'arguments tend à accréditer les interprétations formulées sur les déplacements et l'exploitation du milieu d'après l'étude des enthésopathies. Ces interprétations restent cependant fragiles et présentent certaines limites. D'une part, le groupe gravettien comprend très peu d'individus. D'autre part, la variation de la localisation préférentielle des lésions suivant les comparaisons effectuées pour le groupe MESO (figures 66 et 67) reste difficilement explicable. Enfin, le sous-échantillon CFPS est très hétérogène (environnements, cultures, climats) ; il semble irréaliste de chercher à caractériser un comportement spécifique à partir des résultats obtenus. Ce groupe comprend notamment quatre sujets magdaléniens (Chancelade, Lafaye, Laugerie-Basse 4 et St-Germain-la-Rivière 4) qui ont dû vivre dans un milieu nettement plus sec et plus froid que les autres individus. Lafaye, Laugerie Basse 4 et St-Germain-la-Rivière 4 sont plus particulièrement associés au Magdalénien moyen. Or, en France, la diversification des ressources alimentaires n'est réellement attestée qu'au Magdalénien final (Le Gall 1999 ; Cochard 2004). Notons toutefois que la prise en compte ou non de ces sujets dans le groupe CFPS ne produit pas de changements importants dans les résultats de l'analyse (figures 68 et 69).

Dans l'ensemble, les résultats obtenus illustrent un certain degré de similitude entre les groupes CFPS et MESO, qui se distinguent du groupe gravettien. Ces similitudes expriment peut-être des modes d'exploitation du milieu comparables, mais les résultats ne permettent pas la formulation d'interprétations précises ou vraiment fiables sur ce point.

2.3. Une division sexuelle du travail ?

Les hommes et les femmes ne se distinguent ni par les fréquences globales des atteintes, ni d'après le rapport entre lésions du membre supérieur et du membre inférieur. Si une division sexuelle des tâches au Paléolithique supérieur et au Mésolithique a vraiment existé, ce qui reste clairement à démontrer, on peut considérer qu'elle n'impliquait pour l'un ou l'autre sexe, ni des sollicitions mécaniques beaucoup plus intenses, ni des déplacements sur des distances plus importantes. Concernant ce dernier point, l'absence de différence entre les hommes et les femmes avait déjà été relevée par B. Holt (2003).

Dans mon étude, les différences entre les sexes se résument à trois points :

1. Les hommes âgés présentent significativement plus de lésions que les femmes âgées. Ce constat est contraire au résultat attendu après l'étude de l'échantillon de référence actuel. Trois hypothèses peuvent être avancées :
    - la pratique d'activités physiquement plus intenses pour les individus masculins préhistoriques,
    - une prédisposition des hommes préhistoriques à présenter plus fréquemment que les femmes des enthésopathies dégénératives liées à la sénescence,
    - une représentation plus importante d'individus avec un âge réel avancé au sein de l'échantillon masculin.

Nous avons vu que l'influence des paramètres

mécaniques sur l'apparition des lésions est secondaire après 50 ans (chapitre VI. 1.2.), la première hypothèse apparaît donc peu probable. Il est difficile de se prononcer en faveur de la deuxième ou de la troisième hypothèse, compte tenu du nombre très réduit d'individus concerné (cinq hommes et quatre femmes) et des imprécisions de la détermination de l'âge au décès.

2. Lorsque seuls les adultes jeunes ou matures sont considérés, les asymétries au niveau du coude sont plus fréquentes chez les hommes. Ce deuxième point est plus intéressant. La différence est proche du seuil de significativité et le test porte sur le nombre d'individus présentant une asymétrie, il n'est donc pas biaisé par le caractère répété des cotations. Pour l'échantillon actuel de référence, nous avons vu que la pratique d'activités professionnelles impliquant le port fréquent de charges lourdes favorise l'apparition d'asymétrie. Il est possible que les hommes préhistoriques aient, plus fréquemment que les femmes, porté des charges lourdes. Une autre explication est cependant possible. En effet, dans ces asymétries certaines lésions pourraient être rattachables à une pratique plus spécifique. Ceci nous conduit au troisième point.

3. Les lésions du membre supérieur droit concernent préférentiellement le coude chez les hommes. Cette localisation préférentielle des lésions est-elle la conséquence de tâches spécifiquement dévolues aux individus masculins ? Un petite « pique » formulée par J. E. Robb semble ici fort à propos : « [...] *it is common to ascribe hyperdeveloped arm and shoulder muscles in males to weapon use, while the same muscle markings in females are often explained as the result of plant processing or hide preparation* » (Robb 1998 : 363). Peut-on avancer une interprétation expliquant les différences de localisation des lésions suivant le sexe ? A première vue, non. La différence entre les hommes et les femmes n'est pas significative. De plus, comme je l'ai indiqué dans la conclusion de la deuxième partie, les lésions des insertions étudiées sont pour la plupart trop peu spécifiques pour pouvoir formuler une hypothèse sérieuse. Toutefois, il nous faut considérer un point important. Les lésions au niveau du coude droit chez les hommes concernent en premier lieu l'insertion des mm. épicondyliens médiaux et du ligament collatéral médial sur l'humérus (HEM droit : 4 atteintes pour 12 insertions observées). Dans trois des cas, la lésion est unilatérale : Le Bichon, Arene Candide B et Fatma Koba ; le quatrième individu, Vasilyevka II 11 (6285-05), n'a pas de stade attribué pour HEM gauche.

Nous avons vu que les lésions de cette enthèse sont particulièrement rares dans l'échantillon actuel de référence, mais également dans la population actuelle. Il est particulièrement intéressant de les retrouver aussi fréquemment dans l'échantillon préhistorique, spécialement chez de jeunes hommes. En effet, dans un contexte donné, l'atteinte de l'épicondyle médial (notamment au niveau de l'insertion de ligament collatéral médial) présente une assez bonne spécificité en tant que marqueur osseux de la pratique du lancer (Dutour 1986, 1992, 2000).

Les caractéristiques biomécaniques du mouvement du lanceur sont bien connues (p. ex. : Miller 1960 ; Baccarani et Simonini 1968 ; Bramhall *et al.* 1994). Les enthésopathies au niveau du coude chez le lanceur sont unilatérales du côté dominant et se situent principalement à l'insertion du ligament collatéral médial et du tendon des mm. épicondyliens médiaux sur l'épicondyle médial (Bramhall *et al.* 1994 ; Coudreuse et Parier 2003 ; Ouellette *et al.* 2008). L'atteinte microtraumatique de l'épicondyle médial peut se rencontrer dans d'autres sports (p. ex. : le golf ou le handball) et dans certaines professions (notamment les travailleurs de force) mais reste majoritairement observée chez les lanceurs (Commandré 1977 : 99-101).

Outre la bonne spécificité des atteintes de l'épicondyle médial comme marqueur du lancer, ajoutons que deux des quatre enthésopathies ont un aspect et une localisation très spécifiques qui laissent fortement suspecter cette pratique avant la fusion de l'épicondyle médial au condyle huméral, c'est-à-dire avant 15 ou 16 ans d'après L. Scheuer et S. Black (2000 : 285) ou 14-18 ans d'après D. Ferembach et collaborateurs (1980).

Il me parait ainsi possible de rapporter ces quatre lésions à la répétition du geste du lancer. Toutefois, plusieurs points restent à discuter.

2.3.1. Spécificité du marqueur

Le premier porte sur la spécificité des marques du lancer à la main par rapport à l'utilisation de l'arc ou du propulseur. B. J. Cundy (1989 : 48-54), à partir de films de tirs expérimentaux ou réalisés par des aborigènes australiens, a proposé une analyse cinésiologique du lancer au propulseur. Cet auteur note qu'exceptée la dernière phase qui comprend une adduction marquée au niveau du poignet, la succession des mouvements est similaire à celle observée dans un lancer à la main (Cundy 1989 : 49-50). Les informations sur les lésions induites par l'utilisation du propulseur sont pour l'instant extrêmement ténues mais d'après J. Whittaker (2003) la plupart des douleurs rencontrées par les utilisateurs (lors d'expérimentations ou au cours d'une pratique sportive) se situe au coude, le plus souvent au niveau de l'épicondyle latéral. Les lésions pourraient selon cet auteur être consécutives aux stress provoqués par l'arrêt brutal du mouvement après un lancer puissant (Whittaker 2003).

Concernant le tir à l'arc, rappelons que les atteintes microtraumatiques des enthèses sont inhabituelles. Elles concernent préférentiellement l'épaule et les enthésopathies au niveau du coude sont beaucoup plus rares (Mann 1994 ; Ergen *et al.* 2004). Ces dernières peuvent se rencontrer au niveau de l'épicondyle médial mais sont beaucoup plus fréquentes au niveau de l'épicondyle latéral (Lapostolle 2004). En outre, les atteintes de l'épicondyle médial ne semblent pas concerner la zone d'insertion du ligament collatéral médial (Lapostolle 2004).

Ainsi, et contrairement au lancer à la main, le lancer au propulseur et le tir à l'arc n'apparaissent pas comme une cause probable des atteintes observées.

2.3.2. La place des enfants et des adolescents chez les chasseurs-collecteurs

Le deuxième point concerne la pratique du lancer par des enfants ou des jeunes adolescents à l'Epipaléolithique. L'hypothèse n'est pas invraisemblable. Ainsi, pour le Gravettien italien, certains auteurs ont envisager une intégration à l'âge adulte vers 12-15 ans, les plus jeunes défunts retrouvés appartenant à cette classe d'âge (Mussi *et al.* 1989 ; Henry-Gambier 2001). D'ailleurs, selon M. Mussi et collaborateurs (1989 : 447-448), la richesse du matériel associé au squelette d'adolescent gravettien d'Arene Candide (« le prince ») marquerait son importance au sein du groupe en tant que chasseur « dans la fleur de l'âge ». D'autres études sur le Paléolithique supérieur plaident également en faveur d'apprentissages débutant très tôt, celui de la taille de la pierre par exemple (Baffier *et al.* 1991 ; Ploux 1991). Enfin, dans les groupes actuels ou sub-actuels qui pratiquent une chasse traditionnelle, il semble habituel que les jeunes enfants manient des armes pour jouer ou pour s'entraîner et que les adolescents participent activement à la chasse (MacDonald 2007). Dans certains groupes, la réputation d'un homme s'établit sur ses performances en tant que jeune chasseur (vers 15-16 ans pour l'exemple des Nunamiuts ; 15-22 ans pour les Ju/'hoansi) et c'est à cet âge qu'il fournira le plus d'efforts pour rapporter du gibier (MacDonald 2007). Cet ensemble de données ne contredit donc pas, au contraire, l'hypothèse selon laquelle de jeunes épipaléolithiques répétaient, pour s'entraîner ou pour effectivement se procurer de la nourriture, le geste du lancer.

2.3.3. Lancer à la main et contexte archéologique

La troisième interrogation concerne l'adéquation entre l'hypothèse formulée et les données archéologiques. Les recherches sur l'armement du Paléolithique supérieur et du Mésolithique se sont principalement intéressées au propulseur et à l'arc. Le dernier propulseur connu date de 12 500 BP environ ; les premiers vestiges d'arc remontent à 10 000 BP (Cattelain et Bellier 2002). Fatma Koba et Vasilyevka II 11 (6285-05) sont mésolithiques. Ils sont donc contemporains d'une époque où l'existence de l'arc est très vraisemblable, sans exclure l'usage d'autres armes de chasse et d'autres techniques d'approvisionnement, comme le lancer à la main pour la pêche.

Le site de Fatma Koba est localisé au Sud-Ouest de la Crimée à quelques kilomètres des côtes de la Mer Noire ; celui de Vasilyevka II dans la région des cascades du Dniepr. La localisation des deux sites a favorisé la consommation de poissons, comme le montrent l'analyse isotopique du sujet de Vasilyevka II (Lillie et Jacobs 2006) et les vestiges de poissons et les harpons des sites mésolithiques du Sud-Ouest de la Crimée[2] (Burov 1999). Il est donc possible que Fatma Koba et Vasilyevka II 11 (6285-05) aient fréquemment eu recours au lancer, notamment de harpons, pour pêcher en rivière ou en mer. Il est également possible que la chasse du gibier terrestre se soit faite grâce au lancer à la main.

Des remarques analogues peuvent être formulées pour Arene Candide B, le site des Arene Candide étant localisé aux abords de la mer Méditerranée. J'ai mentionné dans ce gisement un autre humérus droit présentant une lacune osseuse au niveau de l'insertion du ligament collatéral médial. Si cet os appartient bien au sujet Arene Candide A, probablement atteint de rachitisme, il faut envisager que celui-ci ait pu également chasser ou pécher activement en utilisant des armes lancées.

Le contexte archéologique du quatrième sujet est assez particulier. Une partie du squelette du Bichon a été découvert en 1956 par R. Gigon et F. Gallay dans une petite grotte sans trace d'occupation, dans une situation originale : les os humains étaient étroitement associés au squelette incomplet d'un ours brun femelle. La fouille a permis de retrouver de nombreux charbons de bois et quelques armatures microlithiques. G. Gigon (1956) a formulé plusieurs hypothèses pour expliquer cette association (chute dans un aven-piège obstrué ultérieurement, introduction d'un cadavre par l'ourse, pratiques funéraires, ...) qu'il considérait peu convaincantes. En 1993, P. Morel a présenté un ensemble de faits nouveaux permettant une meilleure compréhension du site. Premièrement, les datations C-14 (AMS) obtenues sur charbons, os humains et os d'ours concordent, suggérant une contemporanéité des deux protagonistes (tableau 106).

ETH-4245	Charbon	10 950 ± 180
ETH-4245	Charbon	11 680 ± 120
ETH-8301	Ours	11 680 ± 90
ETH-8775	Ours	11 360 ± 120
ETH-8774	Humain	11 610 ± 110
ETH-8773	Humain	11 760 ± 110

Tableau 106. Datations obtenues pour la grotte du Bichon (Morel 1993).

Deuxièmement, une nouvelle fouille a permis de compléter les squelettes de l'homme et de l'ourse. Troisièmement, une des vertèbres cervicales de l'ourse porte un impact de

[2] Notamment les harpons de Murzak Koba, situé à une dizaine de Km de Fatma Koba.

pointe de projectile lithique. La blessure n'est pas cicatrisée et les fragments de silex fichés dans la vertèbre seraient d'un matériau similaire à celui des armatures trouvées dans la grotte.

A partir de ces éléments, P. Morel (1993) défend l'hypothèse (plausible) d'un accident de chasse qui aurait aboutit au décès des deux protagonistes. Si cette hypothèse est exacte, le squelette du Bichon est le seul cas où un individu préhistorique pourrait, grâce au contexte archéologique, être directement mis en relation avec une activité précise telle que la chasse. Il apparaît ainsi tout à fait possible que, quelques années avant sa mort, la répétition du geste du lancer ait provoqué chez ce chasseur une lésion au niveau de l'épicondyle médial droit.

2.3.4. Un universel ?

En résumé, les données médicales sur la pratique du lancer, les précautions prises dans l'étude des enthésopathies, le contexte archéologique, finalement tous les éléments nécessaires pour déterminer avec un fort degré de confiance une activité spécifique sont présents pour les quatre sujets masculins. La dernière interrogation concerne la généralisation de ces exemples à l'ensemble des chasseurs-collecteurs du Tardiglaciaire et du Postglaciaire[3]. La spécificité masculine constatée reflète-t-elle une division sexuelle du travail ? Chez les chasseurs-cueilleurs actuels ou sub-actuels, les femmes peuvent chasser et chassent, mais jamais avec les armes qui pénètrent la chair et qui font couler le sang de l'animal[4] (Testart 1986 : 31). De plus, dans les scènes de l'art préhistorique associant humain et animal, le sexe des sujets, lorsqu'il peut être identifié, serait toujours masculin (Duhard 1996 : 26). Ainsi, en sachant que seuls les hommes utilisent des armes perforantes dans la quasi-totalité des groupes de chasseurs-cueilleurs actuels (Testart 1986), peut-on dire qu'il en était de même pour les épipaléolithiques et les mésolithiques ? Mon étude ne permet pas de répondre car les effectifs sont trop restreints, les cas trop rares et les différences non significatives. Elle constitue toutefois un argument supplémentaire pour suspecter que c'était bien le cas. Les femmes ont peu de lésions au coude et aucune au niveau de l'épicondyle médial. En tout état de cause, mon travail ne corrobore pas l'hypothèse formulée par S. E. Churchill et collaborateurs (2000) selon laquelle les femmes auraient pu être engagées, au Paléolithique supérieur, dans des activités impliquant l'utilisation d'armes de chasse. Toutefois, concernant ce point, je ne présente qu'une absence de preuve. La question de la division sexuelle du travail au Paléolithique supérieur et au Mésolithique, pour la chasse mais également pour les autres activités comme la taille de la pierre ou le travail des peaux, reste donc largement ouverte.

[3] Remarquons à ce propos, mais c'est peut être le fruit du hasard, que les sujets se répartissent également entre ces deux périodes.

[4] A l'exception, apparemment unique, des femmes de certains groupes Agta (Philippines) qui chassent à l'arc (Testart 1986 : 48)

Conclusions et perspectives

Mon travail a eu pour objectif d'illustrer certains aspects de la vie au Paléolithique supérieur et au Mésolithique grâce à l'étude des enthèses sur le squelette. Pour cela, il était indispensable d'entreprendre une démarche méthodologique originale. Ma recherche s'est initialement fondée sur des données médicales, permettant ainsi de se référer aux descriptions anatomiques et anatomopathologiques des zones d'insertion pour pouvoir étudier leur aspect sur os sec. Sur la base de ces données et grâce, notamment, à la distinction entre enthèses fibrocartilagineuses et fibreuses, j'ai pu élaborer une nouvelle méthode d'étude composée de 4 systèmes de cotation. Les systèmes 1 et 2 permettent d'étudier respectivement 18 et 6 enthèses fibrocartilagineuses appendiculaires, le système 3 s'applique à 46 insertions fibrocartilagineuses rachidiennes et le système 4 permet la cotation du remodelage osseux de 12 enthèses fibreuses appendiculaires. Avant d'être appliquée à un échantillon de squelette du Paléolithique supérieur et du Mésolithique, cette méthode a d'abord été testée sur un échantillon de référence, c'est-à-dire composé de squelettes dont l'âge, le sexe et l'activité professionnelle étaient connus, de manière à déterminer les principaux facteurs susceptibles de provoquer des modifications osseuses au niveau des enthèses. Si l'influence significative des facteurs biomécaniques n'a pu être mise en évidence pour les systèmes de cotation 2, 3 et 4, en revanche, l'analyse du système 1 a permis de détecter l'effet de l'activité physique sur l'aspect des insertions considérées. Ainsi, pour la première fois, une méthode d'étude des enthèses a été validée. De plus, l'influence d'autres facteurs favorisant l'apparition des enthésopathies, notamment celle de l'âge, a pu être caractérisée.

Une fois définies les possibilités et les limites de l'étude des enthèses avec le système 1, il a été appliqué à un échantillon préhistorique composé de spécimens du Gravettien, de la fin du Paléolithique supérieur et du Mésolithique.

La révision de l'identification individuelle de ces vestiges a été effectuée afin de s'assurer d'une détermination fiable du sexe et de l'âge au décès. L'examen complet des ossements a également permis l'exclusion de cas pathologiques. Dans ces conditions d'étude, restrictives du point de vue de la taille de l'échantillon mais nécessaires avant toute tentative d'interprétation des enthésopathies, l'application du système 1 a permis de caractériser une localisation préférentielle des lésions au niveau du membre inférieur dans l'échantillon préhistorique. Cette localisation préférentielle des atteintes, interprétée comme la conséquence d'un mode de vie nomade, s'est révélée variable d'un groupe à l'autre. En référence aux données archéologiques, cette variation a pu être associée à une réduction des distances parcourues et à une intensification de l'exploitation du milieu à la fin du Paléolithique supérieur et au Mésolithique. Mes résultats sont apparus similaires à ceux obtenus par d'autres auteurs à partir des adaptations structurelles osseuses, confortant ainsi les interprétations formulées. Un autre aspect important de mon travail de recherche est d'avoir pu mettre en évidence, pour quatre sujets masculins, des lésions spécifiques rattachables à la pratique du lancer à la main. Ces atteintes permettent de discuter l'existence d'une division sexuelle du travail concernant la chasse et / ou la pêche au Paléolithique supérieur et au Mésolithique.

Volet méthodologique : perspectives

Mon travail a apporté la preuve qu'une méthode d'étude des enthèses adaptée permet de distinguer des différences comportementales. Le premier système de cotation offre l'avantage d'être reproductible et facilement applicable. Il peut dès à présent être utilisé par des anthropologues désirant discuter des activités des populations du passé à partir du squelette humain. Toutefois, les résultats obtenus pour des sujets d'âge, de sexe et d'activité connus devront être confirmés par un test indépendant, effectué par d'autres chercheurs sur une collection de référence différente. En outre, du point de vue strictement méthodologique, il persiste encore deux limites majeures à l'application de ce système de cotation. D'une part, il reste encore de nombreuses incertitudes sur les facteurs favorisant l'apparition des enthésopathies sur le squelette. D'autre part, le problème du traitement statistique des données reste irrésolu. La recherche méthodologique entreprise, qui a permis de distinguer un groupe d'insertions pertinentes comme marqueurs d'activité, doit donc être poursuivie.

Avant tout, une réflexion sur la notion d'échelle de cotation me semble essentielle. J'avais considéré que la classification de l'aspect des enthèses sur une échelle ordinale était pertinente. *A posteriori*, ce choix a soulevé de nombreux problèmes. La distinction de trois stades ne permet pas une analyse ordinale optimale, compte tenu du nombre important d'*ex-æquo*. De plus, les stades C sont apparus très rares et peu informatifs lors de l'étude du matériel préhistorique. Il est donc nécessaire de changer le nombre de stades attribués. Pour cela, deux solutions sont envisageables. La première possibilité consiste à utiliser une autre échelle de cotation. L'attribution des stades avec le système 1 prend en compte le remodelage du contour et du centre de l'enthèse (une valeur de 0 à 2 est attribuée dans les deux cas) et il est donc possible de proposer une cotation en 5 stades, numérotés par exemple de 0 à 4 (0 : absence de modification au niveau du contour et du centre ; 4 : remodelage majeur au niveau du contour et du centre). La plus grande diversité de stades attribués permettrait peut-être d'affiner la recherche sur les principaux facteurs mécaniques favorisant l'apparition des enthésopathies. De plus, cette approche réduirait le nombre d'*ex-æquo* qui rend malaisé l'application de tests statistiques fondés sur les rangs. Dans le même ordre d'idée, il serait intéressant de déterminer l'influence de l'activité sur les modifications du contour et du centre séparément. Une autre approche me semble cependant préférable ; il suffirait de réduire l'étude à la simple dichotomie présence / absence de lésion. Ce choix offrirait le double avantage de pouvoir utiliser les nombreux tests statistiques adaptés aux données binaires et d'augmenter probablement la reproductibilité de la méthode.

Après avoir déterminé la classification la plus pertinente (plus de stades ou moins de stades), il conviendra de compléter l'échantillon de référence. Les facteurs favorisant l'apparition des enthésopathies pour les sites étudiés avec le système 1 doivent être mieux compris ; il est notamment impératif de clarifier la relation entre l'âge, le sexe et l'activité. Ceci implique l'étude d'un échantillon féminin avec plusieurs sous-groupes d'activité. Constituer un tel échantillon féminin risque malheureusement de se révéler difficile pour les raisons évoquées dans le chapitre IV. Cependant, les différences de fréquence d'enthésopathies entre les hommes et les femmes ne pourront être réellement comprises qu'à ce prix. Par ailleurs, la distinction la plus simple entre les diverses professions reste celle opposant les travailleurs manuels aux travailleurs non manuels. L'effectif relativement réduit de cette deuxième catégorie dans l'échantillon de référence doit être enrichi par l'étude de squelettes supplémentaires.

Une fois l'échantillon complété, les problèmes du nombre important de stades à traiter et des corrélations intra-individuelles entre ces différents stades pourront être abordés. Cette partie de la démarche méthodologique, probablement la plus complexe à mettre en œuvre, ne pourra être entreprise qu'en étroite collaboration avec des statisticiens. Il paraît illusoire d'espérer une solution « miracle » au problème des données corrélées mais plusieurs pistes de recherches peuvent être envisagées. Premièrement, la corrélation intra-individuelle devra être quantifiée à l'aide des modèles mixtes par exemple (Agresti 2002 : 491-536). Il conviendra alors de rechercher si certaines cotations sont indépendantes. Le cas échéant, c'est à dire si les corrélations ne concernent que certains sites, un tri pourra être fait entre les différentes insertions, en éliminant par exemple celles pour lesquelles les stades sont les moins liés à l'activité. Dans le cas d'une corrélation relativement importante entre les stades de toutes les enthèses, le regroupement des insertions, selon la localisation anatomique ou l'articulation par exemple, pourra être envisagé. Au moyen d'une démarche raisonnée et avec l'aide de spécialistes de l'analyse de données, je pense qu'il est possible de réduire le nombre de variables à étudier et de trouver un type de traitement adéquat aux données issues de collections archéologiques.

A terme, l'objectif est de déterminer un ensemble de variables en relation avec les modifications des enthèses :

- le mieux corrélé à l'influence de l'activité physique,
- le plus facilement étudiable du point de vue statistique,
- le moins corrélé aux paramètres perturbateurs et en premier lieu à l'âge au décès, qui reste le problème majeur de toute étude des enthésopathies. Ainsi, les meilleurs critères pour distinguer l'influence de l'activité avant 50 ans devront être sélectionnés.

Le but est d'améliorer la méthode de cotation afin de faciliter le traitement des données et l'interprétation.

Les activités des hommes préhistoriques

L'objectif de mon étude n'a été que partiellement rempli. Les résultats de l'application du système 1 sur les vestiges préhistoriques ne peuvent actuellement être interprétés qu'en terme de tendance, faute de différence statistiquement significative. Par ailleurs, l'analyse a, au moins en partie, consisté à des descriptions de cas plutôt qu'à une étude populationnelle.

Les difficultés rencontrées sont à mon avis essentiellement liées aux caractéristiques de l'échantillon. Les squelettes préhistoriques se sont pourtant révélés en bien meilleur état de conservation qu'escompté. De plus, une détermination fiable du sexe et de l'âge au décès a pu être proposée pour près de la moitié des individus. Il a été possible de distinguer des spécificités comportementales grâce à l'étude de l'aspect des enthèses des individus du Gravettien, de la fin du Paléolithique supérieur et du Mésolithique. Les résultats, assez encourageants, doivent maintenant être confirmés après avoir apporté les améliorations méthodologiques proposées *supra* et par l'analyse d'un échantillon préhistorique plus important. Les résultats obtenus invitent également à reformuler et à élargir la problématique limitée initialement à la transition Paléolithique supérieur / Mésolithique.

L'étude des enthèses n'a pas permis de mettre en évidence de « basculement » comportemental important associé à cette transition. Des différences ont en revanche été constatées entre les fossiles gravettiens et les sujets des ensembles chrono-culturels plus récents. L'effectif du groupe gravettien est extrêmement réduit et il est donc nécessaire d'étudier le reste des squelettes adultes de cette période afin de confirmer (ou d'infirmer) les premiers résultats. L'étude des fossiles de Barma Grande, de Kostenki, de Cussac et de Vilhonneur apparaît donc essentielle. Par ailleurs, le réexamen de la collection Bonfils, entrepris par D. Henry-Gambier et J. Brůžek, permettra peut-être d'y distinguer les ossements de Barma Grande 1. Gageons de plus que les squelettes de Baousso da Torre 1 et de Barma di Caviglione 1, « portés disparus », seront prochainement retrouvés.

D'après mon analyse, les stress biomécaniques subis par les individus de la fin du Paléolithique supérieur et du Mésolithique sont comparables. L'absence de différence remarquable pour la localisation des lésions semble indiquer des comportements similaires en terme de mode de subsistance et de mobilité. D'autres squelettes doivent être étudiés afin de confirmer et de préciser la tendance observée. Premièrement, l'échantillon de vestiges humains du Tardiglaciaire peut être complété par l'étude de squelettes d'Espagne (Los Azules 1) d'Italie (Romito 1 et certains sujets d'Arene Candide auxquels je n'ai pu accéder) et d'Allemagne (Oberkassel 1 et 2). Deuxièmement, il convient d'accroître le nombre de fossiles mésolithiques par l'étude des grandes nécropoles de la fin de cette période.

L'augmentation de l'effectif étudié permettrait par ailleurs de distinguer plusieurs ensembles pour le Mésolithique : les groupes pratiquant exclusivement un mode vie de chasseurs-collecteurs nomades et ceux plus « sédentarisés ». Ainsi, les modifications des enthèses des sujets issus des grandes nécropoles du Mésolithique récent ou final, françaises (Téviec et Hoëdic), portugaises (les amas coquillés de Muge et de Sado) ou suédoise (Skateholm) par exemple, pourraient être comparées à celles des épipaléolithiques et des mésolithiques plus anciens.

Les résultats obtenus à ce stade des recherches invitent à élargir le cadre chronologique de l'étude en s'intéressant aux périodes plus récentes. J'ai formulé l'hypothèse d'une relation entre, d'une part, la distance des déplacements des individus et l'exploitation du milieu et, d'autre part, la localisation anatomique des enthésopathies. L'application de la méthode de cotation à des squelettes néolithiques européens offrirait l'opportunité de tester cette hypothèse en intégrant des groupes vraiment sédentaires.

L'analyse des enthésopathies des premiers agriculteurs permettrait par ailleurs d'alimenter le débat sur les probables modifications de la charge de travail provoquées par le changement de mode de subsistance au Néolithique. Les études anthropologiques ont fourni des données parfois contradictoires sur ce sujet. J. L. Angel note ainsi, pour l'Est de la Méditerranée : « *The Neolithic population as a whole is low in general health and at the low point of nutritional health, with signs of the muscular effort and fatigue necessary in farming* » (Angel 1984 : 63). Dans le même ordre d'idée, en Ligurie les adaptions structurelles des os longs des squelettes indiquerait une augmentation des stress biomécaniques subis au Néolithique, au moins pour les sujets masculins (Marchi *et al.* 2006). En revanche, dans l'étude de C. Meiklejohn et collaborateurs (1984) sur la transition Mésolithique / Néolithique en Europe de l'Ouest, les fréquences importantes d'arthroses des sujets mésolithiques par rapport aux néolithiques ont conduit les auteurs à formuler l'hypothèse inverse. Ces divergences s'expliquent sans doute en partie par des raisons d'ordre méthodologique : les indicateurs choisis et les méthodes utilisées varient suivant les auteurs. Ce problème pourrait être résolu par l'application sur un grand nombre de squelettes de la fin du Mésolithique et du début du Néolithique d'une méthode standardisée pour un marqueur d'activité reconnu.

Un échantillon de grande taille offrirait également l'opportunité d'aborder la question de la néolithisation en tenant compte des spécificités régionales.

En outre, les fréquences des atteintes se sont révélées similaires entre les deux sexes pour les chasseurs-collecteurs étudiés ; l'hypothèse d'une division sexuelle du travail plus marquée dans les premières communautés agro-pastorales pourrait être testée.

L'étude des enthèses des sujets préhistoriques peut également fournir des informations utiles à d'autres problématiques. Je citerai à titre d'exemple les questionnements sur le statut social des sujets inhumés. Le statut et le rôle social des défunts sont parfois discutés d'après le matériel associé aux tombes, la position des corps, l'âge et le sexe des sujets, etc. Pour le Paléolithique supérieur, le Mésolithique et le Néolithique, ces informations pourraient être complétées par les données concernant les enthésopathies. Une telle démarche permettrait ainsi d'aborder la question de l'apparition de la hiérarchisation des sociétés et des inégalités sociales sous un angle original.

Dans ce travail sur les enthésopathies comme marqueurs osseux d'activité, j'ai tenté de proposer une alternative au « spéculatif » et à l' « anecdotique », pour reprendre les termes de L. Capasso et collaborateurs (1999). Cette démarche n'est pas isolée ; G. Perréard Lopreno (2007) a ainsi récemment illustré la pertinence et la validité de l'étude des adaptations structurelles des os du membre supérieur. Espérons qu'il en aille de même prochainement pour d'autres types de modifications osseuses, comme l'arthrose ou certains caractères dits discrets, et qu'à terme un protocole d'étude permettant de mieux caractériser les comportements des hommes et des femmes des populations du passé puisse être proposé.

Annexes

Annexe A

Sauf références spécifiques, les données anatomiques sont issues des ouvrages de H. Rouvière et A. Delmas (2002b ; 2002c) et de P. Kamina (2002). La nomenclature latine est celle préconisée par J. Sobotta (1977). Pour chaque enthèse, sont présentées : la localisation anatomique, la fonction du muscle, la description des lésions, des notes méthodologiques et des remarques sur l'étude de l'insertion en anthropologie.

Annexe A 1. Système 1 : terminaison commune sur l'humérus des mm. supra- et infra-épineux (*MM. supraspinatus et infraspinatus*)

Anatomie

Action des muscles : le m. supra-épineux est abducteur du bras ; le m. infra-épineux est un rotateur latéral du bras.

Localisation de l'insertion : facettes supérieure et moyenne du tubercule majeur.

Type d'insertion : tendon épais, commun aux deux muscles (Malcarney et Murrell 2003).

Nature de l'enthèse : fibrocartilagineuse (Benjamin *et al.* 1986).

Descriptions des lésions spécifiques

Atteintes microtraumatiques : observées assez fréquemment chez le sportif, notamment lors de la phase de décélération du lancer (Rodineau 1991 ; Bramhall *et al.* 1994), et chez divers professionnels (Elleuch *et al.* 2001). Elles peuvent prendre différents aspects : micro-déchirures, micro-arrachements, ruptures incomplètes ou complètes (Rodineau 1991 ; Uhthoff et Sarkar 1991 ; Bramhall *et al.* 1994).

Tendinite calcifiante : des érosions de l'os cortical ont été observées pour cette insertion lors d'une tendinite calcifiante (Flemming *et al.* 2003 ; Chan *et al.* 2004).

Considérations méthodologiques

Système de cotation : 1

Code : HSI

Partie du contour de l'insertion la plus fréquemment atteinte : le bord latéral.

Caractéristiques du remodelage du contour : les modifications mineures de cette zone correspondent à un bord irrégulier ou saillant, les modifications majeures se manifestent sous l'aspect d'une production osseuse amorphe.

Utilisation en anthropologie biologique

Occasionnelle (Crubézy 1988 ; Hawkey et Merbs 1995 ; Munson Chapman 1997 ; Peterson 1998 ; Steen et Lane 1998 ; Pany 2003 ; Eshed *et al.* 2004 ; Molnar 2006).

Annexe A 2. Système 1 : terminaison sur l'humérus du m. subscapulaire (*M. subscapularis*)

Anatomie

Action du muscle : rotateur médial du bras.

Localisation de l'insertion : partie supéro-médiale du tubercule mineur.

Type d'insertion : tendon arrondi.

Nature de l'enthèse : fibrocartilagineuse (Benjamin *et al.* 1986).

Descriptions des lésions spécifiques

Atteintes microtraumatiques : observées fréquemment dans les sports de lancer, en relation probable avec la phase d'accélération du lancer (Rodineau 1991). La rupture partielle ou complète du tendon est possible dans les cas les plus graves (Rodineau 1991). Cette rupture peut complètement découvrir le tubercule mineur (Walch et Liotard 1992).

Tendinite calcifiante : des érosions de l'os cortical ont été observées pour cette insertion lors d'une tendinite calcifiante (Flemming *et al.* 2003).

Considérations méthodologiques

Système de cotation : 1

Code : HSC

Partie du contour de l'insertion la plus fréquemment atteinte : le bord distal et le bord latéral.

Caractéristiques du remodelage du contour : les modifications mineures de cette zone correspondent à un bord irrégulier ou saillant, les modifications majeures se présentent sous la forme d'une crête enthésophytique.

Utilisation en anthropologie biologique

Occasionnelle (Hawkey et Merbs 1995 ; Munson Chapman 1997 ; Peterson 1998 ; Wilczak 1998 ; Pany 2003 ; Molnar 2006).

Annexe A 3. Système 1 : origine commune sur l'humérus des mm. épicondyliens latéraux

Anatomie

Muscles : court extenseur radial du carpe, extenseur des doigts, extenseur du petit doigt, extenseur ulnaire du carpe, supinateur.

Action du groupe de muscles : principalement extenseur de la main et des doigts, et supinateur.

Localisation de l'insertion : face antérieure et latérale de l'épicondyle latéral.

Type d'insertion : tendon conjoint pour les quatre premiers muscles. Les fibres tendineuses les plus proximales de ce tendon s'intriquent avec celles du ligament collatéral latéral et du m. supinateur (Fantino *et al.* 2003). L'insertion de ces structures se fait par une enthèse commune (Milz *et al.* 2004) .

Nature de l'enthèse : fibrocartilagineuse (Benjamin *et al.* 1986).

Descriptions des lésions spécifiques

Atteintes microtraumatiques : l'enthésopathie microtraumatique de cette zone se rencontre fréquemment dans de nombreuses activités sportives (tennis, golf, escrime, base-ball, ...) et professionnelles (dentiste, maçon, jardinier, charpentier, ...) (Commandré 1977 : 80-82 ; Dupont *et al.* 1983 ; Rodineau 1991 ; Banks *et al.* 2005 ; Johnstone et Maffulli 2005).

Considérations méthodologiques

Système de cotation : 1

Code : HEL

Partie du contour de l'insertion la plus fréquemment atteinte : le bord latéral.

Caractéristiques du remodelage du contour : les modifications mineures correspondent à un bord irrégulier ou saillant, les modifications majeures à une crête enthésophytique.

Utilisation en anthropologie biologique

Fréquente (Crubézy 1988 ; Hawkey et Merbs 1995 ; enregistrable Chapman 1997 ; Sperduti 1997 ; Peterson 1998 ; Robb 1998 ; Steen et Lane 1998 ; Ciranni et Fornaciari 2003 ; Pany 2003 ; Eshed *et al.* 2004 ; Molnar 2006).

Annexe A 4. Système 1 : origine commune sur l'humérus des mm. épicondyliens médiaux

Anatomie

Muscles : mm. fléchisseur radial du carpe, long palmaire, fléchisseur ulnaire du carpe et fléchisseur superficiel des doigts.

Action du groupe de muscles : principalement fléchisseur de la main et des doigts.

Localisation de l'insertion : face antérieure et médial de l'épicondyle médial.

Type d'insertion : tendon commun. On note au niveau de l'enthèse la fusion de ce tendon avec le ligament collatéral médial (Milz *et al.* 2004).

Nature de l'enthèse : fibrocartilagineuse (Benjamin *et al.* 1986).

Descriptions des lésions spécifiques

Atteintes microtraumatiques : l'enthésopathie microtraumatique de cette zone, plus rare que l'atteinte de l'épicondyle latéral, est toutefois bien connue en médecine du sport notamment chez les golfers, lanceurs de javelot, joueurs de tennis, ..., ainsi qu'en médecine du travail

(Commandré 1977 : 99-101 ; Dupont *et al.* 1983 ; Rodineau 1991 ; Bramhall *et al.* 1994 ; Descatha *et al.* 2003 ; Banks *et al.* 2005 ; Johnstone et Maffulli 2005). Lorsqu'elle est professionnelle, cette atteinte serait plus liée à l'intensité qu'à la répétitivité de la tâche (Descatha *et al.* 2003).

Considérations méthodologiques

Système de cotation : 1

Code : HEM

Partie du contour de l'insertion la plus fréquemment atteinte : le bord médial.

Caractéristiques du remodelage du contour : les modifications mineures de cette zone correspondent à un bord irrégulier ou saillant, les majeures à une crête enthésophytique.

Utilisation en anthropologie biologique

Fréquente (Dutour 1986 ; Crubézy 1988 ; Hawkey et Merbs 1995 ; Munson Chapman 1997 ; Sperduti 1997 ; Peterson 1998 ; Robb 1998 ; Steen et Lane 1998 ; Pany 2003 ; Capasso *et al.* 2004 ; Molnar 2006).

Annexe A 5. Système 1 : terminaison sur le radius du m. biceps brachial (*M. biceps brachii*)

Anatomie

Action du muscle : fléchisseur de l'avant-bras sur le bras. Quand ce muscle agit sur l'avant-bras en pronation, il place d'abord l'avant-bras en supination, puis le fléchit.

Localisation de l'insertion : moitié médiale de la tubérosité du radius. Le tendon est séparé de la moitié latérale de cette tubérosité par une bourse séreuse.

Type d'insertion : tendon arrondi.

Nature de l'enthèse : fibrocartilagineuse (Benjamin *et al.* 1986).

Descriptions des lésions spécifiques

Atteintes microtraumatiques : l'enthésopathie bicipitale microtraumatique est relativement rare. Le surmenage de cette insertion apparaît lorsque le biceps est utilisé pour bloquer le coude, c'est le cas par exemple chez les cyclistes ou les travailleurs de force qui soulèvent des charges lourdes le coude à demi-fléchi (Commandré 1977 : 105).

Traumatisme unique : la désinsertion du tendon distal du biceps brachial est rare (Dobbie 1941 ; Catonné *et al.* 1992 ; Fitzgerald *et al.* 1994 ; Johnstone et Maffulli 2005). Elle peut s'observer chez le sportif, en général entre 40 et 60 ans (Catonné *et al.* 1992 ; Johnstone et Maffulli 2005). La rupture se produit lors d'une contraction brutale alors que le biceps est déjà en tension, coude fléchi (Catonné *et al.* 1992 ; Johnstone et Maffulli 2005).

Considérations méthodologiques

Système de cotation : 1

Code : RBB

Partie du contour de l'insertion la plus fréquemment atteinte : bord médial.

Caractéristiques du remodelage du contour : les modifications mineures de cette zone correspondent à un bord irrégulier ou saillant, les majeures sont caractérisées par la présence d'enthésophyte(s) ou d'une crête enthésophytique.

Utilisation en anthropologie biologique

Très fréquente (Dutour 1986 ; Crubézy 1988 ; Galera et Garralda 1993 ; Cunha et Umbelino 1995 ; Hawkey et Merbs 1995 ; Bailly-Maître *et al.* 1996 ; Munson Chapman 1997 ; Pálfi 1997 ; Sperduti 1997 ; Peterson 1998 ; Robb 1998 ; Steen et Lane 1998 ; Wilczak 1998 ; Pany 2003 ; Al-Oumaoui *et al.* 2004 ; Eshed *et al.* 2004 ; Molnar 2006 ; Weiss 2007).

Annexe A 6. Système 1 : origine commune sur le coxal des mm. ischio-jambiers (*MM. biceps femoris, semitendinosus et semimembranosus*)

Anatomie

Action des muscles : les muscles ischio-jambiers sont fléchisseurs de la jambe. Lorsque la jambe est fléchie, ils permettent l'extension de la cuisse sur le bassin et impriment à la jambe un mouvement de rotation médiale (mm. semi-membraneux et semi-tendineux) ou de rotation latérale (m. biceps fémoral).

Localisation de l'insertion : face postérieure de la tubérosité ischiatique.

Type d'insertion : la longue portion du biceps fémoral et le m. semi-tendineux s'insèrent par un tendon commun sur la tubérosité ischiatique. Le m. semi-membraneux s'attache plus latéralement par un tendon allongé. Les deux tendons forment à leur base une masse en partie indistincte (de Smet et Best 2000).

Nature de l'enthèse : fibrocartilagineuse (Benjamin *et al.* 1986).

Descriptions des lésions spécifiques

Atteintes microtraumatiques : les enthésopathies d'hypersollicitation des m. ischio-jambiers sont rares (Commandré 1977 : 156). Elles peuvent se rencontrer chez les sportifs, notamment les coureurs de fond (Roger 2001 ; Koulouris et Connell 2006).

Traumatisme unique : la désinsertion complète du tendon des mm. ischio-jambiers, dénudant la tubérosité ischiatique, est exceptionnelle (Roger 2001).

Bursopathie : il peut exister une bourse, inconstante, dans la région ischiatique. Celle-ci peut être le siège d'une réaction inflammatoire provoquée par un traumatisme direct ou une position assise prolongée sur un siège dur (Bard et Morvan 2001).

Considérations méthodologiques

Système de cotation : 1

Code : CSB

Partie du contour de l'insertion la plus fréquemment atteinte : bords proximal et latéral.

Caractéristiques du remodelage du contour : les remodelages du contour doivent être considérés en rapport avec la dimension importante de la surface d'insertion. Ainsi, le remodelage mineur du contour correspond le plus généralement à un petit enthésophyte alors que les remodelages majeurs prennent la forme de plusieurs enthésophytes importants.

Remarques : les productions osseuses parfois rencontrées au niveau de l'insertion du grand ligament sacro-sciatique ne doivent pas être prises en compte.

Utilisation en anthropologie biologique

Occasionnelle (Crubézy 1988 ; Pálfi 1997 ; Churchill et Morris 1998 ; Robb 1998 ; Steen et Lane 1998 ; Pany 2003).

Annexe A 7. Système 1 : terminaison sur le fémur du m. ilio-psoas (*M. iliopsoas*)

Anatomie

Action du muscle : fléchisseur et rotateur latéral de la cuisse. Lorsque la cuisse est immobile, il fléchit le rachis.

Localisation de l'insertion : sommet du petit trochanter.

Type d'insertion : le m. grand psoas s'insère par un fort tendon sur le petit trochanter alors que le m. iliaque s'accroche soit sur ce tendon soit sur le petit trochanter par un tendon plus ou moins distinct.

Nature de l'enthèse : fibrocartilagineuse (Benjamin *et al.* 1986).

Descriptions des lésions spécifiques

Atteintes microtraumatiques : l'irritation de l'insertion tendineuse du m. ilio-psoas sur le petit trochanter est rare mais se rencontre dans certains sports comme l'alpinisme, la gymnastique ou le football (Krejci et Koch, 1985 : 72-74).

Bursopathie : une réaction plus ou moins inflammatoire de la bourse séreuse située à l'insertion du tendon sur le petit trochanter peut être, encore que très rarement, rencontrée (Commandré 1977 : 157).

Considérations méthodologiques

Système de cotation : 1

Code : FIP

Partie du contour de l'insertion la plus fréquemment atteinte : bord médial de manière inconstante.

Caractéristiques du remodelage du contour : les remodelages mineurs constituent une saillie osseuse. Une crête enthésophytique s'observe dans les remodelages majeurs.

Remarques : des remodelages existent parfois au niveau mésio-distal de l'insertion, à la jonction entre le petit trochanter et la diaphyse fémorale. Ces remodelages ne sont pas pris en compte dans la cotation ; cette zone, caractérisée par de nombreuses variations anatomiques, correspond à l'insertion fibreuse du m. iliaque.

Utilisation en anthropologie biologique

Rare (Cunha et Umbelino 1995 ; Bailly-Maître *et al.* 1996 ; Churchill et Morris 1998 ; Steen et Lane 1998).

Annexe A 8. Système 1 : terminaison sur le fémur du m. petit fessier (*M. gluteus minimus*)

Anatomie

Action du muscle : abducteur et rotateur médial de la cuisse.

Localisation de l'insertion : face antérieure du grand trochanter.

Type d'insertion : le m. petit fessier s'insère par un fort tendon.

Nature de l'enthèse : fibrocartilagineuse (Dörfl 1969b ; Shea *et al.* 2002).

Descriptions des lésions spécifiques

Atteintes microtraumatiques : les enthésopathies du petit fessier sont peu communes (Bard et Morvan 2001 ; Bard 2002 ; Kong *et al.* 2007) et surviennent dans la pratique sportive, notamment le football, la natation ou le hockey sur glace (Krejci et Koch 1985 : 71-72).

Bursopathie : une bourse séreuse se situe parfois très près de l'insertion tendineuse (Pfirrmann *et al.* 2001). Les modifications osseuses liées à une enthésopathie et celles résultant d'une bursopathie sont difficiles à distinguer.

Considérations méthodologiques

Système de cotation : 1

Code : FPF

Partie du contour de l'insertion la plus fréquemment atteinte : bords distal et latéral.

Caractéristiques du remodelage du contour : les remodelages mineurs se présentent comme une saillie osseuse. Une production osseuse s'observe dans les cas les plus importants.

Utilisation en anthropologie biologique

Rare (Blondiaux 1994 ; Pálfi 1997 ; Steen et Lane 1998).

Annexe A 9. Système 1 : terminaison sur le fémur du m. moyen fessier (*M. gluteus medius*)

Anatomie

Action du muscle : abducteur, rotateur médial (par ses fibres musculaires antérieures) et rotateur latéral (par ses fibres postérieures) de la cuisse.

Localisation de l'insertion : face supéro-latérale du grand trochanter.

Type d'insertion : le m. moyen fessier s'insère par un tendon large et aplati.

Nature de l'enthèse : fibrocartilagineuse (Dörfl 1969b ; Shea *et al.* 2002).

Descriptions des lésions spécifiques

Atteintes microtraumatiques : les enthésopathies dégénératives du m. moyen fessier sont plus fréquentes que celles du petit fessier (Bard 2002 ; Kong *et al.* 2007) et s'observent dans les mêmes sports (Krejci et Koch 1985 : 71-72).

Considérations méthodologiques

Système de cotation : 1

Code : FMF

Partie du contour de l'insertion la plus fréquemment atteinte : il ne semble pas exister de zone préférentielle.

Caractéristiques du remodelage du contour : les remodelages mineurs forment une saillie osseuse. Une production osseuse s'observe dans les cas les plus importants.

Utilisation en anthropologie biologique

Rare (Blondiaux 1994 ; Pálfi 1997 ; Courtaud et Rajev 1998 ; Steen et Lane 1998).

Annexe A 10. Système 2 : terminaison sur l'ulna du m. triceps brachial (*M. triceps brachii*)

Anatomie

Action du muscle : extenseur de l'avant-bras sur le bras.

Localisation de l'insertion : sur toute la largeur de la partie postérieure de l'olécrâne.

Type d'insertion : les trois faisceaux du triceps s'attachent par un tendon commun, aplati d'avant en arrière. Des fibres charnues s'implantent directement sur les bords latéraux de ce tendon.

Nature de l'enthèse : fibrocartilagineuse (Benjamin *et al.* 1986).

Descriptions des lésions spécifiques

Atteintes microtraumatiques : assez rares, elles peuvent être professionnelles (forgeron, faucheur, ...) ou sportives (cycliste, joueur de base-ball, de basket-ball) (Commandré 1977 :102-103 ; Krejci et Koch 1985 : 68 ; Johnstone et Maffulli 2005).

Traumatismes : des avulsions osseuses de l'olécrâne peuvent se produire chez l'adulte (Resnick et Niwayama 1983 ; Lazennec *et al.* 2003).

Considérations méthodologiques

Système de cotation : 2

Code : UTB

Partie du contour de l'insertion la plus fréquemment atteinte : bord postérieur.

Caractéristiques de l'enthésophyte : l'enthésophyte est le plus souvent unique.

Utilisation en anthropologie biologique

Fréquente (Dutour 1986 ; Crubézy 1988 ; Galera et Garralda 1993 ; Cunha et Umbelino 1995 ; Hawkey et Merbs 1995 ; Munson Chapman 1997 ; Churchill et Morris 1998 ; Peterson 1998 ; Steen et Lane 1998 ; Pany 2003 ; Al-Oumaoui *et al.* 2004 ; Capasso *et al.* 2004 ; Eshed *et al.* 2004 ; Weiss 2007).

Annexe A 11. Système 2 : terminaison sur la patella du m. quadriceps fémoral (*M. quadriceps femoralis*)

Anatomie

Action du muscle : extenseur de la jambe et fléchisseur de la cuisse sur le bassin par l'action du m. droit fémoral.

Localisation de l'insertion : sur la moitié antérieure de la base et sur la face antérieure de la patella.

Type d'insertion : les tendons de terminaison des quatre portions du quadriceps (mm. droit fémoral, vaste latéral, vaste intermédiaire et vaste médial) s'unissent quelques centimètres avant l'insertion sur la patella.

Nature de l'enthèse : fibrocartilagineuse (Evans *et al.* 1990).

Descriptions des lésions spécifiques

Atteintes microtraumatiques : l'atteinte de la base de la patella se rencontre parfois dans la pratique sportive (notamment les sport de saut) mais elle est beaucoup plus rare que la lésion de la pointe, au niveau de l'insertion proximale du ligament patellaire[1] (p. ex. : Roger *et al.* 1991 ; Panni *et al.* 2000 ; Boden 2005).

Traumatismes : Des avulsions osseuses de la base de la patella peuvent se produire chez l'adulte (Resnick et Niwayama 1983 ; Lazennec *et al.* 2003).

Considérations méthodologiques

Système de cotation : 2

Code : PQF

Partie du contour de l'insertion la plus fréquemment atteinte : bord antérieur.

Caractéristiques de l'enthésophyte : il s'agit généralement de plusieurs enthésophytes, formant parfois un véritable peigne enthésophytique.

Utilisation en anthropologie biologique

Occasionnelle (Crubézy 1988 ; Cunha et Umbelino 1995 ; Pálfi 1997 ; Sperduti 1997 ; Pany 2003).

Annexe A 12. Système 2 : terminaison sur le calcanéus du m. triceps sural (*M. triceps surae*)

Anatomie

Action du muscle : extenseur du pied grâce au m. soléaire et fléchisseur de la jambe grâce au m. gastrocnémien.

Localisation de l'insertion : sur la moitié antérieure de la base et sur la face antérieure de la patella.

Type d'insertion : les tendons de terminaison des mm. soléaire et gastrocnémien (deux chefs) s'unissent pour former le tendon d'Achille, aplati d'avant en arrière, qui s'insère sur la moitié inférieure de la face postérieure du calcanéus.

Nature de l'enthèse : fibrocartilagineuse (Milz *et al.* 2002).

Descriptions des lésions spécifiques

Atteintes microtraumatiques : les atteintes s'observent assez fréquemment chez le sportif (Krejci et Koch 1985 ; Saillant *et al.* 1991), le plus souvent lorsque celui-ci est âgé (Paclet *et al.* 2001).

Traumatismes : des avulsions osseuses de l'extrémité postérieure du calcanéus sont connues chez l'adulte (Resnick et Niwayama 1983 ; Lazennec *et al.* 2003).

Considérations méthodologiques

Système de cotation : 2

Code : CTS

Partie du contour de l'insertion la plus fréquemment atteinte : bord inférieur.

Caractéristiques de l'enthésophyte : il s'agit essentiellement de plusieurs enthésophytes.

[1] Malheureusement, la pointe de la patella est très souvent cassée sur le matériel archéologique et les remodelages sont particulièrement difficiles à caractériser.

Utilisation en anthropologie biologique

Occasionnelle (Dutour 1986 ; Crubézy 1988 ; Galera et Garralda 1993 ; Cunha et Umbelino 1995 ; Pálfi 1997 ; Sperduti 1997 ; Robb 1998 ; Al-Oumaoui *et al.* 2004).

Annexe A 13. Système 3 : insertions des ligaments jaunes (*ligamenta flava*)

Anatomie

Rôle des ligaments jaunes : les ligaments jaunes unissent très solidement les lames vertébrales entre elles. Ces ligaments sont sollicités dans tous les mouvements du rachis à l'exception de l'extension (Sairyo *et al.* 2005).

Localisation des insertions : de l'axis à la première vertèbre sacrée.

Nombre et type d'insertions : il existe entre chaque vertèbre deux ligaments jaunes (à gauche et à droite). Ces ligaments s'unissent avant leur insertion proximale et distale. On compte 46 insertions, deux par vertèbre de la troisième cervicale à la dernière lombaire, une insertion proximale sur l'axis et une insertion distale sur la première vertèbre sacrée.

Nature des l'enthèse : fibrocartilagineuse (Hayashi *et al.* 1997).

Descriptions des lésions spécifiques

L'étiologie des enthésopathies ossifiantes des ligaments jaunes est inconnue (Viejo-Fuertes *et al.* 1998 ; Okuda *et al.* 2004). Les principaux facteurs avancés sont l'âge (Maigne *et al.* 1992 ; Viejo-Fuertes *et al.* 1998 ; Okuda *et al.* 2004), les sollicitations mécaniques (Yano *et al.* 2003 ; Sairyo *et al.* 2005), l'action de protéines morphogénétiques osseuses (enregistrable *et al.* 1992), des facteurs génétiques ou le régime alimentaire (Mobbs et Dvorak 2007).

Considérations méthodologiques

Code : l'initiale de l'étage, suivi du numéro et de la localisation au niveau de la vertèbre. Ainsi la cinquième thoracique et la sixième thoracique possèdent chacune une insertion du même ligament. Ces insertions sont codées T5 inf et T6 sup. T5 inf correspondra à l'insertion proximale du ligament, T6 sup à l'insertion distale.

Utilisation en anthropologie biologique

Rare (Crubézy 1988 ; Cunha et Umbelino 1995 ; Stirland et Waldron 1997).

Annexe A 14. Système 4 : terminaison sur l'humérus du m. grand pectoral (*M. pectoralis major*)

Anatomie

Action du muscle : principalement adducteur et rotateur médial du bras. Si le point fixe est l'humérus, ce muscle soulève le thorax puis le corps entier.

Localisation de l'insertion : lèvre antérieure du sillon intertuberculaire.

Type d'insertion : tendon en forme de U composé de deux lames tendineuses, réunies distalement par des faisceaux tendineux intermédiaires. Dans le voisinage immédiat de l'enthèse, ces deux lames s'unissent en un tendon commun.

Nature de l'enthèse : fibreuse osseuse d'après M. Benjamin et collaborateurs (1986). Notons cependant qu'en 2001, Benjamin et McGonagle présentaient dans un tableau synthétique l'insertion du m. grand pectoral comme une enthèse fibrocartilagineuse (Benjamin et McGonagle 2001).

Descriptions des lésions spécifiques

Atteintes microtraumatiques : des contraintes mécaniques trop importantes au niveau de l'insertion du m. grand pectoral peuvent provoquer une irrégularité de la surface corticale et des petites lyses osseuses. Ce type de lésion semble fréquent chez les gymnastes, notamment les adeptes des anneaux mais son caractère asymptomatique pourrait expliquer qu'elle ne soit qu'exceptionnellement décrite (Fulton, 1979).

Traumatisme : un traumatisme unique peut provoquer une avulsion proche ou au niveau de l'insertion (Bak *et al.* 2000). Dans de rares cas, cette avulsion correspond à un arrachement osseux (Bak *et al.* 2000).

Tendinite calcifiante : des tendinites calcifiantes associées à des lyses osseuses et à des irrégularités de la surface corticale ont été décrites (p. ex. : Hayes *et al.* 1987 ; Chadwick 1989 ; Dürr *et al.* 1997 ; Flemming *et al.* 2003).

Considérations méthodologiques

Système de cotation : 4

Code : HGP

Spécificité du remodelage : la forme la plus exubérante de l'irrégularité (stade C) se présente sous la forme d'une suite de petits reliefs non caractérisés ou d'arêtes perpendiculaires au grand axe de l'insertion. Assez rarement, des absences locales d'os cortical sont notées au niveau de cette insertion.

Utilisation en anthropologie biologique

Très fréquente (Angel *et al.* 1987 ; Lai et Lovell 1992 ; Hawkey et Merbs 1995 ; Bailly-Maître *et al.* 1996 ; Munson Chapman 1997 ; Pálfi 1997 ; Sperduti 1997 ; Churchill et Morris 1998 ; Peterson 1998 ; Robb 1998 ; Steen et Lane 1998 ; Wilczak 1998 ; Pany 2003 ; Al-Oumaoui *et al.* 2004 ; Eshed *et al.* 2004 ; Molnar 2006 ; Weiss 2007).

Annexe A 15. Système 4 : terminaison sur l'humérus du m. deltoïde (*M. deltoideus*)

Anatomie

Action du muscle : abducteur du bras, principalement par le faisceau moyen. Le faisceau antérieur est antépulseur et rotateur médial du bras, le faisceau postérieur est rétropulseur et rotateur latéral du bras.

Localisation de l'insertion : tubérosité deltoïdienne.

Type d'insertion : les trois faisceaux du deltoïde se terminent par trois tendons réunis en une masse tendineuse à proximité de la diaphyse. Le tendon antérieur s'insère sur la branche antérieure du V deltoïdien, le tendon postérieur sur la branche postérieure de celui-ci et le tendon moyen s'attache entre les deux premiers.

Nature de l'enthèse : fibreuse (Benjamin *et al.* 1986). Probablement osseuse.

Descriptions des lésions spécifiques

Atteintes microtraumatiques : l'atteinte de l'insertion huméro-deltoïdienne est rare. Elle se rencontre chez les lanceurs à propulsion latérale dans les sports tels que la pala, le polo, le hockey sur glace ou sur gazon (Commandré 1977 : 67).

Tendinite calcifiante : des calcifications tendineuses associées à une érosion corticale au niveau de l'enthèse ont été observées (Chevrot *et al.* 2003) mais cette atteinte semble rare (Morgan *et al.* 2001).

Autres : des irrégularités de la surfaces et des lacunes corticales ont été signalées au niveau de cette insertion chez des patients symptomatiques ou asymptomatiques (Morgan *et al.* 2001). L'étiologie de ces « lésions » est inconnue.

Considérations méthodologiques

Système de cotation : 4

Code : HDE

Spécificité du remodelage : le remodelage le plus exubérant (stade C) se présente sous la forme de longues arêtes parallèles au grand axe de l'insertion ou d'une crête unique et irrégulière surélevant toute l'insertion.

Utilisation en anthropologie biologique

Très fréquente (Angel *et al.* 1987 ; Lai et Lovell 1992 ; Hawkey et Merbs 1995 ; Bailly-Maître *et al.* 1996 ; Munson Chapman 1997 ; Sperduti 1997 ; Churchill et Morris 1998 ; Peterson 1998 ; Robb 1998 ; Steen et Lane 1998 ; Wilczak 1998 ; Lovell et Dublenko 1999 ; Pany 2003 ; Al-Oumaoui *et al.* 2004 ; Eshed *et al.* 2004 ; Molnar 2006 ; Weiss 2007).

Annexe A 16. Système 4 : terminaison sur le radius du m. rond pronateur (*M. pronator teres*)

Anatomie

Action du muscle : pronateur.

Localisation de l'insertion : partie moyenne de la face latérale du radius.

Type d'insertion : tendon aplati.

Nature de l'enthèse : fibreuse (Benjamin *et al.* 1986). Probablement osseuse.

Descriptions des lésions spécifiques

Atteintes microtraumatiques : je ne connais pas de description ou de mention d'enthésopathie microtraumatique pour cette insertion.

Considérations méthodologiques

Système de cotation : 4

Code : RRP

Spécificité du remodelage : le remodelage le plus exubérant (stade C) se présente sous la forme de petites arêtes disposées en chevron ou d'une crête unique et irrégulière surélevant toute l'insertion.

Utilisation en anthropologie biologique

Fréquente (Hawkey et Merbs 1995 ; Munson Chapman 1997 ; Peterson 1998 ; Robb 1998 ; Steen et Lane 1998 ; Wilczak 1998 ; Lovell et Dublenko 1999 ; Pany 2003 ; Eshed *et al.* 2004 ; Molnar 2006).

Annexe A 17. Système 4 : terminaison sur le fémur du m. grand fessier (*M. gluteus maximus*)

Anatomie

Action du muscle : extenseur et rotateur latéral de la cuisse. Il est aussi stabilisateur du bassin.

Localisation de l'insertion : tubérosité glutéale du fémur.

Type d'insertion : un faisceau tendineux aplati.

Nature de l'enthèse : supposée fibreuse par sa localisation et le type de remodelage observé.

Descriptions des lésions spécifiques

Atteintes microtraumatiques : je ne connais pas de description ou de mention d'enthésopathie microtraumatique pour cette insertion.

Tendinite calcifiante : cette enthèse peut être le siège d'une tendinite calcifiante (Bard 2002) parfois associée à des érosions de la corticale (Chevrot *et al.* 2003).

Considérations méthodologiques

Système de cotation : 4

Code : FGF

Spécificité du remodelage : le remodelage le plus exubérant (stade C) se caractérise par la présence d'une crête unique, irrégulière et très développée qui se distingue de la tubérosité glutéale.

Utilisation en anthropologie biologique

Occasionnelle (Lai et Lovell 1992 ; Blondiaux 1994 ; Bailly-Maître *et al.* 1996 ; Pálfi 1997 ; Churchill et Morris 1998 ; Courtaud et Rajev 1998 ; Robb 1998 ; Steen et Lane 1998 ; Pany 2003).

Annexe A 18. Système 4 : insertion sur le fémur des mm. vaste médial, grand adducteur et long adducteur (*MM. vastus medialis, adductor magnus et adductor longus*)

Anatomie

Action des muscles : adducteur de la cuisse (les trois muscles) et extenseur de la jambe (m. vaste médial).

Localisation de l'insertion : tiers moyen de la lèvre médiale de la ligne âpre.

Type d'insertion : l'origine du m. vaste médial et la terminaison des mm. grand et long adducteurs au niveau du tiers moyen de la lèvre médiale de la ligne âpre correspondent à des lames tendineuses unies entre elles.

Nature de l'enthèse : fibreuse (Benjamin *et al.* 2002). Probablement osseuse.

Descriptions des lésions spécifiques

Atteintes microtraumatiques : je ne connais pas de description ou de mention d'enthésopathie microtraumatique pour cette insertion.

Considérations méthodologiques

Système de cotation : 4

Code : FLA

Spécificité du remodelage : le remodelage le plus exubérant (stade C) se présente sous la forme de productions osseuses sans forme particulière qui se distinguent nettement de la ligne âpre.

Utilisation en anthropologie biologique

Occasionnelle (Lai et Lovell 1992 ; Blondiaux 1994 ; Cunha et Umbelino 1995 ; Bailly-Maître *et al.* 1996 ; Sperduti 1997 ; Courtaud et Rajev 1998 ; Robb 1998 ; Pany 2003 ; Al-Oumaoui *et al.* 2004).

Annexe A 19. Système 4 : origine sur le tibia du m. soléaire (*M. soleus*)

Anatomie

Action du muscle : extenseur du pied, il permet aussi l'adduction et rotation médiale de celui-ci.

Localisation de l'insertion : sur la moitié inférieure de la ligne oblique du tibia.

Type d'insertion : lame tendineuse très résistante.

Nature de l'enthèse : supposée fibreuse par sa localisation et le type de remodelage observé.

Descriptions des lésions spécifiques

Atteintes microtraumatiques : je ne connais pas de description ou de mention d'enthésopathie microtraumatique pour cette insertion.

Considérations méthodologiques

Système de cotation : 4

Code : TSO

Spécificité du remodelage : le remodelage le plus exubérant (stade C) se présente sous la forme d'une crête unique et irrégulière surélevant toute l'insertion.

Utilisation en anthropologie biologique

Occasionnelle (Lai et Lovell 1992 ; Cunha et Umbelino

1995 ; Sperduti 1997 ; Churchill et Morris 1998 ; Robb 1998 ; Steen et Lane 1998 ; Lovell et Dublenko 1999 ; Pany 2003).

Annexe B

Les tableaux suivants présentent le nombre d'individus étudiés et le nombre de cotations attribués par classe d'âge et par système suivant le sexe et les catégories professionnelles.

Classe d'âge	Squelette appendiculaire				Rachis (système 3)			
	n individus	n cotations, sys			n individus	n cotations, étage		
		1	2	4		cervical	thoracique	lombaire
[20-29]	49	692	241	478	49	415	984	459
[30-39]	41	648	211	398	41	362	883	397
[40-49]	39	592	175	392	39	308	791	383
[50-59]	50	724	232	459	50	437	1032	479
[60 et +]	69	990	317	725	69	628	1489	683

Annexe B 1. Femmes : nombre d'individus et de cotations.

Classe d'âge	Squelette appendiculaire				Rachis (système 3)			
	n individus	n cotations, sys			n individus	n cotations, étage		
		1	2	4		cervical	thoracique	lombaire
[20-29]	119	1824	609	1226	54	469	1148	541
[30-39]	101	1481	483	990	66	504	1354	620
[40-49]	89	1363	444	924	45	376	932	437
[50-59]	80	1227	411	827	41	337	817	416
[60 et +]	84	1174	384	855	50	411	1008	470

Annexe B 2. Hommes : nombre d'individus et de cotations.

Classe d'âge	Squelette appendiculaire				Rachis (système 3)			
	n individus	n cotations, sys			n individus	n cotations, étage		
		1	2	4		cervical	thoracique	lombaire
[20-29]	15	238	71	160	8	79	170	85
[30-39]	21	316	99	197	17	123	358	164
[40-49]	14	214	72	148	7	65	162	75
[50-59]	8	112	37	83	6	59	144	55
[60 et +]	14	177	59	140	12	93	228	107

Annexe B 3. Travailleurs non manuels : nombre d'individus et de cotations.

Classe d'âge	Squelette appendiculaire				Rachis (système 3)			
	n individus	n cotations, sys			n individus	n cotations, étage		
		1	2	4		cervical	thoracique	lombaire
[20-29]	98	1501	505	999	42	359	908	414
[30-39]	67	1002	330	680	38	334	804	368
[40-49]	61	951	307	625	28	230	563	272
[50-59]	57	908	309	613	25	215	538	253
[60 et +]	49	747	244	521	21	183	443	207

Annexe B 4. Travailleurs manuels : nombre d'individus et de cotations.

Classe d'âge	n individus	Mb supérieur n cotations, sys			Mb inférieur n cotations, sys			Rachis (système 3)			
								n individus	n cotations, étage		
		1	2	4	1	2	4		cervical	thoracique	lombaire
[20-29]	23	190	44	112	170	66	132	14	134	314	151
[30-39]	35	259	58	143	241	99	179	26	177	490	224
[40-49]	23	194	43	116	157	75	120	13	118	293	141
[50-59]	17	133	30	77	109	55	91	10	93	228	99
[60 et +]	26	181	36	122	148	78	133	20	158	386	183

Annexe B 5. Travailleurs sans port de charges lourdes : nombre d'individus et de cotations.

Classe d'âge	n individus	Mb supérieur n cotations, sys			Mb inférieur n cotations, sys			Rachis (système 3)			
								n individus	n cotations, étage		
		1	2	4	1	2	4		cervical	thoracique	lombaire
[20-29]	41	355	78	199	306	138	242	10	90	216	99
[30-39]	22	181	36	105	147	72	121	7	60	168	77
[40-49]	23	174	37	109	170	73	128	6	31	96	44
[50-59]	25	216	48	133	187	82	144	5	36	96	44
[60 et +]	17	151	29	89	133	57	101	6	62	144	65

Annexe B 6. Travailleurs avec port de charges lourdes : nombre d'individus et de cotations.

Classe d'âge	membre supérieur				Rachis (système 3)			
	n individus	n cotations, sys			n individus	n cotations, étage		
		1	2	4		cervical	thoracique	lombaire
[20-29]	21	174	40	100	12	112	266	129
[30-39]	28	219	48	116	22	171	478	219
[40-49]	17	149	32	86	8	76	186	86
[50-59]	15	128	27	78	7	70	168	66
[60 et +]	20	150	28	97	15	126	300	139

Annexe B 7. Travailleurs sans mouvement répétitif du membre supérieur nombre d'individus et de cotations.

Classe d'âge	membre supérieur				Rachis (système 3)			
	n individus	n cotations, sys			n individus	n cotations, étage		
		1	2	4		cervical	thoracique	lombaire
[20-29]	43	371	82	211	12	112	264	121
[30-39]	29	221	46	132	11	66	180	82
[40-49]	29	219	48	139	11	73	203	99
[50-59]	27	221	51	132	8	59	156	77
[60 et +]	23	182	37	114	11	94	230	109

Annexe B 8. Travailleurs avec mouvement répétitif du membre supérieur nombre d'individus et de cotations.

ANNEXE C

Tests de Mann et Whitney par insertion pour le système 1. Une valeur de Z positive indique des stades élevés plus fréquents dans le premier groupe comparé.

Paramètre **nature de l'effort** :

Localisation anatomique	Côté	Insertion	n Non Manuels	n Manuels	Somme Rangs Non Manuels	Somme Rangs Manuels	U	Z	*p*	Z ajusté	*p*	*p* exacte
Membre supérieur	Droit	HSC	14	85	683,5	4266,5	578,5	-0,17	0,868	-0,32	0,751	0,870
		HSI	11	78	501	3504	423	0,07	0,940	0,16	0,873	0,946
		HEL	13	67	494	2746	403	-0,42	0,672	-1,01	0,312	0,680
		HEM	12	68	514	2726	380	0,38	0,706	1,40	0,163	0,714
		RBB	14	90	675	4785	570	-0,57	0,568	-0,91	0,361	0,575
	Gauche	HSC	14	86	751	4299	558	0,44	0,662	0,93	0,352	0,669
		HSI	11	79	500,5	3594,5	434,5	0,00	1,000			
		HEL	13	76	578,5	3426,5	487,5	-0,08	0,940	-0,41	0,679	0,941
		HEM	10	69	395	2765	340	-0,07	0,941	-0,38	0,703	0,948
		RBB	13	88	616	4535	525	-0,48	0,634	-0,77	0,439	0,641
Membre inférieur	Droit	CSB	13	92	624	4941	533	-0,63	0,527	-1,24	0,214	0,535
		FPF	14	91	735	4830	630	-0,07	0,947	-0,39	0,695	0,952
		FMF	14	87	700	4451	595	-0,14	0,891	-0,57	0,569	0,896
		FIP	15	88	726	4630	606	-0,50	0,614	-0,85	0,395	0,620
	Gauche	CSB	14	94	728	5158	623	-0,32	0,749	-0,88	0,379	0,755
		FPF	15	89	772,5	4687,5	652,5	-0,14	0,890	-0,58	0,560	0,891
		FMF	14	87	700	4451	595	-0,14	0,891	-0,57	0,569	0,896
		FIP	14	87	694,5	4456,5	589,5	-0,19	0,848	-0,37	0,711	0,850

Annexe C 1. Système 1 - échantillon d'activité connue - classe d'âge [20-29] : résultats par insertion des tests de Mann et Whitney.

Localisation anatomique	Côté	Insertion	n Non Manuels	n Manuels	Somme Rangs Non Manuels	Somme Rangs Manuels	U	Z	*p*	Z ajusté	*p*	*p* exacte
Membre supérieur	Droit	HSC	18	57	644	2206	473	-0,50	0,620	-0,61	0,545	0,627
		HSI	16	55	531,5	2024,5	395,5	-0,61	0,540	-1,02	0,309	0,544
		HEL	12	44	342	1254	264	0,00	1,000			
		HEM	13	48	420,5	1470,5	294,5	0,31	0,758	1,00	0,318	0,761
		RBB	18	56	642	2133	471	-0,42	0,678	-0,58	0,560	0,685
	Gauche	HSC	21	60	794	2527	563	-0,72	0,470	-1,10	0,271	0,476
		HSI	15	56	523	2033	403	-0,24	0,811	-0,46	0,643	0,818
		HEL	16	51	512	1766	376	-0,47	0,638	-1,15	0,252	0,646
		HEM	14	51	455	1690	350	-0,11	0,911	-0,52	0,600	0,918
		RBB	20	57	660	2343	450	-1,39	0,163	-2,22	***0,027***	0,166
Membre inférieur	Droit	CSB	19	64	801,5	2684,5	604,5	0,04	0,970	0,10	0,919	0,970
		FPF	20	61	850,5	2470,5	579,5	0,33	0,738	1,75	0,081	0,740
		FMF	17	53	586,5	1898,5	433,5	-0,23	0,816	-0,81	0,420	0,818
		FIP	19	58	742,5	2260,5	549,5	0,02	0,986	0,03	0,977	0,986
	Gauche	CSB	20	62	801	2602	591	-0,31	0,754	-0,65	0,518	0,760
		FPF	20	59	829,5	2330,5	560,5	0,33	0,739	1,72	0,086	0,741
		FMF	20	56	748	2178	538	-0,26	0,795	-0,56	0,578	0,801
		FIP	18	54	549	2079	378	-1,40	0,160	-2,17	***0,030***	0,163

Annexe C 2. Système 1 - échantillon d'activité connue - classe d'âge [30-39] résultats par insertion des tests de Mann et Whitney.

Localisation anatomique	Côté	Insertion	n Non Manuels	n Manuels	Somme Rangs Non Manuels	Somme Rangs Manuels	U	Z	*p*	Z ajusté	*p*	*p* exacte
Membre supérieur	Droit	HSC	13	52	317	1828	226	-1,84	0,066	-2,11	***0,035***	0,067
		HSI	13	50	369	1647	278	-0,80	0,425	-1,17	0,241	0,434
		HEL	10	47	260	1393	205	-0,63	0,529	-1,18	0,236	0,542
		HEM	10	44	270	1215	215	-0,11	0,911	-0,48	0,634	0,921
		RBB	14	55	451	1964	346	-0,58	0,561	-0,70	0,486	0,570
	Gauche	HSC	12	54	338	1873	260	-1,06	0,287	-1,21	0,225	0,295
		HSI	12	51	330	1686	252	-0,95	0,345	-1,56	0,119	0,354
		HEL	13	51	454	1626	300	0,53	0,599	1,13	0,258	0,609
		HEM	9	44	238,5	1192,5	193,5	-0,11	0,915	-0,45	0,651	0,917
		RBB	14	55	390	2025	285	-1,49	0,136	-1,80	0,072	0,139
Membre inférieur	Droit	CSB	13	57	444	2041	353	-0,26	0,792	-0,48	0,632	0,800
		FPF	12	58	425	2060	347	-0,02	0,988	-0,03	0,974	0,994
		FMF	11	55	330	1881	264	-0,66	0,508	-1,24	0,214	0,518
		FIP	12	52	314	1766	236	-1,31	0,191	-1,68	0,093	0,197
	Gauche	CSB	13	58	447	2109	356	-0,31	0,755	-0,45	0,651	0,763
		FPF	10	58	330	2016	275	-0,26	0,795	-0,73	0,465	0,805
		FMF	10	58	367	1979	268	0,38	0,703	0,65	0,517	0,714
		FIP	13	52	318	1827	227	-1,82	0,069	-2,21	***0,027***	0,070

Annexe C 3. Système 1 - échantillon d'activité connue - classe d'âge [40-49] résultats par insertion des tests de Mann et Whitney.

Localisation anatomique	Côté	Insertion	n Non Manuels	n Manuels	Somme Rangs Non Manuels	Somme Rangs Manuels	U	Z	*p*	Z ajusté	*p*	*p* exacte
Membre supérieur	Droit	HSC	8	53	249,5	1641,5	210,5	0,03	0,974	0,04	0,972	0,975
		HSI	7	51	175	1536	147	-0,75	0,452	-0,95	0,343	0,468
		HEL	6	48	180	1305	129	0,41	0,680	0,46	0,642	0,697
		HEM	5	45	117,5	1157,5	102,5	-0,32	0,746	-0,69	0,491	0,754
		RBB	8	51	248,5	1521,5	195,5	0,19	0,851	0,21	0,833	0,854
	Gauche	HSC	7	51	204,5	1506,5	176,5	-0,05	0,962	-0,06	0,956	0,963
		HSI	7	46	166,5	1264,5	138,5	-0,59	0,554	-0,77	0,439	0,562
		HEL	5	49	133	1352	118	-0,13	0,893	-0,17	0,864	0,908
		HEM	4	42	106,5	974,5	71,5	0,49	0,626	0,90	0,367	0,638
		RBB	7	53	149	1681	121	-1,49	0,137	-1,62	0,105	0,143
Membre inférieur	Droit	CSB	5	55	121,5	1708,5	106,5	-0,83	0,407	-0,97	0,333	0,418
		FPF	6	54	162	1668	141	-0,52	0,605	-0,93	0,353	0,622
		FMF	6	51	166	1487	145	-0,21	0,835	-0,29	0,769	0,849
		FIP	6	52	157,5	1553,5	136,5	-0,50	0,619	-0,55	0,579	0,627
	Gauche	CSB	6	54	164	1666	143	-0,47	0,640	-0,58	0,565	0,656
		FPF	7	54	192,5	1698,5	164,5	-0,55	0,579	-1,00	0,316	0,587
		FMF	6	50	188	1408	133	0,45	0,652	0,62	0,538	0,670
		FIP	6	49	182,5	1357,5	132,5	0,39	0,695	0,45	0,656	0,703

Annexe C 4. Système 1 - échantillon d'activité connue - classe d'âge [50-59]:résultats par insertion des tests de Mann et Whitney.

Localisation anatomique	Côté	Insertion	n Non Manuels	n Manuels	Somme Rangs Non Manuels	Somme Rangs Manuels	U	Z	*p*	Z ajusté	*p*	*p* exacte
Membre supérieur	Droit	HSC	11	42	250,5	1180,5	184,5	-1,02	0,308	-1,20	0,228	0,313
		HSI	10	39	220	1005	165	-0,74	0,457	-0,84	0,400	0,470
		HEL	10	42	230,5	1147,5	175,5	-0,80	0,423	-0,90	0,370	0,429
		HEM	8	35	148	798	112	-0,87	0,382	-1,11	0,266	0,398
		RBB	12	44	241,5	1354,5	163,5	-2,01	***0,045***	-2,25	***0,024***	***0,044***
	Gauche	HSC	10	40	214,5	1060,5	159,5	-0,98	0,326	-1,20	0,232	0,331
		HSI	11	41	262,5	1115,5	196,5	-0,65	0,516	-0,74	0,461	0,521
		HEL	9	40	176	1049	131	-1,27	0,206	-1,39	0,163	0,214
		HEM	8	35	128	818	92	-1,50	0,134	-1,74	0,083	0,140
		RBB	10	44	160	1325	105	-2,56	***0,010***	-2,74	***0,006***	***0,009***
Membre inférieur	Droit	CSB	9	40	241,5	983,5	163,5	0,43	0,670	0,46	0,646	0,675
		FPF	12	47	363	1407	279	0,06	0,955	0,07	0,947	0,963
		FMF	9	43	195	1183	150	-1,05	0,293	-1,23	0,219	0,304
		FIP	10	43	220,5	1210,5	165,5	-1,13	0,260	-1,24	0,216	0,265
	Gauche	CSB	10	43	264	1167	209	-0,14	0,892	-0,15	0,882	0,902
		FPF	10	45	226	1314	171	-1,18	0,239	-1,48	0,138	0,247
		FMF	10	43	274	1157	211	0,09	0,928	0,11	0,914	0,938
		FIP	8	41	251	974	113	1,38	0,168	1,57	0,117	0,175

Annexe C 5. Système 1 - échantillon d'activité connue - classe d'âge [60 et +] : résultats par insertion des tests de Mann et Whitney.

Paramètre **port de charges lourdes** - membre supérieur :

Côté	Insertion	n Sans port charges	n Avec port charges	Somme Rangs Sans port charges	Somme Rangs Avec port charges	U	Z	*p*	Z ajusté	*p*	*p* exacte
Droit	HSC	20	36	550	1046	340	-0,34	0,732	-0,69	0,489	0,741
	HSI	17	36	496	935	269	0,71	0,481	1,39	0,164	0,491
	HEL	18	31	414	811	243	-0,75	0,455	-1,57	0,115	0,465
	HEM	18	34	494	884	289	0,33	0,744	1,37	0,169	0,753
	RBB	22	39	641,5	1249,5	388,5	-0,61	0,543	-0,88	0,377	0,546
Gauche	HSC	21	37	635,5	1075,5	372,5	0,26	0,796	0,59	0,555	0,797
	HSI	18	35	486	945	315	0,00	1,000			
	HEL	19	36	532	1008	342	0,00	1,000			
	HEM	16	32	384	792	248	-0,18	0,861	-0,71	0,480	0,871
	RBB	21	39	595,5	1234,5	364,5	-0,70	0,486	-1,08	0,280	0,489

Annexe C 6. Système 1 - membre supérieur - échantillon d'activité connue - catégorisations avancées - classe d'âge [20-29] : résultats par insertion des tests de Mann et Whitney.

Côté	Insertion	n Sans port charges	n Avec port charges	Somme Rangs Sans port charges	Somme Rangs Avec port charges	U	Z	*p*	Z ajusté	*p*	*p* exacte
Droit	HSC	29	18	581,5	546,5	146,5	-2,51	0,012	-3,05	***0,002***	***0,011***
	HSI	28	18	569	512	163	-2,00	0,045	-3,05	***0,002***	***0,046***
	HEL	19	18	361	342	171	0,00	1,000			
	HEM	21	15	385,5	280,5	154,5	-0,10	0,923	-0,24	0,808	0,924
	RBB	29	17	628,5	452,5	193,5	-1,21	0,228	-1,69	0,091	0,230
Gauche	HSC	33	20	828,5	602,5	267,5	-1,15	0,251	-1,96	0,051	0,254
	HSI	26	18	564	426	213	-0,50	0,616	-0,91	0,362	0,628
	HEL	23	19	471,5	431,5	195,5	-0,58	0,561	-1,58	0,115	0,565
	HEM	22	18	451	369	198	0,00	1,000			
	RBB	29	20	652,5	572,5	217,5	-1,48	0,140	-2,81	***0,005***	0,141

Annexe C 7. Système 1 - membre supérieur - échantillon d'activité connue - catégorisations avancées - classe d'âge [30-39] : résultats par insertion des tests de Mann et Whitney.

Côté	Insertion	n Sans port charges	n Avec port charges	Somme Rangs Sans port charges	Somme Rangs Avec port charges	U	Z	*p*	Z ajusté	*p*	*p* exacte
Droit	HSC	21	18	374	406	143	-1,30	0,195	-1,51	0,132	0,202
	HSI	21	16	393	310	162	-0,18	0,854	-0,34	0,733	0,868
	HEL	17	15	255	273	102	-0,96	0,336	-1,91	0,057	0,350
	HEM	17	12	255	180	102	0,00	1,000			
	RBB	22	21	436,5	509,5	183,5	-1,15	0,248	-1,35	0,177	0,251
Gauche	HSC	20	19	334	446	124	-1,85	0,064	-2,13	***0,034***	0,065
	HSI	20	17	358,5	344,5	148,5	-0,66	0,512	-1,22	0,223	0,517
	HEL	19	19	361	380	171	-0,28	0,782	-0,47	0,636	0,795
	HEM	15	16	232,5	263,5	112,5	-0,30	0,767	-0,97	0,333	0,770
	RBB	22	21	427	519	174	-1,39	0,166	-1,74	0,082	0,172

Annexe C 8. Système 1 - membre supérieur - échantillon d'activité connue - catégorisations avancées - classe d'âge [40-49] : résultats par insertion des tests de Mann et Whitney.

Côté	Insertion	n Sans port charges	n Avec port charges	Somme Rangs Sans port charges	Somme Rangs Avec port charges	U	Z	*p*	Z ajusté	*p*	*p* exacte
Droit	HSC	13	24	267	436	136	0,64	0,525	0,76	0,449	0,540
	HSI	12	20	214	314	104	0,62	0,533	0,83	0,407	0,552
	HEL	10	24	175	420	120	0,00	1,000	0,00	1,000	1,000
	HEM	10	19	144,5	290,5	89,5	-0,25	0,801	-0,42	0,673	0,804
	RBB	15	23	264,5	476,5	144,5	-0,84	0,403	-0,90	0,366	0,408
Gauche	HSC	15	24	307	473	173	0,20	0,840	0,23	0,817	0,853
	HSI	15	21	246	420	126	-1,01	0,312	-1,35	0,178	0,324
	HEL	13	21	203	392	112	-0,87	0,385	-0,99	0,322	0,400
	HEM	13	20	218	343	127	-0,11	0,912	-0,22	0,824	0,928
	RBB	17	20	301,5	401,5	148,5	-0,66	0,512	-0,74	0,459	0,517

Annexe C 9. Système 1 - membre supérieur - échantillon d'activité connue - catégorisations avancées - classe d'âge [50-59] : résultats par insertion des tests de Mann et Whitney.

Côté	Insertion	n Sans port charges	n Avec port charges	Somme Rangs Sans port charges	Somme Rangs Avec port charges	U	Z	*p*	Z ajusté	*p*	*p* exacte
Droit	HSC	18	17	306	324	135	-0,59	0,552	-0,70	0,484	0,568
	HSI	17	15	243	285	90	-1,42	0,157	-1,63	0,103	0,165
	HEL	18	17	316	314	145	-0,26	0,792	-0,30	0,764	0,807
	HEM	14	14	181	225	76	-1,01	0,312	-1,52	0,130	0,329
	RBB	22	16	364	377	111	-1,92	0,055	-2,19	***0,029***	0,056
Gauche	HSC	19	15	302,5	292,5	112,5	-1,04	0,298	-1,17	0,244	0,302
	HSI	20	15	342	288	132	-0,60	0,549	-0,68	0,495	0,564
	HEL	17	15	271	257	118	-0,36	0,720	-0,40	0,687	0,737
	HEM	16	12	175	231	39	-2,65	0,008	-3,02	***0,003***	***0,007***
	RBB	20	15	282	348	72	-2,60	0,009	-2,82	***0,005***	***0,009***

Annexe C 10. Système 1 - membre supérieur - échantillon d'activité connue - catégorisations avancées - classe d'âge [60 et +] : résultats par insertion des tests de Mann et Whitney.

Paramètre **port de charges lourdes** - membre inférieur :

Côté	**Insertion**	**n Sans port charges**	**n Avec port charges**	**Somme Rangs Sans port charges**	**Somme Rangs Avec port charges**	**U**	**Z**	***p***	**Z ajusté**	***p***	***p* exacte**
Droit	CSB	21	40	609	1282	378	-0,64	0,524	-1,49	0,137	0,532
	FPF	21	37	619,5	1091,5	388,5	0,00	1			
	FMF	21	37	609	1102	378	-0,17	0,865	-0,75	0,451	0,873
	FIP	23	38	662,5	1228,5	386,5	-0,75	0,452	-1,36	0,174	0,455
Gauche	CSB	22	38	649	1181	396	-0,34	0,736	-1,09	0,278	0,744
	FPF	21	39	660	1170	390	0,30	0,762	1,36	0,173	0,770
	FMF	21	39	640,5	1189,5	409,5	0,00	1			
	FIP	20	38	598	1113	372	0,13	0,896	0,27	0,788	0,903

Annexe C 11. Système 1 - membre inférieur - échantillon d'activité connue - catégorisations avancées - classe d'âge [20-29] : résultats par insertion des tests de Mann et Whitney.

Côté	**Insertion**	**n Sans port charges**	**n Avec port charges**	**Somme Rangs Sans port charges**	**Somme Rangs Avec port charges**	**U**	**Z**	***p***	**Z ajusté**	***p***	***p* exacte**
Droit	CSB	32	20	826	552	298	-0,41	0,679	-1,02	0,306	0,689
	FPF	32	19	841,5	484,5	294,5	0,19	0,853	0,77	0,441	0,855
	FMF	26	15	520	341	169	-0,70	0,482	-1,89	0,059	0,495
	FIP	30	19	733,5	491,5	268,5	-0,34	0,735	-0,60	0,551	0,737
Gauche	CSB	34	19	903	528	308	-0,28	0,781	-0,61	0,543	0,790
	FPF	31	19	800	475	285	0,19	0,849	0,78	0,434	0,859
	FMF	30	17	677	451	212	-0,95	0,341	-1,65	0,100	0,350
	FIP	26	19	507	528	156	-2,09	0,037	-3,33	***0,001***	***0,037***

Annexe C 12. Système 1 - membre inférieur - échantillon d'activité connue - catégorisations avancées - classe d'âge [30-39] : résultats par insertion des tests de Mann et Whitney.

Côté	**Insertion**	**n Sans port charges**	**n Avec port charges**	**Somme Rangs Sans port charges**	**Somme Rangs Avec port charges**	**U**	**Z**	***p***	**Z ajusté**	***p***	***p* exacte**
Droit	CSB	21	21	420	483	189	-0,79	0,428	-1,41	0,158	0,439
	FPF	20	22	421	482	211	-0,23	0,821	-0,51	0,611	0,832
	FMF	18	20	306	435	135	-1,32	0,188	-2,25	***0,025***	0,196
	FIP	19	22	343,5	517,5	153,5	-1,45	0,147	-2,11	***0,035***	0,148
Gauche	CSB	21	21	409,5	493,5	178,5	-1,06	0,291	-1,43	0,152	0,294
	FPF	19	21	390,5	429,5	198,5	0,03	0,978	0,07	0,943	0,979
	FMF	18	22	355	465	184	-0,38	0,703	-0,62	0,538	0,717
	FIP	21	21	413	490	182	-0,97	0,333	-1,31	0,191	0,343

Annexe C 13. Système 1 - membre inférieur - échantillon d'activité connue - catégorisations avancées - classe d'âge [40-49] : résultats par insertion des tests de Mann et Whitney.

Côté	Insertion	n Sans port charges	n Avec port charges	Somme Rangs Sans port charges	Somme Rangs Avec port charges	U	Z	*p*	Z ajusté	*p*	*p* exacte
Droit	CSB	15	22	255	448	135	-0,93	0,353	-1,14	0,255	0,366
	FPF	14	24	270,5	470,5	165,5	-0,08	0,94	-0,16	0,871	0,940
	FMF	13	23	241	425	149	0,02	0,987	0,02	0,984	1,000
	FIP	13	22	233	397	142	-0,03	0,973	-0,04	0,969	0,987
Gauche	CSB	13	24	231	472	140	-0,51	0,611	-0,64	0,520	0,626
	FPF	14	24	266	475	161	-0,21	0,832	-0,76	0,445	0,846
	FMF	13	24	238,5	464,5	147,5	-0,27	0,787	-0,40	0,690	0,790
	FIP	14	24	259,5	481,5	154,5	-0,41	0,683	-0,45	0,650	0,687

Annexe C 14. Système 1 - membre inférieur - échantillon d'activité connue - catégorisations avancées - classe d'âge [50-59] : résultats par insertion des tests de Mann et Whitney.

Côté	Insertion	n Sans port charges	n Avec port charges	Somme Rangs Sans port charges	Somme Rangs Avec port charges	U	Z	*p*	Z ajusté	*p*	*p* exacte
Droit	CSB	17	15	250,5	277,5	97,5	-1,13	0,257	-1,21	0,227	0,261
	FPF	22	17	407,5	372,5	154,5	-0,92	0,357	-1,13	0,257	0,362
	FMF	19	17	300	366	110	-1,63	0,103	-1,96	***0,050***	0,107
	FIP	19	17	303	363	113	-1,54	0,124	-1,69	0,091	0,129
Gauche	CSB	17	17	269,5	325,5	116,5	-0,96	0,335	-1,04	0,297	0,339
	FPF	19	17	294,5	371,5	104,5	-1,81	0,071	-2,30	***0,021***	0,071
	FMF	18	17	303,5	326,5	132,5	-0,68	0,499	-0,82	0,411	0,503
	FIP	17	16	315	246	110	0,94	0,349	1,03	0,305	0,363

Annexe C 15. Système 1 - membre inférieur - échantillon d'activité connue - catégorisations avancées - classe d'âge [60 et +] : résultats par insertion des tests de Mann et Whitney.

ANNEXE D

Résultats des analyses de type 3 et des estimations robustes pour le système 2 - catégorisations avancées.

Membre supérieur

		Statistiques de score pour l'analyse GEE de type 3			
		1re étape		2e étape	
Source	**d.d.l.**	**Khi2**	***p***	**Khi2**	***p***
Age	1	16,46	***<0,001***	25,88	***<0,001***
Collection ostéologique	3	9,65	***0,022***	9,18	***0,027***
Côté	1	0,59	0,443	2,38	0,123
Port de charges lourdes	1	1,04	0,308	3,75	0,053
Mouvements répétitifs	1	1,11	0,291	0,05	0,817
Age*Côté	1	1,60	0,206		
Age*Port de charges lourdes	1	3,20	0,074		
Age*Mouvements répétitifs	1	0,63	0,427		
Côté*Port de charges lourdes	1	1,03	0,310		
Côté*Mouvements répétitifs	1	0,28	0,595		
Port de charges lourdes*Mouvements répétitifs	1	0,99	0,319		

Annexe D 1. Système 2 - membre supérieur - échantillon d'activité connue - catégorisations avancées : résultats de l'analyse de type 3.

Paramètre		OR	IC 95 %		*p*
Age		1,05*	1,04	1,06	***<0,001***
Côté	Gauche	1			
	Droite	0,62	0,34	1,14	0,124
Port de charges lourdes	Sans	1			
	Avec	0,39	0,16	0,93	***0,035***
Mouvements répétitifs	Sans	1			
	Avec	0,9	0,39	2,1	0,814
Collection ostéologique	Spitalfields	1			
	Sassari	1,96	0,64	6	0,236
	Coimbra	0,95	0,31	2,94	0,927
	Bologne	6,34	2,09	19,26	***0,001***
	Bologne	1			
	Coimbra	0,15	0,05	0,41	***<0,001***
	Sassari	0,31	0,12	0,82	***0,019***
	Coimbra	1			
	Sassari	2,07	0,7	6,1	0,186
					* par année

Annexe D 2. Système 2 - membre supérieur - échantillon d'activité connue - catégorisations avancées : estimations robustes.

Membre inférieur

		Statistiques de score pour l'analyse GEE de type 3			
		1re étape		2e étape	
Source	**d.d.l.**	**Khi2**	***p***	**Khi2**	***p***
Age	1	***26,65***	***<0,001***	***24,07***	***<0,001***
Collection ostéologique	3	***26,66***	***<0,001***	***26,84***	***<0,001***
Côté	1	0,21	0,646	1,04	0,308
Port de charges	1	0,50	0,478	0,14	0,712
Age*Côté	1	0,01	0,910		
Age*Port de charges	1	0,82	0,364		
Côté*Port de charges	1	0,26	0,612		

Annexe D 3. Système 2 - membre inférieur - échantillon d'activité connue - catégorisations avancées : résultats de l'analyse de type 3.

Paramètre		OR	IC 95 %		*p*
Age		1,04*	1,03	1,06	***<0,001***
Côté	Gauche	1			
	Droite	1,12	0,9	1,38	0,305
Port de charges	Sans	1			
	Avec	0,91	0,55	1,51	0,712
Collection ostéologique	Spitalfields	1			
	Sassari	1,32	0,63	2,75	0,465
	Coimbra	0,35	0,16	0,75	***0,007***
	Bologne	2,76	1,26	6,05	***0,011***
	Bologne	1			
	Coimbra	0,13	0,06	0,27	***<0,001***
	Sassari	0,48	0,27	0,83	***0,008***
	Coimbra	1			
	Sassari	3,76	1,87	7,57	***<0,001***

* par année

Annexe D 4. Système 2 - membre inférieur - échantillon d'activité connue - catégorisations avancées : estimations robustes.

ANNEXE E

Résultats des analyses de type 3 et des estimations robustes
pour le système 4 - catégorisations avancées.

Membre supérieur

		Statistiques de score pour l'analyse GEE de type 3					
		1re étape		2e étape		3e étape	
Source	***d.d.l.***	**Khi2**	***p***	**Khi2**	***p***	**Khi2**	***p***
Age	1	65,16	***<0,001***	74,57	***<0,001***	74,51	***<0,001***
Collection ostéologique	3	4,83	0,185	5,43	0,143	5,49	0,139
Côté	1	0,04	0,837	2,99	0,084	3,35	0,067
Port de charges lourdes	1	0,13	0,721	3,03	0,082	3,06	0,080
Mouvements répétitifs	1	0,03	0,860	0,25	0,615	0,24	0,622
Age*Côté	1	0,44	0,510				
Age*Port de charges lourdes	1	0,06	0,810				
Age*Mouvements répétitifs	1	0,28	0,594				
Côté*Port de charges lourdes	1	3,46	0,063	1,64	0,200		
Côté*Mouvements répétitifs	1	2,31	0,129				
Port de charges lourdes*Mouvements répétitifs	1	0,95	0,330				

Annexe E 1. Système 4 - membre supérieur - échantillon d'activité connue - catégorisations avancées : résultats de l'analyse de type 3.

Paramètre		**OR**	**IC 95 %**		***p***
Age		1,09*	1,07	1,1	***<0,001***
Côté	Gauche	1			
	Droite	1,18	0,99	1,41	0,063
Port de charges lourdes	Sans	1			
	Avec	1,49	0,96	2,3	0,074
Mouvements répétitifs	Sans	1			
	Avec	1,11	0,73	1,7	0,618
Collection ostéologique	Spitalfields	1			
	Sassari	1,95	1,01	3,76	***0,046***
	Coimbra	1,17	0,63	2,15	0,621
	Bologne	1,69	0,91	3,15	0,099
	Bologne	1			
	Coimbra	0,69	0,43	1,11	0,127
	Sassari	1,15	0,76	1,75	0,497
	Coimbra	1			
	Sassari	1,67	1,03	2,71	***0,038***

* par année

Annexe E 2. Système 4 - membre supérieur - échantillon d'activité connue - catégorisations avancées : estimations robustes.

Membre inférieur

		Statistiques de score pour l'analyse GEE de type 3			
		1re étape		**2e étape**	
Source	***d.d.l.***	**Khi2**	***p***	**Khi2**	***p***
Age	1	75,55	***<0,001***	24,07	***<0,001***
Collection ostéologique	3	7,95	***0,047***	26,84	***<0,001***
Côté	1	0,19	0,660	1,04	0,308
Port de charges lourdes	1	0,10	0,748	0,14	0,712
Age*Côté	1	0,02	0,884		
Age*Port de charges lourdes	1	0,03	0,868		
Côté*Port de charges lourdes	1	1,75	0,186		

Annexe E 3. Système 4 - membre inférieur - échantillon d'activité connue - catégorisations avancées : résultats de l'analyse de type 3.

Paramètre		**OR**	**IC 95 %**		***p***
Age		1,09*	1,07	1,10	***<0,001***
Côté	Gauche	1			
	Droite	0,95	0,82	1,09	0,465
Port de charges lourdes	Sans	1			
	Avec	1,29	0,87	1,89	0,204
Collection ostéologique	Spitalfields	1			
	Sassari	1,01	0,45	2,27	0,981
	Coimbra	0,6	0,28	1,30	0,196
	Bologne	1,1	0,49	2,44	0,820
	Bologne	1			
	Coimbra	0,55	0,35	0,86	***0,008***
	Sassari	0,92	0,60	1,41	0,702
	Coimbra	1			
	Sassari	1,69	1,08	2,62	***0,021***

* par année

Annexe E 4. Système 4 - membre inférieur - échantillon d'activité connue - catégorisations avancées : estimations robustes.

ANNEXE F

Résultats des analyses de type 3 et des estimations robustes
pour le système 3 - catégorisations avancées.

Etage thoracique

		Statistiques de score pour l'analyse GEE de type 3			
		1re étape		2e étape	
Source	**d.d.l.**	**Khi2**	***p***	**Khi2**	***p***
Collection ostéologique	1	0,52	0,470	0,31	0,580
Mouvements répétitifs	1	0,05	0,828	0,18	0,670
Port de charges lourdes	1	0,43	0,514	0,03	0,854
Mouvements répétitifs*Port de charges lourdes	1	2,28	0,131		

Annexe F 1. Système 3 - étage thoracique - échantillon d'activité connue - catégorisations avancées : résultats de l'analyse de type 3.

Paramètre		OR	IC 95 %		*p*
Collection	Spitalfields	1			
ostéologique	Coimbra	1,15	0,70	1,92	0,579
Mouvements	Sans	1			
répétitifs	Avec	1,11	0,68	1,81	0,666
Port de charges	Sans	1			
lourdes	Avec	1,05	0,64	1,71	0,856

Annexe F 2. Système 3 - étage thoracique - échantillon d'activité connue - catégorisations avancées : estimations robustes.

Annexe F

Etage lombaire

Source	d.d.l.	Statistiques de score pour l'analyse GEE de type 3			
		1re étape		2e étape	
		Khi2	*p*	Khi2	*p*
Collection ostéologique	1	2,86	0,091	2,80	0,094
Mouvements répétitifs	1	0,89	0,346	0,42	0,519
Port de charges lourdes	1	0,03	0,862	0,01	0,936
Mouvements répétitifs*Port de charges lourdes	1	0,40	0,528		

Annexe F 3. Système 3 - étage lombaire - échantillon d'activité connue - catégorisations avancées : résultats de l'analyse de type 3.

Paramètre		OR	IC 95 %		*p*
Collection ostéologique	Spitalfields	1			
	Coimbra	0,56	0,30	1,03	0,061
Mouvements répétitifs	Sans	1			
	Avec	1,2	0,69	2,08	0,514
Port de charges lourdes	Sans				
	Avec	1,03	0,53	2,00	0,936

Annexe F 4. Système 3 - étage lombaire - échantillon d'activité connue - catégorisations avancées : estimations robustes.

ANNEXE G

Squelette	Groupe chrono-culturel	Sexe	AD 1	AD 2	AD 3	AD 4	AD 5	AD 6	AD 7	AD 8	AD 9	AD 10	AD 11	AD 12	Remarques
Les Closeaux 1	MESO	F				0,08			*0,03*		0,16	0,10			
Grotte des Enfants 3	CFPS	F	*0,02*	*0,01*	*0,01*	*0,02*	*0,01*	*0,03*	*0,04*	*0,03*	*0,04*	*0,02*	*0,00*	*0,01*	
Grotte des Enfants 5	GRAV	F	0,31	0,38	0,70				0,17	0,14	0,48	0,40	0,26	0,20	
Lafaye	CFPS	F	0,19	0,27	0,30	0,09	*0,03*	*0,00*	0,24	0,08	0,39	0,35	*0,01*	*0,00*	
La Vergne ST03	MESO	F													
Oriente B	MESO	F	0,34	0,09	0,13				0,24	0,35	0,64	0,49	*0,03*	*0,03*	
Ostuni 1[1]	GRAV	F													
Paglicci 25	GRAV	F	0,62	0,49	0,35	0,11	0,08	0,10	0,84	0,61	0,46	0,47	0,83	0,82	
Abri Pataud A[2]	GRAV	F													
Romito 6	CFPS	F	*0,01*	*0,00*	*0,00*				0,08	*0,02*	*0,04*	*0,02*	*0,00*	*0,00*	
St-Germain-la-Rivière 4	CFPS	F				0,12			0,18		0,29	0,35			
San Téodoro 1	CFPS	F	0,73	0,15	0,26	0,89	0,30	0,06	0,80	0,54	0,90	0,91	*0,01*	*0,01*	2 fois mal classée à 90%
San Téodoro 4	CFPS	F			0,09	0,40	*0,02*	*0,00*							
Téviec 6	MESO	F	0,24	0,10		*0,04*	0,07		0,06		0,22	0,07			
Uzzo 1A	MESO	F				0,10			*0,05*		0,08	0,08			
Uzzo 1B	MESO	F	0,08	0,24	*0,04*	0,15	0,09	*0,01*	0,15	0,07	0,23	0,10	*0,00*	*0,00*	
Uzzo 5	MESO	F	0,08	0,14	*0,01*	0,21	*0,01*	*0,01*	0,17	0,07	0,19	0,08	*0,00*	*0,00*	
Uzzo 10	MESO	F									*0,01*				
Vasilyevka II 18 (6285-11)	MESO	F	0,37	0,34	0,29							0,10			
Vasilyevka III 12 (6462-08)	CFPS	F	0,33	0,69	0,15				0,09	0,73	0,34	0,41	*0,04*	*0,02*	
Vatte di Zambana 1	MESO	F				0,18			0,50		0,38				
Veneri Parabita 2	GRAV	F				0,78									

Annexe G 1.Résultats de la diagnose sexuelle secondaire pour les sujets féminins sexés en diagnose primaire : probabilité a posteriori d'appartenir au sexe masculin à partir des 12 analyses discriminantes retenues.

[1] Pas d'autorisation pour effectuer des mesures. [2] Les analyses discriminantes n'ont pas été établies à partir de ces individus, distingués au sein d'assemblages osseux.

Squelette	Groupe chrono-culturel	Sexe	AD 1	AD 2	AD 3	AD 4	AD 5	AD 6	AD 7	AD 8	AD 9	AD 10	AD 11	AD 12	Remarques
Arene Candide A*	CFPS	M	0,25	0,86	0,87	0,38		**1,00**		0,64	0,10				
Arene Candide B*	CFPS	M	0,81	0,76	**0,96**	0,67	0,31	**0,99**	0,54	0,80	0,48	0,66	**1,00**	**1,00**	
Arene Candide C*	CFPS	M	0,55	0,37	0,60	0,90	0,49	**0,99**	0,91	0,72	0,81	0,82	**0,97**	**1,00**	
Auneau 3	MESO	M	0,94	0,45	0,80	0,44	0,73	0,46	0,86	**0,97**	**0,95**	0,88	0,83	0,47	
Baousso da Torre 2	GRAV	M	0,65	0,67	0,85				**0,95**		0,90	**0,97**			
Bichon	CFPS	M	0,38	0,62	0,85	0,13	0,36	0,56	0,57	0,50	0,28	0,56	**1,00**	**1,00**	
La Chaussée-Tirancourt	MESO	M	0,76	0,58	0,34				**0,98**	0,90	0,66	0,81	**0,97**	**0,96**	
Continenza 7	CFPS	M	0,37	0,61	0,61	0,54	0,47	0,19	0,39	0,51	0,55	0,56	0,83	0,92	
Cro-Magnon A*	GRAV	M							**0,99**						
Dolní Věstonice 13	GRAV	M				0,69			0,67						
Dolní Věstonice 15	GRAV	M				0,68			0,36						
Dolní Věstonice 16	GRAV	M							**0,96**						
Fatma Koba	MESO	M	**0,97**	**0,96**	**0,99**	0,87	0,81	**0,99**	0,57	**0,99**	0,93	0,88	**1,00**	**1,00**	
Gough's Cave 1	MESO	M													
Grotte des Enfants 4	GRAV	M	**0,96**	**0,99**		**0,99**	**1,00**	**0,99**	**0,99**	0,87	**0,96**	**0,99**	**1,00**	**1,00**	
Laugerie-Basse 4	CFPS	M	0,86	0,93	**1,00**	**0,95**	**0,95**	**0,99**	0,16	0,60	0,61	0,41	0,29	0,75	
Murzak Koba 1	MESO	M	0,92	0,83	**0,95**	0,81	**0,98**	**1,00**	0,79	0,94	0,80	0,58	**1,00**	**0,99**	
Murzak Koba 2	MESO	M	**0,96**	**1,00**	**0,99**	**0,98**	**1,00**	**1,00**	**0,99**	**0,97**	0,93	**0,97**	**1,00**	**1,00**	
Paviland 1	GRAV	M													
Romanelli 1	CFPS	M	0,29	0,91	0,66				0,48	0,27	0,24	0,62	0,82	**0,98**	
Romito 3	CFPS	M	0,90	0,21	0,88	0,81	0,70	**0,98**	0,75	0,83	0,85	0,71	**0,98**	**0,99**	
Romito 7	CFPS	M	0,93	0,92	**0,99**	**0,98**	**1,00**	**1,00**	0,75	0,92	0,80	0,84	**1,00**	**1,00**	
Sunghir 1	GRAV	M							**0,95**		0,94	**0,95**			
Tagliente 2	CFPS	M				0,29									
Vado all' Arancio 1	CFPS	M	0,88	**0,98**	**0,97**	0,93	**0,99**	**1,00**	**0,98**	0,93	0,83	**0,96**	**1,00**	**1,00**	
Vasilyevka III 36 (6462-24)	CFPS	M							0,30		0,23	0,08			1 fois mal classé à 90%
Veneri Parabita 1	GRAV	M													
Villabruna 1	CFPS	M	0,12	0,70	0,46	0,81	0,70	**0,98**	0,80	0,13	0,44	0,64	0,94	0,74	

Annexe G 2. Résultats de la diagnose sexuelle secondaire pour les sujets masculins sexés en diagnose primaire : probabilité a posteriori d'appartenir au sexe masculin à partir des 12 analyses discriminantes retenues.

** Les analyses discriminantes n'ont pas été établies à partir de ces individus, distingués au sein d'assemblages osseux.*

ANNEXE H

Score				Probabilités *a posteriori*					Estimation
SSPIA	SSPIB	SSPIC	SSPID	20-29 ans	30-39 ans	40-49 ans	50-59 ans	>60 ans	
1	1	1	1	0,88	0,09	0,02	0,01	0,00	20-29
1	1	1	2	0,47	0,32	0,13	0,08	0,00	20-49
1	1	2	1	0,83	0,09	0,05	0,04	0,00	20-29
1	1	2	2	0,29	0,21	0,20	0,30	0,00	<60
1	2	1	1	0,42	0,38	0,13	0,06	0,02	20-39
1	2	1	2	0,07	0,39	0,25	0,22	0,08	30-59
1	2	2	1	0,26	0,24	0,21	0,22	0,07	<60
1	2	2	2	0,02	0,13	0,21	0,42	0,22	>40
2	1	1	2	0,23	0,39	0,22	0,16	0,00	20-49
2	1	2	1	0,60	0,16	0,12	0,11	0,00	20-49
2	1	2	2	0,11	0,19	0,27	0,43	0,00	30-59
2	1	1	1	0,73	0,19	0,06	0,02	0,00	20-39
2	2	1	1	0,19	0,41	0,21	0,11	0,08	20-49
2	2	1	2	0,02	0,26	0,24	0,23	0,26	>30
2	2	2	1	0,08	0,18	0,22	0,27	0,26	>30
2	2	2	2	0,00	0,06	0,15	0,31	0,47	>40
1	3	1	1	0,24	0,10	0,32	0,15	0,19	<60
1	3	1	2	0,02	0,05	0,27	0,23	0,44	>40
1	3	2	1	0,07	0,03	0,23	0,25	0,42	>40
1	3	2	2	0,00	0,01	0,12	0,24	0,62	>50
2	3	1	1	0,05	0,06	0,26	0,14	0,49	>40
2	3	1	2	0,00	0,02	0,14	0,13	0,72	>50
2	3	2	1	0,01	0,01	0,12	0,15	0,71	>50
2	3	2	2	0,00	0,00	0,05	0,11	0,84	>60
1	4	1	1	0,00	0,20	0,09	0,28	0,43	>40
1	4	1	2	0,00	0,06	0,05	0,27	0,63	>50
1	4	2	1	0,00	0,04	0,04	0,30	0,62	>50
1	4	2	2	0,00	0,01	0,02	0,24	0,74	>50
2	4	1	1	0,00	0,07	0,05	0,16	0,72	>50
2	4	2	1	0,00	0,01	0,02	0,14	0,83	>60
2	4	1	2	0,00	0,02	0,02	0,12	0,84	>60
2	4	2	2	0,00	0,00	0,01	0,10	0,90	>60

Annexe H 1. Distribution des probabilités a posteriori à partir d'une population de référence dont la distribution par âge correspond à une espérance de vie à la naissance (e0) de 30 ans. SSPIA : organisation transverse, SSPIB : modification de la surface, SSPIC : modification apicale, SSPID : modification de la tubérosité iliaque. Issu de A. Schmitt (2005).

Bibliographie

d'Agostino M.-A. et Breban M., 2003. Besoin d'imagerie dans le diagnostic et le suivi des spondylarthropathies. *In* Bard H., Cotten A., Rodineau J., Saillant G. et Railhac J.-J. (eds.), *Tendons et enthèses*. Montpellier, Sauramps Médical, pp. 123-128.

Agresti A., 1984. *Analysis of ordinal categorical data*. New York, John Wiley & Sons, 287 p.

Agresti A., 2002. *Categorical data analysis*. 2nd edition. New York, John Wiley & Sons, 734 p.

Aimar A., Alciati G., Broglio A., Castelletti L., Cattini L., d'Amico C., Giacobini G., Maspero A. et Peresani M., 1994. Les abris Villabruna dans la vallée du Cismon. *Preistoria Alpina*, 28 (1): 227-254.

Al-Oumaoui I., Jiménez-Brobeil S. et du Souich P., 2004. Markers of activity patterns in some populations of the Iberian Peninsula. *International Journal of Osteoarchaeology*, 14 (5): 343-359.

Albert A. M. et Maples W. R., 1995. Stages of epiphyseal union for thoracic and lumbar vertebral centra as a method of age determination for teenage and young adult skeletons *Journal of Forensic Sciences*, 40 (4): 623-633.

Alciati G. et Formicola V., 2005. Villabruna. *In* Alciati G., Delfino V. P. et Vacca E. (eds.), *Catalogue of italian fossil human remains from the Palaeolithic to the Mesolithic*. Roma, Istituto Italiano di Antropologia and Casa Editrice Università La Sapienza, pp. 157-158.

Alessio M., Bella F., Cortesi C. et Turi B., 1969. University of Rome Carbon-14 dates VII. *Radiocarbon*, 11 (2): 482-498.

Alessio M., Bella F., Improta S., Belluomini G., Cortesi C. et Turi B., 1970. University of Rome Carbon-14 dates VIII. *Radiocarbon*, 12 (2): 599-616.

Altman D. G. et Bland J. M., 2003. Interaction revisited: the difference between two estimates. *British Medical Journal*, 326 (7382): 219.

Angel J. L., 1984. Health as a crucial factor in the changes from hunting to developed farming in the Eastern Mediterranean. *In* Cohen M. et Armelagos G. J. (eds.), *Paleopathology at the origins of agriculture*. Orlando, Academic Press, pp. 51-73.

Angel J. L., Kelley J. O., Parrington M. et Pinter S., 1987. Life stresses of the free Black community as represented by the First African Baptist Church, Philadelphia, 1823-1841. *American Journal of Physical Anthropology*, 74 (2): 213-229.

Aura J. E., Carrión Y., Estrelles E. et Jordà G. P., 2005. Plant economy of hunter-gatherer groups at the end of the last Ice Age: plant macroremains from the cave of Santa Maira (Alacant, Spain) ca. 12000–9000 b.p. *Vegetation History and Archaeobotany*, 14 (4): 542-550.

de Azevado D., 1953. *Grande dicionário português-francês*. 4e édition. Lisboa, Bertrand, 1431 p.

Baccarani G. et Simonini D., 1968. Su due casi di epitrocleite in lanciatori di giavellotto. *Ospedali d'Italia Chirurgia*, 19 (4-5): 409-413.

Bader O. N. et Bader N. O., 2000. Upper Palaeolithic site Sunghir. *In* Alexeeva T. I. et Bader N. O. (eds.), *Homo sungirensis. Upper Palaeolithic man : ecological and evolutionary aspects of the investigation*. Moscou, Scientific World, pp. 21-29.

Baffier D., Beyries S. et Bodu P., 1991. Histoire d'ocre à Pincevent. La question des lames ocrées. *25 ans d'études technologiques en préhistoire : bilan et perspectives*. Actes des XIe rencontres internationales d'archéologie et d'histoire d'Antibes. Juan-les-Pins, éditions APDCA, pp. 215-234.

Baigl J.-P., Farago-Szekeres B. et Roger J., 1996. *Saintes. La nécropole de la rue Jacques Brel*. Volume 1. Document final de synthèse de sauvetage urgent. Inédit, 108 p.

Baillargeon M. et Patry L., 2003. *Les troubles musculo-squelettiques du membre supérieur reliés au travail*. Montréal, Clinique interuniversitaire de santé au travail et de santé environnementale et direction de santé publique de Montréal-Centre, 68 p.

Bailly-Maître M.-C., Simonel B., Barré N. et Boulle E.-L., 1996. Travail et milieu. Incidence sur une population au Moyen Âge. *In* Buchet L. et Pilet C. (eds.), *L'identité des populations archéologiques*. Actes des XVIe rencontres internationales d'archéologie et d'histoire d'Antibes, 1995. Sophia Antipolis, éditions APDCA, pp. 211-243.

Bailly A., 2000. *Dictionnaire grec-français*. 4e édition revue par L. Séchan, P. Chantraine et E. Egger. Paris, Hachette, 2230 p.

Bak K., Cameron E. A. et Henderson I. J. P., 2000. Rupture of the pectoralis major: a meta-analysis of 112 cases.

Knee Surgery, Sports Traumatology, Arthroscopy, 8 (2): 113-119.

Ball J., 1971. Enthesopathy of rheumatoid and ankylosing spondylitis. *Annals of the Rheumatic Diseases*, 30: 213-223.

Banks K. P., Ly J. Q., Beall D. P., Grayson D. E., Bancroft L. W. et Tall M. A., 2005. Overuse injuries of the upper extremity in the competitive athlete: magnetic resonance imaging findings associated with repetitive trauma. *Current Problems in Diagnostic Radiology*, 34 (4): 127-142.

Barbaza M., 1999. *Les civilisations postglaciaires. La vie dans la grande forêt tempérée*. Paris, Maison Des Roches, 128 p.

Bard H., 2002. Pathologie périarticulaire de la hanche : affections non traumatiques de la hanche. *La Revue du Praticien*, 52 (6): 627-631.

Bard H., 2003. Physiopathologie, réparation, classification des tendinopathies mécaniques. *In* Bard H., Cotten A., Rodineau J., Saillant G. et Railhac J.-J. (eds.), *Tendons et enthèses*. Montpellier, Sauramps Médical, pp. 165-178.

Bard H., Cotten A., Rodineau J., Saillant G. et Railhac J.-J. (eds.), 2003. *Tendons et enthèses*. Montpellier, Sauramps Médical, 532 p.

Bard H. et Morvan G., 2001. Les bursopathies de la racine du membre inférieur. *In* Rodineau J. et Saillant G. (eds.), *Actualités sur les tendinopathies et les bursopathies des membres inérieurs*. Paris, Masson, pp. 27-36.

Bartolomei G., Broglio A., Guerreschi A., Leonardi P., Peretto C. et Sala B., 1974. Una sepoltura epigravettiana nel deposito pleistocenico del Riparo Tagliente in Valpantena (Verona). *Rivista di Scienze Preistoriche*, 29: 1-52.

Bender R. et Lange S., 2001. Adjusting for multiple testing - when and how? *Journal of Clinical Epidemiology*, 54 (4): 343–349.

Benjamin M., Evans E. J. et Copp L., 1986. The histology of tendon attachments to bone in man. *Journal of Anatomy*, 149: 89-100.

Benjamin M., Kumai T., Milz S., Boszczyk B. M., Boszczyk A. A. et Ralphs J. R., 2002. The skeletal attachment of tendons - tendon «entheses». *Comparative Biochemistry and Physiology, Part A: Molecular & Integrative Physiology*, 133 (4): 931-945.

Benjamin M. et McGonagle D., 2001. The anatomical basis for disease localisation in seronegative spondyloarthropathy at entheses and related sites. *Journal of Anatomy*, 199 (5): 503-526.

Benjamin M., Moriggl B., Brenner E., Emery P., McGonagle D. et Redman S., 2004. The «enthesis organ» concept: why enthesopathies may not present as focal insertional disorders. *Arthritis & Rheumatism*, 50 (10): 3306-3313.

Benjamin M., Newell R. L., Evans E. J., Ralphs J. R. et Pemberton D. J., 1992. The structure of the insertions of the tendons of biceps brachii, triceps and brachialis in elderly dissecting room cadavers. *Journal of Anatomy*, 180 (2): 327-332.

Benjamin M. et Ralphs J. R., 1998. Fibrocartilage in tendons and ligaments - an adaptation to compressive load. *Journal of Anatomy*, 193 (4): 481-494.

Benjamin M., Rufai A. et Ralphs J. R., 2000. The mechanism of formation of bony spurs (enthesophytes) in the Achilles tendon. *Arthritis & Rheumatism*, 43 (3): 576-583.

Benjamin M., Toumi H., Ralphs J. R., Bydder G., Best T. M. et Milz S., 2006. Where tendons and ligaments meet bone: attachment sites («entheses») in relation to exercise and/or mechanical load. *Journal of Anatomy*, 208 (4): 471-490.

Benjamin M., Toumi H., Suzuki D., Redman S., Emery P. et McGonagle D., 2007. Microdamage and altered vascularity at the enthesis-bone interface provides an anatomic explanation for bone involvement in the HLA-B27-associated spondylarthritides and allied disorders. *Arthritis & Rheumatism*, 56 (1): 224-233.

Bêty J., Giroux J.-F. et Gauthier G., 2004. Individual variation in timing of migration: causes and reproductive consequences in greater snow geese (*Anser caerulescens atlanticus*). *Behavioral Ecology and Sociobiology*, 57 (1): 1-8.

Bicho N., 1994. The end of the Paleolithic and the Mesolithic in Portugal. *Current Anthropology*, 35 (5): 664-674.

Bietti A., 1987. Some remarks on the new radiocarbon dates from the Arene Candide Cave (Savona, Italy). *Human Evolution*, 2 (2): 185-190.

Bietti A., 2003. Caratteristiche tecnico-tipologiche del «romanelliano» di Grotta Romanelli (Castro Marina ; Lecce). *In* Fabbri P. F., Ingravallo E. et Mangia A. (eds.), *Grotta Romanelli nel centenario della sua scoperta (1900-2000)*. Atti Convegno, Castro, 2000. Lecce, Congedo Editore, pp. 43-58.

Billy G., 1975. Etude anthropologique des restes humains de l'Abri Pataud. *In* Movius Jr H. L. (ed.), *Excavation of the Abri Pataud. Les Eyzies (Dordogne)*. Cambridge, Harvard University, pp. 201-261.

Binford L. R., 1980. Willow smoke and dogs' tails: hunter-gatherer settlement systems and archaeological site formation. *American Antiquity*, 45 (1): 4-20.

Blackburn A. et Knüsel C. J., 2006. Hand dominance and bilateral asymmetry of the epicondylar breadth of the humerus: : a test in a living sample. *Current Anthropology*, 47 (2): 377-382.

Blanchard R., 1935. Découverte d'un squelette humain à Saint-Germain-la-Rivière. *Revue historique et archéologique du Libournais*, 9: 11-18.

Blondiaux J., 1994. A propos de la dame d'Hochfelden et de la pratique cavalière : discussion autour des sites fonctionnels fémoraux. *In* Buchet L. (ed.), *La femme pendant le Moyen Âge et l'époque moderne*. Actes des 6e journées anthropologiques, Valbonne, 1992. Paris, CNRS éditions, pp. 97-109.

Bocquentin F., 2003. *Pratiques funéraires, paramètres biologiques et identités culturelles au Natoufien : une analyse archéo-anthropologique*. Thèse de Doctorat, anthropologie, Université Bordeaux 1, Talence, 629 p.

Boden B. P., 2005. Knee and thigh overuse tendinopathy. *In* Maffulli N., Renström P. et Leadbetter W. B. (eds.), *Tendon injuries*. London, Springer, pp. 158-165.

Bon F., 2005. Little big tool : enquête autour du succès de la lamelle. *In* Le Brun-Ricalens F. (ed.), *Productions lamellaires attribuées à l'Aurignacien : chaînes opératoires et perspectives technoculturelles*. Actes du 14e congrès de l'union internationale des sciences préhistoriques et protohistoriques, Liège 2001. Luxembourg, Musée National d'Histoire et d'Art, pp. 479-484.

Bonnel F., 2002. *Appareil locomoteur : abrégé d'anatomie fonctionnelle et biomécanique*. Tome II : membre supérieur, épaule, coude, poignet, main. Montpellier, Sauramps Médical, 109 p.

Bordes F., 1959. Evolution in the Paleolithic cultures. *In* Tax S. (ed.), *Evolution after Darwin*. Volume II. The evolution of Man. Chicago, Chicago University Press, pp. 99-110.

Bordes J.-G., Bon F. et Le Brun-Ricalens F., 2005. Le transport des matières premières lithiques à l'Aurignacien entre le Nord et le Sud de l'Aquitaine : faits attendus, faits nouveaux. *In* Jaubert J. et Barbaza M. (eds.), *Territoires, déplacements, mobilité, échanges durant la Préhistoire*. Actes du 126e congrès national des sociétés historiques et scientifiques, Toulouse, 2001. Paris, éditions du CTHS, pp. 185-198.

Borgognini Tarli S. M., 1980. Inquadramento, nel contesto del Mesolitico italiano, degli scheletri provenienti da una sepoltura duplice nella grotta dell'Uzzo (Trapani). *Antropologia Contemporanea*, 3: 381-393.

Borgognini Tarli S. M., Canci A., Piperno M. et Repetto E., 1993. Dati archeologici e antropologici sulle sepolture mesolitiche della Grotta dell'Uzzo (Trapani). *Bullettino di Paletnologia Italiania*, 84: 85-179.

Borgognini Tarli S. M. et Repetto E., 1986a. Skeletal indicators of subsistence patterns and activity régime in the Mesolithic sample from Grotta dell'Uzzo (Trapani, Sicily): a case study. *Human Evolution*, 1 (4): 331-352.

Borgognini Tarli S. M. et Repetto E., 1986b. Methodological considerations on the study of sexual dimorphism the past human populations. *Human Evolution*, 1 (1): 51-66.

Bosinski G., 2000. The period 30,000 - 20,000 BP in the Rhineland. *In* Roebroeks W., Mussi M., Svoboda J. et Fennema K. (eds.), *Hunters of the Golden Age*. Leiden, Leiden University, pp. 271-280.

Bramhall J. P., Scarpinato D. F. et Andrews J. R., 1994. Injuries in throwing sports. *In* Renström P. (ed.), *Clinical practice of sports injury prevention and care (the encyclopaedia of sport medicine, volume 5)*. Oxford, Blackwell Scientific Publications, pp. 446-449.

Bräuer G., 1988. Osteometrie. *In* Knussmann R. (ed.), *Anthropologie: handbuch der vergleichenden Biologie des Menschen*. Band I/1. Stuttgart, G. Fischer, pp. 160-232.

Bridault A., 1997. Chasseurs, ressources animales et milieux dans le Nord de la France, de la fin du Paléolithique à la fin du Mésolithique : problématique et état de la recherche. *In* Fagnart J.-P. et Thévenin A. (eds.), *Le Tardiglaciaire en Europe du Nord-Ouest*. Actes du 119e congrès international des sociétés historiques et scientifiques, Amiens, 1994. Paris, éditions du CTHS, pp. 165-176.

Broca P., 1868. Sur les crânes et ossements des Eyzies. *Bulletins de la Société d'Anthropologie de Paris*, 2e série, 3: 350-392.

Brogdon B. G. et Crow N. E., 1960. Little leaguer's elbow. *American Journal of Roentgenology*, 83 (4): 671-677.

Broglio A., 1973. L'Epipaléolithique de la vallée de l'Adige. *l'Anthropologie*, 77 (1-2): 5-34.

Broglio A., 1995. Les sépultures épigravettiennes de la Vénétie (abri Tagliente et abri Villabruna). *In* Otte M. (ed.), *Nature et Culture (ERAUL 68)*. Volume 2. Actes du colloque international de Liège, 1993. Liège, ERAUL, pp. 847-869.

Brooks S. et Suchey J. M., 1990. Skeletal age determination based on the os pubis: a comparison of the Acsádi-Nemeskéri and Suchey-Brooks methods. *Human Evolution*, 5 (3): 227-238.

Brun V., 1865. Mémoire de M. Victor Brun. *Congrès archéologique de France*. Actes de la 32e session, séances générales tenues à Montauban, Cahors et Guéret, 1865. Paris, Derache, pp. 17-35.

Brůžek J., 1995. Diagnose sexuelle à l'aide de l'analyse discriminante appliquée au tibia. *Antropologia Portuguesa*, 13: 93-106.

Brůžek J., 2002. A method for visual determination of sex, using the human hip bone. *American Journal of Physical Anthropology*, 117 (2): 157-168.

Brůžek J., Franciscus R. G., Novotný V. et Trinkaus E., 2006. The assessment of sex. *In* Trinkaus E. et Svoboda J. (eds.), *Early modern human evolution in Central Europe. The people of Dolní Věstonice and Pavlov*. New York, Oxford University Press, pp. 46-62.

Brůžek J., Schmitt A. et Murail P., 2005. Identification biologique individuelle en paléoanthropologie. Détermination du sexe et estimation de l'âge au décès à partir du squelette. *In* Dutour O., Hublin J.-J. et Vandermeersch B. (eds.), *Objets et méthodes en paléoanthropologie*. Paris, éditions du CTHS, pp. 217-246.

Brůžek J., Šefčáková A. et Černý V., 2004. Révision du sexe des squelettes épipaléolithiques de Taforalt et d'Afalou-bou-Rhoummel par une approche probabiliste. *Antropo*, 7: 195-202.

Buckberry J. L. et Chamberlain A. T., 2002. Age estimation from the auricular surface of the ilium: a revised method. *American Journal of Physical Anthropology*, 119 (3): 231-239.

Burnstein M. I., Lawson J. P., Kottamasu S. R., Ellis B. I. et Micho J., 1989. The enthesopathic changes of hypophosphatemic osteomalacia in adults: radiologic findings. *American Journal of Roentgenology*, 153 (4): 785-790.

Burov G. M., 1999. Les occupations et l'environnement naturel de l'homme du Paléolihique final et du

Mésolithique dans les montagnes de Crimée (Ukraine). *In* Thévenin A. (ed.), *L'Europe des derniers chasseurs*. Actes du 5e colloque international UISPP, Grenoble, 1995. Paris, éditions du CTHS, pp. 411-416.

Campanacci M., Baldini N., Boriani S. et Sudanese A., 1987. Giant-cell tumor of bone. *The Journal of Bone and Joint Surgery [Am.]*, 69 (1): 106-114.

Campo Martin M., González Martin A. et Rodriguez González A. I., 2003. El problema de la calcificación del ligamento amarillo. Propuesta metodológica para su estudio en paleopatología. *In* Sánchez Sánchez J. A. (ed.), *Sistematización metodológica en paleopatología*. Actas del V congreso nacional de paleopatología, Alcalá la Real, 1999. pp. 54-64, http://www.ucm.es/info/aep/congreso.htm.

Canci A., Minozzi S., Repetto E. et Borgognini Tarli S. M., 1995. Mesolithic skeletal remains from Grotta della Molara (Palermo, Sicily). *Rivista di Antropologia*, 73: 237-254.

Capasso L., Kennedy K. A. R. et Wilczack C. A., 1999. *Atlas of occupational markers on human remains*. Teramo, Edigrafital S.p.A., 183 p.

Capasso L., Pierfelice L., Michetti E., di Fabrizio A. et d'Anastasio R., 2004. Lesions linked to athletic activities in the Ancient Roman population from Herculaneum (Italy, first century AD). *Anthropologie*, 42 (2): 181-187.

Cardini L., 1946. Gli strati paleolitici e mesolitici della Caverna delle Arene Candide. *Rivista di Studi Liguri*, 12: 5-25.

Cardini L., 1980. La necropoli mesolitica delle Arene Candide (Liguria). *Memorie dell'Istituto Italiano di Paleontologia Umana Roma* 3:9-31.

Castex D., 1990. Insertion du grand pectoral et du grand rond sous forme de fosse. *Bulletins et Mémoires de la Société d'Anthropologie de Paris*, n.s., 2 (3-4): 185-190.

Catonné Y., Mousselard H., Connard J. P. et Rouvillain J. L., 1992. Les ruptures de l'extrémité inférieure du biceps brachial. *In* Catonné Y. et Saillant G. (eds.), *Lésions traumatiques des tendons chez le sportif*. Paris, Masson, pp. 71-76.

Cattelain P., 1989. Un crochet de propulseur solutréen de la grotte de Combe-Saunière 1 (Dordogne). *Bulletin de la Société Préhistorique Française*, 86 (7): 213-216.

Cattelain P., 2006. Apparition et évolution de l'arc et des pointes de flèches dans la préhistoire européenne (Paléo-, Méso-, Néolithique). *In* Bellintani P. (ed.), *Catene operative dell'arco preistorico*. Incontro di archeologia sperimentale, San Lorenzo in Banale e Fiabè, Trento 2002. Trento, Giunta della Provincia Autonoma di Trento, pp. 45-66.

Cattelain P. et Bellier C., 2002. *La chasse dans la Préhistoire du Paléolithique au Néolithique en Europe... et ailleurs*. Treignes, éditions du CEDARC, 70 p.

CEREQ, 1981. *Cahier 13. Les emplois-types du bâtiment et des travaux publiques. Répertoire français des emplois*. Paris, La Documentation Française, 121 p.

CEREQ, 1984. *Cahier 18. Les emplois-types de l'artisanat. Répertoire français des emplois*. Paris, La Documentation Française, 311 p.

CEREQ, 1986. *Cahier 17. Les emplois-types de la fonction publique. Répertoire français des emplois*. Paris, La Documentation Française, 267 p.

Chadwick C. J., 1989. Tendinitis of the pectoralis major insertion with humeral lesions. *The Journal of Bone and Joint Surgery [Br.]*, 71 (5): 816-818.

Chan R., Kim D. H., Millett P. J. et Weissman B. N., 2004. Calcifying tendinitis of the rotator cuff with cortical bone erosion. *Skeletal Radiology*, 33 (10): 596-599.

Charles R. H., 1893. The influence of function, as exemplified in the morphology of the lower extremity of the Panjabi. *Journal of Anatomy and Physiology*, 28: 1-18.

Chevrot A., Drape J. L., Moutounet L., Godefroy D. et Dupont A.-M., 2003. Enthésopathies calcifiantes érosives. *In* Bard H., Cotten A., Rodineau J., Saillant G. et Railhac J.-J. (eds.), *Tendons et enthèses*. Montpellier, Sauramps Médical, pp. 81-92.

Chung C. B., Robertson J. E., Cho G. J., Vaughan L. M., Copp S. N. et Resnick D., 1999. Gluteus medius tendon tears and avulsive injuries in elderly women: imaging findings in six patients. *American Journal of Roentgenology*, 173 (2): 351-353.

Churchill S. E., 1994. *Human upper body evolution in the Eurasian later Pleistocene*. Ph.D. thesis, anthropology, University of New Mexico, Albuquerque, 395 p.

Churchill S. E., Formicola V., Holliday T. W., Holt B. M. et Schumann B. A., 2000. The Upper Palaeolithic population of Europe in an evolutionary perspective. *In* Roebroeks W., Mussi M., Svoboda J. et Fennema K. (eds.), *Hunters of the Golden Age*. Leiden, Leiden University, pp. 31-57.

Churchill S. E. et Morris A. G., 1998. Muscle marking morphology and labour intensity in prehistoric Khoisan foragers *International Journal of Osteoarchaeology*, 8 (5): 390-411.

Ciranni R. et Fornaciari G., 2003. Luigi Boccherini and the Barocco cello: an 18th century striking case of occupational disease. *International Journal of Osteoarchaeology*, 13 (5): 294-302.

Claudepierre P. et Voisin M. C., 2005. Les enthèses : histologie, anatomie pathologique et physiopathologie. *Revue du Rhumatisme (Ed. Fr.)*, 72 (1): 34-41.

Cleyet-Merle J.-J., 1988. Le gisement magdalénien du Peyrat à Saint-Rabier (Dordogne) d'après les fouilles Cheynier, 1958-1967. *Bulletin de la Société Préhistorique Française*, 85 (10-12): 332-351.

Cochard D., 2004. *Les léporidés dans la subsitance paléolithique du Sud de la France*. Thèse de Doctorat, préhistoire et géologie du Quaternaire, Université Bordeaux 1, Talence, 354 p.

Commandré F., 1977. *Pathologie abarticulaire*. Maurecourt, Cétrane, 264 p.

Conard N. J., Grootes P. M. et Smith F., 2004. Unexpectedly recent dates for human remains from Vogelherd. *Nature*, 430: 198-201.

Condouret J. et Pujol M., 1985. Périostites tibiales. *In* Bénézis C., Simeray J. et Simon L. (eds.), *Muscles, tendons et sport*. Paris, Masson, pp. 113-119.

Cooper R. R. et Misol S., 1970. Tendon and ligament insertion. A light and electron microscopic study. *The Journal of Bone and Joint Surgery [Am.]*, 52 (1): 1-20.

Coppola D., 1992. Nota preliminare sui rinvenimenti nella grotta di S. Maria di Agnano (Ostuni, Brindisi): i seppellimenti paleolitici ed il luogo di culto. *Rivista di Scienze Preistoriche*, 44: 211-227.

Coppola D. et Vacca E., 1995. Les sépultures paléolithiques de la grotte de Sainte Marie d'Agnano à Ostuni (Italie). *In* Otte M. (ed.), *Nature et Culture (ERAUL 68)*. Volume 2. Actes du colloque international de Liège, 1993. Liège, ERAUL, pp. 795-808.

Corrain C., Graziati G. et Leonardi P., 1976. la sepoltura epipaleolitica nel riparo di Vatte di Zambana (Trento). *Preistoria Alpina*, 12: 175-212.

Coudret P., 1997. Première approche technologique et spatiale du gisement Paléolithique final de Saleux (Somme) : l'occupation 114. *In* Fagnart J.-P. et Thévenin A. (eds.), *Le Tardiglaciaire en Europe du Nord-Ouest*. Actes du 119e congrès international des sociétés historiques et scientifiques, Amiens, 1994. Paris, éditions du CTHS, pp. 79-94.

Coudreuse J.-M. et Parier J., 2003. Pathologies du lancer : l'épaule et le coude. *Médecins du Sport*, 13 (62): 15-27.

Courtaud P., Duday H., Martin H. et Robin K., 1999. La nécropole mésolithique de La Vergne (Charente-Maritime, France). *In* Thévenin A. (ed.), *L'Europe des derniers chasseurs*. Actes du 5e colloque international UISPP, Grenoble, 1995. Paris, éditions du CTHS, pp. 287-292.

Courtaud P. et Rajev D., 1998. Osteomorphological features of nomadic riders: some examples from Iron Age populations located in southwestern Siberia. *In* Pearce M. et Tosi M. (eds.), *Papers from the EAA third annual meeting*. Ravenna, 1997. Oxford, BAR International Series 717, pp. 110-113.

Cox M., 1996. *Life and Death in Spitalfields 1700 - 1850*. York, Council for British Archaeology, 150 p.

Cox M., 2000. Ageing adults from the skeleton. *In* Cox M. et Mays S. (eds.), *Human osteology in archaeology and forensic science*. London, Greenwish Medical Media, pp. 61-81.

Cremonesi G., Parenti R. et Romano S., 1972. Scheletri paleolitici della grotta delle Veneri presso Parabita (Lecce). *Atti della XV riunione scientifica*. Verona-Trento, 1972. Firenze, istituto italiano di preistoria e protostoria, pp. 105–117.

Croux C., 2005. Les coefficients d'association et les tests d'indépendance pour des variables qualitatives. *In* Droesbeke J.-J., Lejeune M. et Saporta G. (eds.), *Modèles statistiques pour données qualitatives*. Paris, Technip, pp. 17-36.

Crubézy E., 1988. *Interactions entre facteurs bio-culturels, pathologie et caractères discrets. Exemple d'une population médiévale : Canac (Aveyron)*. Thèse de Doctorat, médecine, Université de Montpellier I, Montpellier, 417 p.

Crubézy E., Causse L., Delmas J. et Ludes B., 1998. *Le paysan médiéval en Rouergue. Cimetière et église de Canac (Campagnac, Aveyron)*. Montrozier, Musée archéologique de Montrozier, 263 p.

Crubézy E., Goulet J., Brůžek J., Jelínek J., Rougé D. et Ludes B., 2002. Epidémiologie de l'arthrose et des enthésopathies dans une population européenne d'il y a 7700 ans. *Revue du Rhumatisme (Ed. Fr.)*, 69 (12): 1217-1225.

Cundy B. J., 1989. *Formal variation in australian spear and spearthrower technology*. Oxford, BAR International Series 546, 143 p.

Cunha E., 1995. Testing identification records: evidence from the Coimbra Identified Skeletal Collections (nineteenth and twentieth centuries). *In* Saunders S. R. et Herring D. A. (eds.), *Grave reflections. Portraying the past through cemetery studies*. Toronto, Canadian Scholars Press, pp. 179-198.

Cunha E. et Umbelino C., 1995. What can bones tell about labour and occupation: the analysis of skeletal markers of occupational stress in the Identified Skeletal Collection of the Anthropological Museum of the University of Coimbra (preliminary results). *Antropologia Portuguesa*, 13: 49-68.

Dahmen G. et Ziegler A., 2004. Generalized estimating equations in controlled clinical trials: hypotheses testing. *Biometrical Journal*, 46 (2): 214–232.

Dastugue J., 1969. Les lésions pathologiques du squelette de Chancelade. *L'Anthropologie*, 73 (3-4): 247-252.

Dastugue J. et de Lumley M.-A., 1976. Les maladies des hommes préhistoriques du Paléolithique et du Mésolithique. *In* de Lumley H. (ed.), *La préhistoire française*. Paris, CNRS éditions, pp. 612-622.

Debetz G. F., 1936. (En russe, résumé en français). Squelette tardenoisien de l'abri sous roche Fatma-Koba en Crimée. *Anthropologichesky zhurnal*, 2: 144-165.

Delpech F., 2003. L'environnement animal des européens au Paléolithique supérieur. *In* Desbrosse R. et Thévenin A. (eds.), *Préhistoire de l'Europe. Des origines à l'Age du Bronze*. Actes des 125e congrès nationaux des sociétés historiques et scientifiques, Lille 2000. Paris, éditions du CTHS, pp. 271-289.

Demars P.-Y., 1993. L'évolution dans l'exploitation du milieu chez les chasseurs-cueilleurs du Paléolithique supérieur et du Mésolithique sur la bordure ouest du Massif Central. Implantation des habitats, circulation des matières premières. *Préhistoire Anthroplogie Méditerranéennes*, 2: 19-25.

Demars P.-Y., 1994. *L'économie du silex au Paléolithique supérieur dans le Nord de l'Aquitaine. Volume synthèse et interprétations*. Thèse de Doctorat d'Etat, préhistoire et géologie du Quaternaire, Université Bordeaux 1, Talence, 270 p.

Demars P.-Y., 1996. Démographie et occupation de l'espace au Paléolithique supérieur et au Mésolithique en France. *Préhistoire Européenne*, 8: 3-26.

Demars P.-Y., 2000. La circulation du silex au Sauveterrien entre le Limousin et le Périgord : déplacement des personnes et territoire. *Les derniers chasseurs-cueilleurs d'Europe occidentale*. Actes du colloque international de Besançon, 1998. Besançon, Presses Universitaires Franc-Comtoises, pp. 277-286.

Descatha A., Leclerc A., Chastang J.-F. et Roquelaure Y., 2003. Medial epicondylitis in occupational settings: prevalence, incidence and associated risk factors. *Journal of Occupational & Environmental Medicine*, 45 (9): 993-1001.

Diard F., Hauger O., Moinard M. et Chateil J. F., 2003. Traumatismes et microtraumatismes apophysaires des ceintures et des membres chez l'enfant. Evolution chez l'adulte. *In* Bard H., Cotten A., Rodineau J., Saillant G. et Railhac J.-J. (eds.), *Tendons et enthèses*. Montpellier, Sauramps Médical, pp. 93-121.

Djindjian F., Koslowski J. et Otte M., 1999. *Le Paléolithique supérieur en Europe*. Paris, Armand Colin / HER, 474 p.

Dobbie R. P., 1941. Avulsion of the lower biceps brachii tendon. *American Journal of Surgery*, 51: 662-683.

Dörfl J., 1969a. Vessels in the region of tendinous insertions. II. Diaphysoperiosteal insertion. *Folia Morphologica*, 17 (1): 79-82.

Dörfl J., 1969b. Vessels in the region of tendinous insertions. I. Chondroapophyseal insertion. *Folia Morphologica*, 17 (1): 74-78.

Dörfl J., 1980a. Migration of tendinous insertions. I. Cause and mechanism. *Journal of Anatomy*, 131 (1): 179-195.

Dörfl J., 1980b. Migration of tendinous insertions. II. Experimental modifications. *Journal of Anatomy*, 131 (2): 229-237.

Drucker D., 2001. *Validation méthodologique de l'analyse isotopique d'ossements fossiles et apports aux reconstitutions paléoécologiques du Paléolithique supérieur du sud-ouest de la France*. Thèse de Doctorat, géochimie, Université Paris VI, Paris, 248 p.

Dubois J.-P. et Verjux C., 1994. *Rapport de synthèse : Auneau (Eure-et-Loir). « Le Parc du Château ». Site mésolithique et néolithique. Fouille programmée pluriannuelle 1992-1994*. Inédit, 54 p.

Ducrocq T., Le Goff I. et Valentin F., 1996. La sépulture secondaire mésolithique de La Chaussée-Tirancourt (Somme). *Bulletin de la Société Préhistorique Française*, 93 (2): 211-216.

Duhard J.-P., 1996. *Réalisme de l'image masculine paléolithique*. Grenoble, éditions Jérome Millon, 247 p.

Dupont M., Pasteels J. L., Duchateau M. et Szpalsky M., 1983. Tendinites corporéales et ostéotendinites, essai de définition des lésions et de leur traitement chirurgical. *Acta Orthopœdica Belgica*, 49 (1-2): 30-41.

Durigon M. et Paolaggi J.-B., 1991. Enthèse au cours de la vie. *In* Simon L., Hérisson C. et Rodineau J. (eds.), *Pathologie des insertions et enthésopathies*. Paris, Masson, pp. 12-17.

Dürr H. R., Lienemann A., Silbernagl H., Nerlich A. et Refior H. J., 1997. Acute calcific tendinitis of the pectoralis major insertion associated with cortical bone erosion. *European Radiology*, 7 (8): 1215-1217.

Dutour O., 1986. Enthesopathies (lesions of muscular insertions) as indicators of the activities of Neolithic Saharan populations. *American Journal of Physical Anthropology*, 71 (2): 221-224.

Dutour O., 1992. Activités physiques et squelette humain : le difficile passage de l'actuel au fossile. *Bulletins et Mémoires de la Société d'Anthropologie de Paris*, n.s., 4 (3-4): 233-241.

Dutour O., 2000. Chasse et activités physiques dans la Préhistoire : les marqueurs osseux d'activités chez l'homme fossile. *Anthropologie et Préhistoire*, 111: 156-165.

Elleuch M. H., Jamoussi S., Ghroubi S., Guermazi M., Masmoudi M. L. et Baklouti S., 2001. Rôle de la profession dans la genèse de la pathologie de la coiffe des rotateurs. *In* Hérisson C., Fouquet B. et Codine P. (eds.), *Membre supérieur et pahologie professionnelle*. Paris, Masson, pp. 61-68.

Ergen E., Cirçi E., Hibner K. et Lapostolle J. C., 2004. FITA medical committee archery injuries survey (seniors). *In* Ergen E. et Hibner K. (eds.), *Sports medicine and science in archery*. Lausanne, FITA, Medical Committee, pp. 59-64.

Eshed V., Gopher A., Galili E. et Hershkovitz I., 2004. Musculoskeletal stress markers in Natufian hunter-gatherers and Neolithic farmers in the Levant: the upper limb. *American Journal of Physical Anthropology*, 123 (4): 308-315.

Evans E. J., Benjamin M. et Pemberton D. J., 1990. Fibrocartilage in the attachment zones of the quadriceps tendon and patellar ligament of man. *Journal of Anatomy*, 171: 155-162.

Ewies A. A. A., Al-Azzawi F. et Thompson J., 2003. Changes in extracellular matrix proteins in the cardinal ligaments of post-menopausal women with or without prolapse: a computerized immunohistomorphometric analysis. *Human Reproduction*, 18 (10): 2189-2195.

Fabbri P. F., 1987. Restes humains retrouvés dans la grotte Romanelli (Lecce, Italie) : étude anthropologique. *Bulletins et Mémoires de la Société d'Anthropologie de Paris*, 14 (4): 219-248.

Fagnart J.-P., 1997. Paléohistoire du bassin de la Somme à la fin des temps glaciaires. *In* Fagnart J.-P. et Thévenin A. (eds.), *Le Tardiglaciaire en Europe du Nord-Ouest*. Actes du 119e congrès international des sociétés historiques et scientifiques, Amiens, 1994. Paris, éditions du CTHS, pp. 55-77.

Falconer C., Ekman-Ordeberg G., Ulmsten U., Westergren-Thorsson G., Barchan K. et Malmström A., 1996. Changes in paraurethral connective tissue at menopause are counteracted by estrogen. *Maturitas*, 24 (3): 197-204.

Fantino O., Deroche C., Comtet J. J., Travers V., Galewiz T. et Borne J., 2003. Tendinopathie épicondylienne latérale du coude : quand et pourquoi demander une imagerie ? Que faut-il rechercher ? *In* Bard H., Cotten A., Rodineau

J., Saillant G. et Railhac J.-J. (eds.), *Tendons et enthèses*. Montpellier, Sauramps Médical, pp. 225-238.

Fémolant J.-M., 1992. Beauvais Caserne Taupin « Antenne Universitaire ». *Bilan scientifique*. Service Régional de l'Archéologie de Picardie, pp. 48-50.

Ferembach D., Schwidetzky I. et Stloukal M., 1980. Recommendations for age and sex diagnoses of skeletons. *Journal of Human Evolution*, 9: 517-549.

Fitzgerald S. W., Curry D. R., Erickson S. J., Quinn S. F. et Friedman H., 1994. Distal biceps tendon injury: MR imaging diagnosis. *Radiology*, 191 (1): 203-206.

Flemming D. J., Murphey M. D., Shekitka K. M., Temple H. T., Jelinek J. J. et Kransdorf M. J., 2003. Osseous involvement in calcific tendinitis: a retrospective review of 50 cases. *American Journal of Roentgenology*, 181 (4): 965-972.

Forestier J. et Rotès-Querol J., 1950. Hyperostose ankylosante vertébrale sénile. *Revue du Rhumatisme et des Maladies Ostéo-Articulaires*, 17 (10): 525-535.

Formicola V., 1988. The male and the female in the Upper Paleolithic burials from Grimaldi Caves (Liguria, Italy). *Bulletin du Musée d'Anthropologie Préhistorique de Monaco*, 31: 41-48.

Formicola V., 1995. X-linked hypophosphatemic rickets: a probable Upper Paleolithic case. *American Journal of Physical Anthropology*, 98 (4): 403-409.

Formicola V., 2005. Arene Candide, 1940-1942, 1970-1971. *In* Alciati G., Delfino V. P. et Vacca E. (eds.), *Catalogue of italian fossil human remains from the Palaeolithic to the Mesolithic*. Roma, Istituto Italiano di Antropologia and Casa Editrice Università La Sapienza, pp. 20-26.

Formicola V., Frayer D. W. et Heller J. A., 1990. Bilateral absence of the lesser trochanter in a Late Epigravettian skeleton from Arene Candide (Italy). *American Journal of Physical Anthropology*, 83 (4): 425-437.

Formicola V., Pettitt P. B. et Del Lucchese A., 2004. A direct AMS radiocarbon date on the Barma Grande 6 Upper Paleolithic skeleton, Grimaldy, Italy. *Current Anthropology*, 45 (1): 114-118.

Formicola V., Pettitt P. B., Maggi R. et Hedges R., 2005. Tempo and mode of formation of the Late Epigravettian necropolis of Arene Candide cave (Italy): direct radiocarbon evidence. *Journal of of Archaeological Science*, 32 (11): 1598-1602.

Formicola V., Pontrandolfi A. et Svoboda J., 2001. The Upper Paleolithic triple burial of Dolní Věstonice: pathology and funerary behavior. *American Journal of Physical Anthropology*, 115 (4): 372-379.

Foucher P., 2005. Gargas et l'Atlantique : les relations transpyrénéennes au cours du Gravettien. *Munibe. Antropologia-arkeologia*, 57 (2): 131-147.

Fournié B., 2004. Anatomopathologie et anatomoclinique des spondylarthrites. *Revue du Rhumatisme (Ed. Fr.)*, 71 (12): 1130–1135.

Fournié B. et Fournié A., 1991. Elargissement du concept d'enthèse. *In* Simon L., Hérisson C. et Rodineau J. (eds.), *Pathologie des insertions et enthésopathies*. Paris, Masson, pp. 18-21.

François R. J., Braun J. et Khan M. A., 2001. Entheses and enthesitis: a histopathologic review and relevance to spondyloarthritides. *Current Opinion in Rheumatology*, 13 (4): 255-264.

Freemont A. J., 2002. Enthesopathies. *Current Diagnostic Pathology*, 8 (1): 1-10.

Frowen P. et Benjamin M., 1995. Variations in the quantity of uncalcified fibrocartilage at the insertions of the extrinsic calf muscles in the foot. *Journal of Anatomy*, 186 (2): 417-421.

Fulton M. N., Albright J. P. et El-Khoury G. Y., 1979. Cortical desmoid-like lesion of the proximal humerus and its occurrence in gymnasts (ringman's shoulder lesion). *The American Journal of Sports Medicine*, 7 (1): 57-61.

Fuss F. K., 1991. The ulnar collateral ligament of the human elbow joint. Anatomy, function and biomechanics. *Journal of Anatomy*, 175: 203-212.

Galera V. et Garralda M. D., 1993. Enthesopathies in a Spanish medieval population: anthropological, epidemiological, and ethnohistorical aspects. *International Journal of Anthropology*, 8 (4): 247-258.

Gambier D., Valladas H., Tisnérat-Laborde N., Arnold M. et Bresson F., 2000. Datation de vestiges humains présumés du Paléolithique supérieur par la méthode du carbone 14 en spectrométrie de masse par accélérateur. *Paléo*, 12: 201-212.

Gao J. et Messner K., 1996. Quantitative comparison of soft tissue-bone interface at chondral ligament insertions in the rabbit knee joint. *Journal of Anatomy*, 188 (2): 367-373.

Gao J., Räsänen T., Persliden J. et Messner K., 1996. The morphology of ligament insertions after failure at low strain velocity: an evaluation of ligament entheses in the rabbit knee. *Journal of Anatomy*, 189 (1): 127-133.

Geneste J.-M. et Plisson H., 1986. Le Solutréen de la grotte de Combe Saunière 1 (Dordogne). Première approche palethnologique. *Gallia Préhistoire*, 29 (1): 9-27.

Ghanem I., Checrallah A., Kharrat K. et Dagher F., 2001. Lacune corticale métaphysaire. *Encyclopédie médico-chirurgicale*. Appareil locomoteur, tome 6. Paris, éditions Scientifiques et Médicales Elsevier SAS, pp. 748-752.

Gigon R., 1956. La grotte préhistorique du Bichon (La Chaux-de-Fonds, Neuchâtel). *Archives suisses d'anthropologie générale*, 21 (2): 97-111.

Gilby I. C., 2006. Meat sharing among the Gombe chimpanzees: harassment and reciprocal exchange. *Animal Behaviour*, 71 (4): 953-963.

Gob A., 1982. L'occupation mésolithique de l'abri du Loschbour près de Reuland (G.-D. de Luxembourg). *In* Gob A. et Spier F. (eds.), *Le Mésolithique entre Rhin et Meuse*. Luxembourg, Société Préhistorique Luxembourgeoise, pp. 91-117.

Gokhman I. I., 1966. *(En russe). Population d'Ukraine au Mésolithique et au Néolithique (étude anthropologique)*. Moscou, Nauka, 224 p.

Goldenberg R. R., Campbell C. J. et Bonfiglio M., 1970.

Giant-cell tumor of bone: an analysis of two hundred and eighteen cases. *The Journal of Bone and Joint Surgery [Am.]*, 52 (4): 619-664.

Gonzalez P. L., 2005. Modèles linéaires généralisés. *In* Droesbeke J.-J., Lejeune M. et Saporta G. (eds.), *Modèles statistiques pour données qualitatives*. Paris, Technip, pp. 83-98.

Gore R. M., Rogers L. F., Bowerman J., Suker J. et Compere C. L., 1980. Osseous manifestations of elbow stress associated with sports activities. *American Journal of Roentgenology*, 134 (5): 971-977.

Gourden J.-M., 1992. *Le peuple des ateliers : les artisans du XIX*e *siècle*. Paris, Créaphis, 164 p.

Gowlett J. A. J., Hedges R. E. M., Law I. A. et Perry C., 1987. Radiocarbon dates from the Oxford AMS system: archaeometry datelist 5. *Archaeometry*, 29 (1): 125-155.

Graziosi P., 1947. Gli uomini paleolitici della Grotta di S. Teodoro (Messina). *Rivista di Scienze Preistoriche*, 2: 123-233.

Graziosi P. et Maviglia C., 1946. La Grotta di San Teodoro (Messina). *Rivista di Scienze Preistoriche*, 1: 277-283.

Grifoni Cremonesi R., 1998. Alcune osservazioni sul rituale funerario nel Paleolitico superiore della Grotta Continenza. *Rivista di Scienze Preistoriche*, 49: 395-410.

Grifoni Cremonesi R., 2003. La grotta Continenza di trasacco: note sui livelli epigravettiani. *Atti della XXXVI riunione scientifica : prehistoria e protostoria dell'Abruzzo*. Chieti-Celano, 2001. Firenze, istituto italiano di preistoria e protostoria, pp. 81-89.

Grifoni Cremonesi R., Borgognini Tarli S. M., Formicola V. et Paoli G., 1995. La sepoltura epigravettiana scoperta nel 1993 nella Grotta Continenza di Trasacco (l'Aquila). *Rivista di Antropologia*, 73: 225-236.

Grifoni R. et Radmilli A. M., 1964. La Grotta Maritza et il Fucino prima dell'età Romana. *Rivista di Scienze Preistoriche*, 19: 56-122.

Guatelli-Steinberg D., 2000. Linear enamel hypoplasia in gibbons (*Hylobates lar carpenteri*). *American Journal of Physical Anthropology*, 112 (3): 395-410.

Guéguen A., Zins M. et Nakache J. P., 2000. Utilisation des modèles marginaux et des modèles mixtes dans l'analyse de données longitudinales (1992-1996) concernant mariage et consommation d'alcool des femmes de la cohorte GAZEL. *Revue de Statistique Appliquée*, 48 (3): 57-73.

Hardy M., 1891. Découverte d'une sépulture de l'époque quaternaire, à Chancelade (Dordogne). *Congrès international d'anthropologie et d'archéologie préhistoriques. Compte rendu de la 10*e *session*. Paris, E. Leroux, 1889, pp. 398-404.

Hashem G., Zhang Q., Hayami T., Chen J., Wang W. et Kapila S., 2006. Relaxin and beta-estradiol modulate targeted matrix degradation in specific synovial joint fibrocartilages: progesterone prevents matrix loss. *Arthritis Research & Therapy*, 8 (4): R98.

Havelková P. et Villotte S., 2007. Enthesopathies: test of the reproducibility of the new scoring system based on current medical data. *Slovenská antropológia*, 10 (1): 51-57.

Hawkey D. E., 1988. *Use of upper extremety enthesopathies to indicate habitual activity patterns*. M.A. thesis, anthropology, Arizona State University, Tempe, 86 p.

Hawkey D. E. et Merbs C. F., 1995. Activity-induced musculoskeletal stress markers (MSM) and subsistence strategy changes among ancient Hudson Bay Eskimos. *International Journal of Osteoarchaeology*, 5 (4): 324-338.

Hayashi K., Ishidou Y., Yonemori K., Nagamine T., Origuchi N., Maeda S., Imamura T., Kato M., Yoshida H., Sampath T. K., ten Dijke P. et Sakou T., 1997. Expression and localization of bone morphogenetic proteins (BMPs) and BMP receptors in ossification of the ligamentum flavum. *Bone*, 21 (1): 23-30.

Hayes C. W., Rosenthal D. I., Plata M. J. et Hudson T. M., 1987. Calcific tendinitis in unusual sites associated with cortical bone erosion. *American Journal of Roentgenology*, 149 (5): 967-970.

Hays M. A. et Surmely F., 2005. Réflexions sur la fonction des microgravettes et la question de l'utilisation de l'arc au Gravettien ancien. *Paléo*, 17: 145-156.

Hébert F., Duguay P. et Massicotte P., 2003. *Les indicateurs de lésions indemnisées en santé et en sécurité du travail au Québec : analyse par secteur d'activité économique en 1995-1997*. Montréal, IRSST, 229 p.

Hems T. et Tillmann B., 2000. Tendon entheses of the human masticatory muscles. *Anatomy and Embryology*, 202 (5): 201-208.

Henderson C. Y. et Gallant A. J., 2005. A simple method of characterising the surface of entheses. *Poster*. Paleopathology Association, 32nd Annual North America Meeting, Milwaukee, 2005.

Henderson C. Y. et Gallant A. J., 2007. Quantitative recording of entheses. *Paleopathology Newsletter*, 137: 7-12.

Henry-Gambier D., 2001. *La sépulture des enfants de Grimaldi (Grotte des Enfants site des Baoussé-Roussé, Italie). Anthropologie et palethnologie funéraire des populations de la fin du Paléolithique supérieur*. Paris, éditions du CTHS, 177 p.

Henry-Gambier D., 2002. Les fossiles de Cro-Magnon (Les eyzies-de-Tayac, Dordogne) : nouvelles données sur leur position chronologique et leur attribution culturelle. *Bulletins et Mémoires de la Société d'Anthropologie de Paris*, n.s., 14 (1-2): 89-112.

Henry-Gambier D., 2005. Les populations européennes du Paléolithique supérieur. *In* Dutour O., Hublin J.-J. et Vandermeersch B. (eds.), *Origine et évolution des populations humaines*. Paris, éditions du CTHS, pp. 151-176.

Henry-Gambier D., Brůžek J., Murail P. et Houët F., 2002. Révision du sexe du squelette magdalénien de Saint-Germain-la-Rivère (Gironde, France). *Paléo*, 14: 205-212.

Henry-Gambier D., Brůžek J., Schmitt A., Houet F. et Murail P., 2007. Changement de paradigme dans la détermination du sexe et de l'âge au décès des sujets adultes à partir du squelette : application aux fossiles du Paléolithique supérieur d'Europe. *In* Evin J. (ed.), *Un siècle de construction du discours scientifique en Préhistoire*. Volume 3. Actes du 26e congrès de la SPF, Avignon, 2004. Paris, SPF, pp. 515-525.

Hillson S. W., Franciscus R. G., Holliday T. W. et Trinkaus E., 2006. The ages at death. *In* Trinkaus E. et Svoboda J. (eds.), *Early modern human evolution in Central Europe. The people of Dolní Věstonice and Pavlov*. New York, Oxford University Press, pp. 31-45.

Hirsh E. F. et Morgan R. H., 1939. Causal significance to traumatic ossification of the fibrocartilage in tendon insertions. *Archives of surgery*, 39: 824-837.

Holden T. G., Hather J. G. et Watson J. P. N., 1995. Mesolithic plant exploitation at the Roc del Migdia, Catalonia. *Journal of Archaeological Science*, 22 (6): 769-778.

Holt B. M., 2003. Mobility in Upper Paleolithic and Mesolithic Europe: evidence from the lower limb. *American Journal of Physical Anthropology*, 122 (3): 200-215.

Holt B. M., Fornaciari G. et Formicola V., 2002. Bone remodelling following a lower leg fracture in the 11,000-year-old hunter-gatherer from Vado all'Arancio (Italy). *International Journal of Osteoarchaeology*, 12 (6): 402-406.

Holt P. D. et Keats T. E., 1993. Calcific tendinitis: a review of the usual and unusual. *Skeletal Radiology*, 22 (1): 1-9.

Huber L. C., Moritz F. et Gay S., 2007. Spondylarthritides and related entities: entheses and hypotheses. *Arthritis & Rheumatism*, 56 (1): 4-8.

Hurov J. R., 1986. Soft-tissue interface: how do attachments of muscles, tendons, and ligaments change during growth? A light microscopic study. *Journal of Morphology*, 189 (3): 313-325.

Husson J. L., Chauveaux D., Rochcongar P. et Lancien G., 1991. Physiopathologie et anatomo-pathologie des enthésopathies d'insertion par sollicitations mécaniques du système tendino-musculaire. *In* Simon L., Hérisson C. et Rodineau J. (eds.), *Pathologie des insertions et enthésopathies*. Paris, Masson, pp. 156-166.

Igarashi Y., Uesu K., Wakebe T. et Kanazawa E., 2005. New method for estimation of adult skeletal age at death from the morphology of the auricular surface of the ilium. *American Journal of Physical Anthropology*, 128 (2): 324-339.

Jackes M., 2000. Building the bases for paleodemographic analysis: adult age determination. *In* Katzenberg M. A. et Saunders S. R. (eds.), *Biological anthropology of the human skeleton*. New York, John Wiley & Sons, pp. 417-466.

Jacobs K., 1993. Human postcranial variation in the Ukrainian Mesolithic-Neolithic. *Current Anthropology*, 34 (3): 311-324.

Jelínek J., 1986. Staré Město Epipalaeolithic skull and the Palaeolithic-Neolithic evolutionary transition. *Human Evolution*, 1 (4): 353-359.

Jelínek J., 1992. New Upper Paleolithic burials from Dolní Věstonice. *In* Toussaint M. (ed.), *5 millions d'années. L'aventure humaine (ERAUL 56)*. Actes du symposium de Paléontologie humaine de Bruxelles, 1990. Liège, ERAUL, pp. 207-228.

Jelínek J. et Orvanová E., 1999. Czech and Slovak Republics. *In* Orban R. et Semal P. (eds.), *Hominids remains. An up-date*. Brussels, Supplement to Anthropologie et Préhistoire 9, pp. 1-118.

Jiang Y., Zhao J., van Holsbeeck M. T., Flynn M. J., Ouyang X. et Genant H. K., 2002. Trabecular microstructure and surface changes in the greater tuberosity in the rotator cuff tears. *Skeletal Radiology*, 31 (9): 522-528.

Job-Deslandre C., 1999. Apophysites et épiphysites de l'enfant. *Synoviale*, 81: 21-26.

Johnstone A. J. et Maffulli N., 2005. Tendinopathies around the elbow. *In* Maffulli N., Renström P. et Leadbetter W. B. (eds.), *Tendon injuries*. London, Springer, pp. 128-136.

Kacki S. et Villotte S., 2006. Maladie hyperostosique et mode de vie : intérêt d'une démarche bio-archéologique. Exemple du cimetière du couvent des soeurs grises de Beauvais (Oise), XVe-XVIIIe siècles. *Bulletins et Mémoires de la Société d'Anthropologie de Paris*, n.s., 18 (1-2): 55-64.

Kamina P., 2002. *Précis d'anatomie clinique*. Tome I : anatomie générale. Paris, Maloine, 573 p.

Kaufman K. R., Brodine S. et Shaffer R., 2000. Military training-related injuries: surveillance, research, and prevention. *American Journal of Preventive Medicine*, 18 (3, suppl. 1): 54-63.

Keats T. E. et Joyce J. M., 1984. Metaphyseal cortical irregularities in children: a new perspective on a multi-focal growth variant. *Skeletal Radiology*, 12 (2): 112-118.

Kelly R. L., 1995. *The foraging spectrum: diversity in hunter-gatherer lifeways*. Washington and London, Smithsonian Institution Press, 446 p.

Kenesi C. et Tallineau C., 1991. Anatomie et biomécanique des enthèses. *In* Simon L., Hérisson C. et Rodineau J. (eds.), *Pathologie des insertions et enthésopathies*. Paris, Masson, pp. 8-12.

Kennedy K. A. R., 1989. Skeletal markers of occupational stress. *In* Iscan M. Y. et Kennedy K. A. R. (eds.), *Reconstruction of life from the skeleton*. New York, Liss, pp. 130-160.

Kennedy K. A. R., 1998. Markers of occupational stress: conspectus and prognosis of research. *International Journal of Osteoarchaeology*, 8 (5): 305-310.

Ketterer I., 1997. Les techniques et l'économie du débitage mésolithique d'Hangest « Gravière II nord » (Somme). *In* Fagnart J.-P. et Thévenin A. (eds.), *Le Tardiglaciaire en Europe du Nord-Ouest*. Actes du 119e congrès international des sociétés historiques et scientifiques, Amiens, 1994. Paris, éditions du CTHS, pp. 123-137.

Khan K. M., Cook J. L., Bonar F., Harcourt P. et Åstrom M., 1999. Histopathology of common tendinopathies.

Update and implications for clinical management. *Sports Medicine*, 27 (6): 393-408.

Klein R. G., Ivanova I. K. et Debetz G. F., 1971. U.S.S.R. *In* Oakley K. P., Campbell B. G. et Molleson T. I. (eds.), *Catalogue of fossils hominids*. Part II : Europe. London, Trustees of the British Museum (Natural History), pp. 311-335.

Klíma B., 1987. Das jungpaläolitische Massengrab von Dolní Věstonice. *Quartar*, 37/38: 53-62.

Knutson K. L., 2005. The association between pubertal status and sleep duration and quality among a nationally representative sample of U. S. adolescents. *American Journal of Human Biology*, 17 (4): 418–424.

Kong A., van der Vliet A. et Zadow S., 2007. MRI and US of gluteal tendinopathy in greater trochanteric pain syndrome. *European Radiology*, 17 (7): 1772-1783.

Kosar N. S. et Demirel H. A., 2004. Kinesiological analysis of archery. *In* Ergen E. et Hibner K. (eds.), *Sports medicine and science in archery*. Lausanne, FITA, Medical Committee, pp. 3-12.

Koulouris G. et Connell D., 2006. Imaging of hamstring injuries: therapeutic implications. *European Radiology*, 16 (7): 1478-1487.

Krejci V. et Koch P., 1985. *Lésions musculaires et tendineuses du sportif.* Paris, Masson, 128 p.

Kubiak-Martens L., 1999. The plant food component of the diet at the late Mesolithic (Ertebolle) settlement at Tybrind Vig, Denmark. *Vegetation History and Archaeobotany*, 8 (1-2): 117-127.

Kuklik M., 1992. Die reflexion über den befunden aus dem jungpalaolitischen dreigrab in Dolní Věstonice nach der genetischen ansicht. *Acta Musei Nationalis Pragae*, 48: 148-151.

Kumagai J., Sarkar K. et Uhthoff H. K., 1994. The collagen types in the attachment zone of rotator cuff tendons in the elderly : an immunohistochemical study. *The Journal of Rheumatology*, 21 (11): 2096-2100.

La Cava G., 1959. L'enthésite ou maladie des insertions. *La presse médicale*, 67: 9.

Lacombe S., 2005. Territoires d'approvisionnement en matières premières lithiques au Tardiglaciaire. Remarques à propos de quelques ensembles pyrénéens. *In* Jaubert J. et Barbaza M. (eds.), *Territoires, déplacements, mobilité, échanges durant la Préhistoire*. Actes du 126e congrès national des sociétés historiques et scientifiques, Toulouse, 2001. Paris, éditions du CTHS, pp. 329-352.

Ladier E. et Welté A.-C., 1991. La vallée de L'Aveyron, De Bruniquel à Fontalès : nouvelles observations. *Bulletin de la Société Méridionale de Spéléologie et de Préhistoire*, 31: 51-76.

Lagier R., 1991. Enthèses normales et enthésopathies. *In* Simon L., Hérisson C. et Rodineau J. (eds.), *Pathologie des insertions et enthésopathies*. Paris, Masson, pp. 1-6.

Lai P. et Lovell N. C., 1992. Skeletal markers of occupational stress in the Fur Trade: a case study from a Hudson's Bay Company Fur Trade post. *International Journal of Osteoarchaeology*, 2 (3): 221-234.

Landis J. R. et Koch G. G., 1977. The measurement of observer agreement for categorical data. *Biometrics*, 33 (1): 159-174.

Lang L., Bridault A., Gebhardt A., Leroyer C., Limondin N., Sicard S. et Valentin F., 1997. *Occupations mésolithiques dans la moyenne vallée de la Seine, Rueil-Malmaison, « Les Closeaux » (Hauts-de-Seine).* Tomes I et II. Document final de synthèse de sauvetage urgent. Inédit, 395 p.

Lansac P., 2004. Un cadre chronologique pour l'utilisation du propulseur et de l'arc durant le Paléolithique supérieur européen. *Bulletin des chercheurs de la Wallonie*, XLIII: 29-36.

Lapostolle J. C., 2004. Elbow pathologies in archery. *In* Ergen E. et Hibner K. (eds.), *Sports medicine and science in archery*. Lausanne, FITA, Medical Committee, pp. 70-81.

Lartet L., 1868. Une sépulture des troglodytes du Périgord (crânes des Eyzies) *Bulletins de la Société d'Anthropologie de Paris*, 3: 335-349.

Laurendon G. et Laurendon L., 1996. *Dictionnaire des métiers d'autrefois*. Paris, Hachette Jeunesse, 286 p.

Lazennec J.-Y., Roger B., Bellefouih S., Mora N. et Alobikan A., 2003. Comment fonctionne une enthèse ? Comment réagit-elle aux contraintes mécaniques ? Bilan anatomique. *In* Bard H., Cotten A., Rodineau J., Saillant G. et Railhac J.-J. (eds.), *Tendons et enthèses*. Montpellier, Sauramps Médical, pp. 19-23.

Le Gall O., 1999. *Ichtyophagie et pêches préhistoriques. Quelques données de l'Europe occidentale.* Thèse de Doctorat d'Etat, préhistoire et géologie du Quaternaire, Université Bordeaux 1, Talence, 475 p.

Le Lannou M., 1941. *Pâtres et paysans de la Sardaigne.* Tours, Arrault, 365 p.

Ledoux M. et Halmagrand N., 1986. Recherche d'une rééducation adaptée aux syndromes de la charnière dorso-lombaire récidivants. *Revue de Médecine Orthopédique*, 6: 23-27.

Lee Y. et Nelder J. A., 2004. Conditional and marginal models: another view. *Statistical Science*, 19 (2): 219–238.

Lenoir M., 1983. *Le Paléolithique des basses vallées de la Dordogne et de la Garonne (2 volumes).* Thèse de Doctorat d'Etat, préhistoire et géologie du Quaternaire, Université de Bordeaux I, Talence, 702 p.

Lewis A. R., Ralphs J. R., Kneafsey B. et Benjamin M., 1998. Distribution of collagens and glycosaminoglycans in the joint capsule of the proximal interphalangeal joint of the human finger. *The Anatomical Record*, 250 (3): 281-291.

Liang K.-Y. et Zeger S. L., 1986. Longitudinal data analysis using generalized linear models. *Biometrika*, 73 (1): 13-22.

Lillie M. C. et Jacobs K., 2006. Stable isotope analysis of 14 individuals from the Mesolithic cemetery of Vasilyevka II, Dnieper Rapids region, Ukraine. *Journal of Archaeological Science*, 33 (6): 880-886.

Lillie M. C., Richards M. P. et Jacobs K., 2003.

Stable isotope analysis of 21 individuals from the Epipalaeolithic cemetery of Vasilyevka III, Dnieper Rapids region, Ukraine. *Journal of Archaeological Science*, 30 (6): 743-752.

Lindsey J. K. et Lambert P., 1998. On the appropriateness of marginal models for repeated measurements in clinical trials. *Statistics in Medicine*, 17 (4): 447-469.

Lipsitz S. R., Kim K. et Zhao L., 1994. Analysis of repeated categorical data using generalized estimating equations. *Statistics in Medicine*, 13 (11): 1149-1163.

Lovell N. C. et Dublenko A. A., 1999. Further aspects of fur trade life depicted in the skeleton. *International Journal of Osteoarchaeology*, 9 (4): 248–256.

MacDonald K., 2007. Cross-cultural comparison of learning in human hunting. *Human Nature*, 18 (4): 386-402.

Mafart B.-Y., 1996. Quelques particularités anthropologiques et paléopathologiques d'une population de moniales médiévales de l'abbaye de Saint-Pierre de l'Almanarre (XIIIe-XIVe siècles, Hyères, Var). *In* Buchet L. et Pilet C. (eds.), *L'identité des populations archéologiques*. Actes des XVIe rencontres internationales d'archéologie et d'histoire d'Antibes, 1995. Sophia Antipolis, éditions APDCA, pp. 271-286.

Maigne J.-Y., Ayral X. et Guérin-Surville H., 1992. Frequency and size of ossifications in the caudal attachments of the ligamentum flavum of the thoracic spine. Role of rotatory strains in their development. *Surgical & Radiologic Anatomy*, 14 (2): 119-124.

Makela M., Heliovaara M., Sainio P., Knekt P., Impivaara O. et Aromaa A., 1999. Shoulder joint impairment among Finns aged 30 years or over: prevalence, risk factors and co-morbidity. *Rheumatology*, 38 (7): 656-662.

Malcarney H. L. et Murrell G. A. C., 2003. The rotator cuff. Biological adaptations to its environment. *Sports Medicine*, 33 (13): 993-1002.

Mallegni F., Bertoldi F. et Manolis S., 2000. Palaeobiology of two Gravettian skeletons from Veneri cave (Parabita, Puglia, Italy). *Homo*, 51 (2-3): 235-257.

Mallegni F. et Fabbri P. F., 1995. The human skeletal remains from the Upper Palaeolithic burials found in Romito cave (Papasidero, Cosenza, Italy). *Bulletins et Mémoires de la Société d'Anthropologie de Paris*, n.s., 7 (3-4): 99-137.

Mann D. L., 1994. Injuries in archery. *In* Renström P. (ed.), *Clinical practice of sports injury prevention and care (the encyclopaedia of sport medicine, volume 5)*. Oxford, Blackwell Scientific Publications, pp. 665-675.

Mann D. L. et Littke N., 1989. Shoulder injuries in archery. *Canadian Journal of Sport Sciences*, 14 (2): 85-92.

Mannino G., 1975. La grotta della Molara. *Sicilia Archeologica*, 5: 47-56.

Mannino M. A. et Thomas K. D., 2001. Intensive Mesolithic exploitation of coastal resources? Evidence from a shell deposit on the Isle of Portland (Southern England) for the impact of human foraging on populations of intertidal rocky shore molluscs. *Journal of Archaeological Science*, 28 (10): 1101-1114.

Mannino M. A., Thomas K. D., Leng M. J., Piperno M., Tusa S. et Tagliacozzo A., 2007. Marine ressources in the Mesolithic and Neolithic at the Grotta dell'Uzzo (Sicily): evidence from isotope analyses of marine shells. *Archaeometry*, 49 (1): 117-133.

Manouvrier L., 1888. Mémoire sur la platycnémie chez l'Homme et les Anthropoïdes. *Mémoires de la Société d'Anthropologie de Paris*, 3: 469-548.

Marchi D., Sparacello V. S., Holt B. M. et Formicola V., 2006. Biomechanical approach to the reconstruction of activity patterns in Neolithic Western Liguria, Italy. *American Journal of Physical Anthropology*, 131 (4): 447-455.

Mariotti V., Facchini F. et Belcastro M. G., 2004. Enthesopathies - Proposal of a standardized scoring method and applications. *Collegium Antropologicum* 28 (1): 145-159.

Mariotti V., Facchini F. et Belcastro M. G., 2007. The study of entheses: proposal of a standardised scoring method for twenty-three entheses of the postcranial skeleton. *Collegium Antropologicum* 31 (1): 191-313.

Martin-Dupont S., Cunha E., Rougé D. et Crubézy E., 2006. Forte prévalence des spondylarthropathies dans une collection portugaise de squelettes des XIXe et XXe siècles. *Revue du Rhumatisme (Ed. Fr.)*, 73 (5): 490-497.

Martini F., Cattani L., Colamussi V., Colonese A., Martino G., Mallegni F., Noto F., Ricciardi S., Rickards O. et Rolle R., 2004. Primi risultati delle nuove ricerche nei livelli epigravettiani di Grotta del Romito a Papasidero (scavi 2000-2002). *Atti della XXXVII riunione scientifica : prehistoria e protostoria della Calabria*. Scalea, Papasidero, Praia a Mare, Tortora, 2002. Firenze, istituto italiano di preistoria e protostoria, pp. 85-99.

Massénat E., Lalande P. et Cartailhac E., 1872. Découverte d'un squelette humain de l'Âge du Renne à Laugerie-Basse (Dordogne). *Matériaux pour l'Histoire primitive et naturelle de l'homme*, 7: 224-228.

Mayaud J.-L., 2002. *Gens de la terre. La France rurale 1880-1940*. Paris, éditions du Chêne - Hachette Livre, 311 p.

McGonagle D., Gibbon W. et Emery P., 1998. Classification of inflammatory arthritis by enthesitis. *The Lancet*, 352 (9134): 1137-1140.

Meiklejohn C., Schentag C., Venema A. et Key P., 1984. Socioeconomic change and patterns of pathology and variation in the Mesolithic ans Neolithic of Western Europe: some suggestions. *In* Cohen M. et Armelagos G. J. (eds.), *Paleopathology at the origins of agriculture*. Orlando, Academic Press, pp. 75-100.

Melchior M., Roquelaure Y., Evanoff B., Chastang J.-F., Ha C., Imbernon E., Goldberg M., Leclerc A. et « the pays de la Loire study group », 2006. Why are manual workers at high risk of upper limb disorders? The role of physical work factors in a random sample of workers in France (the Pays de la Loire study). *Occupational and Environmental Medicine*, 63 (11): 754-761.

Merbs C. F., 1983. *Patterns of activity-induced pathology in a Canadian Inuit population*. Ottawa, National Museum of Man, archaeological survey of Canada, 199 p.

Mergnac M.-O., 2003. *Les métiers d'autrefois* Paris, Archives & Culture, 191 p.

Mezzena F. et Palma di Cesnola A., 1989-1990. Nuova sepoltura gravettiana nella Grotta Paglicci (Promontorio del Gargano). *Rivista di Scienze Preistoriche*, 42: 3-29.

Miller J. E., 1960. Javelin thrower's elbow. *The Journal of Bone and Joint Surgery [Br.]*, 42 (4): 788-792.

Miller T. T., Adler R. S. et Friedman L., 2004. Sonography of injury of the ulnar collateral ligament of the elbow-initial experience. *Skeletal Radiology*, 33 (7): 386-391.

Milz S., Rufai A., Buettner A., Putz R., Ralphs J. R. et Benjamin M., 2002. Three-dimensional reconstructions of the Achilles tendon insertion in man. *Journal of Anatomy*, 200 (2): 145-152.

Milz S., Tischer T., Buettner A., Schieker M., Maier M., Redman S., Emery P., McGonagle D. et Benjamin M., 2004. Molecular composition and pathology of entheses on the medial and lateral epicondyles of the humerus: a structural basis for epicondylitis. *Annals of the Rheumatic Diseases*, 63 (9): 1015-1021.

Minellono F., 1987. Manifestazioni artistiche paleolitiche in Toscana. *Atti del VI convegno di preistoria, protostoria e storia della Daunia*. Volume 2. pp. 27-34.

Minellono F., Pardini E. et Fornaciari G., 1980. Le sepolture epigravettiane di Vado all'Arancio (Grosseto). *Rivista di Scienze Preistoriche*, 35: 3-44.

Mirowitz S. A. et London S. L., 1992. Ulnar collateral ligament injury in baseball pitchers: MR imaging evaluation. *Radiology*, 185 (2): 573-576.

Miyamato S., Takaoka K., Yonenobu K. et Ono K., 1992. Ossification of the ligamentum flavum induced by bone morphogenetic protein. An experimental study in mice. *The Journal of Bone and Joint Surgery [Br.]*, 74 (2): 279-283.

Mobbs R. J. et Dvorak M., 2007. Ossification of the ligamentum flavum: diet and genetics. *Journal of Clinical Neuroscience*, 14 (7): 703-705.

Moll J. M. H., 1983. Seronegative arthropathies. *Journal of the Royal Society of Medicine*, 76 (6): 445-448.

Molleson T. et Cox M., 1993. *The Spitalfields project*. Volume 2: the anthropology. York, Council for British Archaeology, 231 p.

Molnar P., 2006. Tracing prehistoric activities: musculoskeletal stress marker analysis of a stone-age population on the Island of Gotland in the Baltic sea. *American Journal of Physical Anthropology*, 129 (1): 12-23.

Morel P., 1993. Une chasse à l'ours brun il y a 12 000 ans : nouvelle découverte à la grotte du Bichon (La Chaux-de-Fonds). *Archéologie Suisse*, 16 (3): 110-117.

Morgan H., Damron T., Cohen H. et Allen M., 2001. Pseudotumor deltoideus: a previously undescribed anatomic variant at the deltoid insertion site. *Skeletal Radiology*, 30 (9): 512-518.

Movius Jr H. L., 1977. *Excavation of the Abri Pataud, Les Eyzies (Dordogne): stratigraphy*. Cambridge, Harvard University, 167 p.

Movius Jr H. L. et Vallois H. V., 1959. Crâne Proto Magdalénien et Vénus du Périgordien Final trouvés dans L'Abri Pataud, Les Eyzies (Dordogne). *L'Anthropologie*, 63 (3-4): 213-232.

Müller H.-P., Heinecke A. et Eger T., 2000. Site-specific association between supragingival plaque and bleeding upon probing in young adults. *Clinical Oral Investigations*, 4 (4): 212–218.

Mulligan S. A., Schwartz M. L., Broussard M. F. et Andrews J. R., 2000. Heterotopic calcification and tears of the ulnar collateral ligament: radiographic and MR imaging findings. *American Journal of Roentgenology*, 175 (4): 1099-1102.

Munson Chapman N. E., 1997. Evidence for Spanish influence on activity induced musculoskeletal stress markers at Pecos Pueblo. *International Journal of Osteoarchaeology*, 7 (5): 497-506.

Murail P., 1996. *Biologie et pratiques funéraires des populations d'époque historique : une démarche méthodologique appliquée à la nécropole gallo-romaine de Chantambre (Essonne, France)*. Thèse de Doctorat, anthropologie, Université Bordeaux 1, Talence, 264 p.

Murail P., Brůžek J. et Braga J., 1999. A new approach to sexual diagnosis in past populations. Practical adjustements from Van Vark's procedure. *International Journal of Osteoarchaeology*, 9 (1): 39-53.

Murail P., Bruzek J., Houët F. et Cunha E., 2005. DSP: a tool for probabilistic sex diagnosis using worlwide variability in hip-bone measurements *Bulletins et Mémoires de la Société d'Anthropologie de Paris*, n.s., 17 (3-4): 167-176.

Mussi M., 1986. Italian Palaeolithic and Mesolithic Burials. *Human Evolution*, 1 (6): 545-546.

Mussi M., 2001. *Earliest Italy: an overview of the Italian Paleolithic and Mesolithic*. New York, Kluwer Academic Publishers, 418 p.

Mussi M., Coubray S., Giraudi C., Mazzella G., Toniutti P., Wilkens B. et Zampetti D., 2000. L'exploitation des territoires de montagne dans les Abruzzes (Italie centrale) entre le Tardiglaciaire et l'Holocène ancien. *In* Crotti P. (ed.), *MESO '97*. Actes de la table ronde « Epipaléolithique et Mésolithique », Lausanne, 1997. Lausanne, Cahiers d'Archéologie Romande, pp. 277-284.

Mussi M., Frayer D. W. et Macchiarelli R., 1989. Les vivants et les morts. Les sépultures du Paléolithique supérieur en Italie et leur interprétation. *In* Hershkovitz I. (ed.), *People and culture in change*. Volume 2. Proceedings of the second symposium on Upper Palaeolithic, Mesolithic and Neolithic populations of Europe and the Mediterranean Basin, Tel-Aviv, 1987. Oxford, BAR International Series 508, pp. 435-458.

Nakama L. H., King K. B., Abrahamsson S. et Rempel D. M., 2005. Evidence of tendon microtears due to cyclical loading in an in vivo tendinopathy model. *Journal of Orthopaedic Research*, 23 (5): 1199 - 1205.

Nakanishi K., Masatomi T., Ochi T., Ishida T., Hori S., Ikezoe J. et Nakamura H., 1996. MR arthrography of elbow: evaluation of the ulnar collateral ligament of elbow. *Skeletal Radiology*, 25 (7): 629-634.

Naqvi T., Duong T. T., Hashem G., Shiga M., Zhang Q. et Kapila S., 2005. Relaxin's induction of metalloproteinases is associated with the loss of collagen and glycosaminoglycans in synovial joint fibrocartilaginous explants. *Arthritis Research & Therapy*, 7 (1): R1 - R11.

Nazarian L. N., McShane J. M., Ciccotti M. G., O'Kane P. L. et Harwood M. I., 2003. Dynamic US of the anterior band of the ulnar collateral ligament of the elbow in asymptomatic major league baseball pitchers. *Radiology*, 227 (1): 149-154.

Nespoulet R., Chiotti L., Henry-Gambier D., Agsous S., Lenoble A., Morala A., Guillermin P. et Vercoutère C., 2008. L'occupation humaine de l'abri pataud (les-Eyzies-de-Tayac, Dordogne) iI y a 22000 ans : problématique et résultats préliminaires des fouilles du niveau 2. *In* Jaubert J., Bordes J-G. et Ortega I. (eds.), *Les sociétés du Paléolithique dans un Grand Sud-Ouest de la France : nouveaux gisements, nouveaux résultats, nouvelles méthodes.* Actes de la séance décentralisée de la Société Préhistorique Française, Bordeaux, 2006. Mémoire XLVII de la Société Préhistorique Française, pp. 325-334.

Niepel G. A. et Sit'Aj S., 1979. Enthesopathy. *Clinics in Rheumatic Diseases*, 5 (3): 857-872.

Oakley K. P., Campbell B. G. et Molleson T. I. (eds.), 1971. *Catalogue of fossils hominids*. Part II : Europe. London, Trustees of the British Museum (Natural History), 363 p.

Okuda T., Baba I., Fujimoto Y., Tanaka N., Sumida T., Manabe H., Hayashi Y. et Ochi M., 2004. The pathology of ligamentum flavum in degenerative lumbar disease. *Spine*, 29 (15): 1689-1697.

Ortner D., 1968. Description and classification of degenerative bone changes in the distal joint surfaces of the humerus. *American Journal of Physical Anthropology*, 28 (2): 139-155.

Otte M., Gob A., Straus L. G., Teheux E. et Léotard J.-M., 2002. Lithic raw material utilization in the Final Paleolithic and Mesolithic of Belgium. *In* Fisher L. E. et Eriksen B. V. (eds.), *Lithic raw material economies in Late Glacial and Early Postglacial Europe*. Oxford, BAR International Series 1093, pp. 89-100.

Ouellette H., Bredella M., Labis J., Palmer W. et Torriani M., 2008. MR imaging of the elbow in baseball pitchers. *Skeletal Radiology*, 37 (2): 115-121.

Owings Webb P. A. et Suchey J. M., 1985. Epiphyseal union of the anterior iliac crest and medial clavicle in a modern multiracial sample of American males and females. *American Journal of Physical Anthropology*, 68 (4): 457-466.

Paclet J.-P., Folinais D., Thelen P., Boggione C., Rolland E., Saillant G. et Labareyre H. D., 2001. Les tendinopathies et bursopathies de la région calcanéenne. *In* Rodineau J. et Saillant G. (eds.), *Actualités sur les tendinopahies et les bursopathies des membres inférieurs*. Paris, Masson, pp. 113-164.

Pal G. P. et Routal R. V., 1999. Mechanism of change in the orientation of the articular process of the zygapophyseal joint at the thoracolumbar junction. *Journal of Anatomy*, 195 (2): 199-209.

Pálfi G., 1997. Maladies dans l'Antiquité et au Moyen Age : paléopathologie comparée des anciens Gallo-Romains et Hongrois. *Bulletins et Mémoires de la Société d'Anthropologie de Paris*, n.s., 9 (1-2): 1-205.

Palma di Cesnola A., 1976. Considerazioni sulla posizione crono-stratigrafica dei fanerantropi della Grotta dei Fanciulli a Grimaldi. *Archivio per l'Antropologia e la Etnologia*, 106: 171-191.

Panni A. S., Tartarone M. et Maffulli N., 2000. Patellar tendinopathy in athletes: outcome of nonoperative and operative management. *The American Journal of Sports Medicine*, 28 (3): 392-397.

Pany D., 2003. *Mining for the miners? An analysis of occupationally-induced stress markers on the skeletal remains from the ancient Hallstatt cemetery.* Diplomarbeit zur Erlangung des akademischen Grades Magistra der Naturwissenschaften an der Universität Wien, 153 p.

Paolaggi J.-B., Struz P., Goutet M. C., Le Parc J. M., Siaud J. R. et Auquier L., 1984a. Recherche systématique des enthésopathies au cours des rhumatismes chroniques. Résultats et signification pathologique. *Revue du Rhumatisme et des Maladies Ostéo-Articulaires*, 51 (9): 451-456.

Paolaggi J.-B., Struz P., Siaud J. R., Le Parc J. M. et Auquier L., 1984b. Les enthésopathies des spondyloarthropathies inflammatoires. *Revue du Rhumatisme et des Maladies Ostéo-Articulaires*, 51 (9): 457-462.

Paoli G., Parenti R. et Sergi S., 1980. Gli scheletri mesolitici della caverna delle Arene Candide (Liguria). *Memorie dell'Istituto Italiano di Paleontologia Umana Roma* 3:33-154.

Pelegrin J., 1991. Aspect de démarche expérimentale en technologie lithique. *25 ans d'études technologiques en préhistoire : bilan et perspectives*. Actes des XIe rencontres internationales d'archéologie et d'histoire d'Antibes. Juan-les-Pins, éditions APDCA, pp. 57-63.

Pélissier J., 1988. *Utilisation des statistiques en psychologie*. Volume 2 : les variables ordinales. Cugnaux, J. Péllisier, 158 p.

Péquart M. et Péquart S.-J., 1928. Un gisement mésolithique en Bretagne. *l'Anthropologie*, 38: 479-493.

Péquart M. et Péquart S.-J., 1929. La nécropole mésolithique de Téviec (Morbihan). Nouvelles découvertes. *L'Anthropologie*, 39: 373-400.

Perréard Lopreno G., 2007. *Adaptation structurelle des os du membre supérieur et de la clavicule à l'activité : analyse de l'asymétrie des propriétés géométriques de sections transverses et de mesures linéaires dans une population identifiée (collection Simon)*. Thèse de Doctorat, anthropologie et écologie, Université de Génève, Genève, 356 p.

Petersen W. et Tillmann B., 1999. Structure and

vascularization of the cruciate ligaments of the human knee joint. *Anatomy and Embryology*, 200 (3): 325-334.

Peterson J., 1998. The Natufian hunting conundrum: spears, atlatls, or bows? Musculoskeletal and armature evidence. *International Journal of Osteoarchaeology*, 8 (5): 378-389.

Pétillon J.-M., 2006. *Des magdaléniens en armes. Technologie des armatures de projectiles en bois de Cervidé du Magdalénien supérieur de la grotte d'Isturitz (Pyrénées-Atlantiques)*. Treignes, éditions du CEDARC, 302 p.

Pettitt P. B., 2000. The Paviland radiocarbon dating programme: reconstructing the chronology of faunal communities, carnivore activity and human occupation. *In* Aldhous-Green S. (ed.), *Paviland Cave and the «Red Lady». A definitive report*. Bristol, Western Academic & Specialist Press Limited, pp. 63-71.

Pfirrmann C. W. A., Chung C. B., Theumann N. H., Trudell D. J. et Resnisk D., 2001. Greater trochanter of the hip: attachment of the abductor mechanism and a complex of three bursae-MR imaging and MR bursography in cadavers and MR imaging in asymptomatic volunteers. *Radiology*, 221 (2): 469-477.

de Pinieu G. et Forest M., 2003. Qu'est-ce qu'une enthèse ? *In* Bard H., Cotten A., Rodineau J., Saillant G. et Railhac J.-J. (eds.), *Tendons et enthèses*. Montpellier, Sauramps Médical, pp. 15-17.

Plisson H., 2007. Tracéologie fonctionnelle des matières osseuses : quelle méthode ? *Bulletin de la Société Préhistorique Française*, 104 (2): 377-380.

Plisson H. et Geneste J.-M., 1989. Analyse technologique des pointes à cran solutréennes du Placard (Charente), du Fourneau du Diable, du Pech de la Boissière et de Combe Saunière (Dordogne). *Paléo*, 1: 65-106.

Ploux S., 1991. Technologie, technicité, techniciens : méthode de détermination d'auteurs et comportements techniques individuels. *25 ans d'études technologiques en préhistoire : bilan et perspectives*. Actes des XIe rencontres internationales d'archéologie et d'histoire d'Antibes. Juan-les-Pins, éditions APDCA, pp. 201-214.

Poláček L., 2005. *Studien zum Burgwall von Mikulčice*. Band 6. Brno, Archäologisches Institut der Akademie der Wissenschaften der Tschechischen Republik, 633 p.

Polisson R. P., Martinez S., Khoury M., Harrell M., Lyles K. W., Friedman N., Harrelson J., Reisner E. et Drezner M. K., 1985. Calcification of entheses associated with X-linked hypophosphatemic osteomalacia. *The New England Journal of Medicine*, 313 (1): 1-6.

Potter H. G., Hannafin J. A., Morwessel R. M., DiCarlo E. F., O'Brien S. J. et Altchek D. W., 1995. Lateral epicondylitis: correlation of MR imaging, surgical and histopathologic findings. *Radiology*, 196 (1): 43-46.

Press J. M., Herring S. A. et Kibler W. B., 1998. Chapitre 8. Rehabilitation of the combatant with musculoskeletal disorders. *In* Dillingham T. R. et Belandres P. V. (eds.), *Rehabilitation of the injured combatant*. Volume 1. Washington, Borden Institute, pp. 353-415.

Price T. D., 1983. The European Mesolithic. *American Antiquity*, 48 (4): 761-778.

Primault J., 2003. *Exploitation et diffusion des silex de la région du Grand-Pressigny au Paléolithique*. Thèse de Doctorat, ethnologie et préhistoire, Université de Nanterre - Paris X, Nanterre, 362 p.

Punnett L. et Herbert R., 2000. Work-related musculoskeletal disorders: is there a gender differential, and if so, what does it mean? *In* Goldman M. B. et Hatch M. (eds.), *Women and Health*. San Diego, Academic Press, pp. 474-492.

Railhac J.-J., Mailly N., Sans N., Galy-Fourcade D. et Chiavassa-Gandois H., 2003. Calcifications tendineuses : l'exemple de l'épaule. *In* Bard H., Cotten A., Rodineau J., Saillant G. et Railhac J.-J. (eds.), *Tendons et enthèses*. Montpellier, Sauramps Médical, pp. 211-222.

Rayan G. M., 1992. Archery-related injuries of the hand, forearm, and elbow. *Southern Medical Journal*, 85 (10): 961-964.

Reeves J. et Adams M., 1993. *The Spitalfields project*. Volume 1: across the Styx, the archaeology. York, Council for British Archaeology, 170 p.

Resnick D., 1985. Degenerative diseases of the vertebral column. *Radiology*, 156 (1): 3-14.

Resnick D., 2002. Diffuse idiopathic skeletal hyperostosis. *In* Resnick D. (ed.), *Diagnosis of bone and joint disorders*. 4th edition. Philadelphia, Saunders, pp. 1476-1503.

Resnick D. et Niwayama G., 1983. Entheses and enthesopathy. *Radiology*, 146 (1): 1-9.

Resnick D., Shaul S. et Robins J. M., 1975. Diffuse idiopathic skeletal hyperostosis (DISH): Forestier's disease with extraspinal manifestations. *Radiology*, 115 (3): 513-524.

Rivière E., 1887. *Antiquité de l'homme dans les Alpes-Maritimes*. Paris, J.-B. Baillière, 337 p.

Robb J. E., 1994. Skeletal signs of activity in the Italian Metal Ages: methodological and interpretative notes. *Human Evolution*, 9 (3): 215-229.

Robb J. E., 1998. The interpretation of skeletal muscle sites: a statistical approach. *International Journal of Osteoarchaeology*, 8 (5): 363-377.

Rocha M. A., 1995. Les collections humaines identifiées de Coimbra. *Antropologia Portuguesa*, 13: 7-38.

Rodineau J., 1991. Pathogénie des enthésopathies du membre supérieur. *In* Simon L., Hérisson C. et Rodineau J. (eds.), *Pathologie des insertions et enthésopathies*. Paris, Masson, pp. 166-171.

Roger B., 2001. La tendinopathie proximale et la désinsertion complète du tendon des muscles ischio-jambiers. *In* Rodineau J. et Saillant G. (eds.), *Actualités sur les tendinopathies et les bursopathies des membres inférieurs*. Paris, Masson, pp. 55-62.

Roger B., Grataloup C., Folinais D. et Grenier P., 1991. Enthèses et microtraumatologie du sport. Aspect IRM. *In* Simon L., Hérisson C. et Rodineau J. (eds.), *Pathologie des insertions et enthésopathies*. Paris, Masson, pp. 185-192.

Rogers J., Shepstone L. et Dieppe P., 1997. Bone formers: osteophyte and enthesophyte formation are positively associated. *Annals of the Rheumatic Diseases*, 56 (2): 85-90.

Rogers J. et Waldron T., 1995. *A field guide to joint disease in archaeology*. Chichester, John Wiley & Sons, 128 p.

Rongières M., Akhavan H., Mansat P., Mansat M., Vaysse P. et Bécue J., 2001. Functional anatomy of the medial ligamentous complex of the elbow. Its role in anterior posterior instability. *Surgical & Radiologic Anatomy*, 23 (5): 301-305.

Roquelaure Y., Ha C., Leclerc A., Touranchet A., Sauteron M., Melchior M., Imbernon E. et Goldberg M., 2006. Epidemiologic surveillance of upper-extremity musculoskeletal disorders in the working population. *Arthritis Care & Research*, 55 (5): 765-778.

Rose M. et Metzl J. D., 2004. Gender and sports: past, present, and future. *In* Legato M. J. (ed.), *Principles of gender-specific medicine*. Volume 1. Boston, Elsevier Academic Press, pp. 48-51.

Roué S., 2000. Le gisement mésolithique des Mézières à Mantoche (Haute-Saône - France) : révision des données. *In* Crotti P. (ed.), *MESO '97*. Actes de la table ronde « Epipaléolithique et Mésolithique », Lausanne, 1997. Lausanne, Cahiers d'Archéologie Romande, pp. 171-178.

Roussot A., 1986. Indices artenaciens à Laugerie-Basse (Les Eyzies, Dordogne). *Bulletin de la Société Préhistorique Française*, 83 (4): 119-124.

Rouvière H. et Delmas A., 2002a. *Anatomie humaine : descriptive, topographique et fonctionnelle*. Tome I : tête et cou. 15e édition. Paris, Masson, 654 p.

Rouvière H. et Delmas A., 2002b. *Anatomie humaine : descriptive, topographique et fonctionnelle*. Tome II : tronc. 15e édition. Paris, Masson, 759 p.

Rouvière H. et Delmas A., 2002c. *Anatomie humaine : descriptive, topographique et fonctionnelle*. Tome III : membres. 15e édition. Paris, Masson, 667 p.

Rozoy J.-G., 1992. Le propulseur et l'arc chez les chasseurs préhistoriques. Techniques et démographies comparées. *Paléo*, 4: 175-193.

Rozoy J.-G., 1997. La fin et les moyens. Quelques mécanismes, causes et significations des changements et des variantes dans les industries des chasseurs préhistoriques. *Bulletin de la Société Préhistorique Française*, 94 (4): 483-502.

Rozoy J.-G., 1999. Le mode de vie au Mésolithique. *In* Thévenin A. (ed.), *L'Europe des derniers chasseurs*. Actes du 5e colloque international UISPP, Grenoble, 1995. Paris, éditions du CTHS, pp. 39-50.

Saillant G., Thoreux P., Vandenbussche E. et Roy-Camille R., 1991. Aspect macroscopique des enthésites. Rapport avec le socle osseux. Bursites associés. *In* Simon L., Hérisson C. et Rodineau J. (eds.), *Pathologie des insertions et enthésopathies*. Paris, Masson, pp. 149-151.

Sairyo K., Biyani A., Goel V., Leaman D., Booth Jr R., Thomas J., Gehling D., Vishnubhotla L., Long R. et Ebraheim N., 2005. Pathomechanism of ligamentum flavum hypertrophy: a multidisciplinary investigation based on clinical, biomechanical, histologic, and biologic assessments. *Spine*, 30 (23): 2649-2656.

Santos A. L., 2000. *A skeletal picture of tubercolosis. Macroscopic, radiological, biomolecular, and historical evidence from the Coimbra Identified Skeletal Collection*. PhD. thesis, anthropology, Universidade de Coimbra, Coimbra, 244 p.

Saunders S. R., 1978. *The development and distribution of discontinuous morphological variation of the human infracranial skeleton*. Ottawa, National Museums of Canada, archaeological survey of Canada, 549 p.

Sauter M.-R., 1956. Le squelette préhistorique de la grotte du Bichon (Côtes-du-Doubs, La Chaux-de-Fonds, Neuchâtel). Caractères cranio-faciaux. *Archives des Sciences*, 9 (3): 330-335.

Scapinelli R., 1989. Morphological and functional changes of the lumbar spinous processes in the elderly. *Surgical & Radiologic Anatomy*, 11 (2): 129-133.

Scheuer L. et Black S., 2000. *Developmental juvenile osteology*. San Diego, Academic Press, 587 p.

Schmitt A., 2001. *Variabilité de la sénescence du squelette humain. Réflexions sur les indicateurs de l'âge au décès : à la recherche d'un outil performant*. Thèse de Doctorat, anthropologie, Université de Bordeaux I, Talence, 347 p.

Schmitt A., 2002. Estimation de l'âge au décès des sujets adultes à partir du squelette : des raisons d'espérer. *Bulletins et Mémoires de la Société d'Anthropologie de Paris*, n.s., 14 (1-2): 51-73.

Schmitt A., 2005. Une nouvelle méthode pour estimer l'âge au décès des adultes à partir de la surface sacro-pelvienne iliaque. *Bulletins et Mémoires de la Société d'Anthropologie de Paris*, n.s., 17 (1-2): 89-101.

Schmitt A. et Georges P., 2008. Quelle démarche suivre pour estimer l'âge au décès à partir du squelette ? *In* Charlier P. (ed.), *Ostéo-archéologie et techniques médico-légales : tendances et perspectives. Pour un «Manuel pratique de paléopathologie humaine»*. Paris, Editions De Boccard, pp. 269-280.

Schmitt A., Murail P., Cunha E. et Rougé D., 2002. Variability of the pattern of aging on the human skeleton: evidence from bone indicators and implications on age at death estimation. *Journal of Forensic Sciences*, 47 (6): 1203-1209.

Schmitt A., Wapler U., Couallier V. et Cunha E., 2007. Are bone losers distinguishable from bone formers in a skeletal series? Implications for adult age at death assessment methods. *Homo*, 58 (1): 53-66.

Schulting R. J. et Richards M. P., 2001. Dating women and becoming farmers: new palaeodietary and AMS dating evidence from the breton Mesolithic cemeteries of Téviec and Hoëdic. *Journal of Anthropological Archaeology*, 20 (3): 314-344.

Schwartz M. L., Al-Zahrani S., Morwessel R. M. et Andrews J. R., 1995. Ulnar collateral ligament injury in the throwing athlete: evaluation with saline-enhanced MR arthrography. *Radiology*, 197 (1): 297-299.

Sedlmeier J. et Kaufmann B., 1996. Die mesolithische

bestattung in der Birsmatten-Basisgrotte (Nenzlingen BL). *Archäologie der Schweiz*, 19 (4): 140-145.

Selvanetti A., Cipolla M. et Puddu G., 1997. Overuse tendon injuries: basic science and classification. *Operative Techniques in Sports Medicine*, 5 (3): 110-117.

Sessa E., 1994. Etude de la biomécanique du tir à l'arc. *Annales de kinésithérapie*, 21 (8): 435-442.

Seymour J., 1985. *Métiers oubliés*. Paris, éditions du Chêne, 187 p.

Shaibani A., Workman R. et Rothschild B. M., 1993. The significance of enthesopathy as a skeletal phenomenon. *Clinical and Experimental Rheumatology*, 11 (4): 399-403.

Shea J. E., Hallows R. K. et Bloebaum R. D., 2002. Experimental confirmation of the sheep model for studying the role of calcified fibrocartilage in hip fractures and tendon attachments. *The Anatomical Record*, 266 (3): 177-183.

Sibilia J., Sordet C., Mrabet D. et Wachsmann D., 2005. Comment comprendre la polyarthrite rhumatoïde ? *La Revue du Praticien*, 55 (19): 2134-2142.

Silva A. L., 1995. Sex assessment using the calcaneus and talus. *Antropologia Portuguesa*, 13: 107-119.

Simon L., Hérisson C. et Rodineau J. (eds.), 1991. *Pathologie des insertions et enthésopathies*. Paris, Masson, 238 p.

Simoneau S., St-Vincent M. et Chicoine D., 1996. *Les LATR. Mieux les comprendre pour mieux les prévenir*. Montréal, IRSST, 54 p.

Sládek V., Trinkaus E., Hillson S. W. et Holliday T. W., 2000. *The people of the Pavlovian. Skeletal catalogue and osteometrics of the gravettian fossil hominids from Dolní Věstonice and Pavlov*. Brno, Academy of Sciences of the Czech Republic, 244 p.

Slobodin G., Rozenbaum M., Boulman N. et Rosner I., 2007. Varied presentations of enthesopathy. *Seminars in Arthritis and Rheumatism*, 37 (2): 119-126.

de Smet A. A. et Best T. M., 2000. MR imaging of the distribution and location of acute hamstring injuries in athletes. *American Journal of Roentgenology*, 174 (2): 393-399.

Sobotta J., 1977. *Atlas d'anatomie humaine*. Tome IV : nomenclature anatomique française. Paris, Maloine, 310 p.

Songer T. J. et LaPorte R. E., 2000. Disabilities due to injury in the military. *American Journal of Preventive Medicine*, 18 (3, suppl. 1): 33-40.

de Sonneville-Bordes D., 1959. Position stratigraphique et chronologie relative des restes humains du Paléolithique supérieur entre Loire et Pyrénées. *Annales de Paléontologie*, 45: 19-51.

de Sonneville-Bordes D., 1960. *Le Paléolithique supérieur en Périgord*. 2 volumes. Bordeaux, imprimerie Delmas, 558 p.

Sowers M. R., 2000. Menopause: its epidemiology. *In* Goldman M. B. et Hatch M. (eds.), *Women and health*. San Diego, Academic Press, pp. 1155 -1168.

Sperduti A., 1997. Life conditions of a Roman Imperial Age population: occupational stress markers and working activities in *Lucus Feroniae* (Rome, 1st–2nd cent. AD). *Human Evolution*, 12 (4): 253-267.

Springfield D. S., Capanna R., Gherlinzoni F., Picci P. et Campanacci M., 1985. Chondroblastoma. A review of seventy cases. *The Journal of Bone and Joint Surgery [Am.]*, 67 (5): 748-755.

Stasi P. E. et Regalia E., 1904. Frammento di cranio umano fossile di Grotta Romanelli (Castro terra d'Otranto). *Archivio per l'Anthropogia e la Etnologia*, 34: 1-2.

Steen S. L. et Lane R. W., 1998. Evaluation of habitual activities among two Alaskan Eskimo populations based on musculoskeletal stress markers. *International Journal of Osteoarchaeology*, 8 (5): 341-353.

Stern Y., Albert S., Tang M.-X. et Tsai W.-Y., 1999. Rate of memory decline in AD is related to education and occupation: cognitive reserve? *Neurology*, 53 (9): 1942-1947.

Stirland A. J., 1998. Musculoskeletal evidence for activity: problems of evaluation. *International Journal of Osteoarchaeology*, 8 (5): 354-362.

Stirland A. J. et Waldron T., 1997. Evidence for activity related markers in the vertebrae of the crew of the Mary Rose. *Journal of Archaeological Science*, 24 (4): 329-335.

Stokes M. E., Davis C. S. et Koch G. G., 2000. *Categorical data analysis using the SAS system*. 2nd edition. New York, SAS Publishing, 626 p.

Straus L. G., 1991. Epipaleolithic and Mesolithic adaptations in Cantabrian Spain and Pyrenean France. *Journal of World Prehistory*, 5 (1): 83-104.

Stringer C., 2000. The Gough's Cave human fossils: an introduction. *Bulletin of the Natural History Museum. Geology Series*, 56 (2): 135-139.

Sugimoto H. et Ohsawa T., 1994. Ulnar collateral ligament in the growing elbow: MR imaging of normal development and throwing injuries. *Radiology*, 192 (2): 417-422.

Sulerzhitski L. D., Pettitt P. et Bader N. O., 2000. Radiocarbon dates of the remains from the settlement Sunghir. *In* Alexeeva T. I. et Bader N. O. (eds.), *Homo sungirensis. Upper Palaeolithic man : ecological and evolutionary aspects of the investigation*. Moscou, Scientific World, pp. 30-34.

Sulgostowska Z., 2006. Mesolithic mobility and contacts on areas of the Baltic Sea watershed, the Sudety and Carpathian Montains. *Journal of Anthropological Archaeology*, 25 (2): 193-203.

Svoboda J., 1994. The Pavlov site, Czech Republic: lithic evidence from the Upper Paleolithic. *Journal of Field Archaeology*, 21 (1): 69-81.

Svoboda J., 2006. The archeological contexts of the human remains. *In* Trinkaus E. et Svoboda J. (eds.), *Early modern human evolution in Central Europe. The people of Dolní Věstonice and Pavlov*. New York, Oxford University Press, pp. 9-14.

Svoboda J., Klíma B., Jarošová L. et Škrdla P., 2000. The Gravettian in Moravia: climate, behaviour and technological complexity. *In* Roebroeks W., Mussi M., Svoboda J. et Fennema K. (eds.), *Hunters of the Golden Age*. Leiden, Leiden University, pp. 197-217.

Svoboda J., Lozek V. et Vlcek E., 1996. *Hunters between east and west: the Paleolithic of Moravia (interdisciplinary contributions to archaeology)*. New York, Plenum Press, 307 p.

Swainston S., 2000. The lithic artefacts from Paviland. *In* Aldhous-Green S. (ed.), *Paviland Cave and the «Red Lady». A definitive report*. Bristol, Western Academic & Specialist Press Limited, pp. 95-113.

Swainston S. et Brookes A., 2000. Paviland Cave and the «Red Lady». The history of collection and investigation. *In* Aldhous-Green S. (ed.), *Paviland Cave and the «Red Lady». A definitive report*. Bristol, Western Academic & Specialist Press Limited, pp. 19-46.

Taborin Y., 1974. La parure en coquillage de l'Epipaléolithique au Bronze ancien en France. *Gallia Préhistoire*, 17 (1): 101-179.

Taborin Y., 1993. *La parure en coquillage au Paléolithique*. Paris, CNRS éditions (Suppl. à Gallia Préhistoire, 29), 538 p.

Telegin D. Y., Potekhina I. D., M.C.Lillie et Kovaliukh M. M., 2002. The chronology of the Mariupol-type cemeteries of Ukraine re-visited. *Antiquity*, 76: 356-363.

Testart A., 1986. *Essai sur les fondements de la division sexuelle du travail chez les chasseurs-cueilleurs*. Paris, EHESS, 103 p.

Testut L., 1889. *Recherches anthropologiques sur le squelette quaternaire de Chancelade (Dordogne)*. Lyon, Pitrat aîné, 121 p.

Thévenin A., 2005. L'espace culturel « méditerranéen » : ses expansions de la fin du Tardiglaciaire au début du Postglaciaire. *In* Jaubert J. et Barbaza M. (eds.), *Territoires, déplacements, mobilité, échanges durant la Préhistoire*. Actes du 126e congrès national des sociétés historiques et scientifiques, Toulouse, 2001. Paris, éditions du CTHS, pp. 429-451.

Thillaud P. L., 1996. *Paléopathologie humaine*. Sceaux, Kronos, 238 p.

Trinkaus E., Hillson S. W., Franciscus R. G. et Holliday T. W., 2006. Skeletal and dental paleopathology. *In* Trinkaus E. et Svoboda J. (eds.), *Early modern human evolution in Central Europe. The people of Dolní Věstonice and Pavlov*. New York, Oxford University Press, pp. 419-458.

Trinkaus E. et Jelínek J., 1997. Human remains from the Moravian Gravettian: the Dolní Věstonice 3 postcrania. *Journal of Human Evolution*, 33 (1): 33-82.

Turcq A., Detrain L. et Vigier S., 2000. L'importance de l'accessibilité des gîtes dans l'étude de l'approvisionnement en matières premières lithiques : l'exemple du Haut-Agenais (Lot-et-Garonne). *Les derniers chasseurs-cueilleurs d'Europe occidentale*. Actes du colloque international de Besançon, 1998. Besançon, Presses Universitaires Franc-Comtoises, pp. 267-276.

Tusa V., 1976-1977. L'attività archeologica della Soprintendenza alle antichità della Sicilia occidentale. *Kokalos*, 22-23: 672.

Uhthoff H. K. et Sarkar K., 1991. Classification and definition of tendinopathies. *Clinics in Sports Medicine*, 10 (4): 707-720.

Utsinger P. D., 1985. Diffuse idiopathic skeletal hyperostosis. *Clinics in Rheumatic Diseases*, 11 (2): 325-351.

Valdeyron N., 1994. *Le Sauveterrien, cultures et sociétés mésolithiques dans la France du Sud durant les Xe et IXe millénaires B.P.* Thèse de Doctorat, préhistoire, Université Toulouse-Le Mirail, Toulouse, 584 p.

Valentin B., 1999. Techniques et cultures : les chasseurs-cueilleurs du Tardiglaciaire dans le Sud et l'Ouest du Bassin parisien. *In* Thévenin A. (ed.), *L'Europe des derniers chasseurs*. Actes du 5e colloque international UISPP, Grenoble, 1995. Paris, éditions du CTHS, pp. 201-212.

Valentin F., 1995. Le squelette mésolithique du Petit Marais de La Chassée-Tirancourt (Somme, France). *Comptes rendus de l'Académie des sciences. Série 2. Sciences de la terre et des planètes*, 321 (11): 1063-1067.

Vallois H. V., 1941-1946. Nouvelles recherches sur le squelette de Chancelade. *L'Anthropologie*, 50: 165-202.

Vallois H. V. et Billy G., 1965. Nouvelles recherches sur les hommes fossiles de l'abri de Cro-Magnon. *L'Anthropologie*, 69 (1-2): 47-74.

Vanhaeren M., d'Errico F., Billy I. et Grousset F., 2004. Tracing the source of Upper Palaeolithic shell beads by strontium isotope dating. *Journal of Archaeological Science*, 31 (10): 1481-1488.

Verjux C., 1999. Chronologie des rites funéraires mésolithiques à Auneau (Eure-et-Loir, France). *In* Thévenin A. (ed.), *L'Europe des derniers chasseurs*. Actes du 5e colloque international UISPP, Grenoble, 1995. Paris, éditions du CTHS, pp. 293-302.

Verneau R., 1899. *L'homme de la Barma-Grande (Baoussé-Roussé). Etude des collections réunies dans le Museum Præhistoricum fondé par le com[re] Thomas Hanbury, près de Menton*. Baoussé Roussé, près de Menton, Abbo, Editeur, 148 p.

Viejo-Fuertes D., Liguoro D., Rivel J., Midy D. et Guerin J., 1998. Morphologic and histologic study of the ligamentum flavum in the thoraco-lumbar region. *Surgical & Radiologic Anatomy*, 20 (3): 171-176.

de Villeneuve L., 1906. *Les Grottes de Grimaldi*. Tome 1, fascicule 1 : historique et description. Monaco, Imprimerie de Monaco, 70 p.

Villotte S., 2006. Connaissances médicales actuelles, cotation des enthésopathies : nouvelle méthode. *Bulletins et Mémoires de la Société d'Anthropologie de Paris*, n.s., 18 (1-2): 65-85.

Walch G. et Liotard J. P., 1992. Les lésions tendineuses de l'épaule. *In* Catonné Y. et Saillant G. (eds.), *Lésions traumatiques des tendons chez le sportif.* Paris, Mason, pp. 43-54.

Walker-Bone K. et Palmer K. T., 2002. Musculoskeletal

disorders in farmers and farm workers. *Occupational Medicine*, 52 (8): 441-450.

Weiss E., 2003. Understanding muscle markers: aggregation and construct validity. *American Journal of Physical Anthropology*, 121 (3): 230-240.

Weiss E., 2007. Muscle markers revisited: activity pattern reconstruction with controls in a central California Amerind population. *American Journal of Physical Anthropology*, 133 (3): 931-940.

Wendling D., Herisson C., Bologna C., Guidet M. et Simon L., 1991. Enthésopathies ossifiantes induites par l'étrétinate. *In* Simon L., Hérisson C. et Rodineau J. (eds.), *Pathologie des insertions et enthésopathies*. Paris, Masson, pp. 112-123.

Whittaker J., 2003. Atlatl elbow: anatomy and archaeology. *The Atlatl*, 16 (1): 16-18.

Wilczak C. A., 1998. Consideration of sexual dimorphism, age, and asymmetry in quantitative measurements of muscle insertion sites. *International Journal of Osteoarchaeology*, 8 (5): 311-325.

Wiles N., Dunn G., Barrett E., Silman A. et Symmons D., 2000. Associations between demographic and disease-related variables and disability over the first five years of inflammatory polyarthritis: a longitudinal analysis using generalized estimating equations. *Journal of Clinical Epidemiology*, 53: 988–996.

Williams D. M., Gabrielsen T., Latack J. T., Martel W. et Knake J. E., 1984. Ossification in the cephalic attachment of the ligamentum flavum. An anatomical and CT Study. *Radiology*, 150 (2): 423-426.

Wren T. A. L., Beaupré G. S. et Carter D. R., 2000. Mechanobiology of tendon adaptation to compressive loading through fibrocartilaginous metaplasia. *Journal of Rehabilitation Research & Development*, 37 (2): 135-143.

Yano T., Doita M., Iguchi T., Kurihara A., Kasahara K., Nishida K. et Yoshiya S., 2003. Radiculopathy due to ossification of the yellow ligament at the lower lumbar spine. *Spine*, 28 (19): 401-404.

Žirov E., 1940. (En russe, résumé en français). Les squelettes de la grotte de Mourzak-Koba. *Sovetskala Arkheologlla*, 5: 179-186.

Zorn C. J. W., 2001. Generalized estimating equation models for correlated data: a review with applications. *American Journal of Political Science*, 45 (2): 470-490.

Zumwalt A., 2005. A new method for quantifying the complexity of muscle attachment sites. *The Anatomical Record Part B: The New Anatomist*, 286B (1): 21-28.

Zumwalt A., 2006. The effect of endurance exercise on the morphology of muscle attachment sites. *The Journal of Experimental Biology* 209 (3): 444-454.

www.ingramcontent.com/pod-product-compliance
Lightning Source LLC
LaVergne TN
LVHW072252300926
849160LV00018B/1652
9781407305264